U0196756

本书编写人员

主　　　编：张桥保

副　主　编：吴贤文　陆敬予　伊廷锋

参与编写人员：马汝广　刘　慰　刘　瑞

陈慧鑫　钟贵明　林秀梅

蔡梦婷　柯承志　肖本胜

李　苗　向延鸿　李佑稷

Battery Materials
Syntheses, Characterizations
and Applications

电池材料

——合成、表征与应用

张桥保 主 编
吴贤文 陆敬予 伊廷锋 副主编

化学工业出版社
·北京·

内容简介

二次电池作为重要的能源存储器件，在如今社会生活中发挥着不可替代的作用，而决定电池性能的就是电池材料，尤其是电极材料。本书从电池材料的制备、表征和性能调控三方面介绍电池材料的设计、制造与应用，重点叙述了锂离子电池和水系二次电池所用材料的成分、结构、制备与表征等内容。

本书适宜从事电池开发的技术人员和相关专业师生使用，也可供汽车、机械、材料等相关专业的技术人员参考。

图书在版编目（CIP）数据

电池材料：合成、表征与应用/张桥保主编．—北京：化学工业出版社，2022.2（2023.9重印）

ISBN 978-7-122-40290-5

Ⅰ.①电… Ⅱ.①张… Ⅲ.①电池-材料 Ⅳ.①TM911

中国版本图书馆CIP数据核字（2021）第233402号

责任编辑：邢　涛　　　文字编辑：袁　宁
责任校对：李雨晴　　　装帧设计：韩　飞

出版发行：化学工业出版社（北京市东城区青年湖南街13号　邮政编码100011）
印　　装：北京科印技术咨询服务有限公司数码印刷分部
710mm×1000mm　1/16　印张22½　字数393千字　2023年9月北京第1版第5次印刷

购书咨询：010-64518888　　　售后服务：010-64518899
网　　址：http：//www.cip.com.cn
凡购买本书，如有缺损质量问题，本社销售中心负责调换。

定　　价：128.00元

前言

随着社会经济的发展，人们对能源的需求持续增长。传统化石能源的大量消耗引起全球气温升高、环境恶化等问题，威胁人类的生存。在这种形势下，2020年9月，我国正式向联合国大会宣布，努力在2060年前实现碳中和并采取更有力的政策和措施在2030年之前达到排放峰值。碳中和时代的到来，意味着人类社会生产力深刻的变革，将给各行各业带来深层次的影响。伴随着新能源科技的创新发展，一场以清洁能源替代化石能源的革命正加速到来，能源转化和存储是新能源发展的核心，也是实现碳中和目标的有效手段。锂离子电池作为一种高效的储能器件，因具有能量密度/功率密度高与循环寿命长等特点，在消费电子和通信领域已经得到广泛应用，也是未来电动汽车和混合电动汽车的首选电源。近几十年来，世界各国的科研人员对锂离子电池及其相关材料的研究方兴未艾，并获得了系列重要研究进展。2019年，诺贝尔化学奖授予John Goodenough、Stanley Whittingham和吉野彰（Akira Yoshino），以表彰他们对锂离子电池研究方面的贡献。在提高现有锂离子电池性能的同时，发展储量丰富且安全性能好的可充水系锂离子、钠离子、锌离子电池是新型储能电池的重要发展方向。可充二次电池主要由正极材料、负极材料、电解液和隔膜四部分组成。众所周知，影响电池性能的核心是关键电池材料的开发与应用。

为了推动我国电池行业的发展，有助于高校、企业的研发，我们编写了《电池材料——合成、表征与应用》一书。全书包括五章，从电池材料的合成、表征及性能调控三个方面来阐述电池材料的基础与应用。重点叙述了电池材料的制备方法、结构、表征与分析方法；然后阐述电池材料在锂离子电池和水系二次电池中的应用。笔者已有多年从事电化学与化学电源的教学、科研和技术转化方面的丰富经验，在二次储能电池材料的结构设计、表征与性能调控方面积累了丰富的经验。根据自身的体会以及参考大量国内外相关文献，编写了本书。本书旨在为广大读者系统地介绍储能电池关键材料的合成、表征方法及应用的进展，并通过部分实例进行阐明分析。本书适合作为高等院校能源、材料、化工和冶金等相关学科的本科生和研究生教材，也适合新能源材料领域的工程技术人员、科研人员和管理人员参考。

张桥保（厦门大学）负责编写第 1、2 章以及第 4 章部分内容；马汝广（中科院上海硅酸盐研究所）负责编写第 1 章大部分内容；吴贤文（吉首大学）负责编写第 2 章部分内容和第 5 章内容；陆敬予［哈尔滨工业大学（深圳）］负责编写第 3 章内容；伊廷锋（东北大学）参与编写第 4 章部分内容。全书由张桥保统一修改定稿。本书的研究工作和编写得到了国家自然科学基金（基金号：52072323、52122211、52064013、U1960107）的资助以及厦门大学材料学院和吉首大学化学国家级实验教学示范中心的大力支持，在此表示感谢。同时对给予本书启示和参考的文献作者予以致谢，特别感谢四川大学刘慰研究员、山东科技大学刘瑞老师、吉首大学李佑稷和向延鸿老师，他们对本书的编写给予了极大帮助。

电池材料的合成、表征和应用涉及面广，由于编者水平有限，书中难免有不足之处，敬请专家和读者批评指正。

编者

2021 年 9 月

目录

第1章
绪 论

"碳达峰"和"碳中和"目标的实现，对于发展可持续能源和环境保护具有重要意义。新型清洁能源，如风能、太阳能、潮汐能等，随自然条件发生变化，具有不连续性。一方面，这些间断性绿色能源产生的电力在用电低谷时，需要电池将过剩的电能存储起来；另一方面，随着便携式电子设备和电动交通工具的发展，对电池的能量密度和功率密度等提出了更高的要求。因此，无论是分散式电源供给系统、电网"削峰填谷"和储备电源，还是可移动电源，都对电池性能的发展提出了更高的要求。然而，决定电池性能的关键在于材料。

1.1 电池概述

小小电池奥秘无穷，大大世界没它不行。无论是智能手机的更新换代，还是电动汽车风靡全球，都离不开电池的发展，离不开电池材料的发展。电池已经与人们的生活密不可分。那什么是电池呢？又有哪些电池材料？

"电池"(battery)，顾名思义是装电的"池子"，原意为"排炮"，是对一排排装电的"莱顿瓶"的形象描述。但是，那时的"电池"还不是现代意义的电池。直到1800年，意大利物理学家伏特（Volta）发明了伏打电堆，人类历史上第一个现代意义的电池才正式诞生，即化学电源。科学地来说，电池是指能够将化学能转化为电能的装置，可分为一次电池、二次电池（又称蓄电池）和燃料电池三种。一次电池就是使用一次后就被废弃的电池。二次电池（rechargeable battery）又称为可充电电池或蓄电池，是指在电池放电后可通过充电的方式使活性物质激活而继续使用的电池。利用化学反应的可逆性，可以组建成一个新电池，即当一个化学反应转化为电能之后，还可以用电能使化学体系修复，然后再利用化学反应转化为电能，所以叫二次电池（可充电电池）。

燃料电池是一种把燃料所具有的化学能直接转换成电能的化学装置，又称电化学发电器。

电池通常由正极、负极、电解液（或电解质）、隔膜和外壳组成。这些组成部件均与材料息息相关，因此，电池的发展与材料的研发密不可分。从1800年到2020年，整整220年，电池已经被创造出很多类型，不断地更新换代。在如今这个提倡环保的时代，很多类型的电池已经被淘汰。比如，早期的数码设备大多使用镍镉电池，但镉的毒性很大，研究人员一直在探索新的电极材料。到了1990年前后，出现了镍氢电池，比起镍镉电池，镍氢电池在环保和容量方面向前迈进了一大步。早期的“大哥大”手机大约有1kg重，像块板砖一样，就是因为电池很大。为了提升电池的容量、降低重量，科学家们从未停止探索的脚步。1991年，索尼公司推出了一款新型电池，即锂离子电池。这种重量轻、可充电、循环寿命长的锂离子电池在电子设备领域开始崭露头角。在时代的洪流中，大浪淘沙后仍被广泛使用的电池有锌锰电池、铅酸电池、镍氢电池和锂离子电池等。

1.1.1 锌锰电池

在锌锰电池中，正极材料为MnO_2，负极材料是金属锌，电解液为pH值呈中性的NH_4Cl水溶液。日常生活中见到的锌锰电池，通常称为“锌锰干电池”。它是以锌筒作为负极，并经汞齐化处理，使表面性质更为均匀，以减少锌的腐蚀，提高电池的储能特性；正极材料是由二氧化锰粉、氯化铵及炭黑组成的一个混合糊状物。正极材料中间插入一根炭棒，作为引出电流的导体。在正极和负极之间有一层增强的隔离纸，该纸浸透了含有氯化铵和氯化锌的电解质溶液，金属锌的上部被密封。这种电池是19世纪60年代法国的勒克兰谢(Leclanche）发明的，故又称为勒克兰谢电池或碳锌干电池。

它的表达式为：$Zn|KOH, K_2[Zn(OH)_4]|MnO_2, C(+)$

正极反应： $2MnO_2+2H_2O+2e^- \longrightarrow 2MnOOH+2OH^-$ (1.1)

负极反应： $Zn \longrightarrow Zn^{2+}+2e^-$ (1.2)

电解液反应： $Zn^{2+}+NH_4Cl+2OH^- \longrightarrow Zn(NH_3)_2Cl_2+2H_2O$ (1.3)

电池总反应： $2MnO_2+Zn+2NH_4Cl \longrightarrow 2MnOOH+Zn(NH_3)_2Cl_2$ (1.4)

该类电池的特点：①开路电压为1.55～1.70V；②原材料丰富，价格低廉；③携带方便，适用于间歇式放电场合。缺点是：在使用过程中电压不断下降，不能提供稳定电压，且放电功率低，比能量小，低温性能差，在－20℃即不能工作。

另一类锌锰电池是采用碱性 KOH 水溶液作为电解液，也称碱性锌锰电池。当用 KOH 电解质溶液代替 NH_4Cl 做电解液时，正极上的 MnO_2 被还原为 MnOOH 后，进一步还原为 $Mn(OH)_2$。负极的锌通常由片状改变成粒状，增大了负极的反应面积。在结构上采用与普通锌锰电池相反的电极结构，增大了正负极间的相对面积，因此，电池的比能量和放电电流都能得到显著的提高。

它的表达式为：$Zn|KOH，K_2[Zn(OH)_4]|MnO_2，C(+)$ (1.5)

正极反应：$MnO_2+H_2O+e^- \longrightarrow MnOOH+OH^-$

$MnOOH+H_2O+OH^- \longrightarrow Mn(OH)_4$ (1.6)

(MnOOH 在碱性溶液中有一定的溶解度)

$Mn(OH)_4+2e^- \longrightarrow Mn(OH)_4^{2-}$ (1.7)

负极反应：$Zn+2OH^- \longrightarrow Zn(OH)_2+2e^-$ (1.8)

$Zn(OH)_2+2OH^- \longrightarrow Zn(OH)_4^{2-}$ (1.9)

电池总反应：$Zn+MnO_2+2H_2O+4OH^- \longrightarrow Mn(OH)_4^{2-}+Zn(OH)_4^{2-}$ (1.10)

或 $Zn+MnO_2+H_2O \longrightarrow Mn(OH)_2+ZnO$ (1.11)

由于正极为阴极反应，不全是固相反应，负极为阳极反应，是可溶性的 $Zn(OH)_4^{2-}$，故内阻小，放电后电压恢复能力强。碱性锌锰电池采用了高纯度、高活性的正、负极材料，以及离子导电性强的碱作为电解质，使电化学反应面积成倍增长。它的特点：①开路电压为 1.5V；②工作温度范围宽，在 −20～60℃之间，适于高寒地区使用；③大电流连续放电，其容量是酸性锌锰电池的 5 倍左右；④它的低温放电性能也很好。碱性电池更适用于大电流连续放电和要求高的工作电压的用电场合，特别适用于照相机、闪光灯、剃须刀、电动玩具等。一般来说，碱性锌锰电池，不可以进行充电，否则可能会导致电池漏液或发生危险。

不过，研究人员也开发了一种可充电的改性碱性锌锰电池。该种电池的结构和制造工艺过程与碱性锌锰电池基本相同。为实现可充电，该电池在碱性锌锰电池的基础上做了改进：①改善正极结构，提高正极环强度或加入黏结剂等添加剂，防止正极在充放电时发生溶胀；②通过正极掺杂，提高二氧化锰的可逆性；③控制负极活性物质锌的用量，控制二氧化锰只能以一个电子放电至 MnOOH[$Zn+MnO_2+H_2O \longrightarrow MnOOH+Zn(OH)_2$]；④改良隔离层，防止电池充电时产生锌枝晶穿透隔离层发生短路。

可充碱性锌锰电池的充放电循环性能相对传统二次电池差，全充放电循环使用寿命只有50次左右。使用该种电池时不可过放电，浅放电可大幅度提高电池的循环寿命。电池的放电反应与碱性锌锰一次电池相同，充电时发生放电反应的逆反应。由于电池的循环寿命较短，发展受到制约。

1.1.2 铅酸电池

第一块实用的铅酸电池是在1860年由普兰特（Gaston Planté）发明的。普兰特电池是在两个长条形的铅箔中间夹入粗布条，然后经过卷绕后将其浸入浓度为10%左右的硫酸溶液中制成的。现在的铅酸电池中，正极和负极的活性材料分别是二氧化铅PbO_2和金属铅，电解液是硫酸水溶液。在实际的电池制造过程中，是将高分散的铅粉和PbO粉制成糊状剂，然后将这种糊状剂涂覆在铅合金（如：铅-锑-钙合金）支架上，然后再将其氧化成PbO_2或还原成多孔状的海绵铅，这样两个电极的活性会大幅提高。小型铅酸电池通常采用极板平行的方形结构或圆柱形结构，容量能达到1～30A·h；大型铅酸电池容量可达12000A·h。电池中的酸性电解质或者呈凝胶状或者吸附在极板和大孔隙率隔膜上。

正极反应： $$PbO_2+3H^++HSO_4^{2-}+2e^- \!=\!=\!= PbSO_4+2H_2O \quad (1.12)$$

负极反应： $$Pb+HSO_4^{2-}-2e^- \!=\!=\!= PbSO_4+H^+ \quad (1.13)$$

电池总反应： $$PbO_2+Pb+2H_2SO_4 \!=\!=\!= 2PbSO_4+2H_2O \quad (1.14)$$

铅酸电池从2V的小单体电池到48V的大电池都有，维护简单。价格低廉以及相对较好的性能和循环寿命使其被广泛应用于备用电源、汽车启动电源和电动自行车等。目前广泛使用的铅酸电池通常有一个控制电池壳中气体输入或者排出的减压阀，被称为“阀控密封铅酸蓄电池”（VRLAB）。VRLAB内的单向阀用来将电池密封，电池正常运行时泄压阀处于关闭状态，除非电池内部气压大于设计允许的最大值。充电过程中正极产生的氧气扩散至负极，并在硫酸的作用下与刚生成的铅反应。由于氢气的生成也受到限制，阀控式设计能减少95%的气体析出。VRLAB电池最好在通风的场所使用，因为通过泄压阀仍然会有少量氢气和二氧化碳释放出来。

1.1.3 镍氢电池

镍氢电池的研究始于20世纪70年代，其商业化应用始于90年代。按照氢的储存方式，镍氢电池可以分为高压镍氢电池和低压镍氢电池，二者最主要的差别为高压镍氢电池采用高压钢瓶直接存储氢气，而低压镍氢电池采用储氢合金储氢。镍/金属氢化物（Ni/MH）电池是从镍镉电池发展而来，由于镉对于环境存在很大危害，人们为了替代镉的使用，开发了镍/铁电池和镍/金属氢化物电池体系。而镍/铁电池的比能量低、荷电保持能力差、低温性能不好等缺点限制了其进一步应用。Ni/MH 电池不仅有利于环境保护，还具有比镍镉电池更大的容量和更长的使用寿命。日本丰田公司设计的 Prius 混合动力汽车采用的就是低压镍氢电池。该车型是第一种真正意义上市场化的混合动力汽车，并且至今仍然保持很高的销量。镍氢电池是把氢氧化镍/羟基氧化镍［$Ni(OH)_2/NiOOH$］正极和储氢合金负极置于 6mol/L 的氢氧化钾溶液中封装起来。在充电过程中，负极材料储氢合金与水反应形成金属氢化物和 OH^-，正极材料 $Ni(OH)_2$ 发生氧化反应形成 NiOOH，氢由正极移向负极。放电过程发生的反应是充电过程的逆反应。

放电反应：
$$NiOOH + H_2O + e^- \longrightarrow Ni(OH)_2 + OH^- \tag{1.15}$$
$$MH + OH^- \longrightarrow M + H_2O + e^- \tag{1.16}$$
电池总反应：
$$MH + NiOOH \longrightarrow M + Ni(OH)_2 \tag{1.17}$$

反应式中 M 为储氢金属或合金。金属氢化物要用于 Ni/MH 电池负极，在储氢能力、金属-氢键合强度以及催化活性和放电动力学方面均需满足一定的要求。目前储氢效率较高的合金是 AB_5 型合金，如 $LaNi_5$，大约为 320mA·h/g。另外，A_2B_7 型合金和 AB_2 型合金也具有很高的储氢能力，分别为 380mA·h/g 和 440mA·h/g，但是，相比而言，AB_5 型合金的成本低、易于活化和成型，使用更为广泛。合金中可以添加或者替代多种元素，来改善电极的容量、功率或循环寿命。

与镍镉电池类似，Ni/MH 电池在充电过程中会有水电解的副反应发生，因此，电池的使用中，过度充电时应第一时间阻止析氢的发生。为此，镍/金属氢化物电池在制造时，负极（金属氢化物）的有效容量要高于正极，在负极进行“负电荷储备”。这样，可以保证电池过充电时氧气的复合以及过放电时氢气的复合，有效防止由于气体的生成所造成的压力升高。另外，在充电末期和过充电时必须控制充电电流，将氧气的生成速率限制在复合速率之下，以防止气体积累，压力升高。

1.1.4 锂离子电池

锂是最轻的金属元素（原子量 $M=6.939$），而且具有很低的电极电势

($E^0=-3.045V$ vs. 标准氢电极)。如果与一种合适的正极材料结合起来，就可能构成一种电压很高的新型电池。由此可见，设计一种合适的正极材料与之匹配至关重要。2019 年，诺贝尔化学奖授予约翰·古迪纳夫（John Goodenough)、斯坦利·威廷汉姆（Stanley Whittingham）和吉野彰（Akira Yoshino）三位科学家，正是为了表彰他们“开发锂离子电池”的贡献。如今，锂离子电池（lithium ion batteries，LIBs）已经广泛应用于手机、电脑和电动汽车等设备，对人们的生活方式和基础设施建设产生了重要影响。

科学家用了近 20 年的时间才完成了锂电池从实验到商用过程。起初，因为石油危机促成了锂电池的研究，当时，斯坦利·威廷汉姆教授以锂合金材料作为负极，以嵌入式 TiS_2 作为正极，开发出首个功能性锂电池，放电的电压达到 2V。后来又有一位科学家，提出采用氧化物替代硫化物来实现对锂离子的嵌入，从众多材料中发现钴酸锂（$LiCoO_2$）用作正极材料时，锂电池的电压可从 2V 增加到 4V。他就是被称为“锂电池之父”的约翰·古迪纳夫。之后，他领导的研究团队又合成了尖晶石氧化物 $LiMn_2O_4$。锂离子在 $LiCoO_2$ 中的占位与扩散均是二维的层状特征，而在 $LiMn_2O_4$ 中则采用三维隧道状的结构特征，更有利于锂离子的移动。采用聚阴离子基团（如 PO_4^{3-}）替换 O^{2-} 阴离子基团，可以将层状氧化物 $LiFeO_2$ 转化为 $LiFePO_4$，将 $LiFeO_2$ 中 $Fe^{3+/2+}$ 的氧化还原反应（～2V），通过 PO_4^{3-} 的诱导效应提升至约 3.4V。目前，这三种材料已经成为锂离子电池最重要的三种正极材料。其中，磷酸铁锂材料由于价格低廉、安全性好及循环寿命长，已经成为电动汽车及储能电堆最有发展潜力的正极材料。

与约翰·古迪纳夫不同，日本科学家吉野彰成功寻找到了一种安全且高效的负极材料，这种材料是石油工业的副产品——石油焦。起初，吉野彰团队以聚乙炔作为负极材料，环状碳酸丙烯酯为电解液溶剂，通过将锂离子收纳到聚乙炔共轭结构中的方法，解决了锂金属枝晶问题，完成了现在锂离子二次电池的原型。之后，他们采用与聚乙炔材料类似具有“共轭电子”的碳材料，作为负极材料，完成了现在的锂离子电池发明。再进一步结合约翰·古迪纳夫的研究成果，索尼公司最终在 1991 年率先实现了锂离子电池的商业化。这么一块小小电池的诞生，历尽千辛万苦。

锂离子电池具有电压高（～4V)、比能量大（～240W·h/kg、600W·h/L)、循环使用寿命长（～1000 次)、自放电率低（2%～8%/月）和工作温度范围广（充电在 0～45℃，放电在－40～65℃）等优点。一般锂离子电池可以反复充放电 1000 次，磷酸铁锂电池甚至可以达到 2000 次以上。商业锂离子电池，主要是以碳素材料作为负极，以含锂的化合物作为正极，正负极之间以微孔聚乙烯或聚丙烯隔膜实现电绝缘。这里面没有金属锂，只有锂离子在正负极之间进行交换，它的充放电过程，就是锂离子嵌入和脱嵌的过程，所以，锂离子电池又称为“摇椅式电池”，电极反应如下：

正极反应： $$LiMO_2 \longleftrightarrow Li_{1-x}MO_2 + xLi^+ + xe^- \tag{1.18}$$

负极反应： $$6C + Li^+ + 6e^- \longleftrightarrow LiC_6 \tag{1.19}$$

电池总反应： $$LiMO_2 + 6C \longleftrightarrow xLiC_6 + Li_{1-x}MO_2 \tag{1.20}$$

1.1.5 水系二次电池

相对于有机溶液电池而言，水溶液电池具有安全无毒、成本低廉、倍率性能好、组装工艺简单等优点，在大型储能和动力电池领域具有广阔的应用前景。自加拿大科学家 Jeff Dahn 首次报道水溶液锂离子电池以来，我国许多知名科学家如陈立泉院士、夏永姚教授、吴宇平教授等在材料制备和电池体系选择方面都进行了广泛而深入的研究，有力地推动了水系二次电池的发展。然而，当前可实用化的水溶液电池正负极材料实际比容量较低。同时，水溶液电池反应热力学性质受到水分解反应的严重影响，一方面导致电极材料的选择受限，另一方面使水溶液电池循环性能不断恶化。因此，开发高容量的电极材料，构建合适的电池体系，并改善其循环稳定性，是当前水溶液电池研究的焦点。

目前研究较多的水系电池体系主要有四种：水系锂离子电池，如 $LiMn_2O_4/LiTi_2(PO_4)_3$ 等；水系钠离子电池，如 $Na_{0.44}MnO_2/NaTi_2(PO_4)_3$ 等；水系锌离子电池，如 MnO_2/Zn、$ZnMn_2O_4/Zn$ 等；混合水系电池，如 $LiMn_2O_4/Zn$、$Na_{0.44}MnO_2/Zn$ 等。充放电过程中，正负极之间发生不同金属离子的可逆嵌入与脱出或沉积与溶解反应。报道较多的水系二次电池正极材料有锰基化合物、钒基化合物、普鲁士蓝类似物、谢弗雷尔相化合物、有机蒽醌类化合物等；研究较多的负极材料有磷酸钛锂、磷酸钛钠、金属锌等。水系可充电电池当前面临着一系列挑战，在水溶液电解液体系中，离子嵌入型化合物的化学与电化学过程比在有机电解液中复杂得多，会发生诸多副反应，如电极材料与水或氧反应、质子与金属离子的共嵌问题、析氢/析氧反应、电极材料在水中的溶解等。这些问题在很大程度上都制约了水系电池的发展与应用。

1.1.6 其他电池

与此同时，科研人员也在不断研发能量密度更大、安全性更高、成本更低和更加环境友好的新型电池，如钠离子电池、钾离子电池等。这些电池基本沿用了前述几种电池的原理，但是，在正、负极材料和电解液上有所变化。例如，钠离子电池正极采用钴酸钠、锰酸钠、镍锰酸钠、铁锰酸钠等系列材料。钾离子电池正极材料主要有含钾氰基金属盐（普鲁士蓝类似物）、聚阴离子化合物、层状氧化物和有机化合物等。

1.2 电池及电池材料研究现状及发展趋势

铅酸电池相对于锂离子电池来说，劣势在于电池的比能量低、循环寿命较短，同时会对环境造成重金属（铅）污染，但是，它生产成本低、易维护、回收效率及安全性高。目前，铅酸电池在汽车启动领域具有绝对优势，这主要取决于启动电池的使用环境和要求。启动电池要求在－40℃下能够正常启动车辆，而锂离子电池（磷酸铁锂）低温大电流性能很差。而且，启动电池一般位于发动机附近，处于高温且密闭的空间，但是，锂离子电池受撞击后易燃易爆且会分解挥发有毒气体，这些均不利于锂电池的应用。因此，启动领域作为铅酸电池的固有领域，目前相对于锂离子电池具有无可比拟的优势。为了有效应对锂电池等新型能源的竞争，铅酸电池急需在轻量化、长寿命、低成本、快充及部分荷电状态方面有所提升。例如，采用泡沫等新型材料将板栅和活性物质融合在一起，实现一体化电极，进一步提升铅酸电池的性能和竞争能力。

镍氢电池各方面的性能均要优于铅酸电池。直到现在，它们仍是混合动力电动汽车的默认选择。镍氢动力电池技术成熟，特点是大电流充放电性能，可以实现快速充放电，在低温性能方面也要优于锂离子电池。但因其理论容量不如锂离子电池且具有记忆效应等缺点，从长期看，镍氢电池将面临以锂离子电池为主的二次电池的挑战。不过，我国稀土资源丰富，发展镍氢电池具有得天独厚的优势，自20世纪90年代以来，先后在全国多个地区建立了镍氢电池及相关材料的生产基地。储氢电极原料的优势和技术的积累将成为镍氢电池发展的重要保障。

锂离子电池在性能上与前两种电池相比较，有着更大的优势，比能量是铅酸蓄电池的4倍、镍氢电池的2倍，寿命是铅酸蓄电池的2～3倍，被认为是21世纪纯电动汽车发展的主要动力电池之一。随着动力电池技术的不断进步，锂离子电池正在逐步占领电动汽车市场。但是，未来锂离子电池仍需要在正、负极材料和电解液三个方面进行改进和完善，来提高其能量/功率密度和安全性。高容量正极材料主要以镍、钴、锰三元材料为主进行发展，高镍可以提高电池能量密度、高钴可以提高倍率性能、替换锰可以降低成本增加稳定性。其中，阳离子无序正极材料有望成为新的高容量正极。以硅-碳（Si-C）复合材料为代表的新型高容量负极材料在稳定性上仍需进一步提高。电解质方面主要是针对传统锂盐 $LiPF_6$ 遇水分解、高温稳定性差，不断研究新型电解质锂盐和功能添加剂，以克服现有电解液的问题；同时逐步发展聚合物电解质，最终迈向全固态电解质，提高电池的安全性。

随着科技的发展，锂离子电池的市场份额逐渐增大，对锌锰电池、铅酸电池和镍氢电池等产生了巨大挑战。一次锌锰电池由于其不可重复使用，在制造成本和容量上如果没有更大的优势，在未来将逐步退出电源舞台。目前，正在发展的水系锌离子电池可能为二次锌锰电池开辟新的应用前景。作为成熟的可反复使用的二次电池，铅酸电池和镍氢电池需要进一步根据自身特点和优势寻找恰当的应用空间。而且，研究人员需要在电池材料、电池结构设计和电池管理系统（BMS）方面寻求新的突破。

新材料的开发和探索对于进一步提高锂电池性能、降低生产成本、改善稳定性和安全性具有重要意义。在材料的研发过程中，不同的制备方法，如高温固相法、溶胶-凝胶法等获得的材料，在微观形貌和充放电特性方面都会有显著不同，因此，探讨不同的制备方法及其对电池性能的影响，有利于实现材料的改性和可控制备。材料表征技术在揭示材料的结构-性能关系方面不可或缺。材料的结构决定性质，对材料的组分、结构和微观形貌的解析，需要用到多种表征技术，如X射线光电子能谱分析、扫描电子显微镜等。近年来发展的原位表征分析技术，如原位拉曼光谱、原位X射线吸收谱、原位透射电子显微镜等，对于观察、分析充放电过程中材料的组分和结构变化意义重大。这些分析技术的推广和使用不仅有利于从本质上调控材料的性质、指导材料的制备，还有利于理解充放电过程中的动态演化过程。因此，只有将电池材料的制备、表征和性能有机结合起来，才能在电池的研发和应用中获得突破。

第2章 电池材料制备方法

近年来，随着科学技术的发展以及不可再生资源的消耗，可再生资源的最大限度利用已经显得尤为重要。但太阳能、风能、潮汐能等可再生能源在时间和空间上具有不连续性，要将这些能量转换为电能利用起来并智能并网平稳输出需要大型的储能装置。备受关注的二次电池是一种应用极为广泛的储能器件，报道较多的有单价离子电池体系（如锂离子电池 LIBs、钠离子电池 SIBs、钾离子电池 KIBs）及多价离子电池体系（镁离子电池 MIBs、锌离子电池 ZIBs、铝离子电池 AIBs）等，其中核心部分是性能优异的正负极材料。电池材料合成与制备技术在电池材料研发、性能优化和应用的过程中发挥着重要的作用，没有材料的合成与制备，就无法得到材料，材料的性能研究和应用就无从谈起。电池材料的发展和应用离不开材料合成与加工技术的进步，每当一种新的合成制备技术或加工技术出现，都很可能伴随着材料发展的一次飞跃，都是推动材料创新的动力。

根据电池材料制备过程中反应所处的介质环境不同，可以简单地将电池材料的制备方法分为固相法、液相法和气相法。

2.1 固相法

固相反应是指那些有固态物质参加的反应，可以归纳为下列几类：

① 一种固态物质的反应，如固态物质的热解、聚合；

② 单一固相内部的缺陷平衡；

③ 固态和气态物质参加的反应；

④ 固态与液态物质间的反应；

⑤ 两种以上固态物质间的反应；

⑥ 固态物质表面上的反应，如固相催化反应和电极反应。

一般说来，反应物之一必须是固态物质的反应，才能叫固相反应。固体原料混合物以固态形式直接反应大概是制备多晶形固体最为广泛应用的方法。在室温下经历一段合理的时间，固体并不相互反应。为使反应以显著速度发生，必须将它们加热至很高温度，通常是1000～1500℃。这表明热力学与动力学两种因素在固态反应中都极为重要：热力学通过考查一个特定反应的自由焓变化来判定该反应能否发生；动力学因素决定反应发生的速度。例如，从热力学角度考虑 MgO 与 Al_2O_3 反应能生成 $MgAl_2O_4$，实际上它们在常温下反应极慢。仅当温度超过1200℃时，才开始有明显反应，必须在1500℃下将粉末混合物加热数天，反应才能完全。可见动力学因素对反应速率的影响。

液相或气相反应动力学可以表示为反应物浓度变化的函数，但对有固体物质参与的固相反应来说，固态反应物的浓度是没有多大意义的。因为参与反应的组分的原子或离子不是自由地运动，而是受晶体内聚力的限制，它们参加反应的机会是不能用简单的统计规律来描述的。对于固相反应来说，决定的因素是固态反应物质的晶体结构、内部的缺陷、形貌（粒度、孔隙度、表面状况）以及组分的能量状态等，这些是内在的因素。另外一些外部因素也影响固相反应的进行，例如反应温度、参与反应的气相物质的分压、电化学反应中电极上的外加电压、射线的辐照、机械处理等。有时外部因素也可能影响甚至改变内在的因素。例如，对固体进行某些预处理时，如辐照、掺杂、机械粉碎、压团、加热，在真空或某种气氛中反应等，均能改变固态物质内部的结构和缺陷状况，从而改变其能量状态。

与气相或液相反应相比，固相反应的机理比较复杂。固相反应过程中，通常包括以下几个基本步骤：

① 吸着现象，包括吸附和解吸；

② 在界面上或者均相区内原子进行反应；

③ 在固体界面上或者内部形成新相的核，即成核反应；

④ 物质通过界面和相区的输运，包括扩散和迁移。

在各个步骤中，往往某一个反应步骤进行得比较慢，那么整个反应过程的反应速率就受这一步反应所控制，这叫作速率控制步骤。

固相法制备电池材料，主要是以机械手段对原材料进行混合与细化，然后将混合物经过后续高温烧结得到目标产物。在烧结过程中，往往伴随着脱水、热分解、相变、共熔、熔解、析晶和晶体长大等多种物理、化学变化。其工艺简单，可操作性强，成本低廉，易于大规模生产应用，是许多电池材料制备的最常用的合成方法，特别适合只含有一种过渡金属离子材料的合成。而对于多元材料，由于原料成分含有多种金属元素，用简单的机械手段得到的混合物混匀程度有限，易导致原料微观分布不均匀，在后续处理过程中扩散难以顺利进行，造成产品在组成、结构、粒度分布等上存在较大差异。这就要求固相法制备多元正极材料时保证原料充分混匀，并在烧结过程中保证原料中的多元离子充分扩散。

2.1.1 高温固相合成法

高温是电池材料合成的一个重要手段，为了进行高温合成，就需要一些符合不同要求的产生高温的设备和技术。现将目前国际上产生高温与超高温的技术和它们所能达到的温度，列于表 2.1 中。下面仅就实验室中常用的几种获得高温的方法，做简单的介绍。

表 2.1 获得高温的各种方法和达到的温度

获得高温的方法	温度/K
各种高温电阻炉	1273～3273
聚焦炉	4000～6000
闪光放电	4273 以上
等离子体电炉	2×10^{4}
激光	$10^{5}\sim10^{6}$
原子核的分离和聚变	$10^{6}\sim10^{9}$
高温粒子	$10^{10}\sim10^{14}$

(1) 电阻炉

电阻炉是实验室和工业中最常用的加热炉，它的优点是设备简单，使用方便，温度可精确地控制在很窄的范围内。应用不同的电阻发热材料可以达到不同的高温限度。现将不同电阻材料的最高工作温度列于表 2.2 中，炉内工作室的温度将稍低于这个温度。应该注意的是，一般使用温度应低于电阻材料最高工作温度，这样就可延长电阻材料的使用寿命。

表 2.2 电阻发热材料的最高工作温度

名称	最高工作温度/℃	备注
镍铬丝	1060	
硅碳棒	1400	
铂丝	1400	

续表

名称	最高工作温度/℃	备注
铂90%铑10%合金丝	1540	
钼丝	1650	真空
硅化钼棒	1700	
钨丝	1700	真空
ThO_2 85%,CeO_2 15%	1850	
ThO_2 95%,La_2O_3 5%	1950	
钽丝	2000	真空
ZrO_2	2400	
石墨棒	2500	真空
钨管	3000	真空
碳管	2500	

(2) 感应炉

感应炉的主要部件就是一个载有交流电的螺旋形线圈，它就像一个变压器的初级线圈，放在线圈内的被加热的导体就像变压器的次级线圈，它们之间没有电路连接。当线圈上通过交流电时，在被加热体内会产生闭合的感应电流，称为涡流。由于导体电阻小，所以涡流很大；又由于交流线圈产生的磁力线不断改变方向，感应的涡流也不断改变方向，新感应的涡流受到反向涡流的阻滞，就导致电能转换为热能，使被加热物很快发热并达到高温。这个加热效应主要发生在被加热物体的表面层内，交流电的频率越高，则磁场的穿透深度越低，而被加热体受热部分的深度也越低。

实验室用的感应炉操作起来很方便，并且十分清洁，可以将坩埚封闭在一根冷却的石英管中，通过感应使之加热，石英管内可以保持高真空或惰性气氛。这种炉可以很快地加热到3000℃的高温。感应加热主要用于粉末热压烧结和真空熔炼等。

(3) 电弧炉

电弧炉常用于熔炼金属，如钛、锆等，也可以用于制备高熔点化合物，如碳化物、硼化物以及低价的氧化物等。电流由直流发电机或整流器供应。起弧熔炼之前，先将系统抽至真空，然后通入惰性气体，以免空气渗入炉内。

在熔化过程中，只要注意调节电极的下降速度和电流、电压等，就可使待熔的金属全部熔化而得到均匀无孔的金属锭。尽可能使电极底部和金属锭的上部保持较短的距离，以减少热量的损失，但电弧需要维持一定的长度，以免电极与金属锭之间发生短路。

固相反应一般需要较高的反应温度，其反应的机理和特点不同于液相和气相。两种固相反应 A 和 B 相互作用生成一种或多种生成物 A_mB_n。在这种非均相的固相反应过程中，必须是由于反应物不断地穿过反应界面和生成物质层，发生了物质的输运，即原来处于晶格结构中平衡位置上的原子或离子在一定的条件下脱离原位置而做无规则的行走，形成移动的物质流。这种物质流的推动力是原子核空位的浓度差以及化学势梯度。物质输运过程是受扩散定律制约的。

固-固态反应中，固态反应物的显微结构和形貌特征对于反应有很大的影响。例如，物质的分散状态（粒度）、孔隙度、装紧密度。反应物相互间接触的面积对于反应速率影响也很大。因为固相反应进行的必要条件之一是反应物必须互相接触，将反应物粉碎并混合均匀，或者预先压制成团并烧结，都能够增大反应物之间接触面积，使原子的扩散输运容易进行，这样会增大反应速率。例如，采用固相法制备锂离子电池富锂锰基 $Li[Li_{0.2}Ni_{0.17}Co_{0.16}Mn_{0.47}]O_2$ 正极材料时，如果选择氧化物为原料，反应必须在长时间的高温条件下进行，而且得到的材料由于金属元素均匀度不一致而电化学性能不佳。如果选择草酸盐或醋酸盐为原料，利用醋酸盐、草酸盐的低熔点且受热后的流变性，采用机械球磨法对反应原料镍、钴、锰、锂盐进行预处理，高温烧结后的材料电化学性能明显优于以氧化物为原料所得材料。当反应物被粉碎、被分解或者其结构正在被破坏的时候，或者当反应物处于相变温度时，反应的活性很大，反应速度很快。例如，由 CoO 和 Al_2O_3 合成 $CoAl_2O_4$，当反应温度在 1200℃时，由于此温度即为 γ-Al_2O_3（立方）→α-Al_2O_3（六方）的相变温度，所以合成反应进行得特别快。

高温固相法是合成锂离子电池正极材料的最常见方法，其工艺简单，在产业化过程中通常用于制备锂离子电池正极材料钴酸锂、锰酸锂、磷酸铁锂等。例如，磷酸铁锂的高温固相合成法是将锂盐（碳酸锂、氢氧化锂、磷酸锂）、亚铁盐（草酸亚铁、醋酸亚铁或磷酸亚铁）和含磷铵盐（磷酸氢二铵或磷酸二氢铵）作为原料按一定的配比经充分研磨混合，在惰性气氛保护下，于 500～800℃高温下煅烧数小时，即可得到 $LiFePO_4$。但是，高温固相法合成过程中反应物难以混合均匀，颗粒形貌不规则，产物粒径较大且粒径分布较宽，导致材料的电化学性能不十分理想。

2.1.2 自蔓延高温合成法

自蔓延高温合成（self-propagating high-temperature synthesis，简称 SHS）

又称为燃烧合成技术（combustion synthesis），是利用反应物之间高的化学反应热的自加热和自传导作用来合成材料的一种技术。反应物一旦被引燃，便会自动向尚未反应的区域传播，直至反应完全，这是制备无机化合物高温材料的一种新方法。燃烧合成的基本要素是：①利用化学反应自身放热，完全（或部分）不需要外部热源；②通过快速燃烧的自维持反应得到所需成分和结构的产物；③通过改变热释放和传输速度来控制合成过程的速度、温度、转化率和产物的成分及结构。

SHS以自蔓延方式实现粉末间的反应，与制备材料的传统工艺比较，工序减少，流程缩短，工艺简单，一经引燃启动过程后就不需要对其进一步提供任何能量。燃烧波通过试样时产生的高温，可将易挥发杂质排出，使产品纯度高。同时燃烧过程中有较大的热梯度和较快的冷凝速度，有可能形成复杂相，易于从一些原料直接转变为另一种产品。并且可能实现过程的机械化和自动化。另外还可能用一种较便宜的原料生产另一种高附加值的产品，成本低，经济效益好。

SHS反应的几个典型参数比较见表2.3。

表2.3　SHS反应的几个典型参数比较

典型参数	SHS法	常规方法
最高温度/℃	1500～4000	≤2200
反应传播速度/($cm \cdot s^{-1}$)	0.1～15(以燃烧波形式)	很慢，以 $cm \cdot h^{-1}$ 计
加热速度/(℃ · h^{-1})	10^3～10^6	≤8
点火能量/($W \cdot cm^{-2}$)	≤500	
点火时间/s	0.05～4	
合成带宽度/mm	0.1～5.0	较长

注：其中常规方法的最高温度指烧结加热温度，而SHS的最高温度指绝热燃烧温度。

预测SHS过程可实现性的最可信赖的方法是计算给定混合体系的绝热燃烧温度 T_{ad}（adiabatic temperature）。该温度应该足够高以能维持异种物质间的反应。反应所能达到的最高温度就是绝热燃烧温度。它是描述SHS反应特征的最重要的热力学参量，它不仅可以作为判断燃烧反应能否自我维持的定性依据，而且还可以对燃烧反应产物的状态进行预测。并可为反应体系的成分设计提供依据。

假定：体系绝热；产物和反应物的比热容不随温度变化；反应物按100%化学计量反应，且不可逆。当在298K发生反应时，则有以下平衡方程

$$\Delta H_{298}^{0}+\sum n_i(H_t^0-H_{298}^0)_{i,\text{生成物}}=0 \tag{2.1}$$

式中，ΔH_{298}^{0}为常温下物质的摩尔标准生成热，即反应在常温下的热效应，此处应视为所有生成物与反应物的生成热之差；$(H_{t}^{0}-H_{298}^{0})_{i}$为各生成物在$T$温度下的相对焓，$n_i$为反应式中生成物的摩尔系数。如果已知生成物质的焓变，则可通过上式计算绝热温度T_{ad}，还可以判断体系中是否出现液相和气相以及它们所占的比例。通常把$T_{ad}>1800K$作为自蔓延反应可以自行维持反应的依据。如果$T_{ad}<1500K$，反应放出的热量不足以使燃烧反应持续进行；如果$T_{ad}>1800K$，则自蔓延反应可持续进行；如果$1500K<T_{ad}<1800K$，必须采用外界对体系提供额外的能量使之继续进行。但是随着自蔓延燃烧技术的发展，研究人员发现仅仅通过T_{ad}来判断反应是否能够发生的理论依据并不充分。Su等认为现有的实验数据已经完全能够打破1800K的规则，他们基于SHS的系统热力学参数，重新制定了新的标准。标准规定了当绝热温度超过压坯的较低熔点组分熔点时，SHS反应将会持续进行。新标准具有明确的物理意义，涵盖了SHS合成制备的所有现有材料，包括高温耐火材料和金属间化合物，以及复合材料等。关于绝热温度的判据标准还有待进一步的研究。

另外，通过对某体系的T_{ad}与熔化温度T_m的比较，还可以判断SHS反应过程中是否有液相出现。当$T_{ad}<T_m$时，合成产物为固相；当$T_{ad}>T_m$时，产物为液相；当$T_{ad}=T_m$时，产物部分为液相。

由于自蔓延反应过程较快，几乎在瞬间完成。因此，对于研究分析合成过程中产物的形态结构带来不便。为了有效控制合成材料的结构，通常采取相关手段进行调节。对于弱放热体系的SHS反应，促进SHS反应的手段有高温炉加热、功能添加剂促进、机械促进（压制、振动、冲击波）、电场、电磁等方法；抑制SHS过程的方法主要有添加稀释剂、阻燃材料，在反应性气体中添加惰性气体等。

SHS工艺参数的改变不仅会影响SHS的反应速率，同时还影响到燃烧温度的大小和燃烧波的传播方式，从而会不同程度地影响SHS产物的相组成和微观形貌。通常SHS的工艺因素主要有反应物的粒径、球磨参数、反应物压坯压力等。如：对于固-固反应或固-气反应类型的SHS反应，反应物中固体粒子的大小对燃烧合成产物的形态影响较大。固体粒径越小，反应物之间的有效接触面积越大，反应速度越快，燃烧温度越高，中间产物相组成越少；关于球磨比，需要在实验过程中选择一个最佳值来完成实验，否则不合理的球磨比会引起自燃现象；压坯压力的大小也会影响SHS中燃烧波温度和燃烧波速度。张鹏林在对Mg-TiO_2的自蔓延燃烧中发现，当压坯压力大于275MPa时，燃烧温度随着压力的增大而降低，这是由于压力增大后，压坯密度会随着增大，因而导致了反应中热量传导的加快，从而使燃烧温度降低；然而，燃烧波速度随着压坯压力的增大而增大。这是由于压坯密度增大后，参加反应的物料增加，从而反应中燃烧波的传播能力就越强。因此，应该合理控制SHS的工艺参数，使得燃烧波的状态最大程度地保持在稳态燃烧状态中，从而合成目标产物。

2.1.3　高能球磨法

高能球磨法也称机械合金法，通过磨球与罐壁和磨球与磨球之间进行强烈的撞击，将粉末进行撞击、研磨和搅拌，可以把金属或合金粉末粉碎为纳米级微粒。

它与传统的低能球磨不同，传统的球磨工艺只对物料起粉碎和均匀混合的作用，而在高能球磨工艺中，由于球磨的运动速度较大，可将足够高的动能从磨球传给粉末样品，粉末颗粒被强烈塑性变形，产生应力和应变，颗粒内产生大量的缺陷，这显著降低了元素的扩散激活能，使得组元间在室温下可显著进行原子或离子扩散；颗粒不断冷焊、断裂，组织细化，形成了无数的扩散/反应耦合，同时扩散距离也大大缩短。应力、应变、缺陷和大量纳米晶界、相界产生，使系统储能很高，达十几千焦每摩尔，粉末活性被大大提高；在球与粉末颗粒碰撞瞬间造成界面处的扩散，而且还可以诱发此处的多相化学反应，从而达到合成新材料的目的。

立式油封电机直连式行星球磨机见图2.1，高能球磨机配套球磨罐见

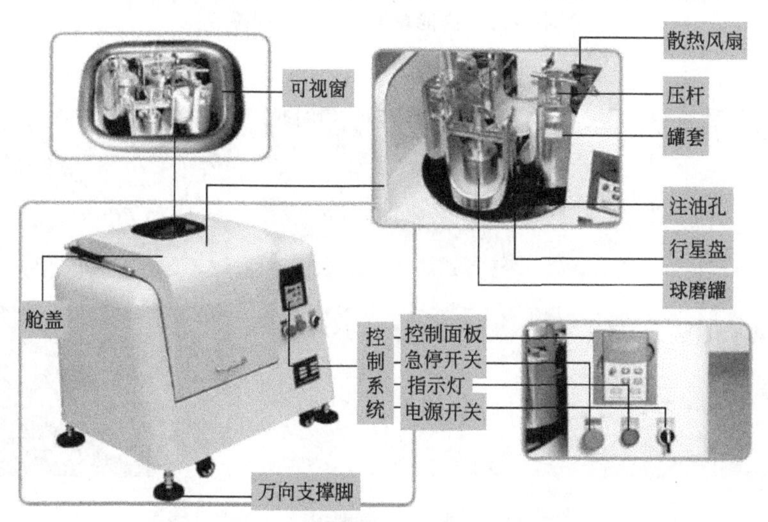

图2.1　立式油封电机直连式行星球磨机

图 2.2，研磨球见图 2.3。

图 2.2　高能球磨机配套球磨罐

图 2.3　研磨球

高能球磨技术可分为干法高能球磨和湿法高能球磨，二者工作基本原理相同，但是湿法球磨中因为有液体助磨剂的参加，有利于颗粒减小，缩短球磨时间，提高球磨效率。高能球磨过程使得粉末细化，最后达到不同组元原子互相掺入和扩散，发生反应，实现固相反应中各组分间的均一性。高能球磨技术可用来制备多种纳米合金材料及其复合材料，特别是用常规方法难以获得的高熔点的合金纳米材料。高能球磨法制备的合金粉末，其组织和成分分布比较均匀，与其他物理方法相比，该方法简单实用，可以在比较温和的条件下制备纳米晶金属合金。

影响球磨强度的因素有研磨设备、球径、球料比 CR、转速或频率等。通常，球磨强度越小，碰撞引起的粉末塑性变形功和应变能及粉末温升越小，燃烧点火时间越长，而且可能使燃烧反应变为渐进式。

目前在锂离子电池合金负极材料的制备方法中，用得比较多的是高能球磨法。研究人员用高能球磨法制备了纳米晶的 Ni_3Sn_2 合金，首次放电容量高达 $1520mAh \cdot g^{-1}$，超过了 Ni_3Sn_2 的理论容量，原因可能在于纳米晶粒的大量晶界可以容纳更多的锂。高能球磨法的主要缺点是容易引入某些杂质，特别是杂质氧的存在，使得纳米合金在球磨过程中表面极易被氧化。杂质氧的引入使得合金负极材料在嵌锂过程中发生不可逆的还原分解反应，从而带来较大的不可逆容量。中南大学李新海教授课题组采用机械活化将快离子导体 $Li_3V_2(PO_4)_3$ 包覆在 $LiFePO_4$ 的表面，极大地提高了 $LiFePO_4$ 的交换电流密度和锂离子扩散系数。

2.2 液相法

液相法制备是以均相的溶液为出发点，通过各种途径使溶质与溶剂分离，溶质形成一定形状和大小的颗粒，得到所需粉末的前驱体，热解后得到产物。液相法相比于固相法，其有效组分可达到分子、原子级别的均匀混合，且具有合成反应温度低等优点，成为目前制备多组分材料的主要方法。在温和的反应条件下和缓慢的反应进程中，以可控制的步骤，一步步地进行化学反应，获得超细粉体的液相法称为软化学法，包括沉淀法、水热法、溶胶凝胶法和低温燃烧合成技术等。它具有设备简单、产品纯度高、均匀性好、组分容易控制、成本低等特点，这样得到的粉体性能优于常规反应合成的粉末，甚至可以直接通过软化学法制备材料和器件，因而在最近几十年中获得了迅猛发展。但液相法也存在工艺流程长、环境污染严重、难以实现工业自动化等缺点。

2.2.1 沉淀法

沉淀法是一种常用的从液相合成粉体的方法。向含某种金属（M）盐的溶液中加入适当的沉淀剂，当形成沉淀的离子浓度的乘积超过该条件下该沉淀物的溶度积时，就能析出沉淀。除了直接在含有金属盐的溶液中加入沉淀剂可以得到沉淀外，还可以利用金属盐或碱的溶解，通过调节溶液的酸度、温度，使其产生沉淀；或于一定温度下使溶液发生水解，形成不溶性的氢氧化物、水合氧化物或盐类从溶液中析出。最后将溶剂和溶液中原有的阴离子洗去，经热解或脱水即得到所需的粉体材料。沉淀法包括直接沉淀法、均匀沉淀法、共沉淀法、醇盐水解法。

沉淀法的形成一般要经过晶核形成和晶核长大两个过程。沉淀剂加入含有金属盐的溶液中，离子通过相互碰撞聚集成微小的晶核。晶核形成后，溶液中的构晶离子向晶核表面扩散，并沉积在晶核上，晶核就逐渐长大成沉淀微粒。

从过饱和溶液中生成沉淀时通常涉及三个步骤。

① 晶核生成。离子或分子间作用，生成离子或分子簇，再形成晶核。晶核生成相当于生成若干新的中心，从它们可自发长成晶体。晶核生长过程决定生成晶体的粒度和粒度分布。

② 晶体生长。物质沉积在这些晶核上，晶体由此生长。

③ 聚结和团聚。由细小的晶粒最终生成粗晶粒，这一过程包括聚结和团聚。

为了从液相中析出大小均一的固相颗粒，必须使成核和生长两个过程分开，以便使已形成的晶核同步长大，并在长大过程中不再有新核形成。产生沉淀过程中的颗粒成长有时在单一核上发生，但常常是靠细小的一次颗粒的二次凝集。沉淀物的粒径取决于形成核与核成长的相对速率。即如果核形成速率低于核成长速率，那么生成的颗粒数就少，单个颗粒的粒径就大。

用沉淀法制备粉体材料，影响因素很多，除了晶体的形成与成长外，还涉及传质过程、表面反应、粒子的细孔结构等。沉淀法可根据实验条件调控产物的组分、粒度、形貌、结构，最终影响材料的性能。比如，沉淀的加料方式不同，将得到不同的沉淀物，产生不同性能的粉体。在中和沉淀时，加料顺序可分为“顺加法”“逆加法”“并加法”。把沉淀剂加到金属盐溶液中，统称为“顺加法”；把金属盐加到沉淀剂中，统称为“逆加法”；而把盐溶液和沉淀剂同时按比例加到反应器中，则统称为“并加法”。用“顺加法”制备沉淀时，由于几种金属盐沉淀的最佳条件（pH 值）不同，就会先后沉淀，得到不均匀沉淀物。若采用“逆加法”制备沉淀，按要求的最大 pH 值配制沉淀剂溶液，则在整个沉淀过程中 pH 值的变化不大，因为浓度变为原来的 1/10，才降低一个 pH 值。“逆加法”容易实现几种金属离子同时沉淀，但是沉淀剂可能过量，较高的 pH 值也容易引起两性氢氧化物重新溶解。为了避免“顺加法”和“逆加法”的不足，可以采用“并加法”。图 2.4 为沉淀法用的连续搅拌釜式反应器示意图，图 2.5 为并加法所需连续搅拌反应示意图。当然，各种不同的体系和对最终产品的性能的要求，会有不同的加料方式。

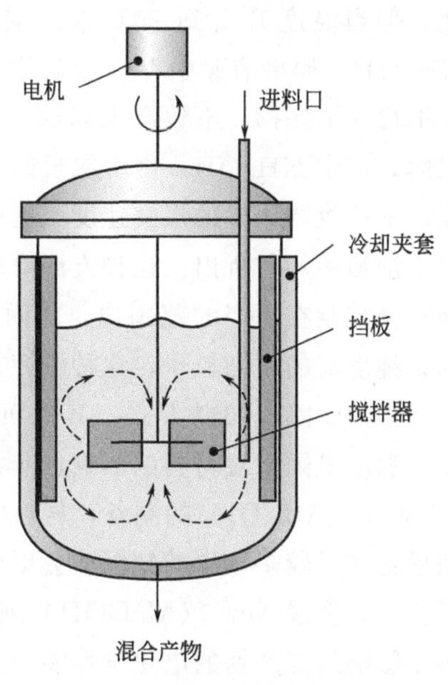

图 2.4 连续搅拌釜式反应器

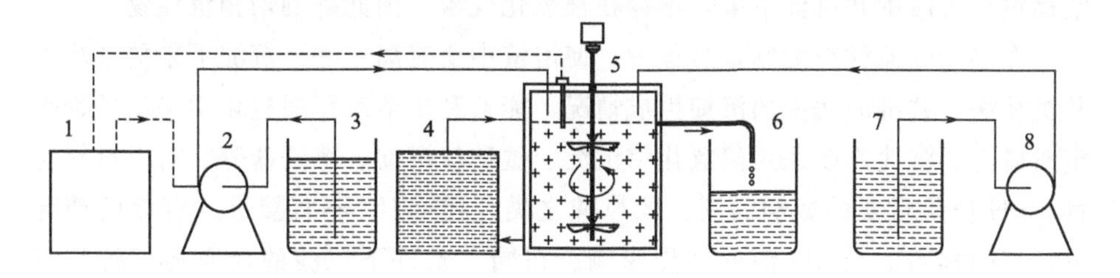

图 2.5 连续搅拌反应

1—PH 控制器；2—蠕动泵＃1；3—送料槽＃1；4—水浴；5—连续搅拌反应器系统；6—收集槽；7—送料槽＃2；8—蠕动泵＃2

一般沉淀法是金属盐溶液与沉淀剂相混合而生成沉淀。采用顺加、逆加或者并加的加料方式，即使在搅拌条件下也难免会造成沉淀剂的局部浓度过高，因而使沉淀物中极易夹带其他杂质和造成粒度不均匀。为了避免这些不良后果的产生，可在溶液中加入某种试剂，在适宜的条件下从溶液中均匀地生成沉淀剂。例如，在用沉淀法制备锂离子电池三元材料（$LiNi_{1/3}Co_{1/3}Mn_{1/3}O_2$）前驱体时，加入氨水作为辅助络合剂，它可以与 Ni、Co 和 Mn 离子优先结合形成络合物，控制体系中 Ni^{2+}、Co^{2+}、Mn^{2+} 的浓度，降低一定 pH 值条件下溶液体系中过渡金属离子的过饱和度，以控制结晶过程中成核速度和晶体生长速度。当中和沉淀法采用尿素水溶液时，在常温下，该溶液体系没有明显变化，但当温度升高到 70℃以上时，尿素就会发生水解反应，生成沉淀剂 NH_4OH。如果溶液中存在金属离子，就可以生成相应的氢氧化物沉淀，将 NH_4OH 消耗掉，不致产生局部过浓现象。当 NH_4OH 被消耗后，尿素继续水解，产生 NH_4OH。由于尿素的水解是由温度控制的，故只要控制好升温速度，就能控制尿素的水解速度，这样就可以均匀地产生沉淀剂，从而使沉淀在整个溶液中均匀析出。这种方法可以避免沉淀剂局部过浓的不均匀现象，使过饱和度控制在适当的范围内，从而控制沉淀粒子的生长速度，能获得粒度均匀、纯度高的超细粒子，这种沉淀方法就是均相沉淀。

当然，除了加料方式，其他沉淀条件比如沉淀剂种类、搅拌速度、pH 值、温度等因素对材料的影响也非常大。例如，对于锂离子电池三元正极材料（$LiNi_xCo_yMn_zO_2$）的制备，材料中镍含量较高，就比较适合氢氧化物沉淀，如果锰离子较多，碳酸盐沉淀会更合适。因为二价锰在碱性条件下极易氧化成高价锰，形成 Mn^{3+}（MnOOH）或者 Mn^{4+}（MnO_2），导致形成非均相沉淀物，影响最终产物的电化学性能。因此，对于高锰含量的前驱体合成需要控制锰的价态稳定在＋2 价。与氢氧化物沉淀相比，碳酸盐沉淀法能够让＋2 价的锰稳定在溶液中并沉淀下来，不存在被氧化现象，由此得到均相沉淀物。

在多元电池材料的制备过程中，使溶液中所有离子完全沉淀下来的方法为共沉淀法。共沉淀法中的沉淀生成情况，能够利用溶度积通过化学平衡理论来定量讨论。沉淀剂多采用氢氧化物沉淀、碳酸盐沉淀、草酸盐等。对于氢氧化物，pH 值是重要的影响因素。像草酸之类，在 OH^- 不直接进入沉淀的情况下，它的解离也受 pH 值的强烈影响。在同一条件下沉淀的金属离子种类越多，让多种离子同时沉淀越困难（除了热力学外还有动力学因素），这在合成多元复合储能材料上成为一个难点。比如对于锂离子电池三元正极材料（$LiNi_xCo_yMn_zO_2$），当向含有镍钴锰金属离子的溶液中加入沉淀剂时，由于各离子沉淀所需的 pH 值有差别，所以沉淀是分别发生的。为了避免共沉淀法本质上存在的分别沉淀倾向，可以采用提高沉淀剂浓度的反加法、激烈的搅拌等方式。对于共沉淀法来说，要使成分均匀分布，参与沉淀的金属离子的沉淀剂 pH 值差值大致应该在 3 以内。

2.2.2 水热法

水热法是 19 世纪中叶地质学家模拟自然界成矿作用而开始研究的。1900 年后，科学家们建立了水热合成理论，随后开始转向功能材料的合成研究。水热法是指在特别的密闭反应容器（高压釜）里，采用水溶液或蒸汽等流体作为反应介质，通过对反应容器加热，创造一个高温、高压反应环境，使得通常难溶或不溶的物质溶解并且重新结晶，实现无机化合物的合成和改性的湿化学合成方法。水热合成过程中反应物处于分子级水平，物质的反应活性很高，因此，水热法可以替代某些高温固相法来合成各种电池材料，但是水热法的均相成核或非均相成核机理不同于固相法的扩散机制，因而水热法又可以合成出固相法以及其他方法无法制备的新化合物和新材料。水热反应流程如图 2.6 所示，水热反应釜如图 2.7 所示。

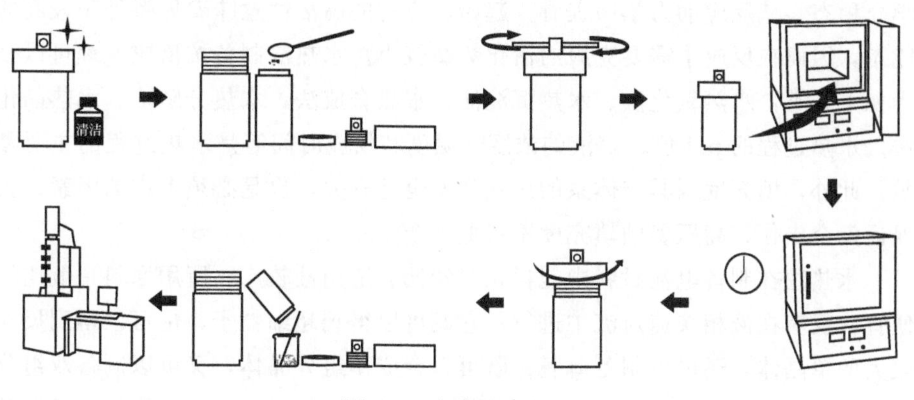

图 2.6 水热反应流程

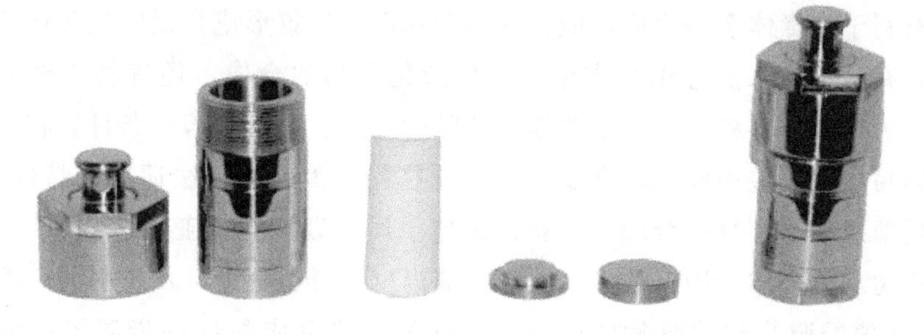

图 2.7 水热反应釜

电池材料中很多正极材料都可以用水热法进行制备，水热法也是制备磷酸铁锂材料较为常用的一种方法。与高温固相法相比，水热法合成 $LiFePO_4$ 具有产物纯度高、物相均一、分散性好、粒径小以及操作简便等优点。水热法合成磷酸铁锂材料的一般程序为：

将锂源（LiOH、Li_2SO_4 等）、铁源［$FeSO_4$、$(NH_4)_2Fe(SO_4)_2$ 等］以及磷源［H_3PO_4、$(NH_4)_3PO_4$ 等］先混合得到前驱体。为了防止 Fe^{2+} 氧化，配制铁溶液时可以加入适量的抗坏血酸或柠檬酸，也可以通入惰性气体。将混合液迅速转入反应釜中并密封，在一定温度下反应一段时间后过滤洗涤烘干，得到 $LiFePO_4$ 粉末。

水热条件下，水既是溶剂又是矿化剂；同时作为压力传递介质，既可制备单组分微小晶体，又可以制备双组分或多组分的特殊化合物粉末；既可进行常温下无法完成的反应，又能克服某些高温处理不可避免的硬团聚等。水热反应的总原则是保证反应物处于高活性状态，实际上是要尽量增大反应的 ΔG（$\Delta G=\Delta H-T\Delta S$），使反应物具有更大的自由度，从而获得尽可能多的热力学介稳态。从反应动力学历程看，起始反应物的高活性意味着体系处于较高的能态，因而在反应中需要克服的活化势垒较小。水热法制备按反应原理可以分为如下几类：水热氧化法、水热沉淀法、水热合成法、水热分解法、水热晶化法。水热过程的 pH 值、溶液的浓度、温度和反应时间等是水热过程的主要参数，此外，填充度因其与体系的压强及安全性有关，也是必须考虑的因素，为保证安全操作，高压釜的填充度不得低于 30%。

水热法在制备电池材料中能耗相对较低、适用性较广，所用原料一般比较便宜，反应在液相快速对流中进行；它既可以得到超细粒子，也可以得到尺寸较大的单晶体，还可以制备薄膜；既可以合成单组分晶体，又可以制备双组分或多组分的化合物粉末。水热法制备的电池材料一般无须进一步烧结，可以避免在烧结过程中晶粒长大、引入杂质等缺点。由于水热反应是在密闭容器中进行，有利于有毒体系的合成反应，通过控制反应气氛形成合适的氧化还原反应条件，有利于特殊价态化合物和均匀掺杂化合物的合成，还有利于合成低熔点、高蒸气压的材料。由于水热体系特殊的等温、等压和溶液条件，在水热反应中容易出现一些中间态、介稳态和特殊物相，因此水热法适用于特殊结构、特种凝聚态新化合物的合成，为获得其他手段难以取得的亚稳相提供了条件。通常影响水热合成的因素较多，例如反应温度、升温速度、反应时间、溶剂的量、pH 值的调节和前驱物的改变等，这为水热反应的进一步调控提供了可能。人们可以选择合适的反应条件，通过对反应温度、压力、处理时间、溶液成分、矿化剂的选择，有效地控制反应和晶体生长，利用水热法制备出纯度高、晶型好、单分散、形状以及大小可控的目标产物。

当然，水热法在具有上述优点的同时，也有许多明显的缺点。比如反应周期一般相对较长。由于反应是在密闭容器中进行，不便于对反应进程进行直接观察，只能从所得晶体的形态变化和表面结构中获得晶体生长的信息。由于水热法需要耐高温、耐高压、耐腐蚀的设备，因此对生产设备的要求较高，设备成本相对较高，而且温压严格控制的技术难度较大。另外，水热法还存在一个明显的不足，该法往往只适用于氧化物材料或少数对水不敏感的物质的制备。上述这些缺点阻碍了水热法的进一步推广，但是这些缺点也不是不可克服的。要克服这些缺点，大力开发水热合成技术的应用，就必须深入研究水热法的基本理论。

2.2.2.1 水热物理化学

目前，在基础研究方面，有关水热反应的重点仍然是新化合物的合成、新合成方法的研究与新合成理论的建立。不过人们已经开始注意到水热非平衡条件下的机理以及高温高压下反应合成机理的研究。

在高温高压条件下，水处于超临界状态，物质在水中的物理化学性质均发生了很大的变化，因此水热化学反应大大不同于常态。在水热条件下，反应呈现出一些特征，如复杂离子间的反应加速、水解反应加剧、氧化-还原势发生变化等。

因此研究水热物理化学，例如水热条件的特点、溶解度与温度的关系、水热反应动力学等，具有重要意义，可提高水热反应的预见性，有助于进一步了解水热反应的机理和进程。

(1) 水热条件的特点

在水热条件下，水溶液的黏度较常温常压下水溶液的黏度低约几个数量级。由于扩散与溶液的黏度成正比，因此在水热溶液中存在十分有效的扩散，从而使得水热晶体生长较常温常压水溶液中晶体生长具有更高的生长速率，生长界面附近有更窄的扩散区以及减少组分过冷和枝晶生长等优点。在水热条件下，水的介电常数也发生明显下降，从而影响水作为溶剂时的能力和行为。比如由于水的介电常数降低，导致电解质不能更为有效地分解。但是，水热溶液仍具有较高的导电性，这是因为水热条件下溶液的黏度下降，造成了离子迁移的加剧，抵消或部分抵消了介电常数降低的效应。另外在水热条件下，水的热扩散系数较常温常压下有较大的增加，这表明水热溶液具有较常温常压下更大的对流驱动力。

(2) 水热溶液中物质的溶解度

各类化合物在水热条件下的溶解度是利用水热法进行晶体生长或废弃物无污染处理等时需要首先考虑的问题。一般来说，化合物在水热溶液中溶解度的温度特性有三种情况：随温度升高而升高，具有正温度系数；随温度升高而降低，具有负温度系数；在一定的温度范围内具有正温度系数，而在另一温度范围里却具有负温度系数。由于水热反应涉及的化合物在水中的溶解度一般都很小，因而常常在水热体系中引入矿化剂。矿化剂是一类在水中的溶解度随温度升高而持续增大的化合物，如一些低熔点的盐、酸或碱。加入矿化剂不仅可以改变溶质在水热溶液中的溶解度，甚至可以改变其溶解度温度系数。例如，$CaMoO_4$ 在 100～400℃具有负溶解度温度系数，而当在体系中加入 NaCl、KCl 等高溶解度的盐时，其溶解度不仅提高了一个数量级而且温度系数由负值变为正值。另一方面，有些物质溶解度温度系数除了与所加入的矿化剂有关，还与矿化剂的浓度有关。例如在质量浓度低于 20% 的 NaOH 水溶液里，Ne_2ZnGeO_4 具有负的溶解度温度系数，但在高于 20%的 NaOH 水溶液里，却显示正的溶解度温度系数。在常温常压下有机化合物一般不溶于水，但是在水热条件下，其溶解度随温度的升高而急剧增大。以二苯基聚氯化合物为例，它是一种对环境构成污染的废弃物，在 NaOH 或添加其他化合物的 NaOH 水溶液里，二苯基聚氯化合物则可完全分解。有机化合物的这一特性是水热法用于有机废弃物无污染处理的基础。

(3) 水热反应动力学和形成机理研究

水热反应机理研究是当前水热研究领域中令人感兴趣的一个研究方向。经典的晶体生长理论认为水热条件下晶体的生长包括三个阶段。①溶解阶段：反应物首先在水热介质里溶解，以离子、分子或离子团的形式进入水热介质中。②输运阶段：这些离子、分子或离子团由于水热体系中存在的热对流以及溶解区和生长区之间的浓度差，被输运到生长区。③结晶阶段：这些离子、分子或离子团在生长界面上吸附、分解与脱附、运动并结晶生长。水热条件下晶体的形貌与水热反应条件密切相关，同种晶体在不同的水热反应条件下会产生不同的形貌。简单地套用经典的晶体生长理论在很多时候不能很好地解释一些实验现象，因此在大量实验的基础上产生了新的晶体生长理论——生长基元理论模型。生长基元理论模型认为在水热条件下晶体生长的第二阶段即输运阶段，进入溶液的离子、分子或离子团相互之间发生反应，形成具有一定几何构型的生长基元。这些生长基元的大小和结构与水热反应条件密切相关。在一个水热反应体系里，有可能存在多种不同大小和结构的生长基元，它们之间存在动态平衡，具有较稳定的能量和几何构型的生长基元，其在体系里出现的概率就大。在界面上叠合的生长基元必须满足晶面结晶取向的要求，而生长基元在界面上叠合的难易程度则决定了该面族的生长速率，最终决定了晶体的形貌。生长基元理论模型将晶体的结晶形貌、晶体的内在结构以及水热生长条件有机地结合起来，很好地解释了许多实验现象。

2.2.2.2 水热技术类型

水热反应一般是在耐高温高压的水热釜中进行。水热釜由外罩和内胆两部分组成。其中外罩为不锈钢的，用来防止高温高压下内胆可能发生的膨胀和变形。而内胆常为聚四氟乙烯。在不锈钢外罩内形成一个密闭的反应室，可适用于任何 pH 值的酸碱环境。反应混合物占密闭反应釜空间的体积分数（即装填度）在水热合成中非常重要。一般来说，装填度一定时，反应温度越高，晶体生长速度越大，而在相同反应温度下装填度越大，体系压力越高，晶体生长速度越快。在水热反应中既要保持反应物处于液相传质的反应状态，又要防止由于过大的装填度而导致的过高压力。为安全起见，装填度一般控制在60％～80％。

水热技术根据生长材料类型的不同可以简单地分为水热晶体生长、水热粉体合成和水热薄膜制备。

(1) 水热晶体生长

与其他合成方法相比，水热晶体生长有如下几个特点：①在相对较低的热应力条件下实现晶体生长，因此与高温熔体中生长的晶体相比，水热晶体具有低的位错密度；②在相对较低的温度下进行晶体生长，有可能获得其他方法难以得到的低温同质异构体；③在密闭系统里进行晶体生长，可通过控制反应气氛，得到其他方法难以获得的物相；④水热条件下，反应体系中存在快速对流和有效的溶质扩散，使得晶体具有较快的生长速率。虽然水热晶体生长具有诸多优点，但是，它并不适用于所有的晶体生长，一个粗略的选择原则是：结晶物质各组分的一致性溶解；结晶物质具有足够高的溶解度；溶解度随温度变化大；中间产物易于分解等。

温差技术是水热晶体生长中最常用的一种技术，是指通过降低生长区的温度来实现晶体生长所需的过饱和度（就具有正溶解度温度系数的物质而言）。为了保证在溶解区和生长区之间存在合适的温度梯度，所采用的管状高压釜反应腔长度与内径比必须在 16∶1 以上。一般来说，温差技术可用来生长具有较大的溶解度温度系数的晶体。物质溶解度温度系数的绝对值越大，在相同的温度梯度可达到的过饱和度越高，越有利于采用温差技术来实现水热晶体生长。

当反应体系中溶解区和生长区之间不存在温差，则需要采用降温技术来实现水热晶体生长。在这种情况下，晶体生长所需的过饱和度是通过逐步降低反应体系的温度来获得。由于反应体系中溶解区和生长区之间不存在温差，体系中不存在强迫对流，向生长区的物料输运主要通过扩散来完成，随着体系温度的降低，溶液中产生大量晶核并生长。这种技术的缺点是生长过程难以控制和需要引入籽晶作为晶种。

亚稳相技术则主要适用于具有低溶解度的化合物的晶体生长。生长晶体的物相与所采用的前驱物相在水热条件下溶解度的差异是采用亚稳相技术的基础。在所用的反应条件下，所用的前驱物通常是由热力学不稳定的化合物或生长晶体的同质异构体组成。相比于稳定相，亚稳相在所用的水热条件下具有大的溶解度，亚稳相的溶解促成了稳定相的结晶和生长。这种技术常与温差技术和降温技术结合使用。

对于至少含有两种组分的复杂化合物晶体的生长，则可以采用分置营养料技术。不同组分的前驱物分别放置在高压釜内不同的区域，容易溶解和传输的组分通常放置在高压釜下部，而难溶解的组分放置在高压釜上部。在反应中，放置在下部的组分通过对流被传输到上部，与另一种组分发生反应，结晶并生长。

对于含有相同或同一族的而具有不同价态的离子的晶体生长，则可以采用前驱物和溶剂分置技术，这种方法是在水热法生长 SbO_4 晶体中发展起来的。在反应中，高压釜中间放置一隔板，在隔板的两侧分别放置两种不同价态的化合物，在隔板顶端的多孔小容器内实现晶体生长。通过改变小容器壁上孔的数量和大小可调节适宜晶体生长的过饱和度。

(2) 水热粉体合成

水热法是制备结晶良好、无团聚的超细粉体的优选方法之一，相比于其他湿化学方法，水热粉体合成具有如下几个特点：①不需要高温灼烧处理就可直接获得结晶良好的粉体，避免了高温灼烧过程中可能形成的粉体硬团聚。②通过控制水热反应条件可以调节粉体的物相、尺寸和形貌。③工艺较为简单。目前，水热法已被广泛地应用于纳米材料的制备。根据制备过程中所依据的原理不同，水热反应可以分为水热氧化和还原、水热晶化、水热沉淀、水热合成、水热分解、水热结晶等。水热氧化和还原法是在水热条件下，利用高温高压水与单质直接反应得到相应的氧化物粉体，在常温常压溶液中不易被氧化还原的物质，在水热条件下可以加速其氧化还原反应的进行。对一些无定形前驱物如非晶态的氢氧化物、氧化物或水凝胶，利用水热晶化法可以促使化合物脱水结晶，形成新的氧化物晶粒。水热沉淀法主要依据物质不同的沉淀难易程度，使在一般条件下不易沉淀的物质沉淀下来，或使沉淀物在高温高压下重新溶解然后形成一种新的更难溶的物质沉淀下来。对氢氧化物或含氧酸盐采用水热分解法，在酸或碱水热溶液中使之分解生成氧化物粉末，或者氧化物粉末在酸或碱水热溶液中再分散生成更细的粉末。水热合成法则是两种或两种以上的单质或化合物起反应，重新生成一种或几种化合物的过程。

(3) 水热薄膜制备

水热法也经常被应用于薄膜的制备，在不需要高温灼烧处理的情况下实现薄膜从无定形向晶态的转变，而在溶胶凝胶法等其他湿化学方法中，利用高温灼烧从无定形向晶态的转变却是必不可少的工艺过程，然而这一工艺过程容易造成薄膜开裂、脱落等宏观缺陷。水热法制备多晶薄膜技术主要可以分成两类，一类是加直流电场的水热反应，另一类则是普通水热反应，利用薄膜状反应物进行反应，在水热条件下获得目标薄膜化合物。在水热反应制备单晶薄膜中，倾斜反应技术则是一种常用的技术。在反应温度达到设定的温度以前，将籽晶或衬底与水热溶液隔离而保持在气相里；当反应温度达到设定值，溶液达到饱和时，则将高压釜倾斜以使籽晶或衬底与水热溶液相接触，然后在水热条件下外延生长获得目标单晶薄膜。

随着水热法的发展，近年来除了普通水热设备以外，又出现了一些特殊的水热设备，它们在水热反应体系中又添加了诸如直流电场、磁场、微波场等其他作用力场，在多种作用场下进行各种材料的水热合成。采用微波加热源，即形成了微波水热法，目前微波水热法已被广泛地应用于各种陶瓷粉体如 TiO_2、ZrO_2、Fe_2O_3 和 $BaTiO_3$ 等的制备。在水热反应器上还可以附加各种形式的搅拌装置，比如在反应溶液里直接放入球形物或者在反应过程中对高压釜连同加热器一起做机械晃动。由于水热反应是在相对高温高压下进行，因此高压釜需要具有良好的密封性，但这造成了水热反应过程的非可视性，人们一般只能通过对反应产物的检测来推测反应过程。苏联科学院 A. V. Shubnikov 结晶化学研究所的 V. I. Popolitov 报道了用大块水晶晶体制造透明高压釜，它使得人们能够直接观测水热反应过程，能够根据反应情况随时调节反应条件。此外，作为一种有效的生长制备技术，水热法不仅在实验室里得到了持续的应用和研究，而且人们正在不断扩大其产业化应用的规模，已有很多关于连续式中试规模级水热法陶瓷粉体制备装置的报道。

2.2.3 溶剂热法

水热法虽然具有许多优点和广泛的应用，但是因为它使用水作为溶剂，因而往往不适于对水敏感物质的制备，从而大大限制了水热法的应用。溶剂热法是在水热法的基础上发展起来的，与水热法相比，它所使用的溶剂不是水而是有机溶剂。与水热法类似，溶剂热法也是在密闭的体系内，以有机物或非水溶媒作为溶剂，在一定的温度和溶液的自生压力下，原始反应物在高压釜内相对较低的温度下进行反应。在溶剂热条件下，溶剂的性质如密度、黏度和分散作用等相互影响，与通常条件下的性质相比发生了很大变化，相应的反应物的溶解、分散及化学反应活性大大地提高或增强，使得反应可以在较低的温度下发生。使用有机胺、醇、氨、四氯化碳或苯等有机溶剂或非水溶媒，采用溶剂热法，可以制备许多在水溶液中无法合成、易氧化、易水解或对水敏感的材料，如Ⅲ-Ⅴ族或Ⅱ-Ⅵ族半导体化合物、新型磷（砷）酸盐分子筛三维骨架结构等。溶剂热法可以制备多种形态的电池材料，例如，南京航空航天大学梅天庆老师课题组使用溶剂热法作为合成方法，以钛酸四正丁酯和二水合乙酸锂为原料，在无水乙醇反应体系中，调节反应时钛盐和锂盐之间的比例，控制热处理温度，在钛盐和锂盐以物质的量比为5∶4.3混合后，180℃反应12h后得到钛酸锂前驱体，将前驱体在管式炉中以800℃的温度热处理3h后，得到粒径大小在1μm左右的球形钛酸锂产物，0.1C下的首次放电比容量为167.3mAh·g^{-1}。在溶剂热反应过程中加入一定量的碳酸氢铵作为结构导向剂后，同样条件下进行溶剂热反应，其前驱体为空心结构，将其在500℃下保温5h再升温至800℃热处理3h，制备得到的是中空多孔结构的钛酸锂。钛酸锂空心球具有更大的比表面积，增加了与电解液的接触面积，降低了电极材料表面的真实电荷密度，空心结构缩短了锂离子的传输距离，提高了材料在较大倍率下的放电比容量和循环稳定性。

在溶剂热反应中，有机溶剂或非水溶媒不仅可以作为溶剂、媒介，起到传递压力和矿化剂的作用，还可以作为一种化学成分参与到反应中。对于同一个化学反应，采用不同的溶剂可能获得具有不同物相、大小和形貌的反应产物；而可供选择的溶剂有许多，不同溶剂的性质又具有很大的差异，从而使得化学合成有了更大的选择余地。一般来说，溶剂不仅提供了化学反应所需的场所，使反应物溶解或部分溶解，而且能够与反应物生成溶剂合物，这个溶剂化过程对反应物活性物种在溶液中的浓度、存在状态以及聚合态的分布发生影响，甚至影响到反应物的反应活性和反应规律，进而有可能影响反应速率甚至改变整个反应进程。因此，选择合适的溶剂是溶剂热反应的关键，在选用溶剂时必须充分考虑溶剂的各种性质，如分子量、密度、熔沸点、蒸发热、介电常数、偶极矩和溶剂极性等。乙二胺和苯是溶剂热反应中应用较多的两种溶剂。在乙二胺体系中，乙二胺除了作为有机溶剂外，由于N的强螯合作用，还可以作为螯合剂，与金属离子生成稳定的配离子，配离子再缓慢与反应物反应生成产物，有助于一维结构材料的合成。苯由于其稳定的共轭结构，可以在相对较高的温度下作为反应溶剂，是一种溶剂热合成的优良溶剂。

与传统水热法相比，溶剂热法具有许多优点：①由于反应是在有机溶剂中进行，可以有效地抑制产物的氧化，防止空气中氧的污染，有利于高纯物质的制备。②在有机溶剂中，反应物可能具有高的反应活性，有可能替代固相反应，实现一些具有特殊光、电、磁学性能的亚稳相物质的软化学合成。③溶剂热法中非水溶剂的采用扩大了可供选择的原料范围，如氟化物、氮化物、硫属化物等均可作为溶剂热法反应的原材料，而且非水溶剂在亚临界或超临界状态下独特的物理化学性质极大地扩大了所能制备的目标产物的范围。④溶剂热法中所用的有机溶剂的沸点一般较低，因此在同样的条件下，它们可以达到比水热条件下更高的压力，更加有利于产物的晶化。⑤非水溶剂具有非常多的种类，其特性如极性与非极性、配位络合作用、热稳定性等为从反应热力学和动力学的角度去研究化学反应的实质与晶体生长的特性提供了线索。⑥当合成纳米材料时，以有机溶剂代替水作为反应介质可大大降低固体颗粒表面羟基的存在，从而降低纳米颗粒的团聚程度，这是其他传统的湿化学方法包括共沉淀法、溶胶凝胶法、金属醇盐水解法、喷雾干燥热解法等所无法比拟的。

材料技术的发展几乎涉及所有的前沿学科，而其应用与推广又渗透到各个学科及技术领域。无机纳米材料和利用各种非共价键作用构筑纳米级聚集态单晶体有着非常广阔的应用前景，因此，对于这类先进材料的合成研究在化学、材料和物理学科领域中的发展比较迅速。水热和溶剂热合成是无机合成化学的重要内容，与一般液相合成法相比，它给反应提供了中温高压的特殊环境，因其操作简单、能耗低、节能环保而受到重视，被认为是软溶液工艺和环境友好的功能材料制备技术，已广泛地应用于技术领域和材料领域，成为纳米材料和其他聚集态先进材料制备的有效方法。由于它们在基础科学和应用领域所显示出的巨大潜力，水热和溶剂热合成依然会是未来材料科学研究的一个重要方面。在基础理论研究方面，从整个领域来看，其研究的重点仍是新化合物的合成、新合成方法的开拓和新合成理论的研究。水热和溶剂热合成的研究经久不衰，而且演化出许多新的课题，如水热条件下的生命起源问题、与环境友好的超临界氧化过程等。

当然，水热和溶剂热法也具有其缺点和局限性，反应周期长以及高温高压对生产设备的挑战性等影响和阻碍了水热和溶剂热法在工业化生产中的广泛应用。目前，水热、溶剂热合成纳米材料的技术中，绝大部分处于理论探索或实验室摸索阶段，很少进入工业化规模生产。因此，急需将化学合成方法引入纳米材料的加工过程，通过对水热溶剂热反应宏观条件的控制来实现对产物微结构的调控，为纳米材料的制备和加工及其工业放大提供理论指导和技术保障。在进一步深入研究水热和溶剂热法基本理论的同时，发展对温度和压力依赖性小的合成技术。此外，水热和溶剂热法合成纳米材料的反应机理尚不十分明确，需要更深入的研究。还应把水热、溶剂热反应的制备技术与纳米材料的结构性能联系起来，把传递理论为主的宏观分析方法与分子水平的微观分析方法相结合，建立纳米材料结构和性能与溶剂热制备技术之间的关系。虽然水热和溶剂热法还存在许多悬而未决的问题，但相信它在相关领域将起到越来越重要的作用。而且随着水热和溶剂热条件下反应机理，包括相平衡和化学平衡热力学、反应动力学、晶化机理等基础理论的深入发展和完善，水热和溶剂热合成方法将得到更广泛、更深入的发展和应用。在功能材料方面，水热和溶剂热法将会在合成具有特定物理化学性质的新材料和亚稳相、低温生长单晶及制备低维材料等领域优先发展。可以预见，随着水热和溶剂热合成研究的不断深入，人们有希望获得既具有均匀尺寸和形貌，又具有优良的光、电、磁等性能的纳米材料的最佳生产途径。随着各种新技术、新设备在溶剂热法中的应用，水热、溶剂热技术将会不断地推陈出新，迎来一个全新的发展时期。

2.2.4 溶胶凝胶法

溶胶凝胶法是作为制备玻璃和陶瓷等材料的工艺发展起来的合成无机材料的重要方法，是制备材料的湿化学方法中兴起的一种方法。溶胶凝胶法是用含高化学活性组分的化合物作为前驱体，在液相下将这些原料均匀混合，并进行水解、缩合化学反应，在溶液中形成稳定的透明溶胶体系，溶胶经陈化，胶粒间缓慢聚合，形成三维空间网络结构的凝胶。凝胶经过干燥、烧结固化制备出分子乃至纳米结构的材料。胶体是一种非常奇妙的形态，它是一种分散相粒径很小的分散体系，分散相粒子的重力相对于液体张力几乎可以忽略，使得胶体可以稳定存在，分散相粒子之间的相互作用主要是短程作用力。溶胶是指微粒尺寸介于1～100nm之间的固体质点分散于介质中所形成的多相体系；当溶胶受到某种作用（如温度变化、搅拌、化学反应或电化学平衡等）而导致体系黏度增大到一定程度，可得到一种介于固态和液态之间的冻状物，它有胶粒聚集成的三度空间网状结构，网住了全部或部分介质，是一种相当黏稠的物质，即为凝胶。凝胶是溶胶通过凝胶化作用转变而成的、含有亚微米孔和聚合链的相互连接的坚实的网络，是一种无流动性的半刚性的固相体系。

目前，溶胶凝胶法已被广泛用于制备各种形态的电池材料。

(1) 块体材料

块体材料通常指具有三维结构，且每一维尺度均大于1mm的各种形状且无裂纹的产物。制备过程中将前驱体进行水解形成溶胶，然后经过陈化和干燥，再通过热处理，最终获得需要的块体材料。该方法制备块体材料具有纯度高、材料成分易控制、成分均匀性好、材料形状多样化且可在较低的温度下进行合成并致密化等优点。该方法的缺点是生产周期相对较长。

(2) 粉体材料

用溶胶凝胶法制备粉体材料尤其是超细粉体材料是目前研究的一个热点。这个方法制备的粉体材料具有可掺杂范围宽、化学计量准、易于改性等优点，并且制备工艺简单、无需昂贵的设备、反应过程易控制、微观结构可调、产物纯度高。采用溶胶凝胶法，将所需成分的前驱体配制成混合溶液，然后进行雾化水解处理和退火，退火过程中由于凝胶中含有大量液相或气孔，在热处理过程中不易使粉末颗粒产生严重团聚，一般都能获得性能指标较好的粉末。制备中控制好雾化的过程就显得尤为重要，绝对要控制好水解的速度，这是制备高质量的超细粉体的关键，这和制备块体材料有很大的不同。溶胶、凝胶示意图见图2.8。

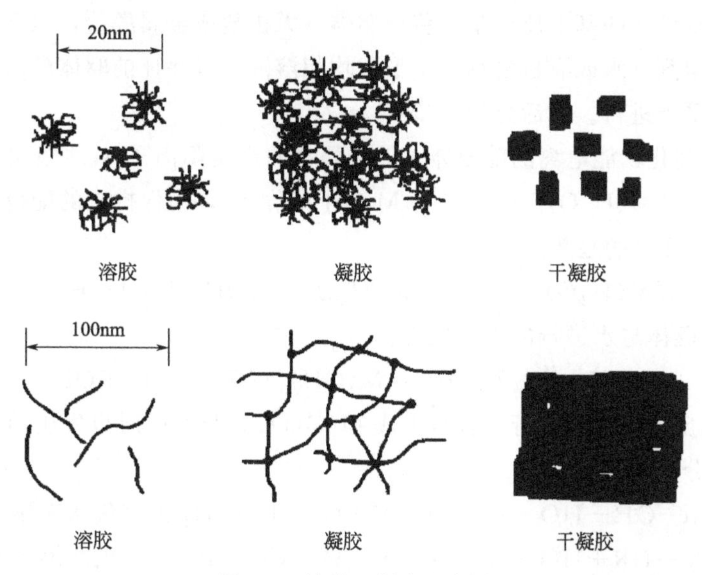

图2.8 溶胶、凝胶示意图

(3) 多孔材料

多孔材料由形成材料本身基本构架的连续固相和形成孔隙的气相流体所组成。制备多孔材料和制备超细材料的流程差不多，最主要的区别就是多孔材料要保持好固相的基本骨架。金属醇盐在醇溶液中通过水解得到相应金属氧化物溶胶。通过调节 pH 值，纳米尺度的金属氧化物微粒发生聚集，形成无定形网络结构的凝胶。然后将凝胶陈化、干燥并作热处理，得到多孔金属氧化物材料。陈化和干燥的速度控制非常重要，这是保持骨架的关键。

(4) 纤维材料

以无机盐或金属醇盐为原料，主要反应步骤是将前驱物溶于溶剂中以形成均匀溶液，达到近似分子水平的混合。通过水解、醇解以及缩聚反应，得到尺寸为纳米级的线性粒子，组成溶胶。当溶胶达到一定的黏度（约在 1～1000Pa·s 范围内），这个黏度对于控制纤维的尺寸以及质量非常重要。最后通过纺丝成型得到凝胶粒子纤维，经干燥、烧结、结晶化得到陶瓷纤维。

(5) 薄膜及涂层材料

将溶液或溶胶通过浸渍法或旋膜法在衬底上形成液膜，经低温烘干后凝胶化，最后通过高温热处理可转变成结晶态薄膜。成膜机理：采用适当方法使经过处理的衬底和溶胶相接触，在基底毛细吸力产生的附加压力下，溶胶在衬底表面增浓、缩合、聚结而成为凝胶膜。对浸渍法来说，凝胶膜的厚度与浸渍时间的平方根成正比，膜的沉积速度随溶胶浓度增加而增加。

溶胶凝胶法的基本原理是：将前驱体（无机盐或金属醇盐，以金属醇盐为例）溶于溶剂（水或有机溶剂）中形成均相溶液，以保证前驱体的水解反应在均匀的水平上进行。然后分为三步：

① 溶剂化：能电离的前驱体——金属盐的金属阳离子 M^{z+} 吸引水分子形成溶剂单元 $[M(H_2O)_n]^{z+}$（z 为 M 离子的价数），为保持它的配位数而具有强烈的释放 H^+ 的趋势。

$$[M(H_2O)_n]^{z+} \longrightarrow [M(H_2O)_{n-1}(OH)]^{(z-1)} + H^+ \tag{2.2}$$

② 前驱体与水进行的水解反应：

$$M(OR)_n + xH_2O \longrightarrow M(OH)_x(OR)_{n-x} + xROH \tag{2.3}$$

③ 此反应可延续进行，直至生成 $M(OH)_x$，与此同时也发生前驱体的缩聚反应，分两种：

$$—M—OH + HO—M \longrightarrow —M—O—M— + H_2O \quad \text{（失水缩聚）} \tag{2.4}$$

$$—M—OR + HO—M \longrightarrow —M—O—M— + ROH \quad \text{（失醇缩聚）} \tag{2.5}$$

在此过程中，反应生成物聚集成 1nm 左右的粒子并形成溶胶；经陈化后溶胶形成三维网络的凝胶，将凝胶干燥除去残余水分、有机基团和有机溶剂后得到干凝胶；干凝胶经过煅烧除去化学吸附的羟基和烷基团，以及物理吸附的有机溶剂和水，最后制得所需的材料。

下面以金属醇盐为原始材料详细介绍制备过程。

① 首先制备金属醇盐和溶剂的均相溶液，为保证前驱溶液的均相性，在配制过程中需施以强烈搅拌以保证醇盐在分子水平上进行水解反应。由于金属醇盐在水中的溶解度不大并且大部分醇盐极易水解，一般选用醇作为溶剂，醇和水的加入应适量。这里水含量的控制非常重要，没有水的参与成胶过程难以进行，但是水含量过高，醇盐水解反应非常迅速，导致产生沉淀，破坏了均匀凝胶。有些时候在制备薄膜的过程中采用原始溶液中不加入水，而在成型过程中通过自然吸收空气中的微量水分来进行水解。与此同时，催化剂对水解速率、缩聚速率、溶胶凝胶法在陈化过程中的结构演变都有重要影响。常用的酸性和碱性催化剂分别为冰醋酸和氨水，以及乙酰丙酮等。

② 第二步是制备溶胶。制备溶胶有两种方法：聚合法和颗粒法。两者间的差别是加水量多少。所谓聚合溶胶，是在控制水解的条件下使水解产物及部分未水解的醇盐分子之间继续聚合而形成的，因此加水量很少；而粒子溶胶则是在加入大量水，使醇盐充分水解的条件下形成的。金属醇盐的水解反应和缩聚反应是均相溶液转变为溶胶的根本原因，控制醇盐的水解、缩聚的条件如加水量、催化剂和溶液的 pH 值以及水解温度等，是制备高质量溶胶的前提。

③ 第三步是将溶胶通过陈化得到湿凝胶。溶胶在敞口或密闭的容器中放置时，由于溶剂蒸发或缩聚反应继续进行而向凝胶逐渐转变，此过程往往伴随粒子的 Ostward 熟化，即因大小粒子溶解度不同而造成的平均粒径增加。在陈化过程中，胶体粒子逐渐聚集形成网络结构，整个体系失去流动特性，溶胶从牛顿型流体向宾汉型流体转变，并带有明显的触变性，制品的成型如成纤、成膜、浇注等可在此期间完成。

④ 第四步是凝胶的干燥。湿凝胶内包裹着大量溶剂和水，干燥过程往往伴随着很大的体积收缩，因而很容易引起开裂。防止凝胶开裂是在干燥过程中至关重要而又较为困难的一环，特别对尺寸较大的块状材料，为此需要严格控制干燥条件，或添加控制干燥的化学添加剂，或采用超临界干燥技术。

⑤ 最后对干凝胶进行高温热处理。其目的是消除干凝胶中的气孔以及控制结晶程度，使制品的相组成和显微结构能满足产品性能要求。在产生凝胶致密化的烧结过程中，由于凝胶的高比表面积、高活性，其烧结温度通常比粉料坯体低，采用热压烧结等工艺可以缩短烧结时间和提高制品质量。

以上几个步骤是溶胶凝胶法制备薄膜和粉体材料的基本过程，需要指出的是，制备薄膜和粉体的过程略有不同。在制备薄膜过程中，严格控制水的含量显得非常关键和重要，因为过多的水会使前驱体尤其是醇盐很快水解产生沉淀，并且最终导致薄膜质量下降。有时候甚至必须要求醇盐的有机溶液中去除水，然后在形成湿膜的过程中通过自然吸取空气中的水来完成形成凝胶的过程。而在制备粉体的过程中，水分的控制就显得不是那么严格。

图 2.9 为溶胶凝胶法工艺过程，通常是从溶液①开始，用各种化学方法制备均匀的溶胶②，溶胶②经适当的热处理可得到粒度均匀的颗粒③。溶胶②向凝胶转变得到湿凝胶④，④经萃取法除去溶剂或蒸发，分别得到气凝胶⑤或干凝胶⑥，后者经烧结得到致密陶瓷体⑦。从溶胶②经涂膜操作，再经干燥过程，得到干凝胶膜⑧，后经热处理变成致密膜⑨。

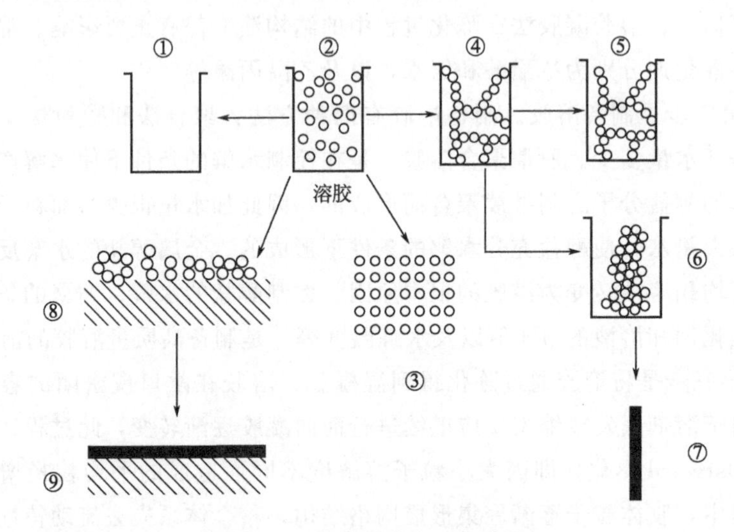

图 2.9 溶胶凝胶法工艺过程

在溶胶凝胶法制备功能材料中有一些关键的因素。

① 水的加入量。水的加入量低于按化学计量关系所需要的消耗量时，随着水量的增加，溶胶的时间会逐渐缩短，超过化学计量关系所需量时，溶胶时间又会逐渐增长，所以按化学计量加入时成胶的质量好，而形成胶的时间相对较短。

② 醇盐的滴加速率。醇盐易吸收空气中的水而水解凝固，因此在滴加醇盐溶液时，在其他因素一致的情况下滴加速率明显影响溶胶时间，滴加速率越快，凝胶速度越快，易造成局部水解过快而聚合胶凝生成沉淀，同时一部分溶胶液未发生水解最后导致无法获得均一的凝胶。所以在反应时还应辅以均匀搅拌，以保证得到均一的凝胶。

③ 反应溶液的 pH 值。反应溶液的 pH 值不同，其反应机理不同，对同一种金属醇盐的水解，往往产生结构、形态不同的缩聚。pH 值较小时，缩聚反

应速率远远大于水解反应速率，水解由 H^+ 的亲电机理引起。缩聚反应在完全水解前已经开始，因此缩聚物交联度低。pH 较大时，体系的水解反应由（OH^-）的亲核取代引起，水解反应速率大于亲核反应速率，形成大分子聚合物，有较高的交联度。

④ 反应温度。温度升高，水解反应速率相应增大，胶粒分子动能增加，碰撞概率也增大，聚合速率快，从而导致溶胶时间缩短；另一方面，较高温度下溶剂醇的挥发快，相当于增加了反应物浓度，加快了溶胶速率，但温度升高也会导致生成的溶胶相对不稳定。

⑤ 凝胶的干燥过程中体积收缩会使其开裂，其开裂的原因主要是毛细管力，而此力又是由于填充干凝胶骨架孔隙中的液体的表面张力所引起的，所以要减少毛细管力和增强固相骨架，通常需加入控制干燥的化学添加剂。另一办法是采用超临界干燥，即将湿凝胶中的有机溶剂和水加热加压到超过临界温度、临界压力，则系统中的液气界面消失，凝胶中毛细管力就不存在了，得到完美的不开裂的薄膜。此外，在进一步热处理使其致密化过程中，须先在低温下脱去吸附在干凝胶表面的水和醇，升温速度不宜太快，避免发生碳化而在制品中留下碳质颗粒（—OR 基在非充分氧化时可能碳化）。例如，广东工业大学李大光教授课题组以己二酸为络合剂，采用溶胶凝胶法合成了亚微米级的 $Li_4Ti_5O_{12}$ 材料，系统地考察了热处理温度、热处理时间、己二酸量等工艺条件对材料结构和电化学性能的影响。结果表明，前驱体中己二酸与 Ti(Ⅳ) 离子的物质的量比为 0.5 时，在 800℃下热处理 12h 所得样品具有较佳的结构和电化学性能。己二酸是一种二元弱酸，可与过渡金属离子形成稳定的络合物，有效地抑制过渡金属离子的快速水解、聚合反应，从而调节溶胶、凝胶化速度，制备出分布均匀、性状良好的凝胶，经烧结后制备出颗粒细小、粒度分布均匀的材料；此外，己二酸还可以充当反应燃烧剂，在烧结过程中释放出大量的热促进晶核生长，从而降低热处理温度以及缩短热处理时间。然而，溶胶凝胶法的前驱体溶液化学均匀性好（可达分子级水平）、溶胶热处理温度低、粉体颗粒粒径小而且分布窄、粉体烧结性能好、反应过程易于控制、设备简单；但干燥收缩大、工业化生产难度大、合成周期较长。

2.2.5 微乳液法

微乳液结构最早是由 Hoar 和 Schulman 在 *Nature* 杂志上提出来的，并于 1959 年正式命名为 microemusion，但由于当时实验仪器的落后和理论知识储备不足，微乳液与胶束没有被严格区分开来。从微乳液概念的提出到如今，微乳液体系得到了长足的发展，人们对微乳液结构有了较统一的认识。微乳液是由连续相、分散相及两者之间的界面层通过各组分分子间的布朗运动自发构成的热力学稳定、各向同性的均一透明或半透明的混合体系。其中，连续相和分散相互不相容，分别可以是油相/水相（或水相/油相），界面层则是由一端亲水、一端亲油的表面活性剂组成，有时候还需要助表面活性剂的共同作用。在微乳液的形成过程中，表面活性剂的极性头插入到水相中，非极性头则靠向油相，同时极性头和非极性头分别相互聚结，助表面活性剂分散在表面活性剂侧链周围，体系自发形成均一稳定的微乳液结构。经过多年的发展，微乳液已经在工业生产上得到广泛的应用，例如原油开采、材料合成、萃取分离和日用化工等领域。

微乳液体系中有纳米水池，能够很好地控制产物颗粒的尺寸，是制备纳米材料良好的媒介。根据微乳液各组分微观结构的不同，微乳液大致分成油包水（W/O）、双连续以及水包油（O/W）三种类型。“油包水”即有机溶剂作为连续相，在表面活性剂分子的作用下包裹分散相小水滴，形成微乳液体系；“双连续”即体系中同时存在油包水和水包油微观结构，形成双连续微乳液体系；“水包油”即水作为连续相，在表面活性剂分子的作用下包裹分散的油相。图2.10为利用W/O型微乳液法制备纳米微粒的机理，化学反应在W/O型微乳液颗粒中进行，最终产物的微粒尺寸与微乳液颗粒大小相对应，为纳米级别。

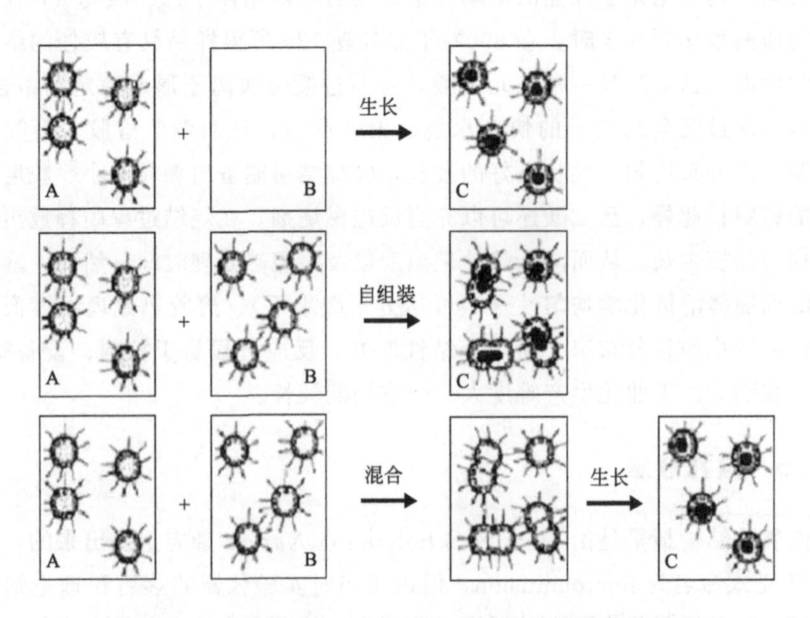

图2.10 微乳液法（W/O型）制备纳米微粒的机理

微乳液法制备材料过程中，通常是将两种反应物分别溶于组成完全相同的两种微乳液中，然后在一定条件下混合进行反应。在微乳液颗粒界面较大时，反应产物的生长将受到限制。如微乳液颗粒控制在几纳米，则反应产物以纳米微粒的形式分散在不同的微乳液“水池”中，且可以稳定存在。通过超速旋转的离心作用，纳米微粒与微乳液分离，再以有机溶剂清洗，以除去附着在表面的油和表面活性剂，最后在一定温度下干燥处理，即可得到纳米微粒的固体样品。微乳液法可以用来制备比较复杂的氧化物纳米颗粒，图 2.11 为利用微乳液法合成 $BaFe_{12}O_{19}$ 纳米微粒路线图。

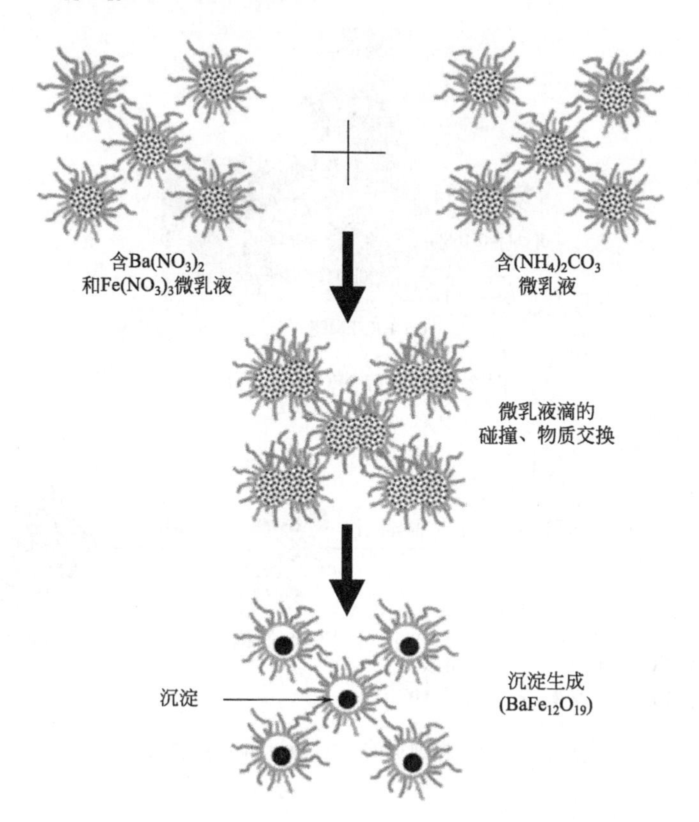

图 2.11 利用微乳液法合成 $BaFe_{12}O_{19}$ 纳米微粒路线图

图 2.12 为用微乳液法制备得到的锂离子电池负极材料——超细 $NiCo_2O_4$ 纳米粒。该方法以十六烷基三甲基溴化铵（CTAB）为表面活性剂、正戊醇为助表面活性剂、正己烷为油相和水构成的 W/O 型微乳液体系，采用微乳液法制备 $NiCo_2O_4$ 的前驱体，随后在空气气氛 400℃下煅烧 4h，可得到 $NiCo_2O_4$ 纳米粒。图 2.13 为用微乳液法制备超细 $NiCo_2O_4$ 纳米粒的形成机理。

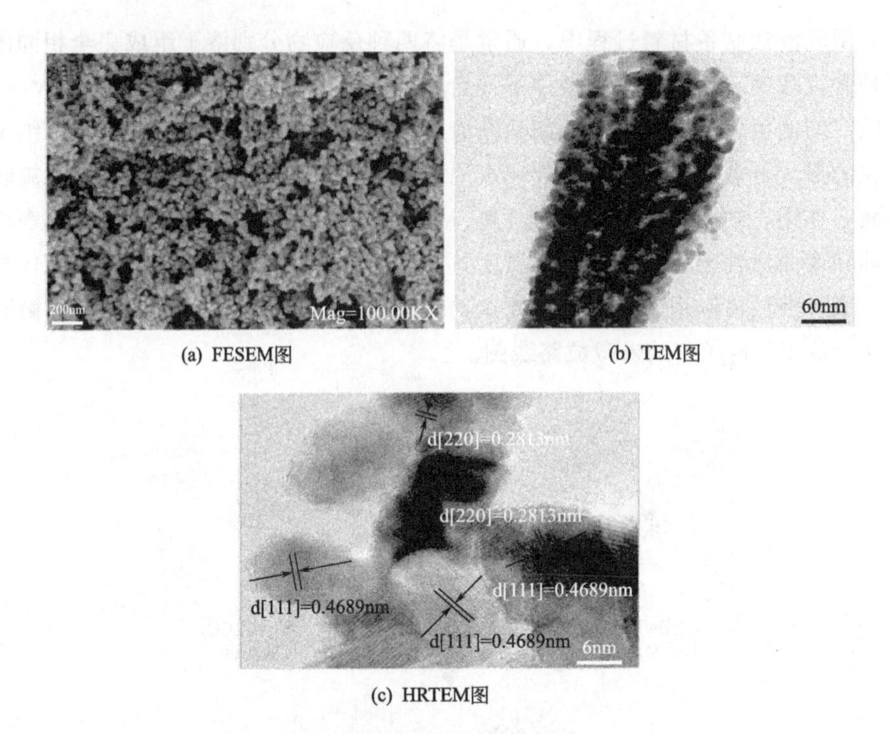

(a) FESEM图　(b) TEM图

(c) HRTEM图

图 2.12　超细 $NiCo_2O_4$ 纳米粒

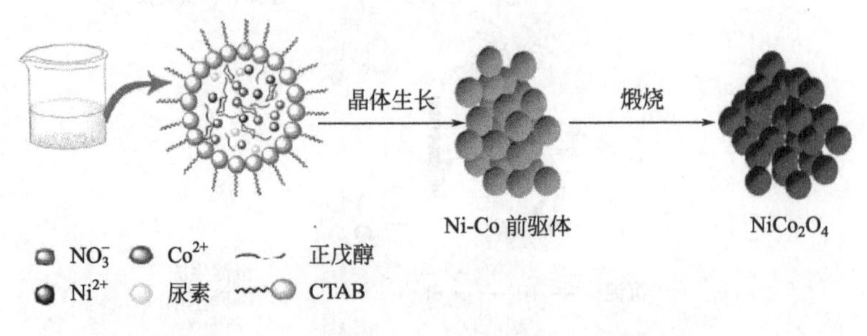

图 2.13　超细 $NiCo_2O_4$ 纳米粒形成机理

2.2.6　微波合成法

微波是指频率为 300MHz～300GHz 的电磁波，是无线电波中一个有限频带的简称，包括波长在 1m（不含 1m）到 1mm 之间的电磁波，是分米波、厘米波、毫米波和亚毫米波的统称。在电磁波谱中，微波上接红外线（IR），下接甚高频（VHF）无线电波。微波加热，属于微波的强功率应用。例如利用微波产生等离子体，在大规模集成电路中刻蚀亚微米级的精细结构；利用微波干燥食品、木材、纸张等。微波炉早已经进入人们的日常生活，成为一种便捷的食物加热手段。同时，在科学研究和工业生产中，各种不同的微波合成方法，因其具有其他方法所不可替代的一些特点，逐渐得到人们的重视和发展。

材料的微波合成（或微波烧结）开始于20世纪60年代中期，W.R. Tinga首先提出了陶瓷材料的微波烧结技术；到20世纪70年代中期，法国的J.C.Badot和A.J.Berteand开始对微波烧结技术进行系统研究。

要理解微波合成的原理，首先要了解微波与物质的相互作用。微波照射不同材料时，可能发生穿透、反射、吸收三种不同的作用。介电常数小且磁化率低的材料，由于材料在电磁场作用下的极化、磁化都较小，微波通过材料时，与材料的相互作用较弱，因此主要表现为微波的穿透。比如常温下的玻璃、陶瓷、一些种类的塑料等。对于具有一定厚度的良导体，如大块的金属材料，当微波照射时，微波大部分将被反射出去。吸收微波的材料，从吸收的原理上，可分为电损耗型和磁损耗型两种。电损耗型又可以细分为导电损耗型和介电损耗型两种。导电损耗型微波吸收材料，主要包括纳米金属粉末、炭黑、纳米石墨、改性碳纳米管、导电高分子等，还包括某些具有导电性的液体。这类材料主要是利用微波电场产生的感应电流，通过材料本身的电阻发热耗散掉。介电损耗型微波吸收材料，主要包括极性液体、极性高分子、某些强极性陶瓷等。这些材料在微波电场的作用下，会发生交变极化。在极化过程中，由于材料的分子间或者晶格的阻尼作用，产生极化方向落后于外加电场方向的现象，使部分微波能量转化为材料的内能。液体受到微波的照射时，会发生极性分子试图跟随微波电场的方向转动的现象。线型的极性高分子，会发生链节的运动。强极性的晶体材料，例如铁电陶瓷，会发生晶格的形变。这些微波激励下的运动过程，由于受到自身结构的阻碍，相位总是落后于激励源的相位。磁损耗型微波吸收材料，主要是具有高磁化率的铁磁材料，如纳米铁磁金属粉末、铁氧体材料等。这些材料的吸波原理主要是在微波磁场的作用下，材料的磁化方向发生快速改变，由于材料本身对于磁化方向改变的阻尼作用，微波的能量转化为材料的内能。这个原理与介电损耗相似，只是磁损耗型微波吸收材料感应的是微波磁场而产生运动。

许多时候，微波吸收材料的吸波机理是以上机理共同作用的结果。同时，材料的颗粒大小也会影响材料的吸波性能。比如某些铁磁性金属，当做成纳米颗粒时，是有效的微波吸收材料；当成为大块固体时，将会反射微波。

微波合成主要是利用微波吸收材料对微波的吸收作用，使反应体系得到能量（主要是内能），从而引发反应并促进反应进行。微波合成能够在固相、液相、气相条件下进行。另外，还存在非均相微波合成方法。

气相微波合成主要是指利用微波产生等离子体的材料合成技术。比如利用微波等离子体CVD沉积金刚石薄膜。

固相微波合成按加热原理的不同，可划分为以下几种。

① 利用某些铁磁性物质的吸微波特性合成一些铁氧体。

② 利用某些介电损耗型微波吸收材料的吸微波能力高温烧结一些陶瓷材料或者高温加热混合物中其他不吸微波的材料。

③ 利用一些导电物质，如许多碳颗粒材料的吸微波特性，制备碳复合材料。

液相微波合成常用于有机合成。从加热的机理上分析，液相微波合成过程一般都依靠介电损耗微波吸收机理来加热反应体系，对于反应体系具有导电性的情况，还会同时发生导电损耗微波吸收。比如微波法多元醇还原氯铂酸制备碳载铂催化剂在燃料电池中的应用。

除了以上三种均相反应，还有采用气溶胶微波放电合成纳米颗粒、在低介电常数有机液体中利用悬浮的导电颗粒间电弧放电合成碳包覆复合材料等非均相微波合成。

微波合成相比于其他合成方法的特点：

① 微波合成的热惯性比通常的方法要低很多。微波合成只对反应物进行加热，避免了对容器、炉体的加热。这使得微波合成过程中，花费在升温上的时间大大缩短。此外，微波合成由于避免了对无关物质的加热，因此耗能也大大降低。

② 微波合成具有选择性加热的特点。由于不同介电常数、导电能力的物质对微波的吸收率不同，微波加热时它们的升温速率有显著的差别。这个特点使微波合成必须考虑反应物或者反应介质是否适用于微波合成。必要时，需要在反应物中人为添加一些微波吸收剂。

③ 材料对于微波的吸收除了与材料的成分和结构相关，还与材料的温度有关。例如常温下玻璃不吸收微波，但当加热到高温时，玻璃能够强烈地吸收微波，因此微波合成必须考虑反应物的温度与微波吸收率的关系。必要时需要通过其他方法预热反应物。

④ 一些纳米颗粒，特别是金属、碳材料等与微波的相互作用和成分相近的大颗粒相差很大。因此要以这些材料为反应物进行微波合成，需要选择合适的材料粒径。

⑤ 微波合成方法具有较高的加热均匀性。采用外部热源加热合成时，反

应器内出现显著的温度梯度。这种温度梯度有可能导致副反应，如反应物的分解等，影响合成效率。而微波加热，由于微波本身良好的穿透能力，使反应物内外温度较为均匀。

⑥ 过热效应。液体的泡核沸腾需要由紧紧贴着容器壁的一层过热液体提供足够的能量。这层液体的温度要略高于正常沸点，同时还需要器壁来提供气泡产生的核心。对于普通加热，器壁温度高于所加热的液体，因此液体能够在正常沸点下沸腾。而微波直接加热器皿内的液体，器壁温度反而比液体温度还低。因此，液体需要超过正常沸点较高的温度，才能保证器壁温度超过液体的正常沸点，产生气泡。所以微波加热容易使液体在过热的状态沸腾，过热温度甚至可达 26℃。这解释了许多微波回流有机合成速率比传统的回流合成要快许多的原因。

微波合成是种特点鲜明的合成方法。与通常的间接加热合成相比，合成的材料具有比表面积大、颗粒小、分散均匀等特点。在一些情况下，使用微波加热能够合成具有某些特别的结构或者性质的物质。微波合成法常与其他方法联用制备电池材料，例如，广西大学文衍宣教授课题组以 $MnSO_4 \cdot H_2O$ 和 Li_3PO_4 前驱体为原料，在水/二甘醇（DEG）的混合溶剂体系下，采用微波溶剂热法在 pH 值为 6.8、水醇比为 2∶5、反应温度为 190℃、反应时间为 5min 的条件下制备了直径约 40～80nm、厚度约 15nm 的 $LiMnPO_4$ 纳米片。Li_3PO_4 块体颗粒在溶剂热环境下逐渐溶解并与周围 Mn^{2+} 反应生成 $LiMnPO_4$ 晶核，分布于 Li_3PO_4 块体表面。随着反应逐步向 Li_3PO_4 内部扩散，新生成的晶核嵌于 Li_3PO_4 颗粒内部；由于二甘醇分子在 $LiMnPO_4$ 晶体表面的选择吸附性，使 $LiMnPO_4$ 取向生长为纳米片。该材料在 1C 倍率下循环 50 次，放电比容量基本无衰减，容量保持率高达 99.9%。

但要注意到，微波合成也有其局限性。例如，只有能够有效吸收微波能量的物质才能直接采用微波合成法。对于微波吸收能力不强的物质，很难直接采用微波进行合成，而是需要添加额外的能吸收微波的物质，这使得微波合成法的适用范围受到限制。

总之，微波合成是一种较为新颖的材料合成和制备方式。但微波合成速度快，材料内部温度分布很不均匀，如何控制和优化微波合成过程，仍然需要进一步的研究。

2.2.7 模板法

为了开发尺寸、形状和空间排列得到很好控制的纳米结构材料，模板法是电池材料可控合成的最重要技术之一。模板法是以模板为主体构型去控制、影响和修饰材料的形貌，控制尺寸而决定材料性质的一种合成方法。近年来，模板法为锂离子电池材料的制备开辟了一条新的途径。模板法作为一种制备纳米材料的方法，具有装置简单易操作，合成的材料尺寸、形状和分散稳定性可调且结构稳定等优点，对于提高电极材料的可逆性、容量和循环稳定性有显著作用。

目前，根据模板结构和模板与客体的作用特点，可以分为硬模板法和软模板法。硬模板法主要是指利用一些具有相对刚性结构的模板的内表面或外表面为模板，填充到单体中从而发生一些反应。而软模板法是指通过分子间的相互作用力聚集形成的相对稳定的分子体系，然后引导和调控次级结构合成的方法。

硬模板法主要是依靠前驱体在预先制备好的刚性模板外表面、内表面或孔道中生长而实现（图 2.14），常见的硬模板材料有二氧化硅模板、多孔氧化铝膜、沸石分子筛、聚苯乙烯微球和胶态晶体等。通过控制反应的时间、反应条件，避免被组装的介质与模板发生化学反应，再通过化学刻蚀、溶剂溶解、煅烧等方法除去模板后可以得到空心球、多孔材料、纳米管、纳米线、纳米颗粒等。一般来说，硬模板法是多步骤的过程：①选择理想尺寸、形状的硬模板，预处理后增加与前驱物的相互作用；②将前驱物与模板有效填充或包覆；③去除模板，对于硅碳材料等一些无机材料需要用一些强酸、强碱或有机溶剂除去

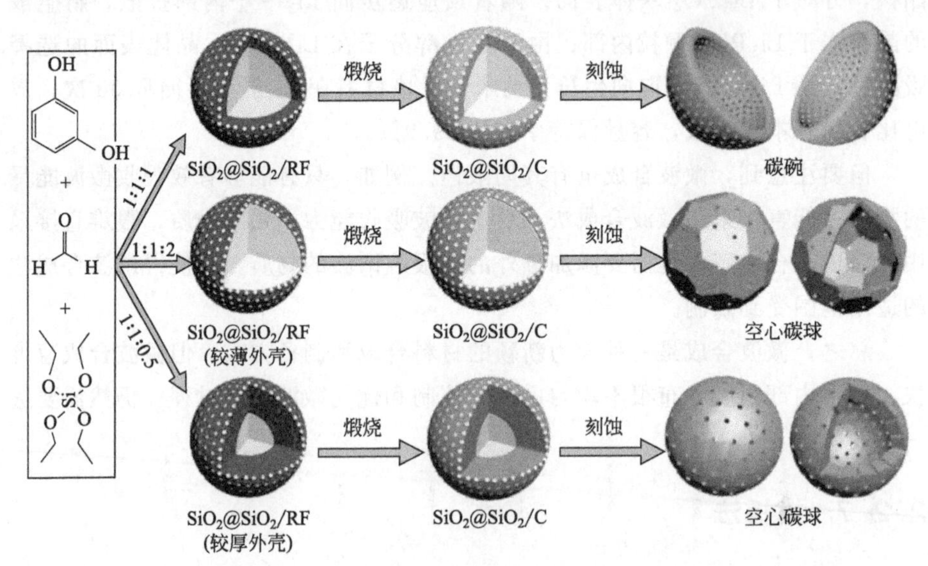

图 2.14　不同壳层厚度的空心碗状碳（HBC）或空心碳球（HCS）的合成示意图

模板，对于聚合物模板可通过高温热解或有机物萃取去除。

与软模板相比，通过硬模板法能够制备特定形状和尺寸的电极材料，普适性强，可以合成软模板法难以合成的材料，但合成过程较为烦琐。

Huang 等采用水溶性 NaCl 颗粒组合的模板，以正硅酸四乙酯（TEOS）为硅源，依次经过热处理与去离子水处理去除模板后，制备出二维的硅纳米片，面积可达 $10\mu m^2$。最后结合还原氧化石墨烯（rGO）得到硅纳米片@rGO 复合电极，在电流密度为 $0.2A\cdot g^{-1}$下可逆容量为 $2500mAh\cdot g^{-1}$，并在 $2A\cdot g^{-1}$的电流密度下循环 200 次后的容量也超过 $900mAh\cdot g^{-1}$。Xie 等以 SiO_2 空心纳米球为硬模板合成了锂离子电池正极材料 $LiNi_{0.8}Co_{0.15}Al_{0.05}O_2$ 空心纳米球（LNCA HNSs），直径为 $1.8\mu m$，壳层的厚度约为 300nm，与 LNCA 纳米粒子和微米粒子相比，LNCA HNSs 作为锂离子电池正极材料具有优异的稳定性、高容量和良好的倍率性能。Cho 等以铁基金属有机框架（MOF）为模板，制备了粒径小于 20nm 且高比表面积的多孔的纺锤状 α-Fe_2O_3纳米颗粒作为锂离子电池负极材料（图 2.15），在 0.2C 电流密度下循环 50 次后可保持 $911mAh\cdot g^{-1}$的高容量。Shao 等以硝酸锂、硝酸锰、硝酸镍和硝酸钴为原料，通过柠檬酸的络合作用制备前驱体溶胶，将表面分布—OH 和—CO 基团的碳球模板均匀分散在溶胶里，通过不断搅拌形成清晰的

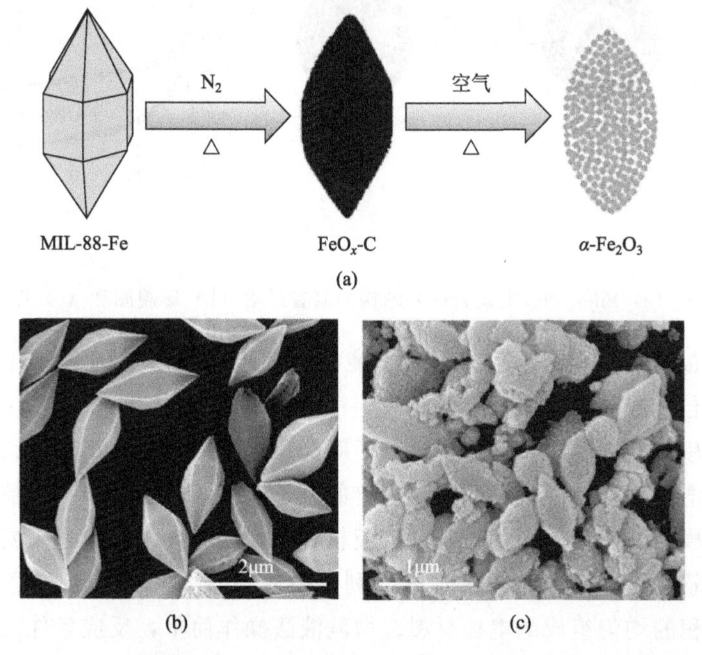

图 2.15 (a) 合成路线 (b) MIL-88-Fe 模板和 (c) 纺锤状 α-Fe_2O_3 颗粒

黏性凝胶，经过热处理相变过程后得到多孔的 $LiNi_{1/3}Co_{1/3}Mn_{1/3}O_2$ 粉末，具有整体交错大孔结构，结晶度较好，具有更高的比表面积。电化学性能测试表明，此多孔材料的电化学可逆性较好，电极/电解质界面得到了很大的改善，电荷转移能力提高。Zhao 等通过在 SnO_2 上涂覆二氧化硅层和间苯二酚-甲醛(RF)，将硅层用氢氟酸刻蚀掉，碳化后得到中空的 SnO_2@C 蛋黄壳纳米结构(图 2.16)。通过控制二氧化硅模板的碳前驱体，可以控制碳壳的厚度及孔隙的大小。首圈充放电容量分别为 $2190mAh \cdot g^{-1}$ 和 $1236mAh \cdot g^{-1}$，循环 10 圈后的可逆容量为 $950mAh \cdot g^{-1}$，循环 100 次后可逆容量为 $630mAh \cdot g^{-1}$，对比于纯 SnO_2，这种蛋黄壳的结构提高了循环稳定性。

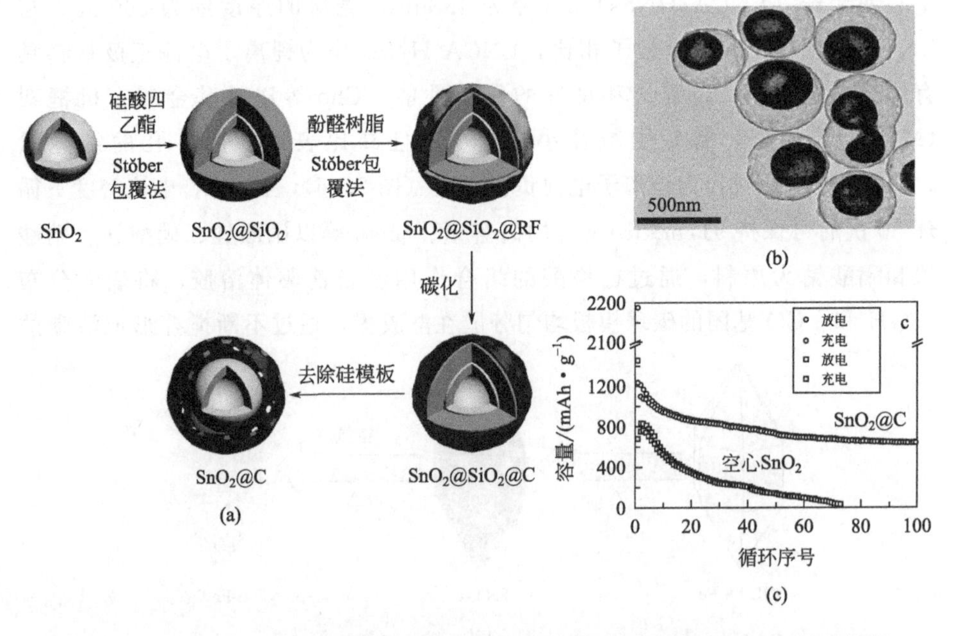

图 2.16 (a) SnO_2@C 蛋黄壳纳米结构的制备过程 (b) 形貌图和 (c) 循环性能

软模板通常是有机分子或带有官能团的两亲分子形成的各种有序的聚合物，主要包括液晶、胶束、微乳状液、LB 膜囊泡等双亲分子。在一定的溶剂条件下，软模板的官能团可以提供分子间的相互作用力，包括氢键、疏水亲水性以及静电相互作用等，形成相对稳定的分子体系，然后引导和调控材料结构合成。软模板的后期去除相比于硬模板较方便，如胶束可以通过高温分解。微乳液法是软模板中的一种重要形式。利用微乳液技术可以制备任意形状、形态、表面积的均匀组成的电极材料。微乳液法操作简单，反应条件温和，反应过程一般为：分别制备以反应液为分散相的两种不同的乳化液，当两种乳化液混合，不同液滴间发生相互碰撞，进行物质交换或传递，随之发生化学反应产生沉淀。

Yang 等用 V_2O_5、H_3PO_4 以及 CH_3COOLi 作原料，利用甲基丙烯酸甲酯（MMA）为模板剂，进行乳液聚合，合成高度均匀、有序、致密的 PMMA 乳胶球作为模板，与前驱体混合后，再经过热处理后得到大孔 $Li_3V_2(PO_4)_3$ 锂离子正极材料，具有较高的初始放电容量。Long 等以胶体软模板法合成 Si@C 复合材料。将表面功能化的硅纳米粒子（SiNPs）溶解在苯乙烯和十六烷中，作为水包油型乳液中的分散相，合成蛋黄壳以及中空双壳的 SiNPs@C 纳米复合材料（图 2.17）。由于 SiNPs 在碳主体内的均匀分布，表现出优异的循环稳定性和速率性能。

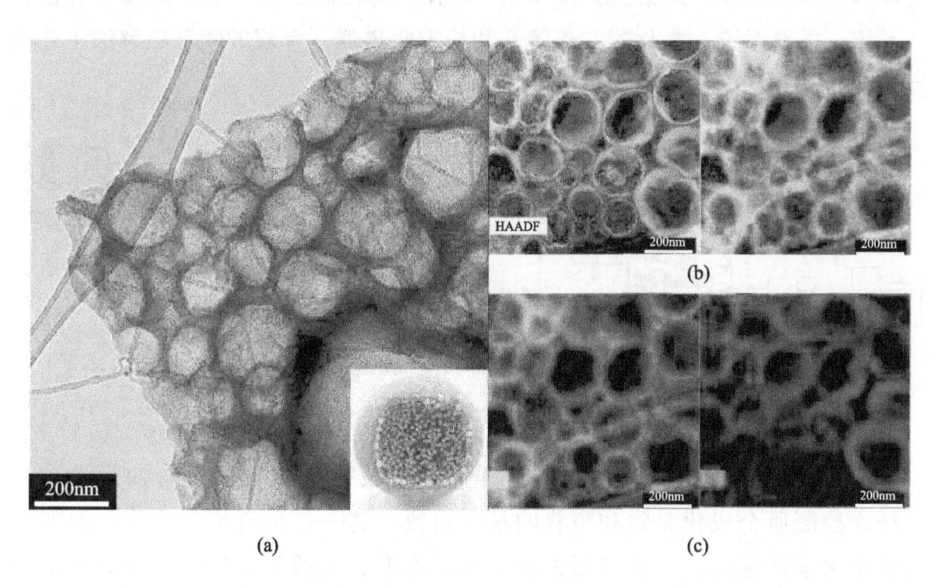

图 2.17 SiNPs@C 纳米复合材料的（a）TEM 和（b）EDX 元素映射图

模板法为锂离子电池材料的制备开辟了一条新的途径，能够提高锂离子电池的综合性能。通过模板法合成锂离子电池材料相比传统方法的明显优点是具有形状结构稳定、孔隙大小分布均匀、比表面积大等特点，为 Li^+ 的嵌入、迁移提供更多的活性位点、孔隙，并且让活性材料与电解液间充分接触。然而，采用模板法制备电池材料还存在许多问题，硬模板的合成和去除是复杂的，增加了成本和商业化障碍，并且对以模板为导向的合成电池材料的反应机理研究还不够深入。因此，迫切需要开发一种环保型硬模板，其对电池材料的制备及商业化应用和进一步的机理探明至关重要。

2.2.8 喷雾法

喷雾法可描述为：将制备好的前驱体溶液雾化分散成均匀液滴，在一定温度下的反应器中发生一系列的物理化学反应，最后制得粉体材料的一种有效制备方法。喷雾法包括喷雾热解法（spray pyrolysis，SP）和喷雾干燥法（spray drying，SD）。

喷雾热解法是指将各种金属盐按照化学计量比配制前驱体溶液，通过喷雾装置雾化为细小液滴后，由载气带入高温反应器中，经过溶剂蒸发、溶质沉淀、液滴干燥形成固体颗粒、颗粒热分解以及烧结等一系列物理化学反应后得到球形粉体的过程，示意图如图 2.18 所示。该装置由五个部分组成，包括进气系统、进料系统、雾化器、热解室和粉末收集器。常规的喷雾热解法工艺过程如下：

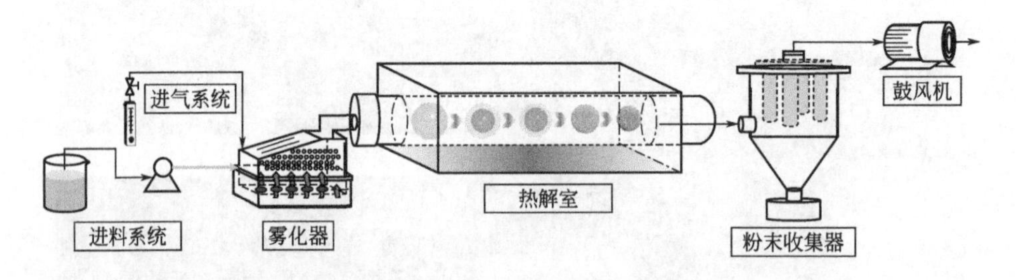

图 2.18 常规喷雾热解过程示意图

① 配制前驱体溶液。根据最终样品的组成来配置均匀混合的溶液，可以精确控制所合成化合物和材料的最终组成，这一过程近似液相法，但能精确控制化学计量比。一般选用去离子水、乙醇、乙酸等有机溶剂或有机溶剂和去离子水的混合物作溶剂。溶质常用盐酸盐、硝酸盐、硫酸盐、醋酸盐等。

② 溶液雾化，直接影响粉末的粒度、形貌、产量。各种雾化方式被应用于 SP 中，如双流体雾化、超声雾化（无空气）及静电雾化等。不同的雾化技术、雾化压力、温度、雾化的粒径、液滴蒸发速率、前驱体溶液的黏度和浓度等对粉体的形态和性能有很大的影响。双流体雾化具有产量高的优点，但液滴粒径分布较宽；超声雾化产量低但液滴粒径分布均匀。

③ 液滴干燥形成固体颗粒。第一个阶段，溶剂从液滴表面开始蒸发，随着溶剂的挥发，溶质由液滴表面向中心扩散，随后出现溶质的过饱和状态，从液滴底部析出细微固相，再逐渐扩展到四周覆盖整个表面。第二个阶段，包括

形成气孔、断裂、膨胀、收缩和晶粒生长，由于不同沉淀形成，可能形成实心、中空壳状或压力过大导致碎片状。一般来说，较低的蒸发速率有利于产生填充多的颗粒，形成实心颗粒。

④ 热分解与烧结。热分解一般发生在400～500℃，常伴有气体生成。烧结是指固体颗粒在惰性气氛保护下，在温度为1000℃以上的管式炉中烧结。提高烧结温度和延长烧结时间有利于形成实心球形颗粒。

由于样品是由悬浮在空中的液滴干燥而来，所以喷雾热解法是一种生产高纯度、化学性质均匀、粒度细、无团聚、球形结构粉末的有效方法。

喷雾干燥法与喷雾热解法相似，是一种从溶液或悬浮液出发制取干燥物的方法，在需要快速干燥的材料制备上有广泛应用，原理简图如图2.19所示。不同之处在于喷雾干燥法不包含化学分解的作用，且操作过程中要求的温度较低。喷雾热解法兼具了液相法和气相法的优点：①粉末是从载气中的悬浮液滴干燥而来的，最终得到的通常是尺寸均匀的球形颗粒。②前驱体溶液以均匀状态混合，可以精确地控制合成化合物的化学计量比。③较好控制粉末的形貌和性能，通过调控制备条件（合适的溶剂、反应温度、喷雾的速率和载气流速等），可以获得呈规则球形或类球形的粉末材料。④制备过程是在周围环境压力下连续进行的过程，在几十秒甚至几秒内迅速完成，不需要其他液相法所需的洗涤、过滤、干燥和研磨步骤。⑤能够合成高纯度、高活性的材料。

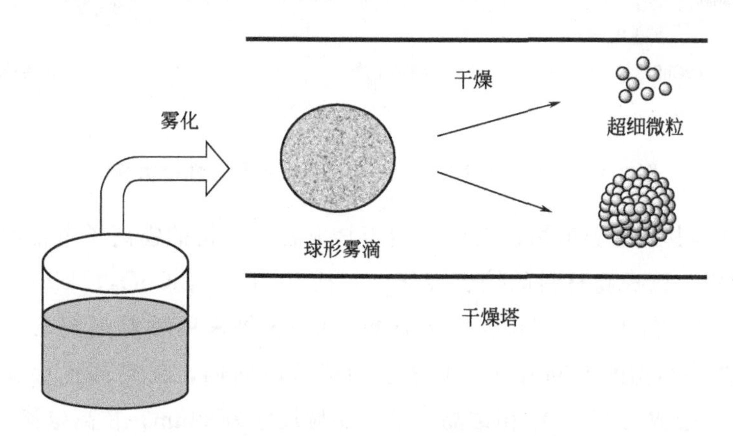

图2.19 喷雾干燥法制备粉体原理图

喷雾干燥法优点：干燥速率高、时间短；得到的样品均匀度好，纯度高；工艺过程简单，适合连续工业生产。

喷雾法具有众多优势，近年来，无论是SD法还是SP法，都在锂离子电池材料的制备领域得到广泛应用。SD法由于所需温度较低（<300℃），制备

的锂离子电池材料包括 $LiCoO_2$、$Li_xNi_{1-x}Mn_yO_2$、$LiFePO_4$、富锂锰基材料、硅碳负极等。Jaephil Cho 等通过喷雾干燥法和简单的热处理成功开发了一种 Fe-Cu-Si 三元复合材料（FeCuSi）(图 2.20)。对于该含有高孔隙空间的纳米级的金属硅（FeCuSi）进行了高面积容量（$3.4mAh \cdot cm^{-2}$）和高电极密度（$1.6g \cdot mL^{-1}$）的半电池和全电池测试。由于多级结构的硅可以缓冲循环过程中的体积变化以及纳米金属能有效提高电导率，结果表明，FeCuSi 表现出显著的初始库伦效率（91%）和高比容量（$1287mAh \cdot g^{-1}$）。Patience 等证明了喷雾干燥规模化生产的可行性。将前驱体加热到 1100℃以上，经反应后，倒入模具形成铸锭，通过湿介质研磨机将粒径降至 200nm。正极材料干燥时发生氧化，烧结成块并离析（图 2.21）。由于材料与空气接触时间短，保持了原始的化学性质和形貌特征，从而产生细小的单分散细颗粒。

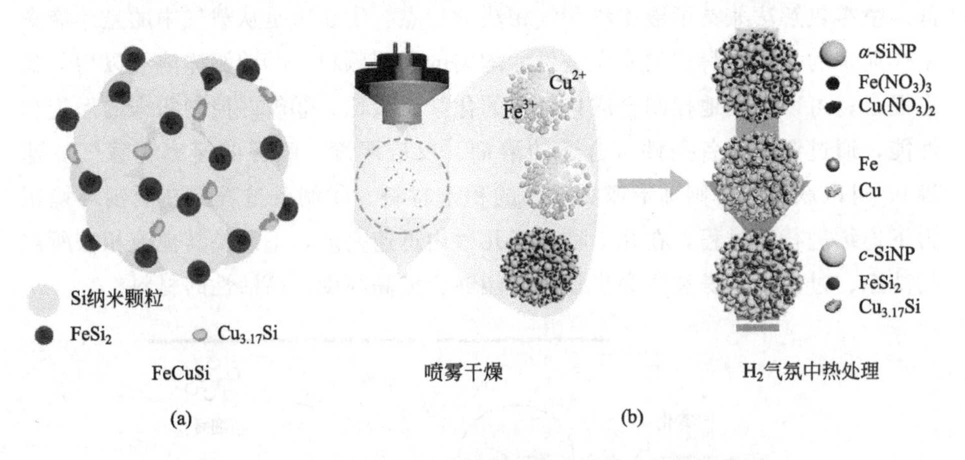

图 2.20 LPAN@NCA 的制备流程、形貌、性能示意图

SP 法因其处理温度高，已广泛用于合成各种结构的锂离子电池粉末颗粒或薄膜材料，以提高材料的综合性能，包括 Co_3O_4、$LiCoO_2$、LiM(Fe、Co、Mn)PO_4、$Li_4Ti_5O_{12}$、多孔碳球等材料。Kang 等采用喷雾热解法制备了具有壳-空腔-壳结构的 $LiMn_2O_4$，在较短的停留时间内，反应器也会完全分解锰、锂盐，形成 $LiMn_2O_4$ 相结晶，平均晶粒尺寸为 29nm，在高电流密度 10C 下仍具有较高初始放电容量和容量保持率。Li 等以过渡金属氯化物为原料，采用喷雾热解法制备了均匀分散的多孔纳米微球结构 $Ni_{0.8}Co_{0.1}Mn_{0.1}O_{1.1}$ 复合材料。作为 LIBs 负极，在循环 120 次后可逆容量为 $1180mAh \cdot g^{-1}$。由于 $Ni_{0.8}Co_{0.1}Mn_{0.1}O_{1.1}$ 材料具有优异的原子均匀性、多孔结构和表面富 N^{3+} 的特点，以此为前驱体合成有序层状的 $Ni_{0.8}Co_{0.1}Mn_{0.1}O_2$ 正极材料具有良

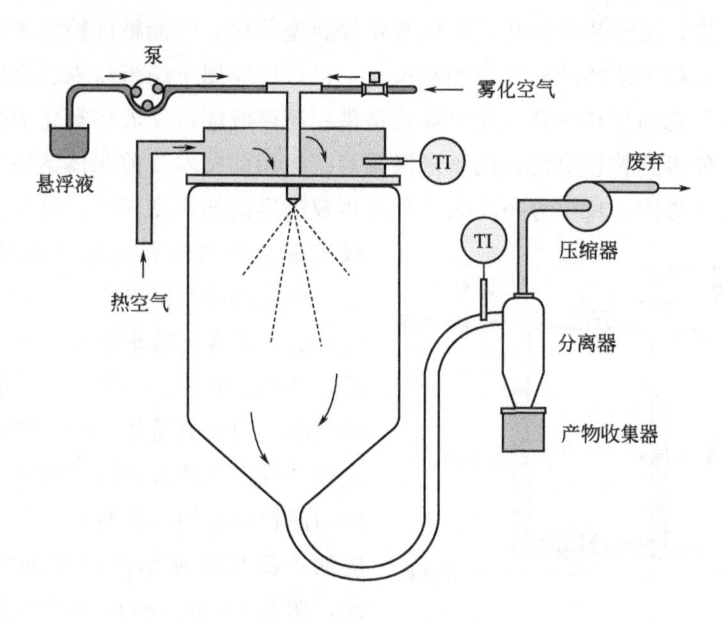

图 2.21 可移动小型喷雾干燥设备

好的结构稳定性，在 2.8～4.3V 电压区间，1C（1C＝180mAh·g^{-1}）电流密度下，循环 100 圈的放电容量为 173mAh·g^{-1}，容量保持率为 95.6%（图 2.22）。证实了喷雾热解法是一种高效、稳健的合成技术，可以从过渡金属氯化物溶液中合成富镍层状的负极材料。

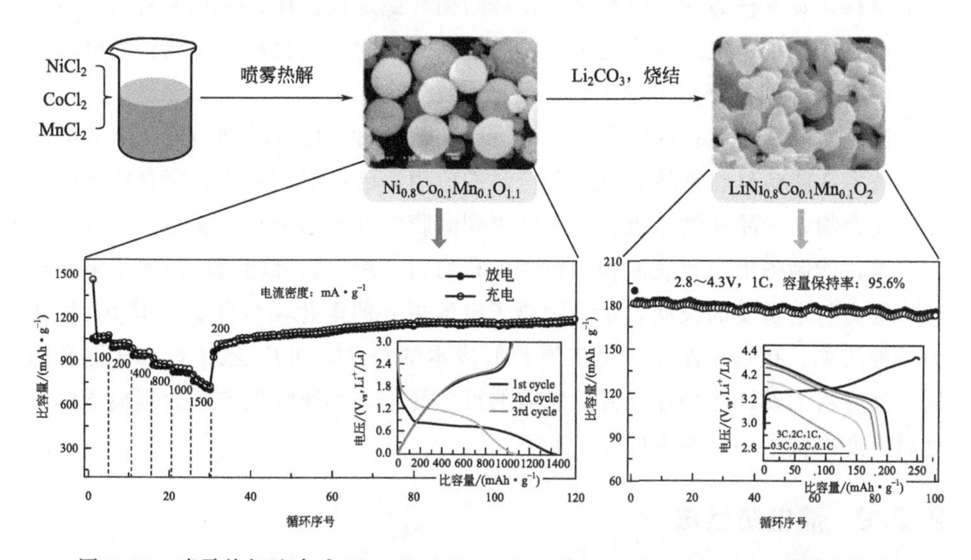

图 2.22 喷雾热解法合成 $Ni_{0.8}Co_{0.1}Mn_{0.1}O_{1.1}$ 及 $Ni_{0.8}Co_{0.1}Mn_{0.1}O_2$ 形貌与性能

近年来，由于超声雾化、静电雾化等新型雾化方式能精确控制雾滴粒径及分布，从而得到规整的粉体形貌和尺寸，已广泛应用于纳米粉末、纤维、薄膜多种产物形态的材料制备。超声雾化是借用超声波能量使液体雾化成微细液滴的方法，能得到粒径更均匀的微米级雾滴。运用此技术，前驱体溶液被超声波雾化为微小雾滴，尺寸分布均匀；另外生成的雾滴初速度较小，可以通过控制载气流速来调控雾滴进入反应腔的速度，使反应进行得更完全。对比传统雾化方法，其雾化效率有所提高，能耗更低，样品重复性、一致性好，制备出粒径更小、均匀的粉体。超声喷雾热解法直接合成的嵌锂金属氧化物具有晶相结构与晶粒分布均匀的特点，作为锂离子电池正极材料显示出优异的电化学性能，图 2.23 为一种超声喷雾热解器装置图。

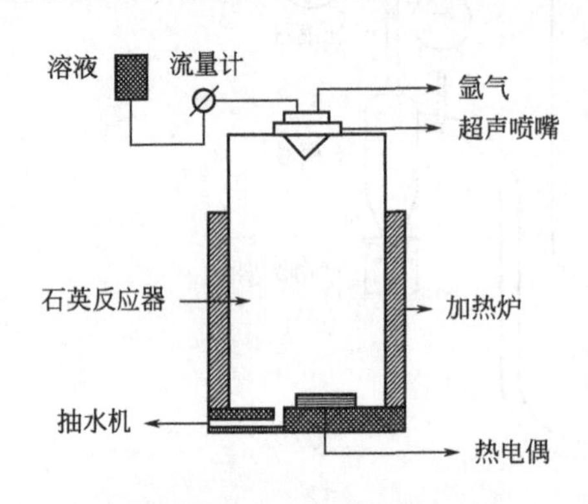

图 2.23 超声喷雾热解器的装置图

Ko 等以蔗糖为碳源，采用超声喷雾热解法合成球形 $Li_3V_2(PO_4)_3/C$ 正极材料。将碳酸锂、氧化钒和磷酸二氢铵溶解在稀硝酸溶液中，加入蔗糖制备前驱体溶液后，转移到喷雾干燥器。通过喷雾热解法制备前驱体粉末，并将所制备的前驱体在 700℃、10% H_2/N_2 气氛下烧结 3h，得到 $Li_3V_2(PO_4)_3/C$ 正极材料，具有较高的放电容量和良好的循环稳定性。Bakenov 等利用超声喷雾热解技术制备稳定的球形纳米结构的锂锰氧化物，该材料在室温、高电流密度 10C 下长时间循环后表现出良好的稳定性。

通过对喷雾法制备的锂离子电池进行实例分析，可以看到喷雾干燥和喷雾热解技术在能源材料领域有着十分广泛的应用，已经能制备许多复合氧化物与无氧化合物，产品从纳米级、微米级再到薄膜多种形态类别。从结构与性能关系来看，能制备出高比表面积、粒径分布均匀、颗粒组分相同的锂离子电池材料，提高与电解质的浸润，赋予锂离子电池更好的电化学性能。尤其 SP 法作为一种简单、有效、连续、可扩展和低成本的技术，可广泛用于 LIB 纳米结构电极材料的设计和构建，并且所需的设备简单，可连续生产，为锂离子电池材料生产提供了一个新方向。

2.2.9 静电纺丝法

静电纺丝（electrospinning），简称电纺，是将聚合物溶液或熔体在高压静电场的作用下形成连续纤维的合成方法。早在 1934 年，A. Formals 就在一项专利中描述了一种使用静电力生产聚合物长丝的装置。20 世纪 90 年代，美国阿克隆大学 Reneker 研究小组在其撰写的会议论文中首次定义了静电纺丝技术，强调了静电纺丝技术的特点与静电纺丝纳米纤维的独特形态。随后，静电纺丝技术被应用于各种各样的领域。静电纺丝是一种从各种聚合物中稳定生产纳米纤维的简单技术。由于静电纺丝纤维具有可调节孔隙率、极高比表面积、良好的延展性等特点，在近十几年中被广泛应用于各个领域，如纳米催化、能源材料、生物医学、环境工程、光电子等。

静电纺丝装置通常分为四个部分（图 2.24）：高压发生器（高压电源）、推进泵、注射器和收集器（接地的滚筒和金属平板）。

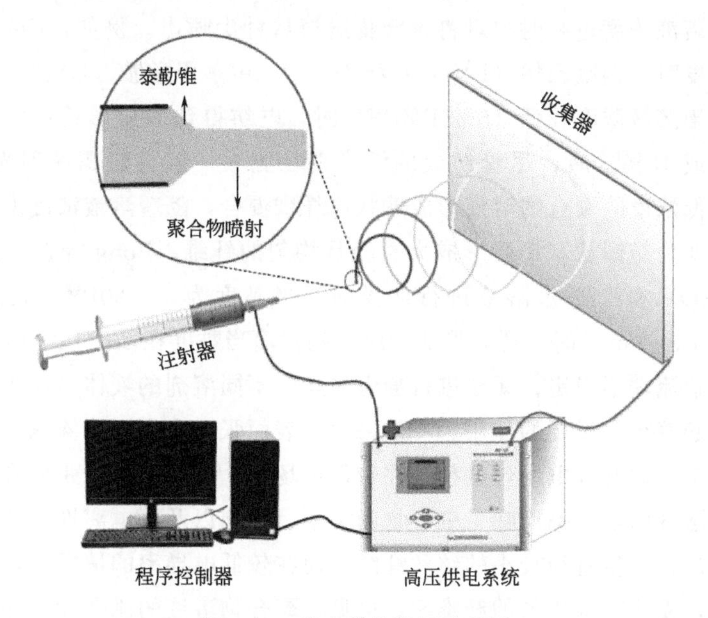

图 2.24　静电纺丝装置示意图

静电纺丝的工作原理：将有一定黏度且均匀混合的聚合物填充于注射器中，调节针头尖端和收集器间的距离，缓慢推进泵将聚合物溶液挤出注射器针头，由于表面张力的约束，在针头形成球形液滴。在针头和收集器间施加数千到数万伏高压静电作用，液滴电荷间的相互排斥作用降低了表面张力，在针头形成泰勒锥。随着电场强度增加，到达临界值后电场力克服表面张力，泰勒锥形成射流，进入扰动不稳定状态，在空中急速振荡和鞭动，向电场力逐渐减弱的收集屏喷射。在到达收集屏之前，溶液射流蒸发或凝固，溶质被迅速拉伸，以超细直径的纤维或颗粒形式沉淀在收集器上。

通过静电纺丝技术获得的纤维直径（R）与制备的参数——流速（Q）、电场强度（E）、电流（I）、尖端与收集器间的距离（D）之间的关系式如下：

$$R=(\rho Q^3)^{1/4}\times(2IED\pi^2)^{-1/4} \tag{2.6}$$

通过改变静电纺丝的参数和聚合物溶液的性质，可以控制纺丝纤维的形态和尺寸。具体影响如下。

(1) 溶液参数

包括聚合物种类、组成、分子量、溶液的黏度、电导率、表面张力等。聚合物流体的流变行为导致的射流不稳定性是决定纤维形成的关键因素。大多数不稳定性会导致断裂，阻止形成连续的纤维。当聚合物溶液浓度、黏度过低时，溶液的分子链段缠结较低，不容易被拉丝成纤维，而是形成颗粒，即静电喷雾；当溶液浓度过高时很难将聚合物溶液从针尖喷出。例如，Costa 等研究了溶液浓度对聚偏氟乙烯（PVDF）和 N,N-二甲基甲酰胺（DMF）溶液纺丝的影响，当溶液浓度较低（5% PVDF）时，电纺得到球形形貌；而当浓度增加（10%或 15%）时，尽管纺成的纤维直径更大，但只能观察到光滑纤维。因此，较低浓度的聚合物溶液形成球状与纤维混合，随着溶液浓度增加，液滴由球形转变为纺锤状，最终形成大直径且均匀的纤维。Fong 等在利用聚环氧乙烯（PEO）和乙醇-水溶液进行纺丝时，当黏度为 1～20P[❶]，表面张力为 35～55dynes · cm^{-1}时，适合形成纤维结构；而当黏度在 20P 以上时，高度内聚溶液导致流动不稳定，无法进行静电纺丝。不同溶剂的液体表面张力也在静电纺丝中起着至关重要的作用。一般来说，表面张力大会影响液滴产生，导致喷射不稳定，抑制静电纺丝过程。在较低电场下，较低的表面张力有利于纤维的形成。溶液的电导率反映了聚合物的类型、溶剂以及可电离性，随着溶液电导率的增加，产生直径较小的纺丝纤维；而在较低电导率的情况下，射流伸长水平不足，无法产生均匀的纤维珠。可见，聚合物溶液的流变性对纤维的形成过程至关重要，溶液的性质如聚合物的分子量、浓度和导电性等直接影响纤维的性能，选择合适的聚合物溶液原料是纺丝成功的关键因素。

(2) 工作条件参数

指外加电压、溶液的推进速率、尖端-收集器距离等。静电纺丝过程中，只有对溶液施加电压达到阈值后，使溶液产生电荷和电场，才会产生纤维。聚合物溶液从注射器中流出的速度也影响着喷射和物料传递的速率，较低的推进速率可以提供足够的时间让溶剂蒸发。

---

❶ 1P＝0.1Pa · s。下同。

(3) 环境参数

包括静电纺丝室的温度、湿度以及环境气氛等。Mit Uppatham 等研究了温度对电纺尺寸的影响，发现随着温度的升高聚合物溶液黏度降低，从而合成较小直径的纤维。相对湿度影响了溶剂的蒸发以及电纺纤维的结构。Casper 等发现对于聚苯乙烯，在湿度为 25%时合成的电纺纤维具有表面光滑、无任何气孔的特点。

静电纺丝技术是一种简单、有效、通用的制备一维纳米纤维的方法，可获得长度长、直径均匀、形态可调整的纳米纤维材料。这种方法获得的一维材料具有高比表面积、短离子传输路径、电子沿纵向快速传输等特点，有利于锂离子在材料中的快速脱嵌，增加电极材料与电解液的接触面积以及为锂离子提供更多的活性位点，是提高储锂性能的理想材料之一。迄今为止，各种静电纺丝技术的应用促进了锂离子电池正、负极材料的研究和发展。

① 将静电纺丝技术引入锂基过渡金属氧化物、过渡金属氧化物/硫化物等正极材料，如 $LiCoO_2$、$LiMn_2O_4$、$LiFPO_4$、V_2O_5 以及 FeS_2 等，能提高 Li^+ 的扩散速率，克服电子转移的限制，实现更高的电化学活性，从而提高材料的电化学性能。Wang 等通过使用静电纺丝技术可控合成 V_2O_5 锂离子电池正极材料（如多孔的 V_2O_5 纳米管、分层的 V_2O_5 纳米纤维和单晶 V_2O_5 纳米带，图 2.25）。通过进一步的退火后，多孔的纳米管减少了 Li^+ 的扩散距离，并扩大了电极材料和电解质的接触面积，能提供 40.24kW·kg^{-1} 的高功率密度和 201Wh·kg^{-1} 的高能量密度。Gu 等采用同轴静电纺丝工艺，以 $LiCoO_2$ 和 MgO 的可纺溶胶分别为内、外前驱体，合成了 $LiCoO_2$-MgO/核壳纳米纤维（图 2.26）。静电纺丝制备的 $LiCoO_2$ 纳米纤维的直径约为 1μm，表面包覆一层约 5nm 的 MgO 薄层，缓冲了循环过程中 $LiCoO_2$ 的体积变化，提高了材料的循环性能。

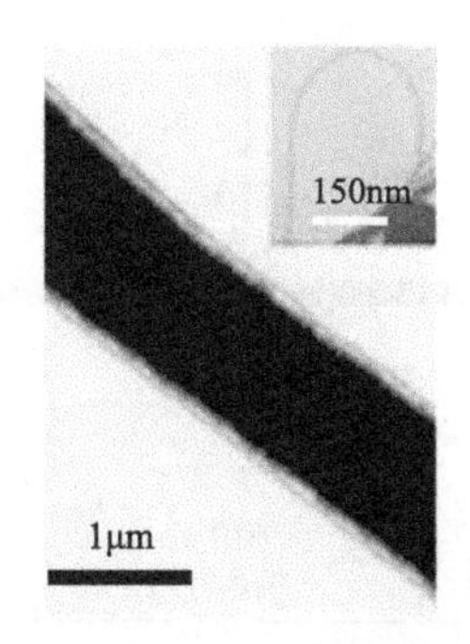

图 2.25 多孔 V_2O_5 纳米管、分层 V_2O_5 纳米纤维和单晶 V_2O_5 纳米带的制备

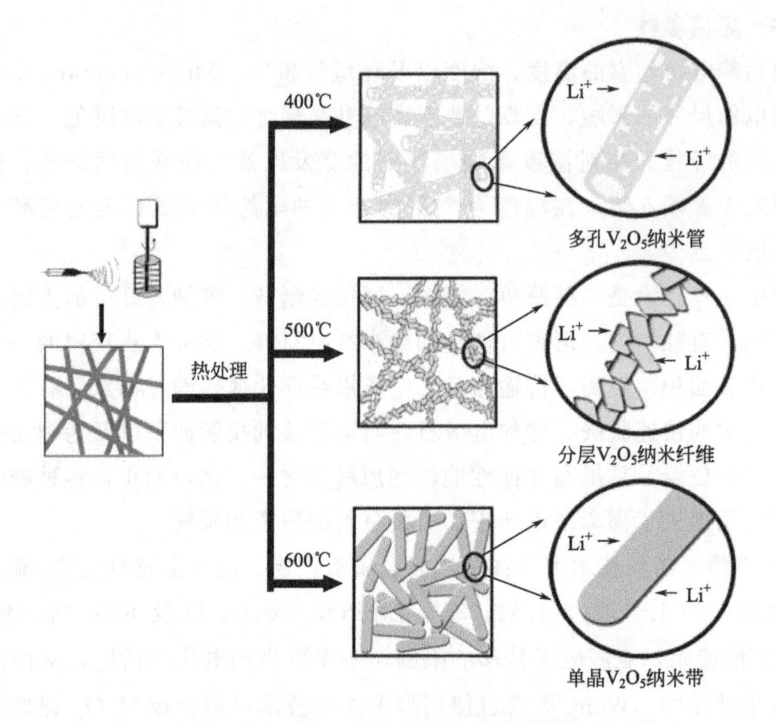

图 2.26 $LiCoO_2$-MgO/核壳纳米纤维

② 对于负极材料，主要是通过静电纺丝制备容量大、离子扩散速率快的一维的碳基材料、合金和金属氧化物/硫化物/氮化物。化学掺杂、多孔结构设计以及负载金属颗粒（Ni、Co、Fe）是提高碳基材料电化学性能的通用方法。Li 等在碳化过程中引入一定量的空气，通过控制碳纳米纤维（CNFs）的燃烧，制备了含有大量孔隙的 HPCNFs 柔性负极材料（图 2.27），显示了高容量和超长的循环寿命。Dong 等制备了 Co 颗粒负载静电纺丝合成的碳纳米纤

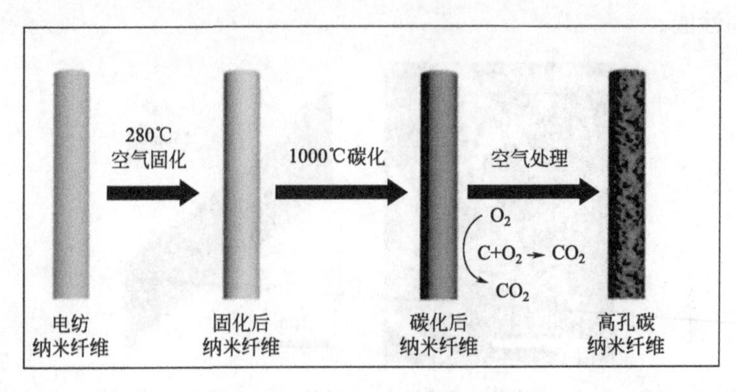

图 2.27 HPCNFs 的制备示意图

维（CNFs-Co），由于Co纳米颗粒的协同作用，提高了碳纳米纤维的比表面积、电导率，电池的循环性能和容量都得到了改善。针对合金负极材料如硅（Si）、锗（Gr）、锡（Sn）、磷（P）在锂离子脱嵌中的体积膨胀问题，通过引入缓冲基体、减小颗粒尺寸等方法改善。Lee等通过结合静电纺丝和镁热还原法制备了介孔的硅纳米纤维（m-SiNFs），先将静电纺丝合成的聚丙烯酸PAA/SiO_2纳米纤维在500℃空气中煅烧去除PAA，得到介孔SiO_2纳米纤维后进行镁热还原，经刻蚀后制得m-SiNFs（图2.28）。由于快速的电子转移、锂离子扩散以及介孔结构的体积缓冲作用，循环300圈仍保持1364mAh·g^{-1}的高可逆容量。Zhou等将含有Si@SiO_x纳米粒子的PAN/DMF溶液静电纺丝成纳米纤维，经碳化和氢氟酸刻蚀后得到Si@PCNF（图2.29）。带有孔隙的PCNF可以缓冲Si纳米颗粒在循环过程中的体积变化，最终提高了循环性能，容量保持率为69.1%，解决了硅循环差的问题。

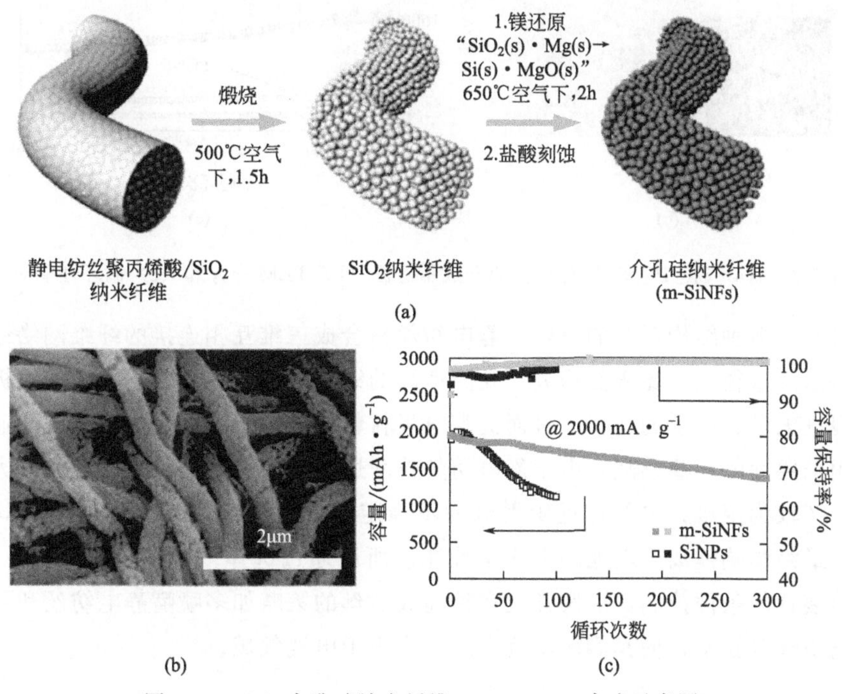

图2.28 （a）介孔硅纳米纤维（m-SiNFs）合成示意图
（b）SEM图像和（c）电化学性能

静电纺丝技术为各种一维纳米纤维、二维纳米薄膜和三维球体等特殊形貌的材料制备提供了一种简单有效的方法，在锂离子电极材料制备方面表现出显著的优势：工艺参数易调整，以满足不同电极材料的需求；通过不同的后续处

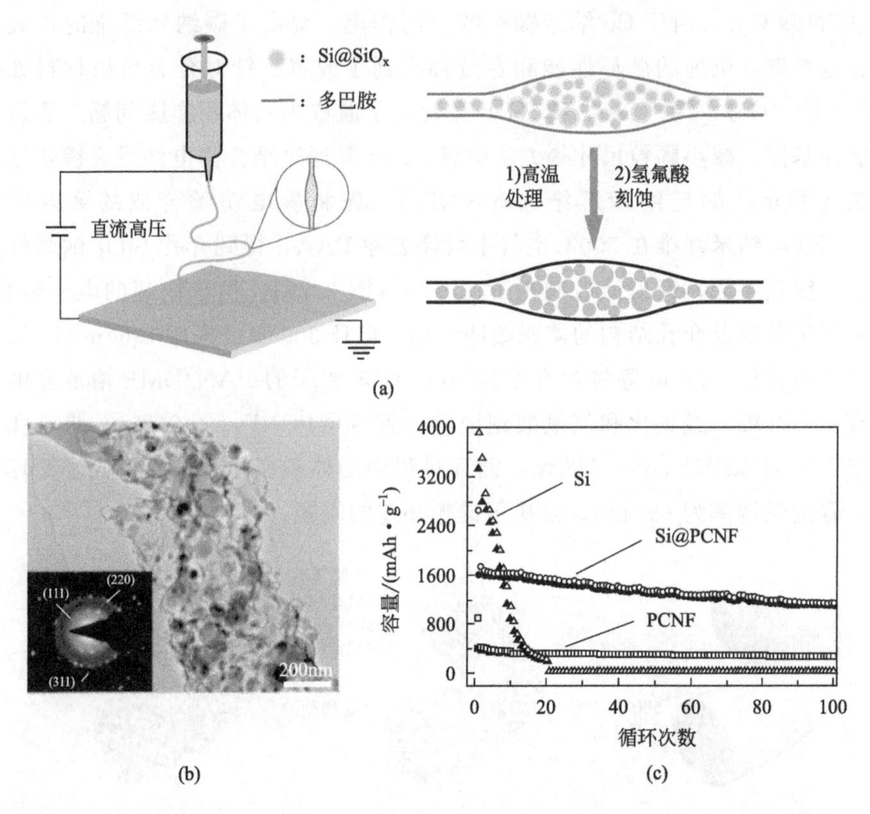

图 2.29 (a) Si@PCNF 复合结构的合成示意图 (b) TEM 图像和 (c) 循环性能对比

理可获得多种结构混合的材料；静电纺丝易合成三维互相连接的纤维网络结构材料以及直径小、比表面积大、孔隙率高的纳米纤维，在锂离子电池的电极中能促进电子、离子的转移，进而提高电极材料的电化学性能。但要实现商业化应用仍要面临一些挑战：由于静电纺丝技术适用于实验室的小范围应用，大规模生产较为困难；电纺过程中射流的不稳定性也会影响纳米尺度产物的均匀性，最终影响锂离子电池的电化学性能。所以通过选择多种聚合物的前驱体、实验装置的条件控制，以及开发多种高效纺丝的策略如多喷嘴静电纺丝和无针静电纺丝等技术，使其能成功且广泛地应用于电池领域。

2.3 气相法

气相法是利用气体或通过各种方式（离子体活化、激光活化、电子束加热、电流加热等）将物质转变成气体后在气态下产生物理或化学变化，在冷凝过程中凝聚长大形成粒子的方法。气相法合成的材料具有以下优势：合成的粉体纯度高、颗粒尺寸小、分布均匀、分散性强、团聚少、组分易控制。气相法包括化学气相沉积法（CVD）和各种物理气相沉积过程（PVD），如溅射、蒸发、分子束外延和离子电镀。

2.3.1 物理气相沉积法

物理气相沉积法（physical vapor deposition，PVD）是一种从气相沉积材料的过程，是指将物质从一个凝聚态的物质源通过气相输送到另一个需要涂覆的表面来沉积薄膜的真空制备技术。PVD技术一般不改变材料的物理性质，能够在较低的温度下控制某种材料的合成及其界面的性能，或是制备致密的结晶薄膜。PVD法通常涉及了材料的弹道输运过程。弹道输运是指从源物质到样品的传输过程，不与其他原子、离子和分子发生碰撞或很少碰撞。这种从物质的凝聚相向气相转变过程需要从物质源获取能量，且能量必须维持到气体撞击样品表面。因此，弹道输运需要大约几厘米至几分米的平均自由路径，压力范围小于1～10Pa。PVD的沉积速率通常为1～100nm・s^{-1}，所以能沉积几纳米至数百微米厚度的材料，沉积时间从几秒至几小时。在电池的研究领域里，PVD法主要分为溅射沉积、脉冲激光沉积（PLD）和蒸发沉积等(图2.30)。溅射沉积和蒸发沉积主要用于较大面积的覆盖，而PLD适于小衬底尺寸的制备。它们的沉积原理都可以分为三个阶段：①蒸发源的发射；②蒸气通过真空空间的输运；③蒸气在基片或零件表面的沉积。

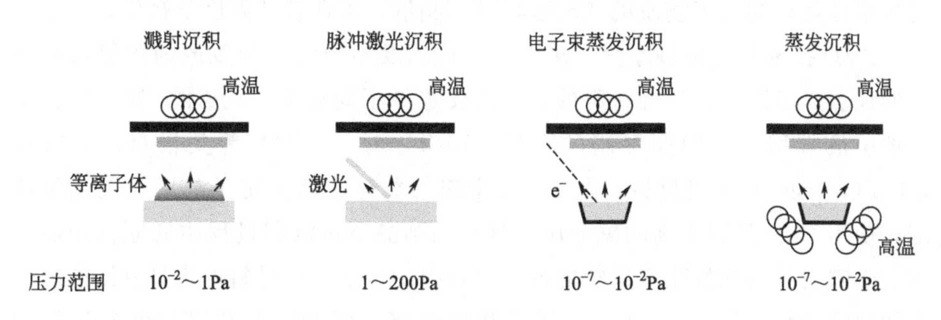

图2.30 不同PVD技术的原理示意图

溅射沉积是源物质的表面被轰击出粒子或雾化的气体离子在基片上沉积的技术。由于高电场产生的能量使溅射过程中气相粒子的能量比常规蒸发过程中粒子的能量要高，使沉积在更高的压力下进行。溅射沉积制备的材料具有结构均匀、致密、纯度高、与基片附着程度好等优点。尤其地，反应溅射是一种特殊的溅射过程，它所提供的压力比常规 PVD 的压力更高，并且从靶材溅射出的物质与气体分子发生反应，形成新的成分。反应溅射与常规的 PVD 在工艺上有所不同：①靶材和气体的成分不同；②溅射的物质与气体分子发生碰撞，以便它们相互作用或反应。所以，需要改变工艺参数如增大气压，使其发生更多的碰撞。

蒸发沉积是最常用的方法，是指将材料由冷凝相转移到气相的过程。温度是影响蒸发速度最重要的参数，也是沉积过程中撞击样品表面颗粒能量分布的重要参数。最常见的蒸发方法是焦耳加热，通过电阻将电能转化为热量。尽管蒸发为气相转移最简单的方法，但是用来蒸发的材料在所施加的功率下要有足够的挥发性，因此通常限于金属和有机材料的沉积，并不普遍用于多组分化合物的沉积。

脉冲激光沉积（PLD）是通过一个或一系列的高能激光脉冲使材料蒸发并离子化，从靶向基体传输，最后在基体上重新凝聚成核形成材料。PLD 在处理过程中会产生较高的蒸气颗粒能量。与蒸发过程相比，没有发生组分变化的问题，对一些化学成分复杂材料的沉积是有利的，PLD 中产生的高聚焦能量束可以蒸发较低蒸气压的材料，例如 $LiCoO_2$、$LiMn_2O_4$、LLTO 等由几种金属氧化物组成的材料。由于激光聚焦在一个小点上，因此只能以均匀的方式涂覆在样品的小部分，不适用于大面积的区域覆盖，适合小衬底尺寸的制备。

PVD 法应用于材料制备的优点主要有：①可合成厚度可调、成分和晶体取向可控的致密固体层；②无有机物参与反应，污染小，可依次沉积多种材料的多层体系；③由于物质的气相态具有高能量，可在较低温度下操作。

PVD 技术具有可调厚度、多元素组成以及不同组成梯度的薄膜等可控沉积的优点。不同电极活性材料的合成需要选择不同的 PVD 技术。插层材料是电池中最常用的，例如常用的石墨、$Li_4Ti_5O_{12}$（LTO）等负极材料，以及 $LiFePO_4$（LFP）正极材料。由于过渡金属的氧化状态决定了材料的电化学性能，使用 PLD 具有更高的氧分压，材料的结晶通过沉积过程中的原位加热实现，而溅射的结晶发生在后续的退火步骤中。合金电极材料作为具有高能量密度的储锂材料（Si、Sn、Ge），因其相对稳定、理论容量高以及低电位的特点，成为最受欢迎的负极材料。但是这些材料的体积变化都很大，通过组合溅射二元材料能减少不可逆容量的损失，优化合金电极的性能。Lan 等通过物理气相沉积法制备了由不同厚度的无定形硅和无定形碳堆叠而成的 Si/C 多层薄膜电极。由 10nm 厚的无定形硅和 5nm 厚的无定形碳堆叠而成的薄膜电极（电极 B）具有较高的初始容量，保持较好的稳定性（图 2.31）。由于这种薄膜电极是由 PVD 法制备而成，在电极裂开之前，电解质不能渗透进入，当内应力和体积膨胀作用使电极破裂成块状结构时，这些块状结构表面会形成稳定的 SEI 膜。并且这种 Si/C 异质界面有效地促进了沿垂直于界面方向的锂离子扩散。PVD 技术也被用于沉积转换电极材料，主要适用于氧化物和氮化物等容易通过反应在金属靶上沉积的物质。Sun 等采用了斜角度脉冲激光沉积法（OAPLD）制备了橄榄石型 $LiFePO_4$ 的纳米棒/针状形貌薄膜。该方法只需创建一个非零的源-衬底角，并且引入遮蔽效应来形成孤立的纳米棒形貌。与平面薄膜相比，该纳米棒/针状薄膜的电化学性能显著提高。

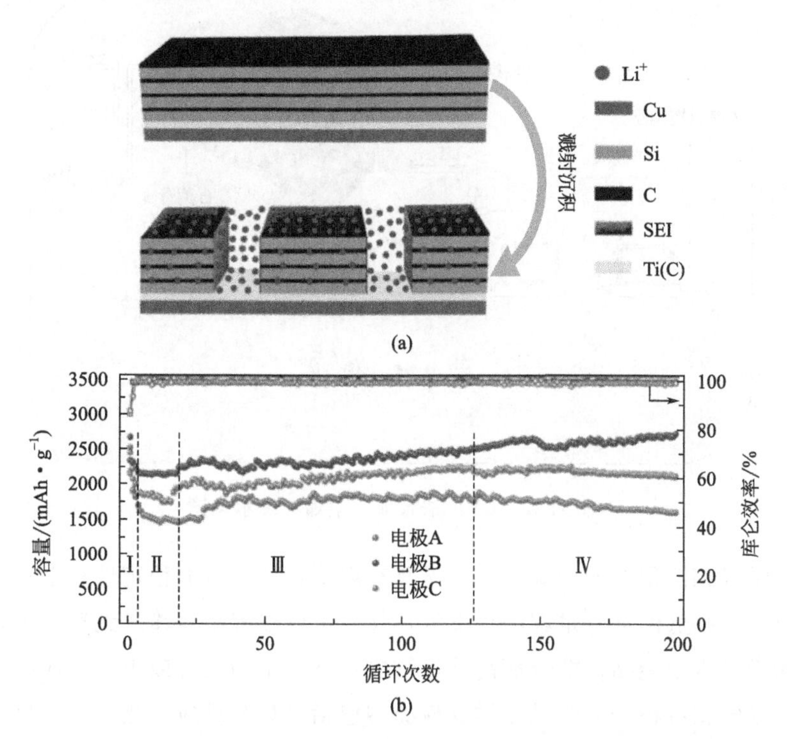

图 2.31 (a) Si/C 多层薄膜电极电池工作原理示意图和 (b) 电极 A、B、C 在电流密度为 300mA·g^{-1}时的循环性能

2.3.2 化学气相沉积法

化学气相沉积（chemical vapor deposition，CVD）是将各种待沉积元素的气态或蒸气态物质引入反应室，通过在衬底表面发生化学反应，使气化相在加热的固体表面上沉积的方法。它属于气相转移的范畴，这一过程本质上是原子的，即沉积物是原子、分子或它们的组合。根据反应的激发方式可分

为激光诱导（LCVD）、等离子体（PVCD）、超声波（UWCVD）、热丝激发（HWCVD）等；根据反应室的压力可分为超高真空（UHVCVD）、低压（LPCVD）等；根据源物质的类型可分为金属有机（MOCVD）、卤化物CVD以及有机化合物CVD等。化学气相沉积原理示意图如图2.32，它主要包括四个阶段：①形成挥发性物质，反应气体进入反应室；②气体通过边界层扩散；③气体与基材表面接触，发生化学反应并产生固态物质；④反应的副产物、废弃物通过边界层从表面扩散出去。

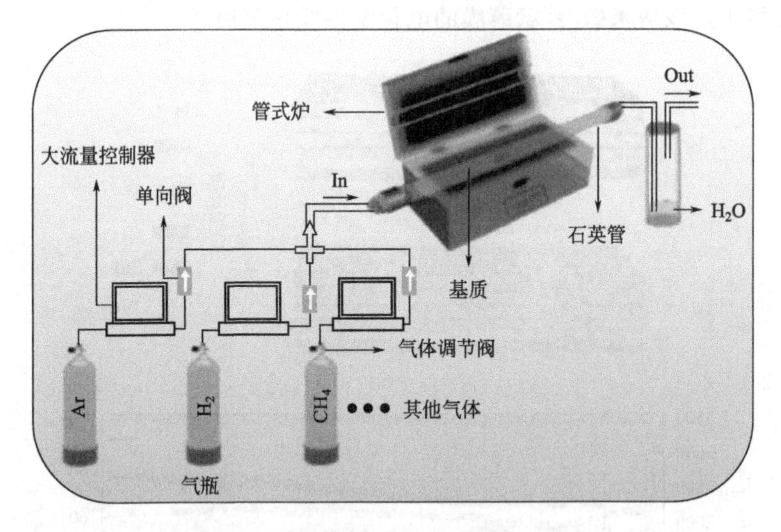

图2.32　CVD法合成石墨烯原理示意图

化学气相沉积选择的源物质通常具有以下特性：室温稳定性；能在反应区完全反应；在低温下有足够的挥发性，使它可以很容易地输送到反应区，而不会在输送过程中凝结；能合成高纯度物质；不产生副反应或附加反应。

化学气相沉积法的常见化学反应类型包括热分解反应、化学合成反应、还原反应、氧化反应以及化学传输反应等。

(1) 热分解反应

在热分解反应中，通过一种前体气体将氢化物、碳氢化合物、卤化物以及有机化合物等加热分解成单质或其他小分子化合物。典型例子如下：

氢化物热分解　$SiH_4(g) \longrightarrow Si(s) + 2H_2(g)$　(2.7)

碳氢化合物分解　$CH_4(g) \longrightarrow C(s) + 2H_2(g)$　(2.8)

卤化物热分解　$WF_6(g) \longrightarrow W(s) + 3F_6(g)$　(2.9)

有机化合物热分解　$Ni(CO)_4(g) \longrightarrow Ni(s) + 4CO(g)$　(2.10)

(2) 化学合成反应

化学合成反应是由两种或两种以上的源物质之间的气相化学反应，在反应室里反应沉积得到碳化物或氮化物等产物的沉积，大多用于绝缘膜制备。碳化物的沉积通常是由卤化物与碳氢化合物（如甲烷）反应而得到的；氮化物的沉积（氮化或氨解）通常是以氨为反应物。举例如下：

碳化物沉积 $$TiCl_4(g)+CH_4(g) \longrightarrow TiC(s)+4HCl(g) \tag{2.11}$$

氮化物沉积 $$3SiCl_4(g)+4NH_3(g) \longrightarrow Si_3N_4(s)+12HCl(g) \tag{2.12}$$

(3) 还原反应

还原反应是利用氢气或单质金属进行还原而在基底上沉积，被广泛用于非金属元素的氢还原（Si、B）。例如：

氢气还原 $$SiCl_4(g)+2H_2(g) \longrightarrow Si(s)+4HCl(g) \tag{2.13}$$

金属单质还原 $$TiI_4(g)+2Zn(s) \longrightarrow Ti(s)+2ZnI_2(g) \tag{2.14}$$

(4) 氧化反应

氧化反应是指在反应过程中，通入氧气，沉积生产氧化物。例如：

$$SiH_4(g)+O_2(g) \longrightarrow SiO_2(s)+2H_2(g) \tag{2.15}$$

(5) 化学传输反应

化学传输反应就是将所需要的物质当作源物质，在高温下形成气态化合物，通过化学迁移或载气运输到不同的较低温度位置，发生逆向反应，重新沉积成粉末、薄膜等物质。大多用在稀有金属的提取和单晶的制备上。例如：

Zr 的提取 $$Zr(s)+2I_2(g) \xrightarrow{T_1} ZrI_4(g) \xrightarrow{T_2} Zr(s)+2I_2(g) \tag{2.16}$$

在温度为 T_1 的源区发生输运反应，生成气态的 ZrI_4；在温度为 T_2 的沉积区，又重新沉积生成固态的 Zr。选定适合的温度梯度可以得到有效的输运。

化学气相沉积法的主要影响参数有：①反应室的压力。压力控制边界层的厚度，进而控制扩散速率。高真空下沉积速率变慢，沉积结构往往是细粒度；低真空下沉积速率快，沉积的晶粒较粗。②反应温度。影响 CVD 过程最主要工艺参数之一。在不同温度下，可沉积不同形态产物。随着温度的升高，沉积速率加快，晶粒朝着反应物源方向不断生长，沉积物趋向于柱状结构。③气体流速。反应的气体流速大小会直接影响到沉积产物的形貌及大小。一般来说，提高气体流速，反应过程由质量转移控制向表面控制转化，生长速率提高，导致成核过快，晶粒较粗。④沉积时间。沉积时间直接影响到沉积膜的质量、厚度及颗粒的尺寸大小。实验发现在利用 CVD 合成氧化硅纳米线时，随着沉积时间的延长，其表面密度增大。⑤衬底的选择。基体材料是影响沉积质量的关键因素。在沉积温度下，要求具有热力学和化学稳定性，不发生热分解和反应气氛的侵蚀。在以镀镍单晶硅为衬底的实验中，发现纳米硅线的密度与衬底厚度成正比。⑥源材料的纯度。源材料的选择也影响了沉积材料的组成、质量、结构以及后续的器件性能。⑦反应系统装置。反应系统的密封性、反应管的结构形式以及反应管与气体管道的材料都影响了沉积物的质量、结构和均匀性。

CVD优点如下：

① 绕度性好，可在凹槽、孔洞及三维结构复杂的材料上沉积；

② 沉积的速率快，可以快速获得几厘米厚的镀层；

③ 可通过改变镀层的化学成分，获得梯度沉积物或混合镀层；

④ 可以控制镀层的纯度和密度；

⑤ CVD设备通常不需要超高真空，可以在常压或低压下沉积，可适应多种工艺变化；

⑥ 与溅射等其他薄膜技术不同，CVD不仅可以形成金属、合金、陶瓷和化合物镀层，也可用于制造纤维、泡沫和粉末；

⑦ CVD是一种操作简单、灵活性强的技术，可以通过改变反应组分、活化方法或沉积变量来进行实验优化，直到获得满意的沉积效果；

⑧ 在某些情况下比PVD工业更经济。

CVD反应是由热力学和动力学控制的。根据热力学第一和第二定律研究各种形式能量的相互关系以及能量从一个化学系统向另一个化学系统的转移。在CVD过程中，当引入沉积室的气态化合物反应形成固体沉积和副产物气体时，这种化学热力学转移就发生了。CVD技术结合了多个科学与工程学科，包括热力学、等离子体物理学、动力学等。常见的化学气相沉积法如下。

(1) 金属有机化合物化学气相沉积法（MOCVD）

金属有机化合物气相沉积（MOCVD）是CVD的一个新型领域。它是利用低温下易分解和挥发的金属有机化合物为物质源进行沉积的方法，大多数金属都可以通过MOCVD沉积，最容易被MOCVD沉积的是非过渡金属，包括铝、铜、金、镍、镉、铬等。MOCVD与传统的CVD相比，可以在较低的温度下获得临界半导体材料的沉积，可在不同的基材表面沉积不同薄膜，并且可以成功地实现外延生长。MOCVD现在得到了大规模的应用，特别是在半导体和光电、能源应用领域。

(2) 等离子体增强化学气相沉积法（PECVD）

PECVD是利用等离子体中的大量高能量电子使处于此状态下的物质微粒

通过相互作用获得高温、高焓、高活性的物质，并为其提供化学气相沉积过程所需要的激活能。PECVD是一种成熟的工业薄膜沉积技术，不仅被用于生长不同的材料，如SiO_2、ZnO和碳纳米管等，而且还被用于材料表面修饰。与传统的CVD相比，PECVD通过等离子体分解前驱体，沉积温度低。能量通过带电粒子以势能和动能的形式向前驱体传递，在室温下也可以实现。由于分解效率高，在无催化剂的情况下，在适当的条件下容易发生沉积。通过PECVD制备材料，设备示意图如图2.33所示，将衬底放置在石英管中并加热到所需的温度，引入前驱体在上游产生等离子体。根据等离子体源的功率频率，PECVD可分为微波、射频和直流。随着频率增加，等离子体增强CVD过程作用越明显，所需温度越低。使用最广泛的射频，因为在放电过程中无电极放电，电极不发生腐蚀，无杂质污染。

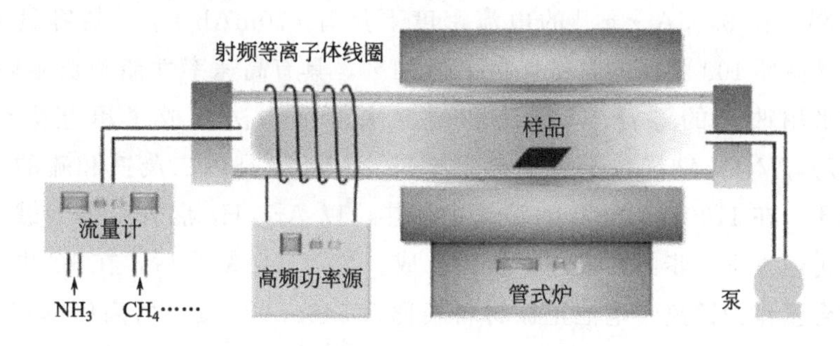

图2.33 PECVD设备图

(3) 激光化学气相沉积法（LCVD）

LCVD是通过使用激光束在合适的蒸气反应物中诱导化学反应在衬底上生成固体沉积。LCVD反应通常分为分解反应（单个反应性气体分解）和组合反应（两种或两种以上不同气体的组分结合）。LCVD制备的材料具有高质量的特点。沉积的材料通常纯度高、孔隙率低、结晶度高，材料具有比使用其他技术沉积的材料更优越的力学性能和热稳定性。与LCVD中使用的局部加热不同，传统的CVD是将衬底的整个表面加热到反应进行所需的温度，而LCVD通过在沉积过程中加热整个衬底，避免了热循环，并减少了热诱发应力。CVD过程的沉积速率通常受到进入和离开反应区的气体扩散的限制，而LCVD的扩散区是一个以聚焦的激光光斑为中心的半球。LCVD已被用于制造线、纤维等材料。这种结构通常是密集的，已经实现了超过$10cm \cdot s^{-1}$的轴向生长速度，并且已经生长了直径小于$5\mu m$的纤维。

CVD法已经广泛用于制备锂离子电池的电极材料，还用于电极材料表面的修饰以此进一步提高性能。锂离子电池的负极材料一般为碳材料、锡基和硅基材料、过渡金属氧化物以及其他纳米材料等。正极材料包括锂金属氧化物（如 $LiCoO_2$、$LiMn_2O_4$）、钒氧化物、磷酸铁锂等。CVD 可通过调节反应速率、沉积温度、前驱体源或浓度对电极材料进行表面涂覆、掺杂等，弥补了材料导电性差的缺陷，从而获得电化学性能优良的复合材料。张继光课题组通过溶胶-凝胶法以及铝热反应制备了 CNT@Si 微球，并且通过化学气相沉积在微球表面涂上一层碳合成了最终产物 CNT@Si@C 微球（图 2.34）。具有高孔隙率和优异的机械强度，在 $1mA \cdot cm^{-1}$ 的电流密度下经过 1500 次循环后还能提供 $1500mAh \cdot g^{-1}$ 的可逆容量和 87% 的容量保持率。Wang 等采用了简单 CVD 技术合成了氮掺杂碳壳（NC）的 Ni_3S_2 纳米线（图 2.35）。合成的单晶 Ni_3S_2@NC 核壳纳米线阵列锚定在泡沫镍上，表现出优异的机械稳定性和高的电导率，在 $0.05A \cdot g^{-1}$ 的电流密度下具有 $470mAh \cdot g^{-1}$ 的容量以及在 $1A \cdot g^{-1}$ 循环 100 圈后的容量保持率为 91%，具有高速率性能和长循环寿命。Wei 等采用改进的漂浮 CVD 法和可控水解沉积法合成了单壁碳纳米管（SWNT）/V_2O_5 纳米粒子的复合膜材料。SWNT 是以二茂铁和硫的混合物为源物质，在 1100～1150℃ 的炉管中加热，以 Ar_2/H_2 混合气体为载气进行沉积，再通过进一步的热处理等操作合成。与 V_2O_5 复合后，在 1C 电流密度下，复合膜作为锂离子电池正极材料表现为 $548mAh \cdot g^{-1}$ 的高倍率容量，这是由于纳米 V_2O_5 粒子与 SWNT 表面官能团间的化学作用，单壁碳纳米管提高了 Li^+ 的扩散速率，促进其迁移，实现了复合正极的优良电化学性能。

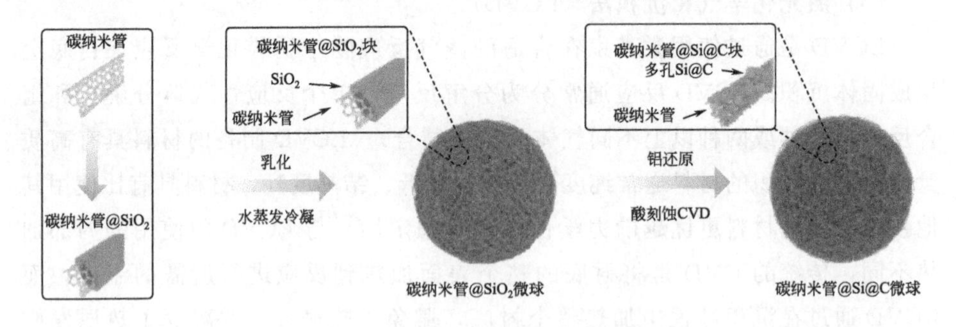

图 2.34　CNT@Si@C 微球合成示意图

化学气相沉积技术近几年在锂离子电池材料中的应用发展极其迅速，不仅可以用来制备纳米结构的电极材料，还可以通过 CVD 技术对锂离子电池的各种电极材料进行掺杂、包覆等表面修饰处理，进而有效改善电极材料的电化学性能。如负极的碳基、硅基复合材料和正极的锂氧化物、钒氧化物等材料。但

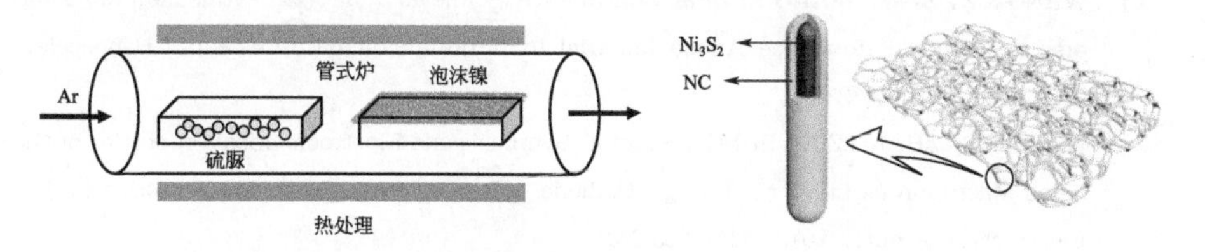

图 2.35 Ni_3S_2@NC 核壳阵列的合成原理图

是，在利用 CVD 对材料包覆改性中必须综合考虑组成复合材料的各组元性能及其相互作用，进行系统研究，对于包覆层的含量、电子和离子导电性研究是今后 CVD 包覆技术的一个发展重点。

参考文献

[1] 李爱东，刘建国．先进材料合成与制备技术［M］．北京：科学出版社，2014.

[2] 朱继平．新能源材料技术［M］．北京：化学工业出版社，2014.

[3] 张昭，彭少方，刘栋昌．无机精细化工工艺学［M］．北京：化学工业出版社，2005.

[4] 吴贤文，向延鸿．储能材料——基础与应用［M］．北京：化学工业出版社，2019.

[5] 徐如人，庞文琴，霍启升．无机合成与制备化学［M］．北京：高等教育出版社，2009.

[6] FEI R X, WANG H W, WANG Q, et al. In Situ Hard-Template Synthesis of Hollow Bowl-Like Carbon: A Potential Versatile Platform for Sodium and Zinc Ion Capacitors [J]. Advanced Energy Materials, 2020, 47 (10), 2002741.

[7] WANG P P, ZHANG Y X, FAN X Y, et al. Synthesis of Si Nanosheets by Using Sodium Chloride as Template for High-performance Lithium-ion Battery Anode Material [J]. Journal of Power Sources, 2018, 379: 20-25.

[8] WU X Y, LU J J, HAN Y, et al. Template-assisted Synthesis of $LiNi_{0.8}Co_{0.15}Al_{0.05}O_2$ Hollow Nanospheres as Cathode Material for Lithium Ion Batteries [J]. Journal of Materials Science, 2020, 55 (22): 9493-9503.

[9] XU X, CAO R, JEONG S, et al. Spindle-like Mesoporous Alpha-Fe_2O_3 Anode Material Prepared from MOF Template for High-Rate Lithium Batteries [J]. Nano Letters, 2012, 12 (9): 4988-4991.

[10] HU Y Y, ZHOU Y K, WANG J, et al. Preparation and Characterization of Macroporous $LiNi_{1/3}Co_{1/3}Mn_{1/3}O_2$ Using Carbon Sphere as Template [J]. Materials Chemistry and Physics, 2011, 129 (1-2): 296-300.

[11] WANG J X, LI W, WANG F, et al. Controllable Synthesis of SnO_2@C Yolk-shell Nanospheres as a High-performance Anode Material for Lithium Ion Batteries [J]. Nanoscale, 2014, 6(6): 3217-3222.

[12] WANG S L, ZHANG Z X, FANG S H, et al. Synthesis and Electrochemical Properties of Ordered Macroporous $Li_3V_2(PO_4)_{(3)}$ Cathode Materials for Lithium Ion Batteries [J]. Electrochimica Acta, 2013, 111: 685-690.

[13] SU H P, BARRAGAN A A, GENG L X, et al. Colloidal Synthesis of Silicon-Carbon Composite Material for Lithium-Ion Batteries [J]. Angewandte Chemie-International Edition, 2017, 56(36): 10780-10785.

[14] 胡国荣，方正升，刘智敏，等．喷雾热解法制备锂离子电池正极材料的进展 [J]．电池，2005, 03: 244-245.

[15] LENG J, WANG Z X, WANG J X, et al. Advances in Nanostructures Fabricated via Spray Pyrolysis and Their Applications in Energy Storage and Conversion [J]. Chemical Society Reviews, 2019, 48(11): 3015-3072.

[16] WANG Y Y, ZHANG X D, HE W, et al. A Review for the Synthesis Methods of Lithium Vanadium Phosphate Cathode Materials [J]. Journal of Materials Science-Materials in Electronics, 2017, 28(24): 18269-18295.

[17] ESLAMIAN M, ASHGRIZ N. Spray Drying, Spray Pyrolysis and Spray Freeze Drying [M]. Berlin: Springer, 2011.

[18] CHAE S, KO M, PARK S, et al. Micron-sized Fe-Cu-Si Ternary Composite Anodes for High Energy Li-ion Batteries [J]. Energy & Environmental Science, 2016, 9(4): 1251-1257.

[19] RIGAMONTI M G, CHAVALLE M, LI H, et al. $LiFePO_4$ Spray Drying Scale-up and Carbon-cage for Improved Cyclability [J]. Journal of Power Sources, 2020, 462, 228103.

[20] SIM C M, CHOI S H, KANG Y C. Superior Electrochemical Properties of $LiMn_2O_4$ Yolk-shell Powders Prepared by a Simple Spray Pyrolysis Process [J]. Chemical Communications, 2013, 49(53): 5978-5980.

[21] LI T, LI X H, WANG Z X, et al. A Short Process for the Efficient Utilization of Transition-metal Chlorides in Lithium-ion Batteries: A Case of $Ni_{0.8}Co_{0.1}Mn_{0.1}$ and $LiNi_{0.8}Co_{0.1}Mn_{0.1}O_2$ [J]. Journal of Power Sources, 2017, 342: 495-503.

[22] KO Y N, KOO H Y, KIM J H, et al. Characteristics of $Li_3V_2(PO_4)_{(3)}$/C Powders Prepared by Ultrasonic Spray Pyrolysis [J]. Journal of Power Sources, 2011, 196(16): 6682-6687.

[23] BAKENOV Z, WAKIHARA M, TANIGUCHI I. Battery Performance of Nanostructured Lithium Manganese Oxide Synthesized by Ultrasonic Spray Pyrolysis at Elevated Temperature [J]. Journal of Solid State Electrochemistry, 2008, 12(1): 57-62.

[24] 陈祖耀，张大杰，钱逸泰．喷雾热解法制备超细粉末及其应用 [J]．硅酸盐通报，1988, 06: 54-62.

[25] BHARDWAJ N, KUNDU S C. Electrospinning: A Fascinating Fiber Fabrication Technique [J]. Biotechnology Advances, 2010, 28(3): 325-347.

[26] 邓建辉，杨晓青，方称辉，等．静电纺丝/静电喷雾技术在电池领域的应用进展［J］．化工进展，2021：1-18.

[27] COSTA L M M，BRETAS R E S，GREGORIO R. Effect of Solution Concentration on the Electrospray/Electrospinning Transition and on the Crystalline Phase of PVDF［J］. Materials Sciences and Applications，2010，01（04）：247-252.

[28] FONG H，CHUN I，Reneker D H. Beaded Nanofibers Formed During Electrospinning［J］. Polymer，1999，40（16）：4585-4592.

[29] MIT-UPPATHAM C，NITHITANAKUL M，SUPAPHOL P. Ultratine Electrospun Polyamide-6 Fibers：Effect of Solution Conditions on Morphology and Average Fiber Diameter［J］. Macromolecular Chemistry and Physics，2004，205（17）：2327-2338.

[30] CASPER C L，STEPHENS J S，TASSI N G，et al. Controlling Surface Morphology of Electrospun Polystyrene Fibers：Effect of Humidity and Molecular Weight in the Electrospinning Process［J］. Macromolecules，2004，37（2）：573-578.

[31] WANG H G，MA D L，HUANG Y，et al. Electrospun V_2O_5 Nanostructures with Controllable Morphology as High-Performance Cathode Materials for Lithium-Ion Batteries［J］. Chemistry-a European Journal，2012，18（29）：8987-8993.

[32] GU Y X，CHEN D R，JIAO X L，et al. $LiCoO_2$-MgO Coaxial Fibers：Co-electrospun Fabrication，Characterization and Electrochemical Properties［J］. Journal of Materials Chemistry，2007，17（18）：1769-1776.

[33] LI W H，LI M S，WANG M，et al. Electrospinning with Partially Carbonization in Air：Highly Porous Carbon Nanofibers Optimized for High-performance Flexible Lithium-ion Batteries［J］. Nano Energy，2015，13：693-701.

[34] DONG L T，WANG G W，LI X F，et al. PVP-derived Carbon Nanofibers Harvesting Enhanced Anode Performance for Lithium Ion Batteries［J］. Rsc Advances，2016，6（5）：4193-4199.

[35] LEE D J，LEE H，RYOU M H，et al. Electrospun Three-Dimensional Mesoporous Silicon Nanofibers as an Anode Material for High-Performance Lithium Secondary Batteries［J］. ACS Applied Materials & Interfaces，2013，5（22）：12005-12010.

[36] ZHOU X S，WAN L J，GUO Y G. Electrospun Silicon Nanoparticle/Porous Carbon Hybrid Nanofibers for Lithium-Ion Batteries［J］. Small，2013，9（16）：2684-2688.

[37] 金婷，王晓君，焦丽芳．静电纺丝技术在二次电池和电催化领域的应用进展［J］．中国科学：化学，2019，49（05）：692-703.

[38] LOBE S，BAUER A，UHLENBRUCK S，et al. Physical Vapor Deposition in Solid-State Battery Development：From Materials to Devices［J］. Advanced Science，2021，8（11）：2002044.

[39] ZHAO Y，WANG J，HE Q，et al. Li-Ions Transport Promoting and Highly Stable Solid Electrolyte Interface on Si in Multilayer Si/C through Thickness Control［J］. ACS Nano，2019，13（5）：5602-5610.

[40] SUN J P，TANG K，YU X Q，et al. Needle-like $LiFePO_4$ Thin Films Prepared by an Off-axis Pulsed Laser Deposition Technique［J］. Thin Solid Films，2009，517（8）：2618-2622.

[41] 牛燕辉 . 化学气相沉积技术的研究与应用进展 [J] . 科技风，2020，2020 (13)：161.

[42] YANG X H，ZHANG G X，PRAKASH J，et al. Chemical Vapour Deposition of Graphene: Layer Control，the Transfer Process，Characterisation，and Related Applications [J] . International Reviews in Physical Chemistry，2019，38 (2)：149-199.

[43] ZAMCHIY A O，BARANOV E A，KHMEL S Y，et al. Deposition Time Dependence of the Morphology and Properties of Tin-catalyzed Silicon Oxide Nanowires Synthesized by the Gas-jet Electron Beam Plasma Chemical Vapor Deposition Method [J] . Thin Solid Films，2018，654：61-68.

[44] ALIZADEH M，HAMZAN N B，OOI P C，et al. Solid-State Limited Nucleation of NiSi/SiC Core-Shell Nanowires by Hot-Wire Chemical Vapor Deposition [J] . Materials，2019，12 (4)：674.

[45] YI K Y，LIU D H，CHEN X S，et al. Plasma-Enhanced Chemical Vapor Deposition of Two-Dimensional Materials for Applications [J] . Accounts of Chemical Research，2021，54 (4)：1011-1022.

[46] JIA H P，LI X L，SONG J H，et al. Hierarchical Porous Silicon Structures with Extraordinary Mechanical Strength as High-performance Lithium-ion Battery Anodes [J] . Nature Communications，2020，11 (1)：1-9.

[47] YAO Z J，ZHOU L M，YIN H Y，et al. Enhanced Li-Storage of Ni_3S_2 Nanowire Arrays with N-Doped Carbon Coating Synthesized by One-Step CVD Process and Investigated via Ex Situ TEM [J] . Small，2019，15 (49)：1904433.

[48] CAO Z Y，WEI B Q. V_2O_5/single-walled Carbon Nanotube Hybrid Mesoporous Films as Cathodes with High-rate Capacities for Rechargeable Lithium Ion Batteries [J] . Nano Energy，2013，2 (4)：481-490.

第3章

电池性能测试与材料表征技术

蓬勃发展的现代电动汽车与可移动消费电子产业对电池的性能提出了越来越高的要求，这包括：高能量密度，以使携带电池的设备具有更长时间或更远距离的续航能力；高安全性，在常规天气或路况下避免发生因电池引发的安全事故；高循环稳定性，可以进行长周期的充放电循环而不发生过快的性能衰减；低成本，可进一步推动电池及相关电动设备的应用与普及。高性能电池电芯的研究与开发需要对电池各组件，尤其是电极与电解质的组分、形貌、结构以及电化学性能等进行一系列系统的分析，这需要借助于现代表征分析技术。一方面，获取电池的基本电化学数据，如比容量、能量密度、电压平台、循环稳定性等；另一方面，电池随着循环次数的增加，其安全性或电化学性能逐渐衰减或失效，需要利用一系列表征手段来研究其中的机理，以指导电池设计的优化与改进，获得性能更为优异的电池。这些表征技术主要包括电化学性能测试、显微分析、X射线表征分析以及波谱技术等，它们从不同的尺度与角度对电池的电极或电解质等进行分析测试。本章将主要介绍这些电池材料表征技术的基本原理、功能以及在电池表征分析中的代表性应用。

3.1 电化学性能测试

锂离子电池本质上是一种利用电能与化学能相互转换而进行充放电的储能装置。在锂离子电池运行过程中，电子在电池外部电路中进行传递，锂离子在电池内部电极之间穿梭，在二者分离或结合的电极部分分别进行氧化还原反应。锂离子电池所具备的电化学性能，本质上是这些电化学反应的宏观体现。电化学性能的优劣在很大程度上决定相应锂离子电池能否走向实际应用。常规电化学测试主要包括充放电性能测试、交流阻抗测试、循环伏安测试等，所用到的设备主要是电化学工作站，或电池测试系统等。

3.1.1 充放电性能测试

3.1.1.1 基本概念

在了解锂离子电池的充放电性能之前，需要理解电池相关的常见专业术语。常见电池术语主要有：

工作电压（working voltage）：电池在工作状态下，两电极之间的电势差，单位为伏特（V）。

开路电压（open circuit voltage）：通常缩写为 OCV，指电池在未连入外接电路时电池正负极之间的电位差，单位为伏特（V）。开路电压与电极的大小或形状等无关，但在电池的长时间储存过程中，开路电压会因为电极材料与电解液的化学反应或电池自放电等而逐渐变化。

容量（capacity）：电池所容纳的电量。电流是电量对时间的微分，所以电量可以通过电流对充放电时间的积分计算得到。在恒流模式下，锂离子电池的电量等于电流与充电或放电时间的乘积。电量的单位为安时（Ah）或库仑（C）。对于常规消费电子设备中的电池，其单位为毫安时（mAh），如常见智能手机电池的容量为 3000～5000mAh。

比容量（specific capacity）：单位质量活性材料所存储的电量，单位为毫安时每克（mAh/g）。

理论比容量（theoretical specific capacity）：电极中单位质量活性物质完全参与电化学反应后，电池能释放或存储的最大电量，单位为毫安时每克（mAh/g）。

倍率（C rate）：电池电极在充放电过程中，实际电流与电极理论容量在 1h 内完成充放电所需电流 I_0 的比值。例如 0.1C 表示电池的电流为 I_0 的 1/10；换言之，需要 1/0.1＝10h 来完成电池的完全充电或完全放电过程。1C 的电流可以在 1h 内完成电极的充放电，而 10C 则只需要 1/10h，即 6min 完成电极的充放电。

循环寿命（cycle life）：通常指电池在容量逐渐衰减到初始容量的 80％时，电池所进行完全充放电循环的次数。市场上常见的锂离子电池，其循环寿命可达到 1000 次。对于性能优良的锂离子电池，其循环寿命可以超过 2000 次。

能量（energy）与功率（power）：电池中的功率为电池充放电电流-电压（I-V）曲线下面积的积分；能量为功率乘已充电或放电的时间。在电流与电压均稳定的状态下，直观上所对应功率为 $P=V\times I$，而所对应的能量为 $E=P\times t=V\times I\times t$。因此，电池中能量或功率的意义与它们在物理上的意义是一致的，分别代表物体做功的能力与做功的快慢，单位分别为焦耳（J）与瓦特（W）。在汽车动力电池中，能量更常见的单位是瓦时（W·h）或千瓦时（kW·h）。例如，比亚迪2021年最新款电动车——汉搭载的电池容量超过98kW·h，续驶距离超过600km。在电力系统中，1kW·h即为生活中常见的1度电。

能量密度（energy density）：通常指单位质量电池所能存储或释放的能量，即质量能量密度（gravimetric energy density），其单位为瓦时每千克（W·h/kg）。目前商业三元动力电池的能量密度（包含电池壳等非活性材料）可达到300W·h/kg，磷酸铁锂动力电池的能量密度约为140W·h/kg。体积能量密度（volumetric energy density）为单位体积电极中所能存储或释放的能量，单位为瓦时每升（W·h/L）。

库仑效率（Coulombic efficiency）：相当于电极所释放的能量与释放前所存储能量的百分比。对正极而言，库仑效率为电极放电容量与同一个循环中充电容量的百分比；对负极则相反，其库仑效率为电池充电容量与同一个循环中放电容量的百分比。

放电平台电压（discharge plateau voltage）：对于部分电极材料，尤其是层状氧化物电极，在放电过程中会形成一个稳定平缓变化的电压平台，在这个电压附近，电压变化极小而容量变化显著。这类电极在充放电过程中由于电荷及锂离子的嵌入或脱锂而不断发生相变，电极中越来越多的活性材料从一种物相转变为另外一种物相，因而电池在很长一段时间都处于这个电压平台附近。这在某种意义上类似于物质在熔化或沸腾等相变过程中，出现较为稳定的温度平台，即熔点或沸点。

3.1.1.2 充放电测试

充放电性能测试是锂离子电池最基本的电化学表征，主要可以获得锂离子电池在恒流（或恒压）状态下，电池的容量、特征平台电压、过电压以及长时间循环的稳定性能等。图3.1对比了采用常规正极的锂离子电池的放电曲线。显然，不同正极材料对应的锂离子电池有着显著不同的放电比容量与电压平台。例如，$LiFePO_4$（LFP）的放电电压平台大约3.4V，比容量约为140mAh/g，但 $LiNi_{0.8}Co_{0.15}Al_{0.05}O_2$（NCA）的放电平台则超过3.8V，而且比容量可达到200mAh/g，均显著高于LFP，这也是NCA电池可用于汽车动力电池的主要原因之一。然而，LFP 成本比 NCA 要低廉；而且我们在后面章节会进一步对比说明，LFP 结构比 NCA 结构在长期充放电循环中更为稳定，也更安全，因而在比亚迪等众多电动车中得到应用。

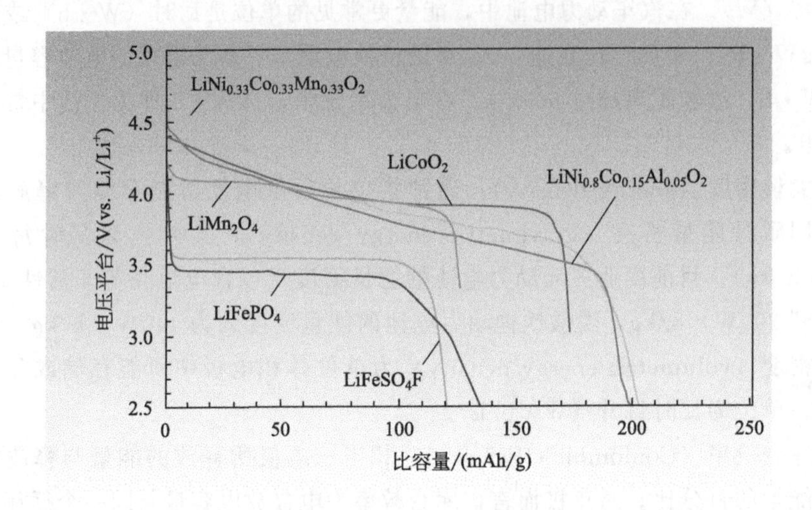

图 3.1 典型锂离子电池的放电曲线

锂离子电池的循环充放电性能通常在恒流模式下进行。图 3.2 为典型的 NMC 锂离子电池充放电循环电压-比容量曲线，以及比容量随充放电循环次数的变化曲线。由图可见，经过 200 个循环后，经过 LPO 注入后的 NMC 电极比原始 NMC 电极的比容量衰减更慢，拥有更加优越的循环性能。应该指出，图中横坐标比容量为计算获得的。实验中可以直接获取电压、电流、时间等参数，容量可以通过电流乘以充电或放电时间来获得；比容量则需要预先称量电极重量，并乘以活性材料的质量比率分数以获得电极中活性材料的质量，然后将容量除以活性材料质量以获得比容量数据。

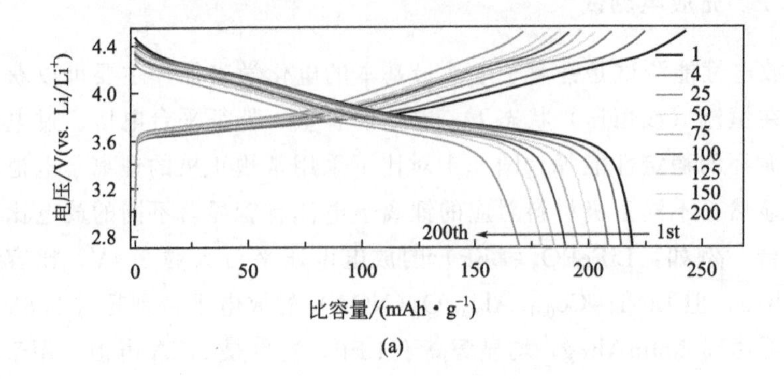

(a)

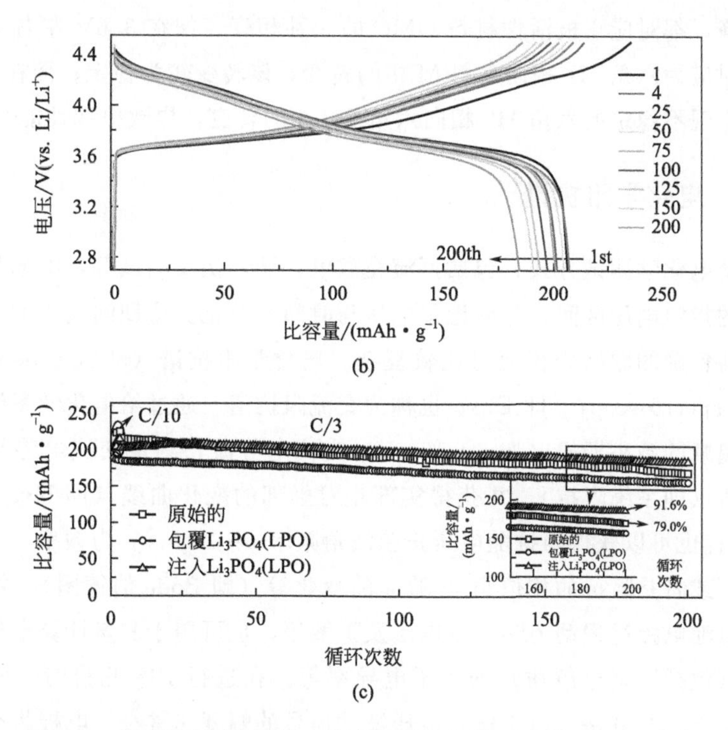

图 3.2 典型锂离子电池的充放电循环的电压-比容量（*V-C*）曲线

（a）$LiNi_{0.76}Mn_{0.14}Co_{0.10}O_2$（NMC）电极在原始状态；（b）注入 Li_3PO_4（LPO）后 200 个循环的充放电曲线；（c）为 200 个循环中三种电池比容量随循环次数的变化

为探索电极材料在充放电过程中可能的相变反应，可以对充放电反应电量-电压曲线进行微分，获得 d*Q*/d*V*-*V* 曲线。图 3.3(a) 为典型 NMC811 锂电池对应的前 3 圈充放电曲线，图 3.3(b) 为其典型的 d*Q*/d*V*-*V* 曲线。曲线中的

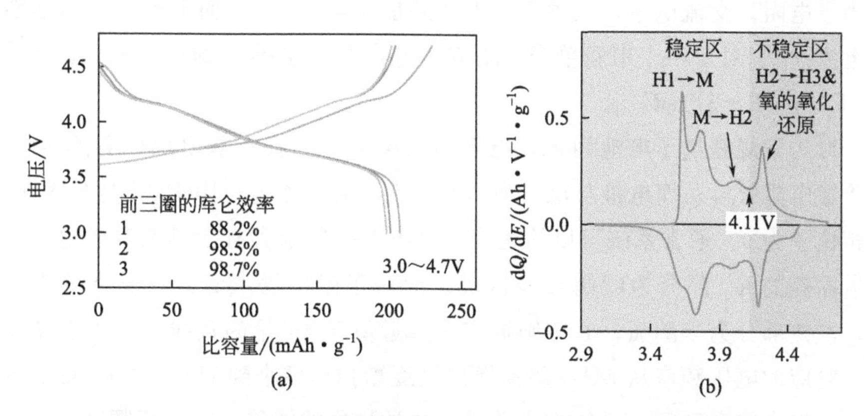

图 3.3 （a）Li/NMC811 电池前 3 个充放电循环的电化学曲线和（b）其典型 d*Q*/d*V*-*V* 曲线

每一个峰，都对应正极活性材料 NMC 的一种相变。如在 3.6V 左右一个较高的峰，对应为六角 H1 相向单斜 M 相的转变，该转变较为稳定；而在 4.2V 左右逐渐出现不稳定的六角 H2 相向六角 H3 相的转变，导致电池性能衰减。

3.1.2 电化学阻抗谱

传统电化学测试方式，包括恒流充放电、循环伏安测试等，电池都被极化到较高的指定电压区间，然后记录电压与时间的变化。这期间发生大量电化学反应，使精确的数据分析变得比较复杂。电化学阻抗谱（electrochemical impedance spectroscopy，即 EIS）也称为交流阻抗谱，通过给电化学系统施加频率逐渐递减的微小振幅（如 5～10mV）交流电势波，测量交流电势与电流信号的比值（即系统阻抗），并获得实部相对虚部的变化曲线（即 Nyquist 奈奎斯特图）；也可以获得阻抗随电压正弦波角频率 $\omega=2\pi f$（f 为频率，单位 Hz）的变化，或者是阻抗的相位角 Φ 随 ω 的变化等（即 Bode 伯德图）。常用于研究分析电池电极过程动力学、双电层及扩散等，也可用于测量计算电极材料或电解质（包括固态电解质）的离子电导率等。在进行 EIS 测量时，整个电池系统相当于一个电路。由于输入电压波动信号的幅度非常小，电极将交替出现氧化或还原过程，不会导致电极的严重极化，因此，电极处于一种准稳态，可以近似认为输入电压与输出电流呈线性关系，简化结果数据处理。

在 EIS 系统中，整个电化学反应相当于一个阻抗。在一系列频率的交变激发电压下，电池内部，尤其是电极上发生一系列电化学反应，出现与频率相关的变量，使得所测电流与施加的电压出现一定相位差异。在直流电下，阻抗相当于电阻。交流电下，电感上的电压超前于电流 90°，而电容上的电压滞后于电流 90°。对于一个串联单个电阻 R、电容 C 与电感 L 的理想电路，其阻抗 $Z=R+\mathrm{j}[\omega L-1/(\omega C)]$。

对于常规锂离子电池而言，电解质与电极之间存在双电层电容 C 以及界面接触电阻 R_{CT}，而电极与电解质本身存在一定的本征电阻 R_0，与频率无关，且相位差为 0。通常系统可以简化为一个图 3.4 所示含有三者的等效电路。阻抗谱左侧的 R_0 部分为欧姆效应区域。而对于阻抗谱本身，它通常分为两部分，左侧部分为半圆弧，右侧则拥有一条近似于 45°角的直线。数据点从左至右，对应的电压频率从 MHz 级高频区域逐渐扫描减小到 Hz 甚至 mHz 级低频区。在整个频率区间，系统中主要发生两种物质的转移：左侧高频区域的电荷转移（charge transfer）与右侧低频区域的物质扩散转移（diffusional mass transfer)。图中 Z_W 是 Warburg 阻抗，$Z_W=\sigma\omega^{-1/2}(1-j)=\sigma(2\pi f)^{-1/2}(1-j)$，其中 σ 为与离子扩散系数密切相关的 Warburg 系数。因此，理想情况下，Warburg 阻抗在奈奎斯特图中是一条 45°角斜线。在高频区，反应物来不及进行足够的迁移；在数值上，也由于 f 过高而导致 Z_W 的影响可以忽略不计。而在低频区，反应物可以迁移到更远的距离，Z_W 的影响逐渐凸显。因此，Z_W 主要取决于系统中低频区域的质量转移情况。

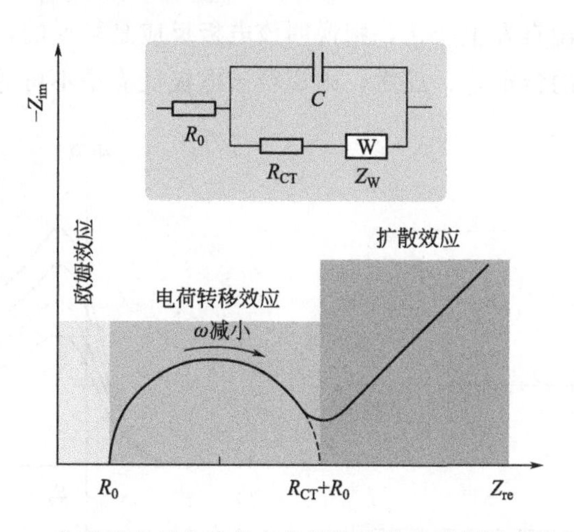

图 3.4 典型锂离子电池的电化学阻抗谱及其等效电路模型

应该指出，图 3.4 只是一种理想化的等效电路模型。实际锂离子电池中可能会出现更多的变量，而使得对应的电化学阻抗谱变得比较复杂。例如，阻抗谱图中有可能会出现大小不同的两个甚至多个半圆。此外，电池在运行过程中，其阻抗也并非恒定，尤其是在前面几个循环中，阻抗通常会由于电极与电解液的反应而生成固体-电解质界面（SEI：solid electrolyte interface）或阴极-电解质界面（CEI：cathode electrolyte interface），从而导致阻抗谱中的 R_{CT} 半圆显著增大。如果可以认为电极表面积在反应前后的变化忽略不计，则说明 SEI 或者 CEI 在逐渐增厚。随着电池循环次数的增加，电极与电解液的界面等逐渐稳定下来，对应的阻抗大小与形状随之更为稳定。

3.1.3 伏安测试

伏安测试主要有两种，即线性扫描伏安法与循环伏安法。

3.1.3.1 线性扫描伏安法

线性扫描伏安法（linear sweep voltammetry，LSV）是在一个指定电压区间对电化学系统进行电压的线性扫描，并记录所通过电流的大小。在测试系统中，工作电极较小（如微电极），可极化；而辅助电极或参比电极面积较大，不被极化。扫描速率多位于 1mV/s～0.1V/s 之间。

在伏安曲线中，如果出现明显的峰，则意味着在该电压位置有显著的取决于电压扫描方向的氧化或还原反应发生。如图 3.5 所示，当扫描速率逐渐增大时，对应的伏安曲线峰值逐渐升高。如果在几种不同的扫描速率下，各峰所对应的电压位置并没有发生变化，则说明该电极反应是可逆的，峰所对应的电压为对应电极反应的特征峰；反之，则说明该电极反应是不可逆的。

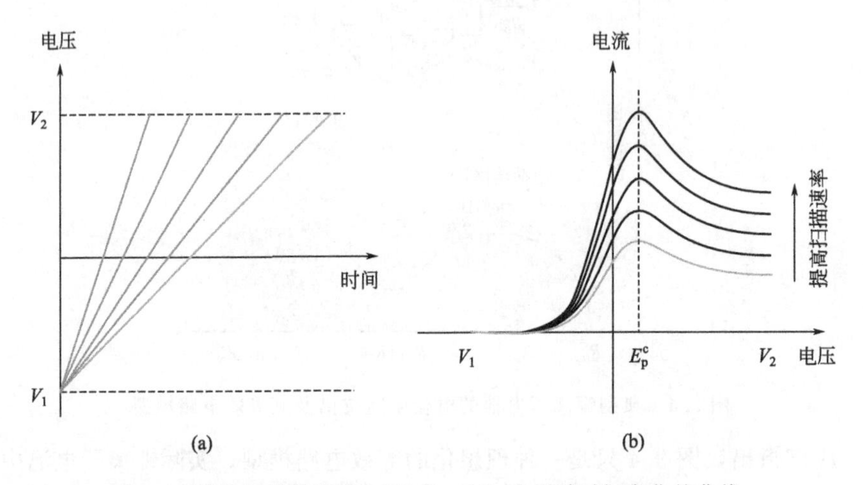

图 3.5　线性扫描伏安法 LSV 中，(a) 电压随时间变化的曲线，其斜率即扫描速率；(b) 扫描所对应的伏安曲线

(a) 中最右侧电压斜线对应 (b) 中最下方曲线。随着扫描速率的增大，伏安曲线的峰值 E_p^c 逐渐升高

3.1.3.2　循环伏安法

循环伏安法（cyclic voltammetry，CV）是通过控制电极电势，以等腰三角波形及扫描速率（如 1mV/s，图中表现为斜率）在指定电压区间进行扫描，使电极交替发生电化学氧化或还原反应，并记录电流-电势曲线等。基本过程如图 3.6(a) 所示，图 3.6(b) 为对应的典型可逆电极反应的伏安曲线图。与图 3.5 对比可知，循环伏安法主要比线性扫描伏安法多了一个回扫过程。

对于一个电极的可逆氧化还原反应，其循环伏安曲线具有很多特点。正向与反向扫描所产生峰的电位差恒定，并取决于电化学反应中每个分子所涉及的电子数 n，而与扫描速率无关：

$$\Delta E = E_p^a - E_p^c = \frac{59}{n} \quad \text{mV} \tag{3.1}$$

此外，氧化还原峰对应的电流绝对值 i_p 相等，均为：

$$i_p = 2.69 \times 10^5 n^{3/2} ACD^{1/2} v^{1/2} \tag{3.2}$$

式中，A 为电极面积，cm^2；C 为离子浓度，$mol \cdot cm^{-3}$；D 为离子扩散系数，$cm^2 \cdot s^{-1}$；v 为扫描速率，V/s。

该方程式表明，峰值电流与电极面积、离子浓度及扩散系数成正比。需要注意的是，峰值电流也与扫描速率的平方根成正比，这与超级电容器（supercapacitor）中与扫描速率成正比有显著的差异。

在同一个测试电池中，n、A 及 C 的数值可以认为是恒定的。因而可以通过对电池在不同速率下进行扫描［如图 3.6(c)］，然后根据式(3.2) 计算对应的离子扩散系数，这为获得电解质中锂离子扩散系数提供一种便捷的方法。

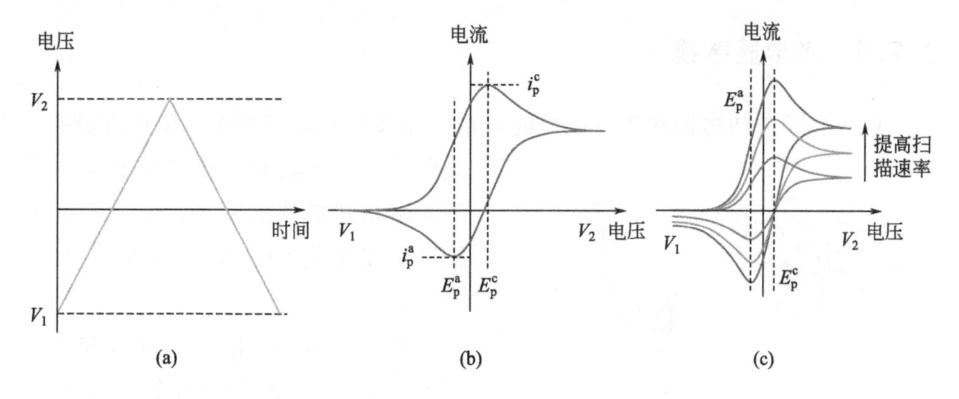

图 3.6　(a) 电压随时间的变化曲线（即为一等腰三角形的两腰）；(b) 电流随电压的伏安变化曲线和 (c) 不同扫描速率下的伏安曲线

部分电池的电化学反应比较复杂，可能涉及 2 个或更多的氧化还原反应。在这种情况下，上述分析方法依然适用。每一组氧化还原峰对应一个氧化还原反应。如果各反应均可逆，则可以根据式(3.1) 计算各氧化还原反应中所消耗的电子数等，从而可以推算可能的电化学反应，为探索电池内部的电化学反应机理提供重要线索。

循环伏安扫描在实验上相对比较容易实现，并可以获得电池的很多信息。例如，曲线形状的对称性可以反映电极电化学反应的可逆程度、可能中间体的出现，以及可能的新相形成，从而推测对应的电化学反应步骤与机理。对于一个全新的锂电池系统，可以通过循环伏安测试来确定恒流充放电循环的电压截止区间等。

3.2 显微分析

最初的显微分析主要用于观测材料的形貌与微细结构。光学显微镜采用可见光作为光源，主要用于分析电池电极或电解质等的表面形貌等，但能够解析结构的尺寸通常大于 200nm。而对于以电子波为光源的电子显微镜，其分辨率可低于 1Å（10^{-10}m，下同）。透射电子显微镜（TEM）可以直接观测到材料中晶体的原子阵列。此外，随着现代科技的不断进步，更多探测器等被逐渐整合到各类电子显微镜系统中，使电子显微镜具有更为强大的材料分析功能，不但可以以高分辨率分析材料的表面形貌，也可以观测其微观结构、原子点阵、元素及其价态分布等，对探索锂电池的充放电机理与性能衰减机理等具有重要意义。

3.2.1 光学显微镜

点光源通过凸透镜在焦点成像时，由于光线的波动衍射性，焦点直径并非无限小，而是具有一个中央亮斑并环绕明暗相间条纹的图形，其中第一暗纹以内部分称为艾里斑（Airy disk，图 3.7）。

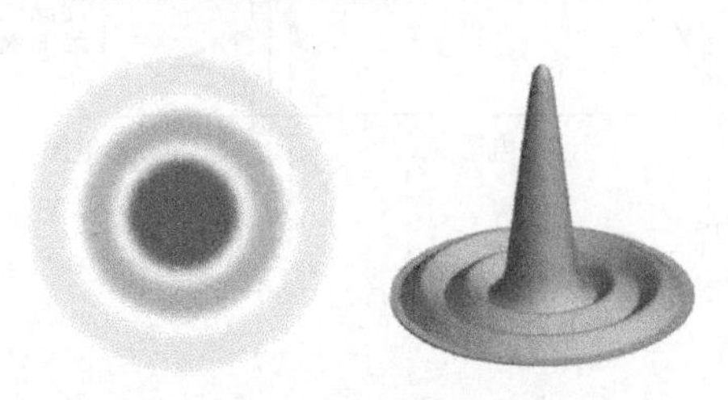

图 3.7 瑞利盘的平面与三维示意图

瑞利（Rayleigh）于 1896 年提出判断两个点光源可分辨的瑞利判据（Rayleigh criterion）：如果两等光强非相干点像之间的间隔等于相应艾里斑的半径，那么这两个物点刚好能被分辨（图 3.8）。阿贝进一步发展出阿贝方程（Abbe's equation）来计算分辨极限，即 $\delta=0.61\lambda/(n\ \sin\alpha)$，其中 λ 为光源波长，n 为介质的折射率，α 为孔径角。因此，显微镜的分辨率正比于光源波长。由于紫外光的波长极限约为 400nm，常规光学显微镜分辨率不超过 200nm。这种局限也是后来发展基于极短波长电子波电子显微镜的起因之一。

尽管如此，光学显微镜依然被广泛用于对电池的研究中，尤其是基于液态电解质锂电池，对锂枝晶形貌的生长与演变过程的观测与分析，对于研究锂枝晶的动力学行为及其有效调控具有重要意义。图 3.9 是一系列采用光学显微镜观测研究锂电池锂沉积生长的照片及数据。该系统中，锂金属电极位于直径较粗的透明管道中，而电极之间的电解液则位于毛细管中。光学显微镜的原位观

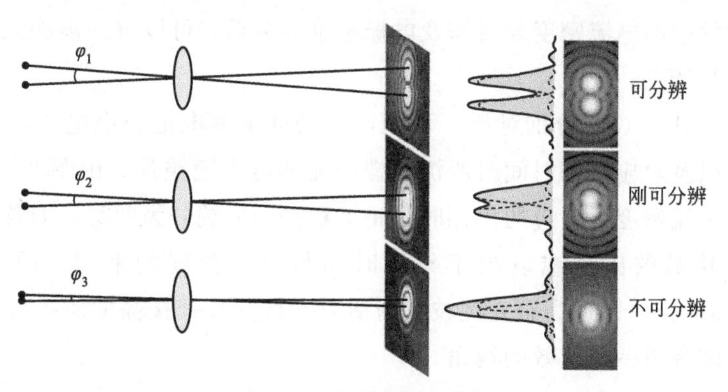

图 3.8　瑞利判据示意图

测发现［图 3.9(c)］，锂首先以一种苔藓状形态沉积在电极表面，直到达到“桑德时间”，电池电势显著升高，一种纤细的树枝状枝晶开始出现并迅速生长。这意味着在电池电势迅速增高的同时，锂沉积从反应受限（reaction-limited）逐渐转为一种输运受限（transport-limited）的模式。通过分析并量化原

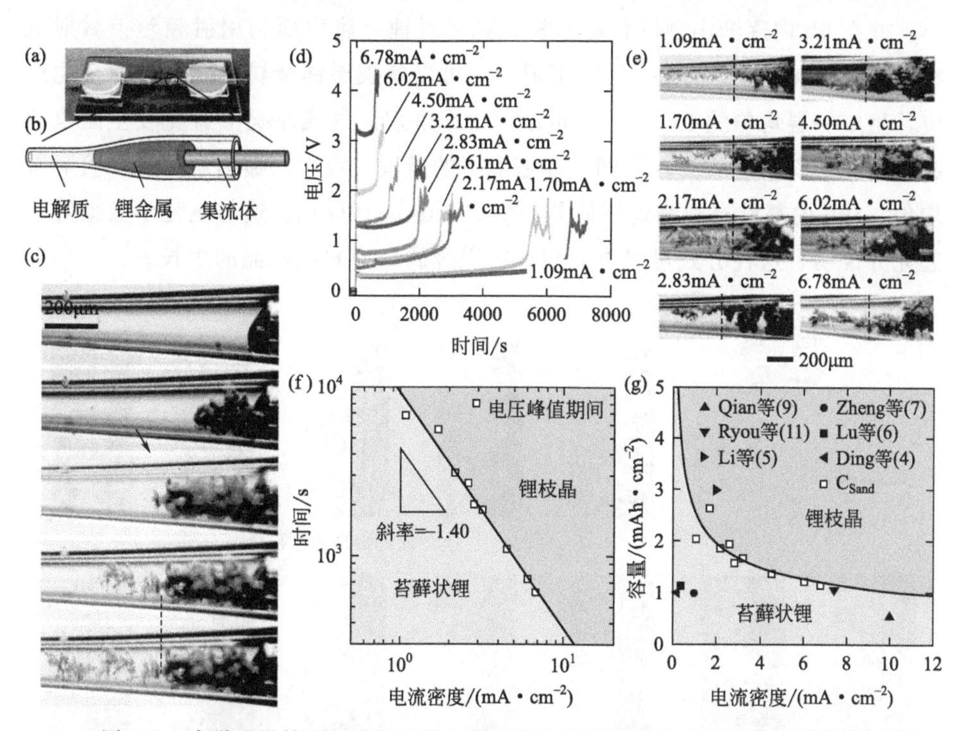

图 3.9　光学显微镜对锂离子电池中锂枝晶生长动力学的典型原位观测研究

(a) 为用于进行光学显微分析的锂离子电池照片；(b) 为锂离子电池中央部分的锂金属电极及电解液示意图；(c) 为锂沉积过程中原位拍摄的一系列光学显微镜照片；(d) 为充电过程中不同电流密度下电压随时间的变化曲线；(e) 为不同电流密度下在“桑德时间”(Sand's time) 所拍摄的光学显微镜照片；(f) 为“桑德时间”与电流密度的实验数据图；(g) 为“桑德电量”与电流密度的关系

位拍摄过程中的电流密度与时间及电极电量的关系，可以进一步深入探索锂沉积的规律与特点。

图 3.9(d)～(e) 分别对比了不同电流密度下的电池充电电压与时间的变化曲线，以及对应桑德时间时所沉积锂的光学显微镜照片。由图 3.9(f) 则发现，不同电流密度下对应的桑德时间将沉积锂的形貌分为两类，即苔藓状或枝晶状。锂枝晶的出现或取决于桑德时间与电流密度的乘积，即桑德电量 (Sand's capacity)。这为研究锂枝晶的动力学行为及锂枝晶的防控并改善锂电池负极性能提供一个有效的视角。

另外一种用于光学显微系统观测的电池设计见图 3.10(a) 所示，将电池两电极及隔膜的横截面暴露于显微镜下，而不是如同常规纽扣电池将电极与隔膜等进行上下方向的叠层。这种设计有利于对锂电池的电极界面进行实时光学显微镜的观测。图 3.10(b) 为普通原始（未经过表面改性或修饰等）锂金属电极的界面在 $1mA/cm^2$ 电流密度下的镀锂过程中，表面锂层迅速不均匀增厚，并在 6h 内逐渐出现锂枝晶结构。如果对锂金属表面利用射频磁控溅射沉积一层硅膜保护膜，并在 250℃下退火，可以使表层锂金属与硅进行合金化反应，生成一层均匀的 Li_xSi 层，可以保证在常规天气或路况下避免发生因电池起火引发的安全事故。在相同电流密度下的镀锂过程中，镀锂层厚度一直非常均匀，10h 内都没有观测到锂枝晶的生成 [图 3.10(c)]。这与电化学数据等一起充分说明，这种方式可以有效地保护锂金属，抑制锂枝晶的生长。

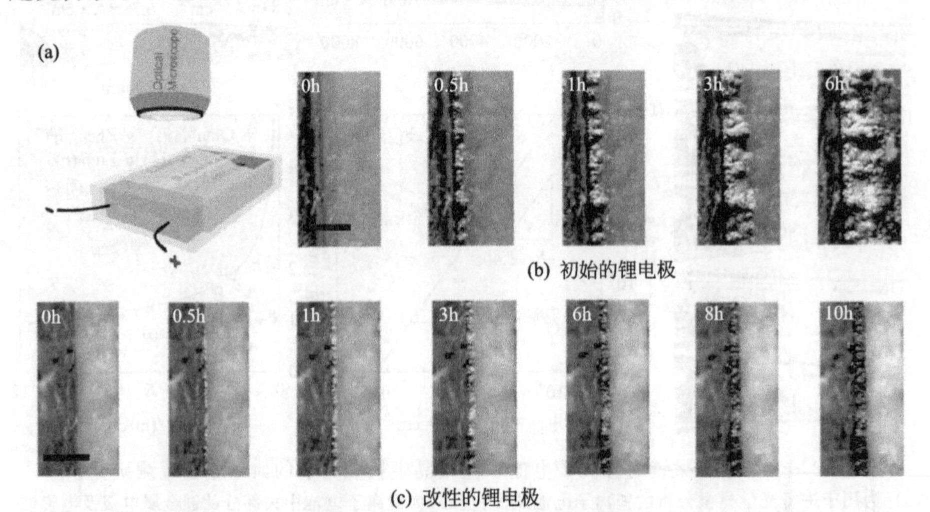

图 3.10 (a) 一种常见用于进行光学显微镜观测的电池设计示意图在和常规锂金属电极 (b) 及 Si 溅射修饰后 (c) 的锂金属电极在镀锂过程中不同时间点的原位光学显微镜照片

3.2.2 扫描电子显微镜

由于光学显微镜中可见光的光源波长最小的紫外光的波长约为 400nm，使得常规光学显微镜系统的分辨率被限制在大约 200nm。取决于所施加的电压，电子波的波长可以短至皮米级别。根据德布罗意物质波方程，物质波的波长$\lambda=h/(mv)$，其中 h 为普朗克常数，m 及 v 分别为电子质量与速度，满足 $mv^2/2=eU$，因此可以计算出对应的波长 $\lambda^2=h/(2eUm)$。在高电压下，电子速度接近光速，需要同时考虑相对论效应。表 3.1 对比了多种不同加速电压对应电子波的波长。其中，1kV 即可将电子波波长降低到 0.039nm，200kV 更是可以获得波长仅为 2.5pm 的电子波。因此利用电子波作为光源的电子显微镜有望获得远高于光学显微镜的分辨率。常见的主要有扫描电子显微镜与透射电子显微镜。

表 3.1 不同加速电压下电子波的波长

加速电压/kV	电子波波长/nm	加速电压/kV	电子波波长/nm
1	0.039	50	0.0054
2	0.027	100	0.0037
3	0.024	200	0.0025
10	0.012	500	0.0014
20	0.0086	1000	0.00087

扫描电子显微镜（scanning electron microscopy，SEM）主要利用电子束（1～30keV）在样品表面进行扫描时所激发的二次电子或背散射电子等进行成像，可以放大超过 30 万倍且连续可调，分辨率可以达到 1nm。此外，其景深比光学显微镜的大数百倍，可用于观测厘米至微纳米尺度的三维立体结构，并可以通过与其他信号采集系统结合（如能量色散 X 射线光谱 EDS）对样品局部区域进行元素与组分分析，在锂离子电池研究领域具有重要作用。

扫描电子显微镜主要由电子光学系统、信号采集控制系统及真空系统等组成；其中，电子光学系统最为关键。电子光学系统主要由电子枪、电磁聚光镜、光阑、扫描系统、消像散器、物镜和各类对中线圈组成，采用电磁透镜对电子束进行调控，以提供能量可控的具有一定强度的稳定电子束光源。对于电子显微镜（包括扫描电子显微镜与后面介绍的透射电子显微镜）而言，电子枪的性能直接影响电镜的性能。常见的电子枪技术主要有：钨丝灯、六硼化镧（LaB_6）、肖特基（Schottky）、冷场发射（cold field emission）以及近年来发展起来的肖特基-UC（Schottky-UC，即单色肖特基）技术。各种电子枪技术的主要性能参数对比见表3.2。由表可见，冷场发射技术可以提供最小的电子束直径、最高的电子束亮度与电流密度，具有非常好的单色性，能量扩展通常0.25～0.35eV，使用寿命最长，可以获得极高的扫描成像分辨率，在现代透射电子显微镜中也得到广泛应用。

表3.2 常见电子枪的种类及主要参数对比

电子源类型	W	LaB_6	Schottky	cold field	Schottky-UC
电子源直径	1～2μm	1～2μm	10～25nm	2～5nm	10～25nm
温度	2300℃	1500℃	1500℃	室温	1500℃
亮度	1	10	500	1000	500
最大束流	100nA		12～200nA	2nA	22nA
电流密度	$1.3A/cm^2$	$25A/cm^2$	$500A/cm^2$	$50kA/cm^2$	$500A/cm^2$
能量扩展	2～3eV	1eV	0.5～1.0eV	0.25～0.35eV	<0.2eV
灯丝寿命	40～50h	100～500h	1000～2000h	>2000h	1000～2000h
真空度	$10^{-3}Pa$	$10^{-4}Pa$	$10^{-7}Pa$	$10^{-8}Pa$	$10^{-7}Pa$
分辨率	3nm	2.5nm	1nm	<1nm	<1nm
分析功能扩展	EDS/WDS/EBSD	EDS/WDS/EBSD	EDS/WDS/EBSD	EDS/WDS/EBSD	EDS/WDS/EBSD
价格	约25美元	约1000美元	约10000美元	约1000美元	约10000美元

当电子束扫描样品表面时，可以激发弹性散射的背散射电子（backscattered electrons，BS）、一系列非弹性散射的二次电子（secondary electrons，SE，通常能量不超过50eV）、俄歇（Auger）电子，以及阴极荧光（cathodoluminescence）与X射线等电磁波信号，可用于成像及元素组分分析等。在这些信号中，二次电子是被入射电子束轰击样品后离开样品表面的核外电子，一般在表层5～10nm深度区域发射出来，对样品表面形貌非常敏感，是最常用于成像的信号。但二次电子与样品原子序数之间没有明显的对应关系，不能用于成分分析。背散射电子是被样品原子核反弹回来的一部分入射电子，是一种弹性散射，主要来源于样品表层数百纳米深度范围，其信号强度随样品原子序数增大而增强，所以既可用作形貌成像分析，也可用于定性元素成分分析等；但背散射电子的信号强度比二次电子的弱。此外，所激发的特征X射线通常可以通过能量色散X射线光谱EDS来表征材料表面的元素组分及成分分布等信息。

在锂离子电池研究中，扫描电子显微镜已经成为一种几乎必不可少的研究手段。常规扫描电子显微镜可以用于观测电池中各部分（正极、负极以及隔膜等）的微观结构与形貌，结合相应电池的电化学性能，对电池性能的优化设计与电池充放电机理的研究具有重要意义。图 3.11(a)、(b）对比了富镍层状正极材料 $Li[Ni_{0.91}Co_{0.09}]O_2$(NC90）中分别掺入 5 种元素后，所形成电极材料的横截面扫描电镜照片。照片显示，Ta 掺杂所形成 NCTa90 的二次颗粒(secondary particles）中，针状一次颗粒（primary particles）沿径向致密排列，这可能是 NCTa90 电极电化学循环性能最佳［图 3.11(c)］的原因之一。而锂化温度可以对电极中颗粒的结构产生显著影响。图 3.11(d)、(e）的扫描电镜照片显示，随着锂化温度的升高，NC90 与 NCTa90 电极中一次颗粒的尺寸逐渐增大，并未经过充放电就在内部出现孔隙；而且对于 NCTa90 电极，原本径向致密分布的针状一次颗粒随着锂化温度的升高而变得越来越粗，并逐渐失去径向分布的取向性，从而可以优化选出该实验条件下的最佳锂化温度(730℃)。

在一个完整的充放电循环中，通过扫描电子显微镜观测［图 3.11(f)］，可以看到 NC90 的一次颗粒随机排布的 NC90 材料在充电至 4.3V 时，二次颗粒内部已经出现大量裂纹；虽然放电后裂纹减少，但经过多次充放电循环后，这类裂纹将由于内部应力的不断积累而越来越显著，从而增大电极内阻，减小电极电容量，并使电池的电化学循环稳定性更快地衰减［图 3.11(c)］。相比之下，NCTa90 电极在充电与放电过程中只出现少量的微裂纹，并在放电过程中更快地消失［图 3.11(g)］，使 NCTa90 呈现出最优的循环稳定性［图 3.11(c)］。这说明，NC90 或 NCA90 电极中随机分布的大尺寸一次颗粒或容易导致局部应力集中而诱发微裂纹的生长与扩展，而 NCTa90 材料中针状一次颗粒沿径向紧密排列，可将方向随机的局部应力转化为周向应力，从而避免或减少微裂纹的产生与发展。因此，扫描电子显微镜对锂离子电池的观测分析有利于进行正极材料乃至电池中其他结构部分的优化设计与选择。

此外，扫描电镜也可以用于对运行中的锂离子电池进行原位观测，包括对正极、负极以及隔膜等的实时监测。图 3.12(a）展示了一个用于原位扫描电镜观测的 Li-MoS_2 电池设计，将单层 MoS_2 电极转移到铜网的碳膜上，然后与锂负极、含有 LiTFSI 的离子液 P_{14}TFSI 等一起组装于已挖孔的纽扣式电池中，在线性扫描伏安（LSV）测试过程［图 3.12(b)］中进行原位扫描电镜观测［图 3.12(c)～(e)］。在扫描至 1.1V 对应的电流峰位时，锂负极出现一些亮斑［图 3.12(d)］，继续扫描至 0.5V 时，原本完整的 MoS_2 膜层逐渐碎片

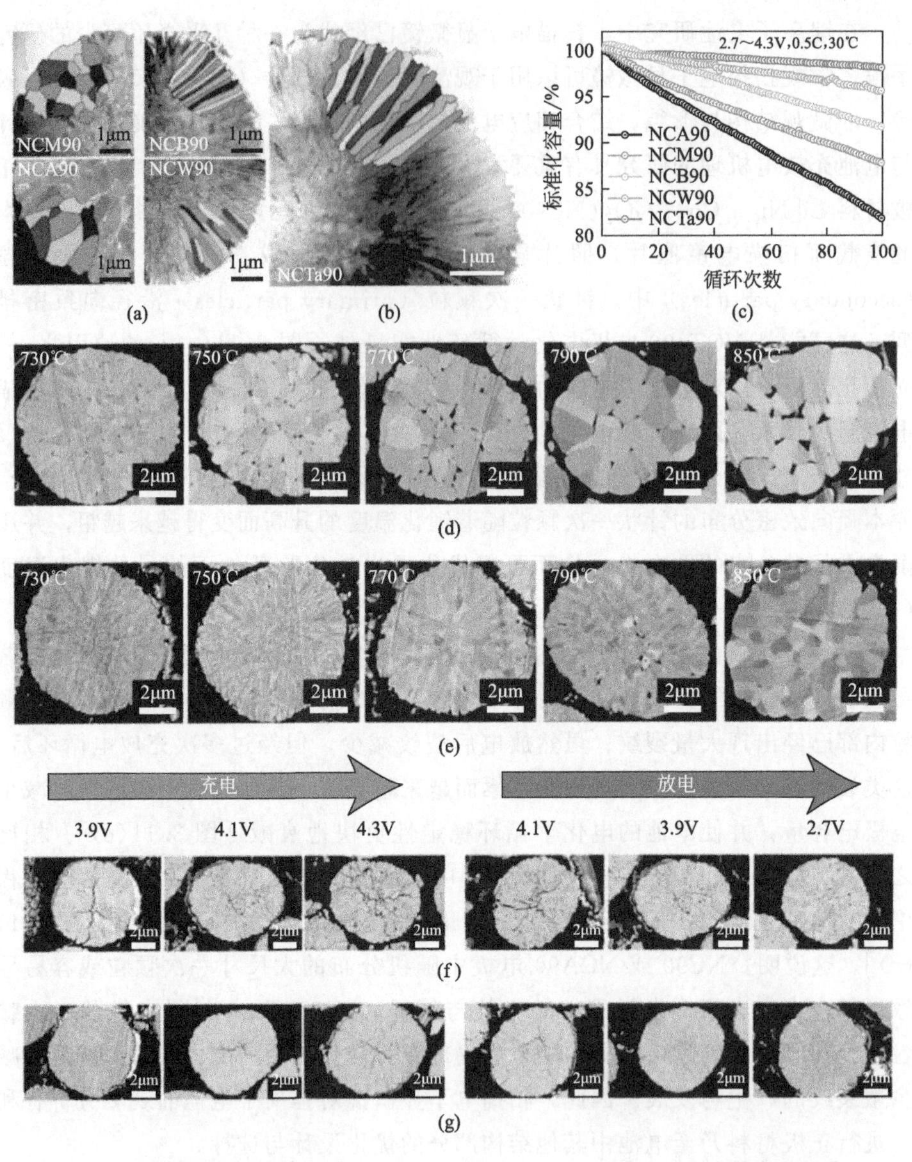

图 3.11 富镍层状正极材料 Li $[Ni_{0.91}Co_{0.09}]O_2$（NC90）中元素掺杂的优化

向 NC 中分别掺入 Mn、B、Al、W 及 Ta，分别形成 $Li[Ni_{0.90}Co_{0.05}Mn_{0.05}]O_2$(NCM90)、$Li[Ni_{0.90}Co_{0.09}B_{0.015}]O_2$(NCB90)、$Li[Ni_{0.90}Co_{0.09}Al_{0.01}]O_2$(NCA90)、$Li[Ni_{0.90}Co_{0.09}W_{0.01}]O_2$(NCW90）以及 $Li[Ni_{0.90}Co_{0.09}Ta_{0.01}]O_2$(NCTa90）五种电极。(a)、(b) 为所形成五种电极的二次颗粒（secondary particles）横截面的扫描透射电镜照片及结构示意图。(c) 为五种电极对应的电化学循环稳定性对比。扫描电镜照片对比锂化温度对（d）NC90 与（e）NCTa90 两种电极二次颗粒中一次颗粒（primary particles）结构的影响。(f) 与（g）分别为 NC90 与 NCTa90 电极在充电与放电过程中不同电压下二次颗粒横截面的扫描电镜照片

化，说明电极已发生相变。这种原位扫描电镜表征有利于研究分析电极充放电机理等。

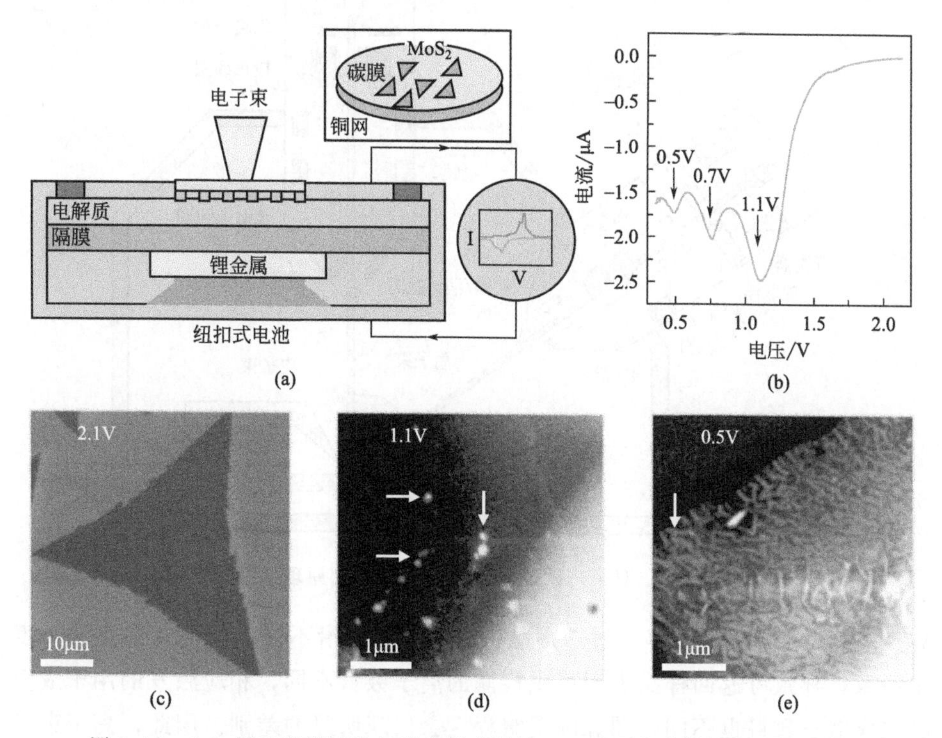

图 3.12　(a) 用于进行原位扫描电镜观测的 Li-MoS_2 电池结构设计示意图；(b) 该电池在线性扫描伏安（LSV）测试过程中的放电曲线。MoS_2 原子层在（c）进行线性扫描伏安测试前，扫描到（d）1.1V、(e) 0.5V 的扫描电镜照片

3.2.3　双束显微镜

双束显微镜，即同时具有电子束（SEM）与聚焦离子束（focused ion beam，FIB）双光源的显微镜，双束均可独立用于成像，可快速进行成像光源的切换。图 3.13 为双束显微镜的结构原理示意图。通常电子束在垂直方向对样品进行扫描，而离子束则与电子束中心轴成 52°夹角，便于对样品指定区域进行横截面的刻蚀。

由于镓（Ga）具有室温低熔点（室温下即为液态）、低蒸气压及良好的抗氧化能力，离子束通常采用液态镓作为离子源。通过离子枪的加速，Ga 离子既可以对样品表面进行成像，也可以对样品指定区域进行刻蚀甚至切割，还可以通过与特定前驱体气源进行反应，在样品指定区域沉积亚微米结构，如 Pt、

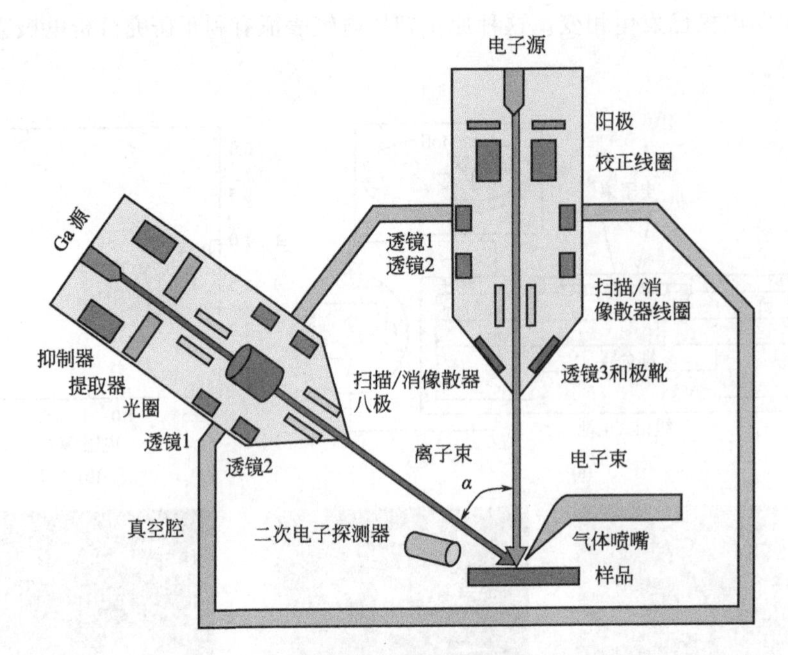

图 3.13 双束（FIB/SEM）显微镜结构原理示意图

W、Au、C 以及 SiO_2 等。对于多晶样品，离子束沿不同晶向的入射穿透深度不一致，导致可返回样品表面可供检测的离子数目不同，相应激发的用于成像的二次电子数目也不同，图像的明暗程度会出现明显的差别。因此，离子束成像有利于研究多晶材料的取向。但利用离子束进行成像时，电流不宜太大或持续时间过长，否则将对样品造成损伤。在大多数情况下，双束中离子束主要用于微结构的加工或沉积，而对样品损伤小且具有高分辨能力的电子束主要用于观测成像。

在锂离子电池中，双束显微镜主要用于切割或刻蚀电极（或固态电解质及其界面）的横截面，并进行 SEM 观测及元素成分分析等。图 3.11 中 SEM 照片即源于进行 FIB 切割后富镍层状正极二次颗粒的横截面。此外，双束显微镜也常用于切割极薄层（通常不超过 100nm 厚）的电极或固态电解质样品，以进行后续的透射电子显微镜的观测与系统分析。

3.2.4 透射电子显微镜

透射电子显微镜（transmission electron microscopy，TEM）是利用高能电子束穿透样品所激发的弹性或非弹性电子等进行成像与分析的一种表征手段，最初由 Ernst Ruska 等于 1932 年发明，并于 1986 年获得诺贝尔物理学奖。透射电镜的电子枪结构原理与扫描电镜的非常相似，但与通常运行于1～30keV的扫描电镜不同，常规透射电镜的运行电压高达80～300keV，以进一步减小所产生电子波的波长，提高成像分辨率，因而透射电镜可以观测到晶体中的原子点阵结构。此外，利用透射电镜的电子光学系统及所产生的一系列弹性与非弹性散射电子等信号（图3.14），可以通过多种不同的模式，如高分辨透射电镜（high resolution TEM，HRTEM）、扫描透射电镜（scanning TEM，STEM）、电子衍射（electron diffraction）、电子能量损失谱（electron energy loss spectroscopy，EELS）、能量色散X射线谱（energy dispersive X-ray spectroscopy）、原位透射电镜（in situ TEM）以及冷冻电镜（cryo electron microscopy）等，从多个角度及尺度来研究锂离子电池中电极材料或电解质等的微观结构、晶体类型、元素化学态及其分布等，成为研究材料与锂离子电池的一种强大表征手段。

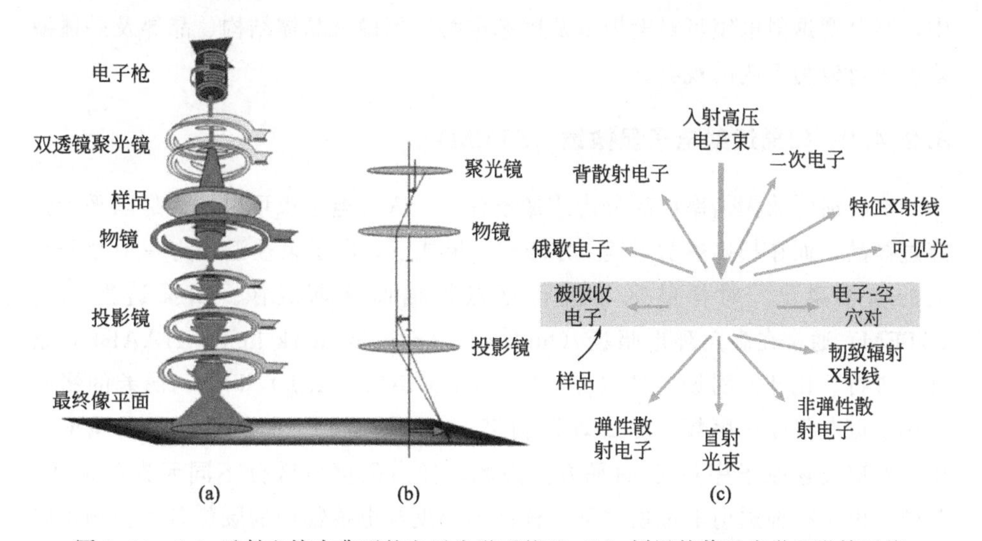

图3.14　(a) 透射电镜中典型的电子光学系统及 (b) 倒置的普通光学显微镜系统示意图；(c) 透射电子束与薄层样品激发的各类信号示意图

3.2.4.1　高分辨透射电子显微镜（HRTEM）

在低放大倍率下，透射电镜通常通过明场成像来进行，厚度、质量越大的样品对电子散射越强烈，透过样品的电子数越少，相机上拍摄的照片就会越暗，这种明暗差异称为质厚衬度（mass-thickness contrast，也称为散射衬度scattering contrast，或幅度衬度ampltitude contrast）。与之对立的另外一种成像方式为暗场成像，通过调节电子光学系统，仅让满足布拉格衍射方程的电子束透过样品，因此，照片中明亮的地方来源于样品晶体化程度较高的区域。这种因衍射强度不同导致的明暗差异称为衍射衬度（diffraction contrast），便于研究晶体结构与缺陷等。在低倍率成像中，视野较为开阔，采集的信号为透射电子或散射电子，可用于检测样品的尺寸与形貌等。

当样品较薄时（如厚度低于 100nm），可以进行高分辨成像。在这种情况下，电子波的振幅变化可以忽略不计，成像衬度主要来源于透射电子与散射电子的相位差异，称为相位衬度（phase contrast，也称为 fresnel contrast）。此时通过调节聚焦条件，如过焦（over focus）或欠焦（under focus），可以调节成像质量，通常在略微欠焦时可获得最佳分辨率。高分辨成像可以实现晶格乃至原子级分辨率的观测，可清晰观察到晶体中的原子排布，测量晶面间距等。然而，由于相位衬度与电子光学系统的聚焦条件密切相关，其原子级分辨率照片可根据成像条件进行计算模拟对比，以给出较为合理的解释。在锂离子电池中，高分辨透射电镜可对电极以及固态电解质的微观晶体结构、晶界及晶体缺陷等进行较为系统的观测。

3.2.4.2 扫描透射电子显微镜（STEM）

在普通低放大倍率或高分辨成像条件下，入射电子束可以认为是以平行光穿过样品，而在扫描透射电镜（STEM）模式下，电子束被汇聚为一个原子尺度的微细束流，对样品区域进行逐点扫描而逐渐成像。扫描透射电镜（STEM）通常在高角环形暗场（high angle angular dark field，HAADF）条件下进行，比环形明场条件（annular bright field，ABF）下受到像差的影响更小，可获得原子序数衬度（即 Z 衬度，Z contrast），图像中各点的亮度正比于对应元素原子序数 Z 的平方。因此，像点强度可区分不同元素的原子。此外，由于扫描透射电镜模式下，样品的厚度与电镜物镜的聚焦条件影响可以忽略不计，因而可以直接解释图像，无需复杂的计算模拟。

然而，获得高分辨 Z 衬度图像需要有直径与原子间距相当的电子束，以及高灵敏度的环形探测器。常规透射电镜由于像差（包括球差、像散、彗形像差和色差等）的存在，难以将电子束汇聚到如此微细的焦点。球差矫正器的采用可以有效减小球差，它可以安装在物镜位置形成球差透射电镜（spherical aberration corrected transmission electron microscope，AC-TEM），或安装在聚光镜位置形成 AC-STEM，也可以同时安装两个矫正器，同时矫正汇聚束和成像，获得双球差校正 TEM。球差透射电镜更容易获得精细电子束，以进行原子尺度的成像与化学分析等。

在锂离子电池研究中，STEM 被大量用于电极材料内部晶体结构的原子分辨率成像，也常与 EELS 等结合在一起对结构进行高分辨率的观测分析。图 3.15 为一系列 NMC 正极材料典型的 ADF-STEM 照片。图中可以看出，原本层状结构的 NMC 颗粒仅仅在电解液中浸泡 30h 后，其表面就重构出一层盐岩结构，而且在两者之间有几个原子层厚度的尖晶石结构作为过渡。而进行一个循环后，表面重构层变厚，而且厚度也取决于 NMC 表面的晶向，如沿着锂传导方向的通常更厚一些。这说明，与电解液的化学反应以及电化学循环过程，都可以使 NMC 活性颗粒的表面发生从层状结构到尖晶石结构及盐岩结构的重构。此外，也观测到一些稀疏原子层，部分过渡金属元素的溶解或许更容易从这些区域发生。

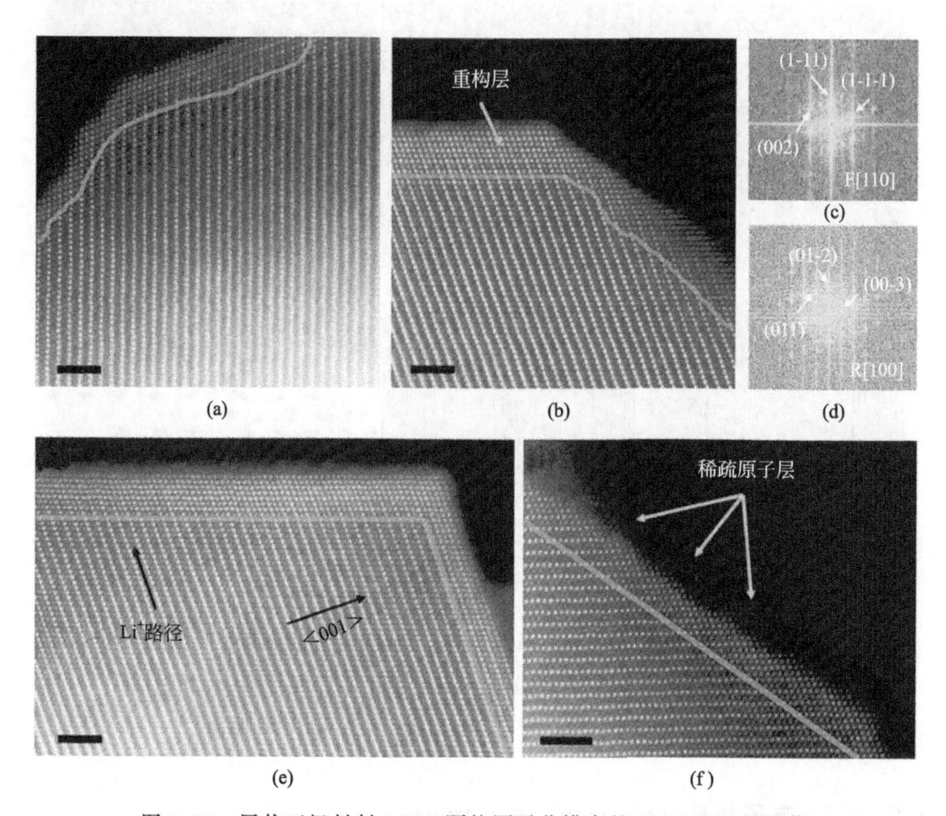

图 3.15 层状正极材料 NMC 颗粒原子分辨率的 ADF-STEM 图像

NMC 颗粒在（a）电解液中浸泡 30h 后，完成一个充放电循环（2.0～4.7V）后的结构（b），（c）与（d）分别为（b）中颗粒的表面重构层与颗粒内部结构的快速傅里叶变换（fast fourier transfer，FFT）图。完成一个循环后，（e）表面重构层厚度不同，以及（f）为表面稀疏原子层。图中各颗粒内部均为明显的层状结构，所有尺度条均对应 2nm 长度

STEM也是研究固态电解质晶体结构及原子级缺陷的重要研究手段。在固态电解质中，比较常见的晶体缺陷有晶界、层错以及点缺陷等。球差校正透射电镜对经典固态电解质 $Li_{0.33}La_{0.56}TiO_3$（LLTO）的观测研究，发现还存在另外一种非周期性的缺陷结构，如图3.16所示。这种缺陷由化学成分及原子排列都不同于LLTO的一个单原子物质层组成，而且仅沿特定晶向出现［如图3.16中的（001）晶向］，大量这种单原子层缺陷以首尾相连的回路形式存在于LLTO中。这种缺陷使回路内部的锂无法穿越缺陷而参与回路外的电化学反应，从而揭示固态电解质中降低离子电导率的一种新机制。

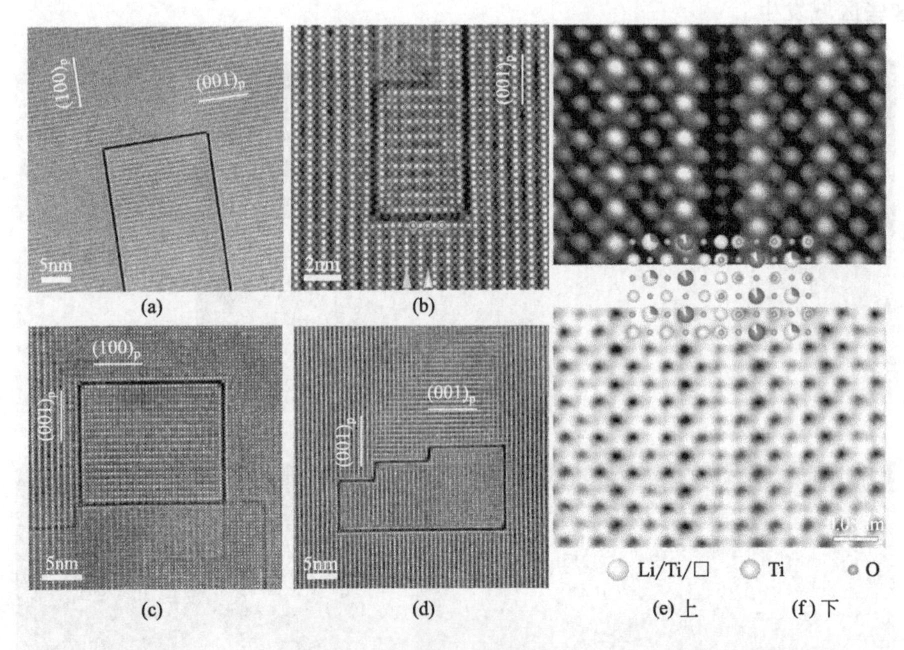

图3.16 LLTO固态电解质中单原子层陷阱（single-atom-layer traps）的典型HAADF-STEM图像（a）～（d）；相邻LLTO沿 $(010)_p$ 排列时缺陷的（e）HAADF-STEM与（f）ABF-STEM图像

3.2.4.3 电子衍射（electron diffraction）

透射电镜对不同样品采用不同的衍射方式进行电子衍射，可以观察到多种形式的衍射花样（pattern）。如单晶的规则点阵衍射花样、多晶环状电子衍射花样、非晶电子衍射、汇聚束电子衍射、菊池花样等。菊池花样主要用于寻找需要的晶轴进行进一步的观测。在锂离子电池的研究中，单晶电子衍射最常见。对材料的各类衍射表征，包括电子衍射、X 射线衍射（X-ray diffraction，XRD)、同步辐射 XRD 以及中子衍射（neutron diffraction)，均遵循布拉格(Bragg）衍射原理。由于光源均同时具有波动性与粒子性，当一束波长 λ 远小于或接近于原子间距的平行光与晶面以夹角 θ 照射到晶体中晶面间距为 d 的某组晶面时［图 3.17(a)］，通过上下两层晶面的电子束光程差等于 $2d\sin\theta$，只有当这两束光的光程差满足如下条件时：

$$2d\sin\theta = n\lambda \tag{3.3}$$

式中，n 为整数时，两束光才会产生相长（增强）干涉，出现亮斑。因而可以以此计算晶体的晶面间距，确定晶体类型等。

在物理上，电镜中的衍射斑由零损透射电子束及与晶体发生弹性散射的电子束通过背焦面进行相长干涉形成［图 3.17(b)］，非弹性散射波则形成衍射花样的背景衬度。由于晶体中原子点阵的周期性，对于高分辨 TEM 或 STEM 照片而言，电子衍射相当于在数学上对这些原子点阵图片进行了快速傅里叶变换，电子衍射图样相当于将晶体正点阵转化为一个倒易点阵。该点阵具有如下特点：

电子衍射花样中的点阵与晶体正点阵互为倒易关系；

电子衍射花样中每一个点 $P(hkl)$，代表晶体中的（hkl）点阵平面。

从电子衍射花样中原点 O 到点 P 的矢量 $\boldsymbol{OP}$ 称为倒易矢量，其方向为晶体点阵中（hkl）晶面的法线方向，其长度等于晶体点阵中该晶面间距 $d_{(hkl)}$ 的倒数。

电子衍射花样中任意两点 P、Q 通过原点 O 连线形成的 P-O-Q 的夹角，等于 P、Q 两点在晶体点阵中对应晶面的晶面夹角。

衍射花样的分布规律取决于对应的晶体结构及晶轴方向（即透射电镜中电子束相对于晶体结构的入射方向)，但并非所有满足布拉格定律的晶面都会产生衍射亮斑，这种现象称为系统消光。不同的晶体类型有不同的消光规律，如对于面心立方晶体，其晶面（hkl）会在 hkl 三个数值奇偶混合时出现衍射消光；对于体心立方，晶面指数三数字之和为奇数的晶面将会出现消光；而对于简单立方，则不会出现消光的情况。这也是为什么面心立方晶体的衍射花样或 XRD 图谱中找不到属于（012）或（023）或（123）等晶面的亮斑或衍射峰。

由于电子衍射花样中包含了对应晶体点阵中晶面间距与晶面夹角等基本信息，理论上可用来解析其晶体结构。图 3.17(c)、(d) 分别为典型电极材料 Li_2CoPO_4F 沿［100］与［010］晶轴的单晶电子衍射花样。

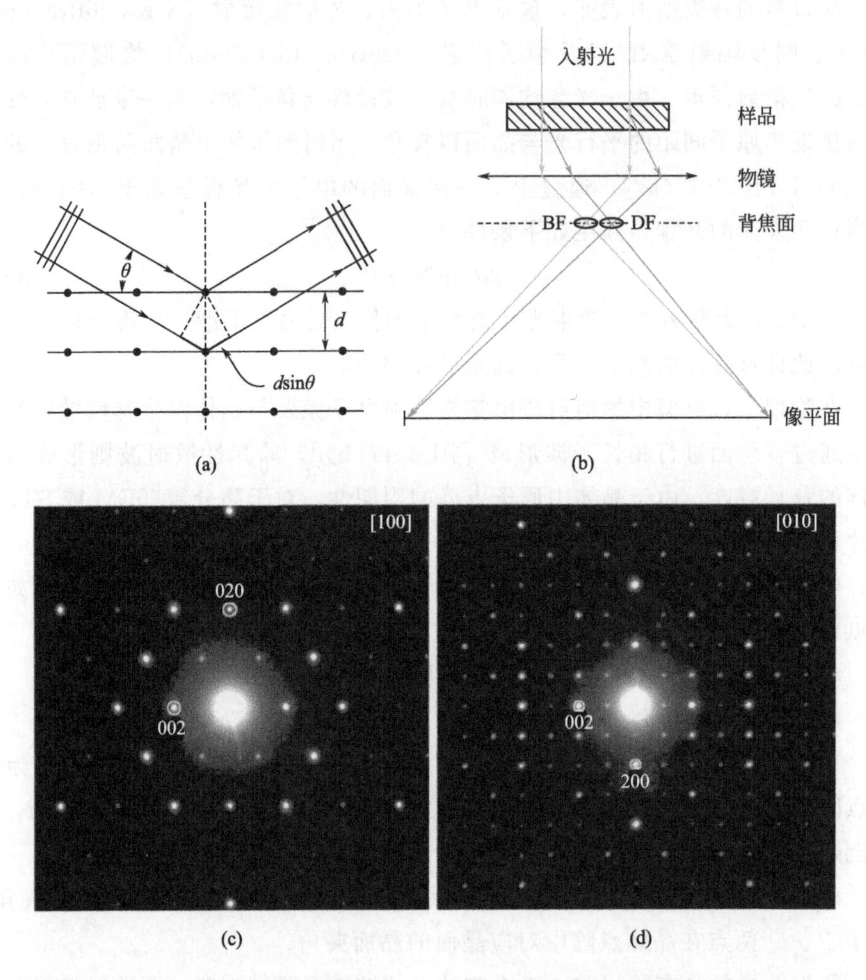

图 3.17 (a) 布拉格衍射原理示意图；(b) 透射电镜中电子衍射原理示意图；(c) 与 (d) 分别为电极材料 Li_2CoPO_4F 沿 [100] 与 [010] 晶轴进行选区电子衍射图

在透射电镜中进行电子衍射表征时，可以根据样品杆的配置对样品进行适当倾斜。常规样品杆可以沿其周向 α 进行角度高达 $\pm 30°$ 的转动，现代双倾样品杆可以在 $\alpha = \pm 40°$ 和 $\beta = \pm 30°$ 范围内进行自由倾斜，以选择合适的晶轴，即透射电镜电子束相对于晶体的投影方向，进行深入观测。

此外，由于透射电镜的样品非常微细，对锂电池中电极或固态电解质颗粒进行电子衍射表征时，可以用合适尺寸的光阑，来选定特定的颗粒或某颗粒的特定区域，然后进行选区电子衍射（selected area electron diffraction, SAED）。

3.2.4.4 电子能量损失谱（EELS）

前面提到，高能电子束穿透薄层样品后，产生一系列弹性与非弹性散射的电子。高分辨观测与电子衍射信号主要来源于弹性散射的电子，而非弹性散射的电子可以通过电子能量损失谱（EELS）来研究材料。EELS系统的入口通常位于透射电镜正下方，如图3.18所示。电子束穿透样品后，通过磁棱镜弯曲产生色散，不同能量的电子将发生不同程度的弯曲，如同可见光穿过透明三棱镜一样，进而在检测器中不同区域被检测到。不同能量区域累计信号强度的分布即为所获得的EELS谱。EELS技术首先由James Hillier和R. F. Baker在20世纪40年代中期开发，到90年代才由于电镜与真空技术的发展而得到广泛的应用。

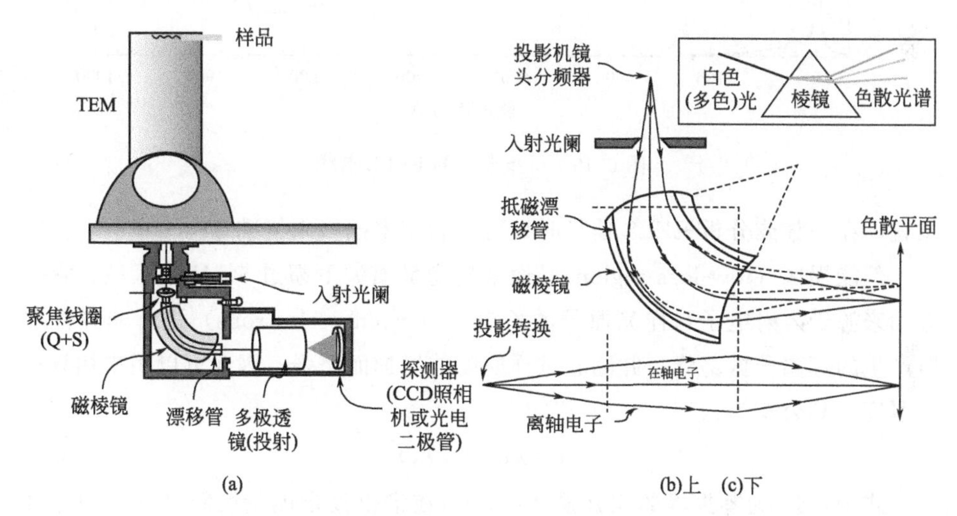

图3.18 (a) 透射电镜中典型EELS系统结构示意图；(b) EELS光路及通过磁棱镜发生弯曲并产生能量色散，图中方框内插图为光学三棱镜将一束白光分为彩色光示意图。该磁棱镜对电子束的作用类似于可见光系统里的三棱镜；(c) 透镜在垂直于光谱仪的平面上的聚焦作用

图3.19显示了一条典型的EELS谱线，它主要分为以下三个区域。

零损峰（zero loss peak，ZLP）：能量损失为零的尖峰。它主要包含没有发生散射以及弹性散射的电子，其半峰宽（full width at half maxima）常用来衡量透射电镜中EELS的能量分辨率。对于采用LaB_6电子枪的透射电镜，其EELS能量分辨率通常大于1eV，而冷场发射电子枪（cold FEG）可以使透射电镜具备0.3～0.5eV的能量分辨率。此外，由于零损峰的顶点一直位于0eV

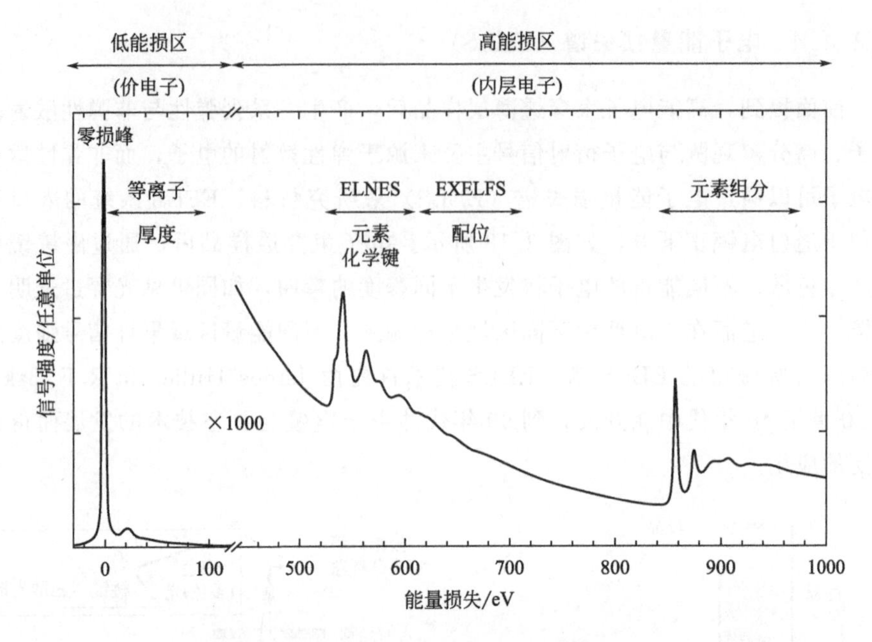

图 3.19 一条典型的 EELS 谱线

位置，在采集或分析 EELS 信号时，可以利用零损峰来校准 EELS 谱。

低能损区（low-loss region）：通常指能量损失不超过 50eV 的区域。它一方面来源于入射电子与样品原子的价电子（valence electrons）进行非弹性散射产生的等离子振荡峰，并随着试样厚度的增加而增强，因此可以用来估算样品厚度，其公式为：

$$t=\lambda \ln(I_t/I_0) \tag{3.4}$$

式中，I_0 为零损峰的积分强度；I_t 为在谱仪设定能量区间谱的总积分强度；λ 为等激元振荡或电子在样品中的平均自由程。另一方面，低能损区的峰也与样品的能带结构及光学性质有关。例如，电子可能从满带跃迁到高空能带，能带中状态密度的变化在电子能量损失谱的低能损区引起明显的精细结构，出现小峰。半导体或绝缘体中价电子可发生越过能量间隙的带间跃迁。

高能损区（high loss region）：电子能量损失大于 50eV，主要源于入射电子与样品原子内层电子的非弹性散射。高能损区主要包括吸收边（core-loss edges）、能量损失近边结构（energy loss near edge structure，ELNES，也称近边精细结构）和扩展能量损失精细结构（extended energy loss fine structure，EXELFS）。其中，吸收边的起始端是内层电子能量与费米能之差，即内层电子的电离能。各元素内层电子电离所需要的能量具有各自特征值，并与其所形成化学键有关。因此，吸收边可以用来确定元素的种类及可能的化学键。能量损失近边结构通常出现在吸收边后50～100eV，它主要与元素的能带结构、化学及晶体学状态等有关。扩展能量损失精细结构主要用于分析元素的配位环境。

原子序数不超过13的元素通常用K-边（K-edge）来进行分析，否则可选用L-边或M-边来进行分析。例如，图3.19中位于大约532eV的对应氧元素的K吸收边，另外两个吸收边位于872eV与855eV，分别来源于Ni的L_2、L_3吸收边，说明该样品中有氧与镍的存在。锂离子电池中除锂金属用K-边进行EELS分析外，其他常见过渡金属元素通常用L_2与L_3吸收边，而且L_3/L_2的比值与过渡金属的价态密切相关。常用吸收边见表3.3。

表3.3 锂离子电池常见元素的EELS吸收边

元素	原子序数	主吸收边	电子损失能量/eV
锂(Li)	3	K	55
碳(C)	6	K	284
氮(N)	7	K	401
氧(O)	8	K	532
氟(F)	9	K	685
铝(Al)	13	K	1560
硅(Si)	14	L_2、L_3	99
磷(P)	15	L_2、L_3	132
钛(Ti)	22	L_2、L_3	462、456
锰(Mn)	25	L_2、L_3	651、640
铁(Fe)	26	L_2、L_3	721、708
钴(Co)	27	L_2、L_3	794、779
镍(Ni)	28	L_2、L_3	872、855

关于各吸收边的命名规则，可以参考图3.20。例如，锂需要55eV的能量来电离位于1s轨道的K壳层电子。而对于部分高原子序数元素的L壳层，电子位于2s或2p轨道。如果其2s电子被电离，则获得L_1吸收边；如果2p电子被电离，则获得L_2或L_3吸收边。

由于EELS来源于一种穿透样品的非弹性散射电子，对应的锂电池样品需要非常薄才可以获得比较强的EELS信号，而且对于原子序数高于33的元素

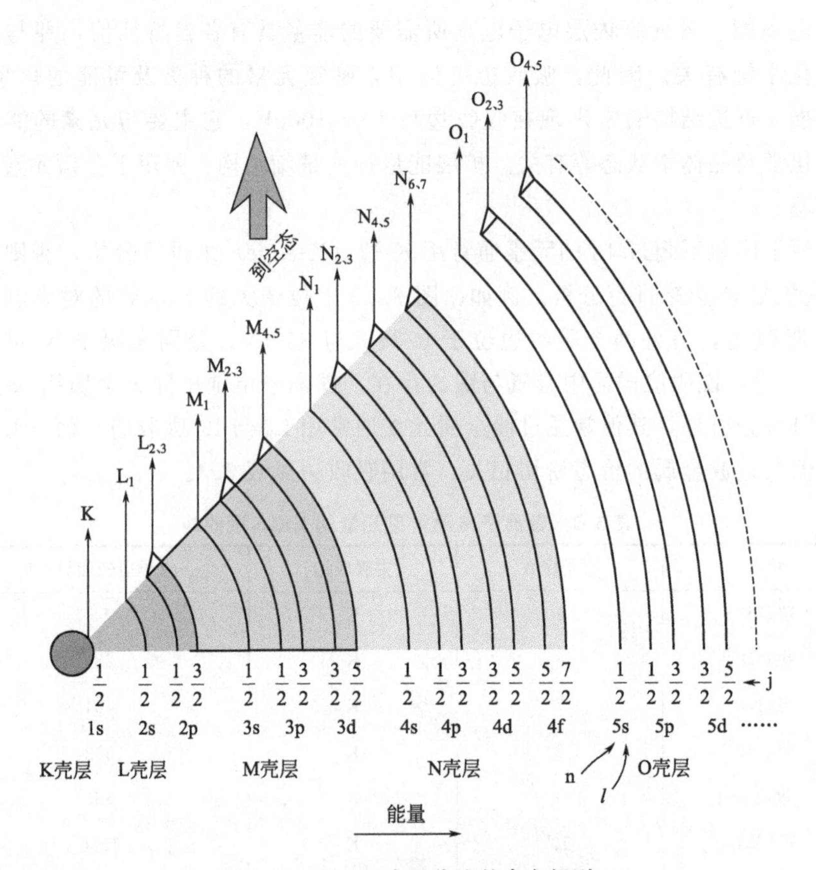

图 3.20 EELS 中吸收边的命名规则

不太灵敏。EELS 常用的一项功能是利用吸收边对样品指定位置，或沿着指定路径，或对指定区域进行高精度扫描，确定含有哪些元素，并通过与一系列标准参照化合物的 EELS 谱进行对比，分析各元素所处的化学态与化学环境等。图 3.21 对比研究了 $LiNi_{0.8}Co_{0.15}Al_{0.05}O_2$（LiNCA）在过充电到 $Li_{0.1}$NCA 后，其 EELS 的 O-K 吸收边在（a）氧化气体 O_2、（b）惰性气体氦气、（c）真空以及（d）还原气体 H_2 氛围中随着温度升高而产生的变化。在这四种情况下，O-K 吸收边前峰随着温度的升高而逐渐衰减，并移至更高的能量位置。在 O_2 环境中加热时，O-K 吸收峰与边前峰的能量差 $\Delta E_{O\text{-}K}$ 仅在 300℃或更高温度时才明显下降。当样品颗粒在 H_2 中加热时，$\Delta E_{O\text{-}K}$ 更早（150℃）就发生显著变化，导致氧气更早地流失。这意味着由于过渡金属离子被还原以及电荷平衡的需要，NCA 晶格中的氧不断失去并形成氧析出，并且在较高的氧富集度下可以较好地抑制这种氧析出。

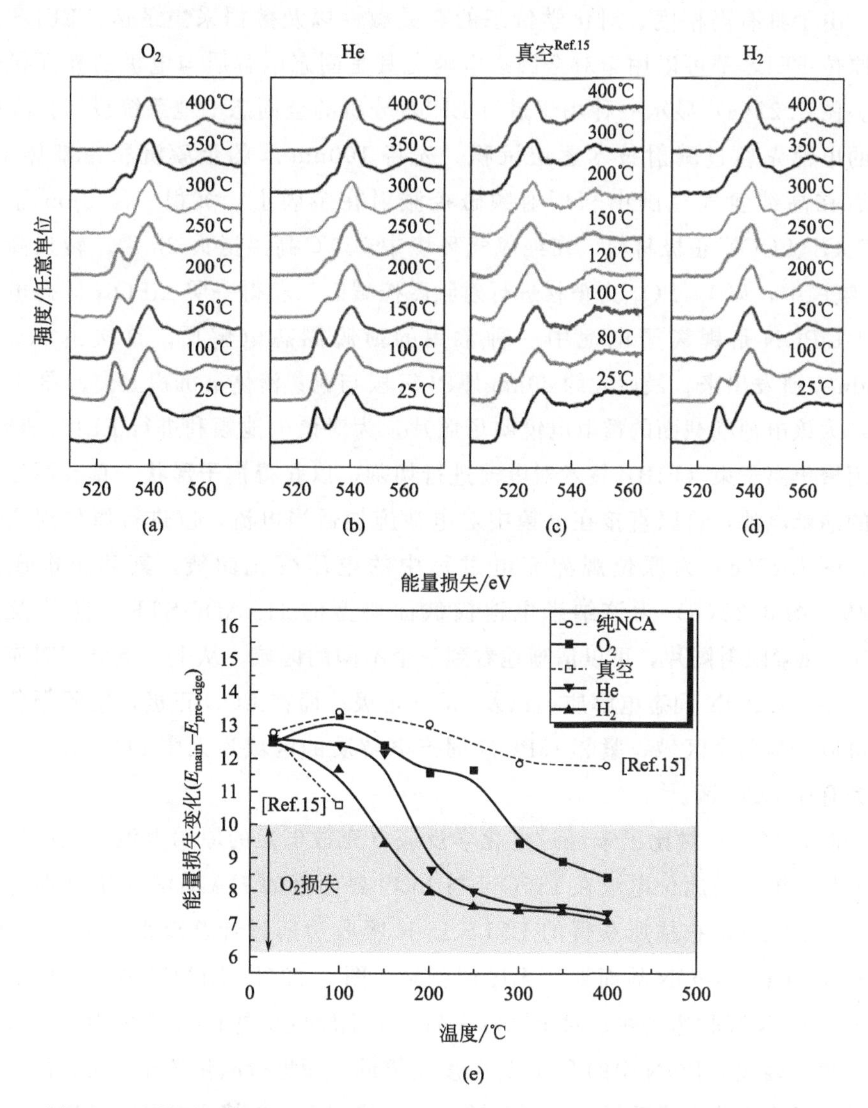

图 3.21 利用 EELS 在过压的氧化（O_2）、中性（He）和还原（H_2）环境中观察到过充电的 NCA（$Li_{0.1}$NCA）颗粒随温度变化的氧析出情况

（a）O-K 光谱随氧气分压为 400mTorr 时温度的变化；（b）当在氦气（中性气体）的类似分压（400mTorr）下加热过充电的 NCA 时，吸收边前峰在 200℃时褪色；（c）在真空条件下加热的过充电的 NCA（从参考文献［15］中提取的数据）显示起始温度为 150℃；（d）在还原气体（H_2）环境中，O-K 吸收边前峰在 150℃时快速衰退，表明（CoNi）O 在低温下也被还原；（e）在不同的气体环境中，能量损失 $\Delta E_{O\text{-}K}$ 随温度升高而变化（1mTorr≈0.133Pa）。

由于具有高精度、对化学价态的高灵敏性以及数据采集迅速，EELS甚至原位EELS都可以用于对全固态电池尤其是固态电解质与电极的界面研究中。图3.22(a) 显示一种用于进行EELS分析的全固态电池系统设计。实验中的电池先通过溅射技术逐层沉积。先将100nm厚的金膜沉积在基体上，然后在高纯氩气氛围中利用射频磁控溅射在金膜上，沉积一层2μm厚的$LiCoO_2$(LCO) 正极材料，在纯氧气环境中750℃高温退火2h后，转入高纯N_2氛围中，以Li_3PO_4为靶材进行射频磁控溅射，获得一层LiPON固态电解质。LiPON是锂离子电池中一种常用的薄膜固态电解质，首次由Nancy Dudney研发出来。最后大约80nm厚的Si膜与铜集流体被沉积上去。图3.22(b) 为该电池横截面的透射电镜明场照片。为对该电池顺利进行EELS研究，利用聚焦离子束（FIB）技术对电池进行切割，以获得楔子形状、具有厚度梯度的纳米电池，可以直接在电镜中对电池施加适当电流，以进行原位观测表征。图3.22(c) 为原位观测充电过程中的电压变化曲线，其截止电压为4.2V。图3.22(d) 为该纳米电池横截面典型的HAADF-STEM照片及其EELS元素映射图片，可以清晰地看到三个不同的区域，从上至下分别对应于Si负极、LiPON固态电解质，以及LCO正极；而在LCO正极，按照颜色深浅可以分为两个区域，紧邻LiPON固态电解质的区域为无序LCO区，其下方为有序LCO区。

图3.22(e) 对比了未经过电化学反应（充放电）的原始电池、充电后的非原位电池以及原位电池在LiPON与LCO界面处的HAADF-STEM照片以及基于EELS面扫描所获得的EELS Li-K吸收边通过计算获得的浓度分布，发现在LCO/LiPON界面处有无序锂积聚。图3.22(f) 则为三种电池中不同位置的Li-K吸收边谱线。对于原位样品，由于原位充电的LiPON对光束效应更敏感，因此LiPON中的Li-K边强度比较低。而进行电化学充电后，固态电解质的微小变化会导致样品观测区域更容易受到透射电镜中电子束的影响，因为电解质LiPON的导电能力远低于LCO正极。因此，在EELS观测中，需要注意电子束对样品的影响，以进行更为合理的定性甚至定量分析。

由于图3.22(d) 的HAADF-STEM与EELS映射照片均显示，LCO正极可以分为靠近LiPON固态电解质的界面无序LCO区，及其他有序LCO区，故采用EELS的O-K边来研究三种电池LCO正极中不同区域所对应O相关化学键，如图3.22(g) 所示。对于未经充放电的原始LCO，无序区中O-K吸收边随着与界面的靠近而逐渐移到更高的能量损失位置，同时Co L_3/L_2的比

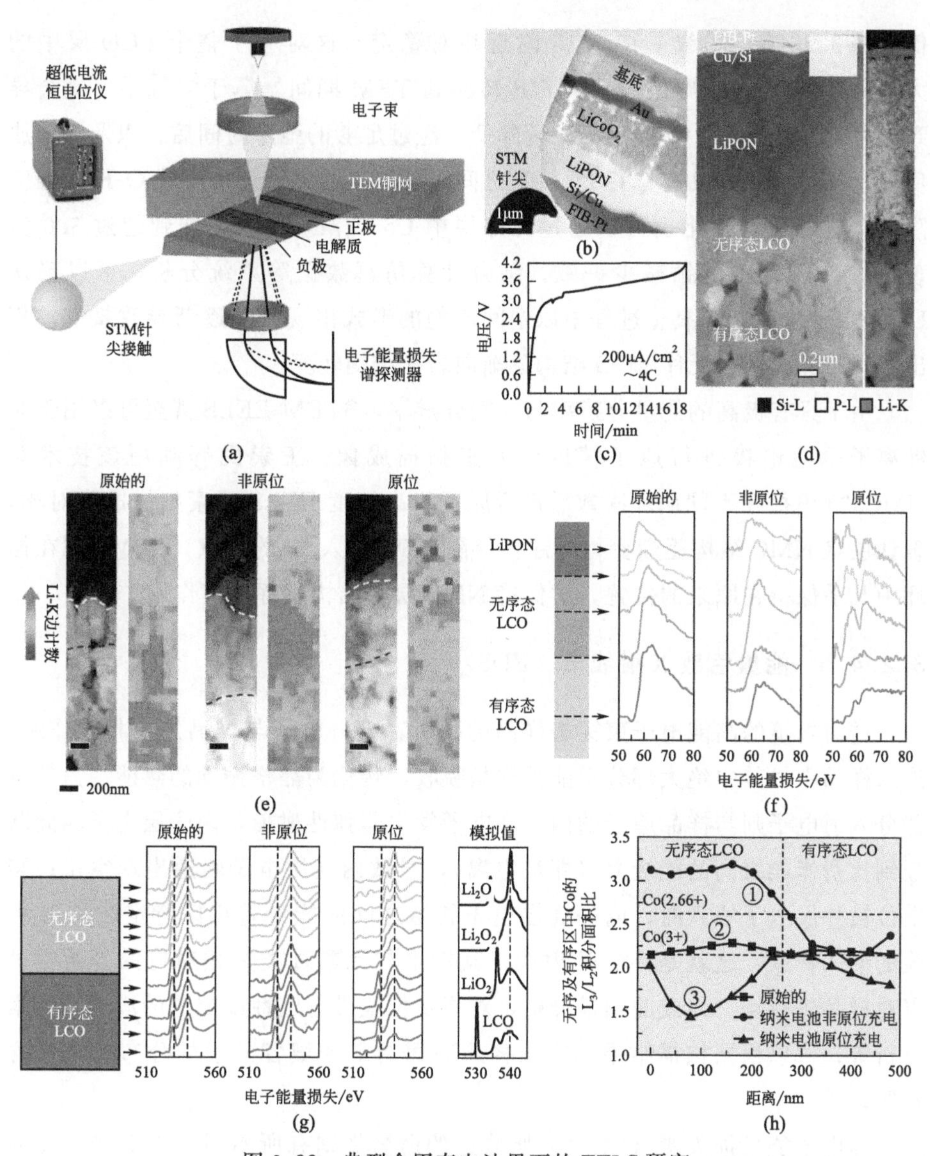

图 3.22 典型全固态电池界面的 EELS 研究

(a) 用于进行 EELS 分析的全固态电池结构系统示意图。(b) 全固态电池的透射电镜的明场图片。(c) 对透射电镜中电池进行原位观测过程中的恒流充电电压变化曲线。(d) 为纳米电池横截面的 HAADF-STEM 照片及其 EELS 元素映射（mapping）照片，其中灰色代表锂 Li，白色代表磷 P，黑色代表硅 Si。(e) 三种电池的 HAADF-STEM 照片及其 EELS Li-K 吸收边浓度分布图。(f) 其典型线性 Li-K 吸收边谱线。(g) 三种电池中 LCO 正极不同区域的 O-K 吸收边谱，均对应有无序及有序两种 LCO 结构区域，靠近 LiPON 层的为无序 LCO 区域。图中右侧插图为计算获得的 $LiCoO_2$、Li_2O、Li_2O_2、LiO_2 等不同含锂化合物的 O-K 吸收边谱线，以作为分析图（g）数据的参考。(h) 三种电池中无序及有序区中 L_3/L_2 比值随着离 LCO/LiPON 界面距离的变化而变化。其中竖直虚线代表 LCO 中有序与无序区域的边界值［图 3.22(h) ②线］在 2.15 附近相对稳定，这对应于整个 LCO 层中的大部分 Co^{3+}。而非原位样品从 FIB 转移到 TEM 期间暴露于空气中，这会导致无序 LCO 层中的 O-边前峰显著降低。经过足够的弛豫时间后，以及氧释放反应，导致 Co 3d 轨道与 O 2p 轨道之间出现更多的离子键，导致 O-K 边强度降低。这种化学变化也可以通过无序层中 Co L_3/L_2 比值增加到超过 3.0 实现，这与 CoO 中的钴减少一致。结合计算仿真数据等系统分析，可以确认 Li_2O/Li_2O_2 在充电氧化过程中以中间产物的形式出现，并逐渐导致氧气的析出，同时界面区域无序 LCO 结构逐渐向岩盐结构转变。

由于具有极高的能量分辨率与空间分辨率，STEM-EELS 甚至可以用于对锂离子电池电极进行原子精度的元素扫描成像。王崇民等利用该技术对 NMC333 电极在不同循环次数后进行原子级高精度 EELS 元素扫描成像对比，确认层状 NMC 结构逐渐变得无序，伴随着 Ni 进入 Li 的位点，而 Mn 则在循环中几乎保持在原来的位置，对保持 NMC 层状结构发挥关键作用。

3.2.4.5 能量色散 X 射线谱（EDS）

透射电镜的高能电子束穿透样品的同时，部分电子与样品发生相互作用，渗入样品中，其中绝大部分动能被样品吸收，转化为晶格振动的热能；另外一部分入射电子则与样品原子的内壳层电子发生非弹性碰撞，内壳层电子因此跃迁到比费米能级高的能级上（即被电离），导致内壳层电子轨道出现空位；当空位被外层电子填入时，内外壳层电子轨道之间的能量差将以特定波长 X 射线的形式释放，这就是特征 X 射线，其能量与元素种类是相对应的。通常可以对样品进行点、线或面扫描分析，对指定位置进行定性或定量的成分与元素分析等，可以根据扫描结果估算出样品表面指定区域各元素的分布及相对含量等。

与电子能量损失谱（EELS）吸收边的命名规则有所不同，EDS 谱对应的产生电离空位的壳层从里至外分别用 K、L、M 等表示，而所产生的电子跃迁分别用 α、β、γ 等表示。因此，K_α 表示电子从 L 层跃迁到 K 层，L_β 则表示从 N 层跃迁到 L 层。实际上，从 L 层开始，每个电子壳层都可以继续细分。如 L 层可分为三个亚壳层，最外亚壳层电子跃迁到 K 层轨道所产生的 X 射线称为 $K_{\alpha1}$，次外亚壳层电子跃迁到 K 层轨道的则称为 $K_{\alpha2}$。

整体上，EDS 与 EELS 技术互补。EDS 主要适用于分析较重的元素，其信号来源于二次过程（失去内层电子后，由于外层电子的跃迁而产生 X 射线），EDS对原子序数较高的元素具有更高的灵敏度，通常可以用来分析^{4}Be到^{92}U之间的元素，其探测器通常位于样品斜上方或四周。氢与氦只有K层电子，无法产生因电子跃迁导致的特征X射线，因而无法被EDS检测到。锂金属虽然可以产生X射线，但能量过于微弱，波长过长，容易被吸收，难以被检测到。铍（$Z=4$）有毒，且EDS检测系统对铍的吸收严重，实际也不容易被检测到。对于C、N及Al等轻量元素，EDS的灵敏度也比较低。而EELS来源于一次非弹性散射电子，更适用于分析较轻的元素，包括锂元素，并具有远远优于EDS的能量分辨率；冷场发射电子枪的单色球差透射电镜可以获得低于0.1eV的能量分辨率，现代常规TEM中EELS的能量分辨率也可以低至1eV左右。而EDS的能量分辨率，通常以能谱中锰Mn的K_α峰（位于5.89keV）除去背景信号后的半高宽（full width at half maximum，FWHM）来衡量。透射电镜的EDS能量分辨率通常仅为125～135eV，但EDS信号采集速度更快。

图3.23展示了典型EDS元素映像图片及EDS谱。图3.23（a）为$Li_{1.2}Ni_{0.2}Mn_{0.6}O_2$正极颗粒的STEM照片，（b）～（e）分别为其对应的Ni、Mn、Ni-Mn复合及O的元素映像照片，显示Ni与Mn元素在该层状正极纳米颗粒中分布并不均匀。图3.23（f）为典型的EDS谱线，采自锂硫电池中一种由科琴炭黑（Ketjen black）与MnO纳米颗粒组成的多硫化锂（lithium polysulfides）隔膜层，谱线中每一个峰所在的能量位置，均对应一种特定的元素，并可以除去谱线的背景信号后用于估算各元素的相对含量。EDS谱既可以在指定点上采集获得，也可以在进行线扫描或面扫描时获得。图3.23(i)～(k）表明硫化物倾向于在Mn含量较高的区域富集，表明MnO的加入有利于阻挡锂硫电池中多硫化锂向负极的扩散，从而提高锂硫电池的循环稳定性。

应该指出，能量色散X射线谱模块也可以整合在扫描电子显微镜（SEM）系统中，从而可以在利用SEM对样品进行表面微观形貌观测的同时，也可以在指定区域进行元素扫描成像，并分析该区域的物质组分等。但需要注意的是，在SEM中选择加速电压时，应确保加速电压高于所需检测元素的临界激发能（或电离能），通常选择为略高于该能量的2倍。但对于薄膜与微细颗粒样品，可以适当降低加速电压进行测试，以减小电子束的作用区，保护样品，并提高X射线强度与空间分辨率。

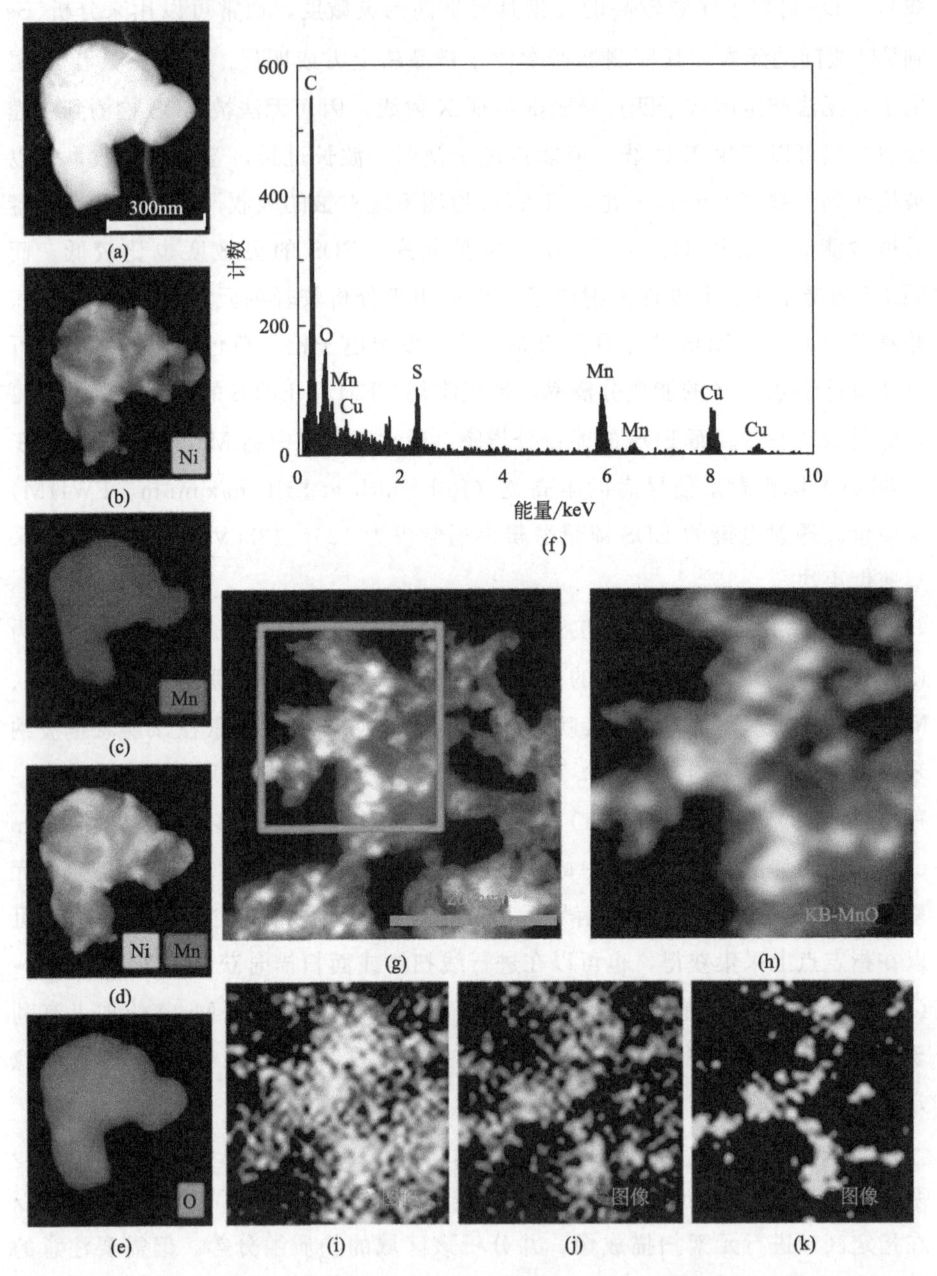

图 3.23 $Li_{1.2}Ni_{0.2}Mn_{0.6}O_2$ 正极颗粒的（a）STEM 照片，利用能量色散 X 射线谱 EDS 获得的（b）Ni、（c）Mn、（d）Ni-Mn 元素成像复合图，以及（e）O 元素成像图。利用科琴炭黑（Ketjen black）与 MnO 纳米颗粒组成的复合隔膜阻挡层的（f）EDS 谱、（g）STEM 照片及（h）其局部放大图，（i）、（j）、（k）分别为该区域 EDS C、S 以及 Mn 的元素成像图

3.2.4.6 原位透射电镜（in situ TEM）

常规表征手段，比如扫描电子显微镜、能量色散 X 射线谱等，是在样品的初始或某静止状态下对样品进行观测，因而难以将样品状态的变化与对应激励（如力、热、光或电等）的影响联系起来，其间样品究竟是如何变化的相当于在一个黑匣子中，无从知晓。原位表征技术可以从特定角度或不同尺度下，对样品在不同激励下的变化过程进行实时监测，从而解锁黑匣子中隐藏的秘密。其中，原位透射电镜可以实时观测锂电池在充放电过程中电极或电解质的微观形貌、内部晶体结构、物相组分及化学态的变化过程，并已经广泛应用于各种锂电池系统中，包括锂离子电池、锂空气电池、锂硫电池、全固态锂电池等，为研究锂电池的充放电及失效机理做出巨大贡献。

根据所应用的场合，原位透射电镜中电池系统的设计可以进行适当的调整，以用于研究全固态锂电池中的固体-固体反应、金属空气电池中的固体-气体反应以及常规基于液态电解质的固体-液体反应等。图 3.24 为各类电池的典型设计示意图。除基本通电进行充放电循环外，还可以对锂电池施加其他不同的激励方式，例如，对电池加热、通入指定气体（如氧气）、引入液态电解质，

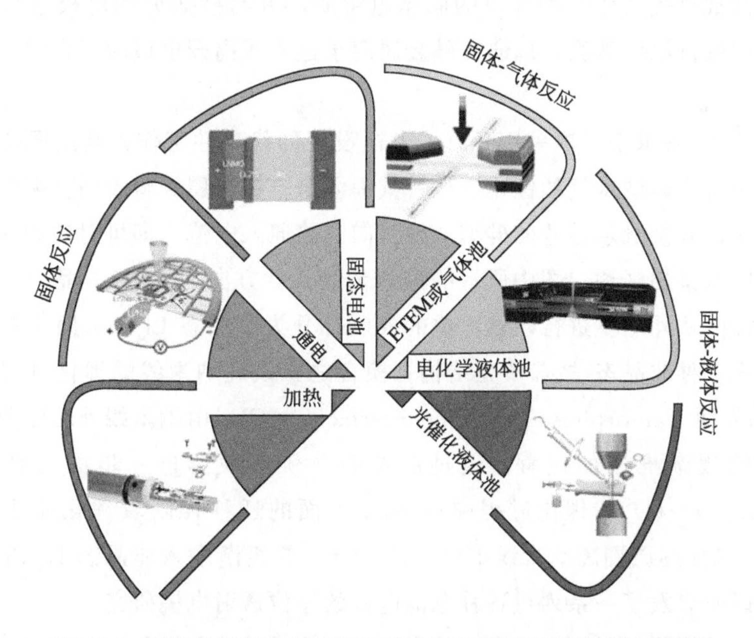

图 3.24 用于对锂电池进行原位透射电镜研究的典型系统示意图

可以对锂电池的固体反应、固体-气体反应以及固体-液体反应进行原位观测，包含有开放式、密闭式［气体或液体池（liquid cell）］等基本设计

以研究电池的响应，并以此研究电池内部结构等与电池电化学性能的关系。也可以向原位电池系统中引入光线，以研究电池或新能源系统中催化剂的光催化影响及其机制等。

总体而言，原位透射电镜中主要有两种电池设计。一种是开放式的，即在原位观测过程中，电池样品在通电进行充放电的过程中，直接面对电镜中的高真空环境。在这种设计下，常规液态电解质将瞬间被蒸发，因而这种设计多用于对固态电极及其与固态电解质界面的研究，包括锂金属负极、$Li_7La_3Zr_2O_{12}$ (LLZO) 等固态电解质及 NMC 三元正极等；也可以用于基于离子液（ionic liquid）电解质的电池研究中，因为部分锂盐的离子液具有高锂离子传导能力与宽电化学窗口，并具有极低的蒸气压，可以忽略电镜中真空环境对它的影响。图 3.24 中，加热式（heating）、通电式（biasing）、固态电池式（solid-state battery）以及图 3.22 中的原位 EELS 研究，均采用了开放式设计。在研究电极的时候，需要碱金属负极提供离子源。但由于碱金属的高化学活性，通常在完成样品转移之前就已经与空气中的氧气等发生化学反应，表面就被覆盖了一层氧化物（如锂金属表面生成的氧化锂 Li_2O）。该氧化物层在原位透射电子显微镜中，通常被直接当作一种导电的固态电解质，并与待研究的电极进行接触通电，然后进行原位观测，以研究碱金属离子进入或离开电极时引发的结构变化机制等。

图 3.25 来源于一项采用开放式电池设计的代表性工作，利用原位透射电子显微镜研究硅纳米线的锂化过程。其锂源来自锂金属，将表面被瞬时氧化的锂金属靠近并接触悬挂着的硅纳米线，向电路通入电流，即可对硅纳米线进行原位透射电镜的观测。图中所示的硅纳米线长度方向为［111］晶向，其锂化过程由径向从外至里进行，被锂化的外层部分为非晶态 Li_xSi，因而在锂化过程中形成一种非晶态-晶态核壳结构；换言之，该硅纳米线的锂化过程为非晶态-晶态界面（amorphos-crystalline interface，ACI）由纳米线外表面向纳米线中心轴线逐渐推进的过程。通过原位高分辨率观测进一步深入研究发现［图 3.25(h)～(l)］，锂化过程中该 ACI 界面的迁移伴随着锂化原子层沿着 (-1-11) 晶面逐层剥离纳米线中硅晶体部分，并逐渐融入非晶态 Li_xSi 壳层部分。该研究启发了一系列对各种电池电极的原位透射电镜研究。

另一种原位透射电镜中电池的设计是密闭式的，即样品被全部密封于一微细空间之中，不受原位透射电镜真空环境的影响。因此，这类电池可以更真实地模拟常规基于液态电解质的碱金属电池或金属空气电池，对研究实际可用的

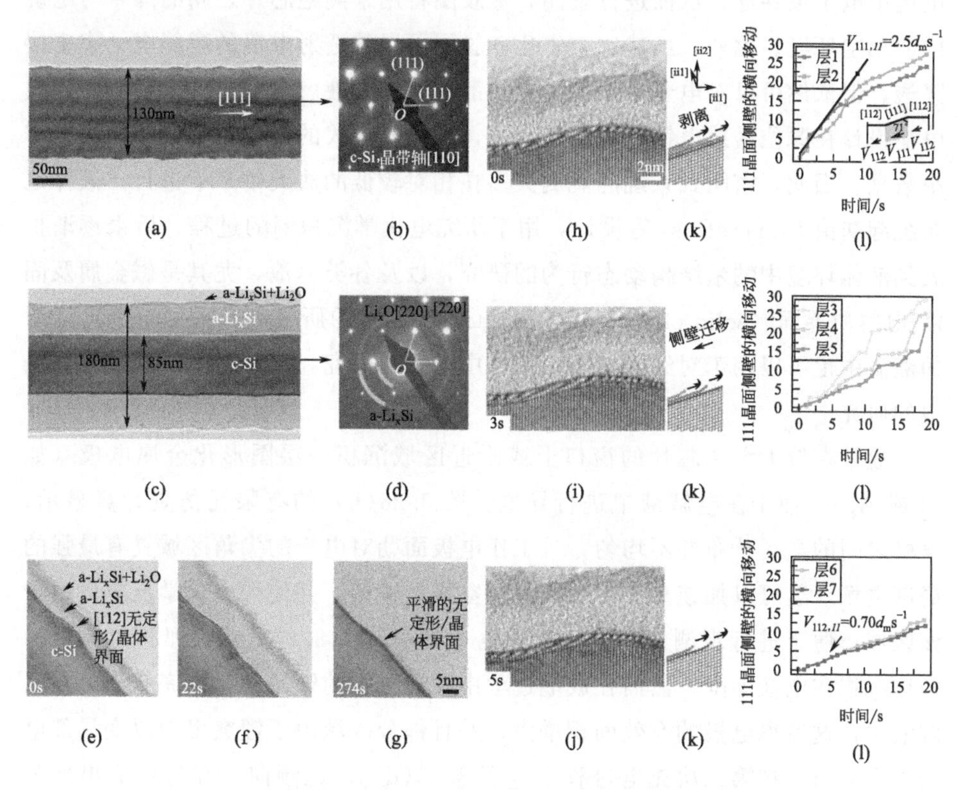

图 3.25 对硅纳米线进行锂化过程中的原位透射电镜观测研究

(a) 未进行锂化的原始硅纳米线，及其 (b) 电子衍射照片，其长度沿 [111] 晶向。(c) 部分锂化后的硅纳米线，及其 (d) 电子衍射照片，硅纳米线表面锂化层已经转化为非晶态。(e)～(g) 为硅纳米线在锂化过程中拍摄的一系列照片，显示非晶态-晶态界面 (amorphos-crystalline interface，ACI) 的迁移过程，(h)～(j) 为硅纳米线的锂化过程中原子分辨率的原位透射电镜照片，显示锂化过程是通过一种侧向 (111) 晶面原子层流动 (ledge flow) 逐层剥离的方式进行的，(k) 为对应的示意图，(l) 为典型原子层锂化剥离过程中距离硅纳米线中心的投影距离随时间的变化曲线

锂电池的充放电机理及性能衰减机制具有重要意义。图 3.24 中，环境透射电镜或气体池 (ETEM or gas cell) 以及电化学液体池 (electrochemical liquid cell) 均为典型的密闭式设计。通常这类电池位于两薄层 (一般 10～20nm 厚) 氮化硅膜之间。这类氮化硅膜厚度均匀，通常在超净间 (也称为无尘室，clean room) 通过等离子体增强化学气相沉积 (plasma enhanced chemical vapor deposition，PECVD) 技术沉积在硅片上，然后采用基于硅的微加工手段进行干法与湿法刻蚀而获得所需要的电镜观察窗口。组装这类电池时，如图 3.26(a) 所示，两片芯片需要让氮化硅膜观测窗口上下对齐，以便于透射

电镜中电子束穿透，从而进行观测，橡胶圈将用来隔绝芯片之间的区域与电镜内的真空环境。此外，虽然这类氮化硅膜层可以被透射电镜的高能电子束直接穿透，但依然可以对电子束造成一定的散射；加上液态电解质的散射，密闭式电池设计在原位透射电镜的观测过程中，远比开放式的电池更难以获得高分辨率数据。因此，密闭式系统的观测大多在相对较低的放大倍率下进行。液体池系统起初由 FrancesRoss 等设计，用于研究电化学沉积铜的过程，后来逐渐扩展到液体环境中纳米结构动态行为的研究，以及各类电池，尤其是碱金属及固体-电解质界面（solid electrolyte interface，SEI）的研究中。采用石墨烯密封的液滴中也可以用于对纳米结构在液体中行为的研究，但目前尚未用于对锂电池的研究中。

通常在较大那片芯片的窗口上或附近区域沉积一层图形化金属电极（如 Pt 或 Au)，便于在电解液中进行导电。图 3.26(b) 的有限元仿真计算显示，电极之间的电场分布并不均匀，且工作电极面朝对电极的尖角区域具有最强的局部电场，这可以加速离子在该区域的富集及输运，并使得电化学反应集中于该区域，便于进行观测。在第一次充电过程中［图 3.26(c)］，锂相对比较均匀地沉积在电极周围；然而在放电过程中，所沉积的锂并没有被完全溶解在电解液中，这使得电极的有效面积增大，并且部分区域由于锂突出而改变局部电场强度分布。在第二次充电过程中［图 3.26(d)］，锂倾向于在这些突出部分沉积。完成第二次放电后，余下了更多的锂，并含有不少与电极失去连接的“死锂”。第三次充放电与第二次的较为类似［图 3.26(e)］，“死锂”的积累导致电池的电化学可逆性逐渐下降。

图 3.22、图 3.25 及图 3.26 分别为开放式与密闭式电池设计的典型代表，文献中已有多种类似的报道，用于研究不同的固态电解质或电极的充放电或失效机理等。除了直接的原位明场或暗场成像观测以外，原位透射电镜也可以利用电子衍射进行原位物相或利用原位 EELS 进行原位元素及其化学态的跟踪监测等。因而，原位透射电镜是一种非常强大的原位表征手段，对深入研究并优化电池的性能具有重要意义。

除原位透射电镜外，其他多种表征技术都被逐渐应用于原位研究中，包括原位光学显微观测（图 3.10)、原位扫描电镜观测、原位 X 射线衍射（XRD)、原位 X 射线光电子能谱（XPS)、原位透射 X 射线显微成像、原位拉曼光谱、原位傅里叶转换红外光谱、原位核磁共振（NMR）等。原位表征技术正成为一种蓬勃发展的表征门类，在电池研究中得到越来越广泛的应用。

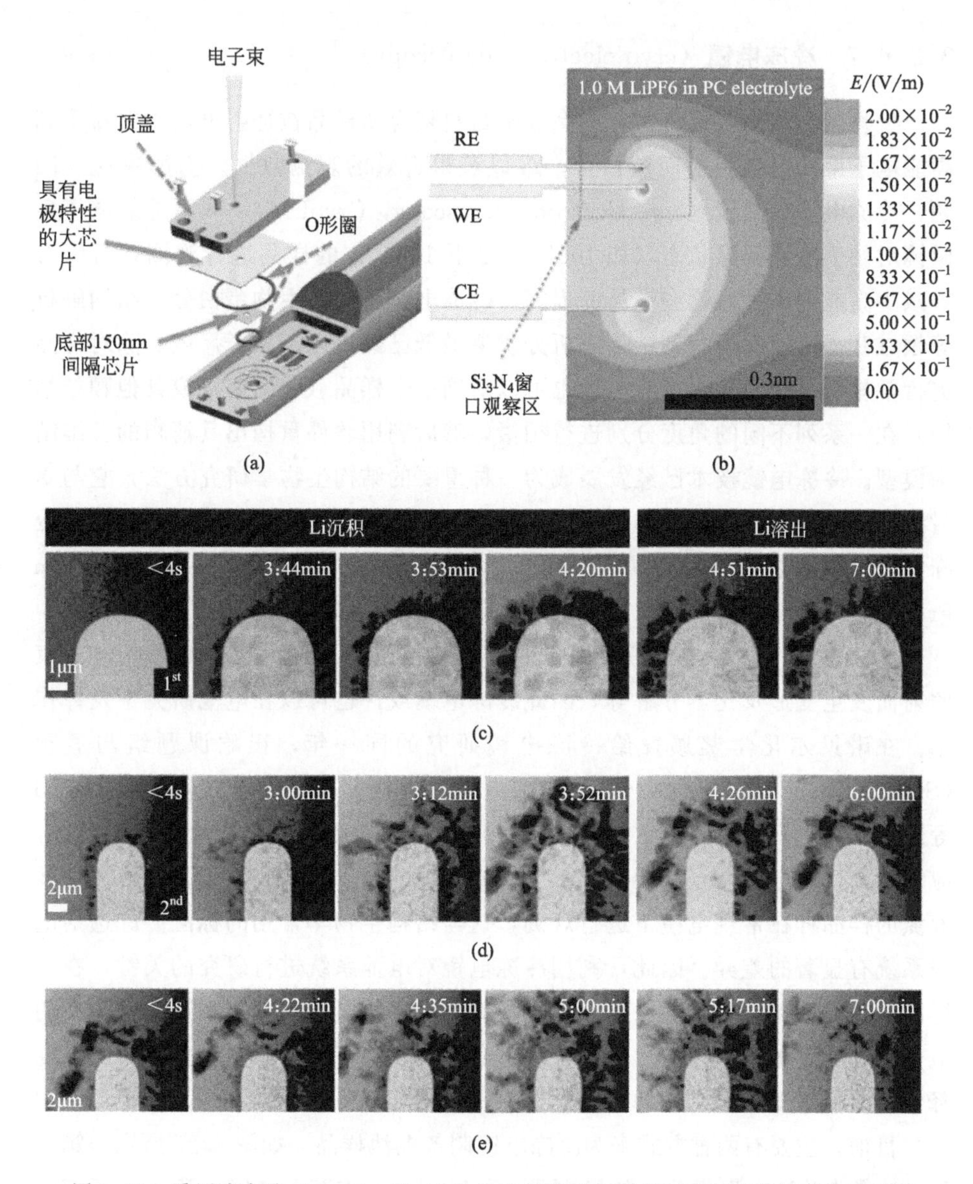

图 3.26 采用液态池（liquid cell）对电极进行镀锂与脱锂过程的原位透射电镜研究

(a) 密闭式电池设计示意图。所用到的上下两块芯片中，面积较大的上面那片芯片上沉积了 3 个 Pt 导电电极。图（b）为利用 ANSYSMaxwell 软件进行有限元计算仿真所获得的、对原位电池进行 0.1mA/cm^2 恒流充放电时芯片区域静电场分布图，其中三个电极分别为工作电极（working electrode，WE）、参比电极（reference electrode，RE）以及对电极（counter electrode，CE）。(c)(d)(e) 分别为第一次、第二次以及第三次充电期间，在 Pt 工作电极与 $LiPF_6$/PC 电解质之间的界面处，锂沉积于溶解的高角环形暗场（HAADF）照片

3.2.4.7 冷冻电镜（cryo electron microscopy）

生物蛋白结构、有机物，或高分子材料聚合物样品在透射电镜中容易受到高能电子束高剂量照射而被损害，难以获得有效的观测数据。为解决这一问题，冷冻电子显微镜（cryo electron microscopy，CryoEM），利用透射电子显微镜对处于冷冻低温状态（如100K即零下173℃）的样品进行观测，可以有效减少高能电子束对这些样品的损害。冷冻电镜首先在生物蛋白分子结构解析等领域获得迅速发展，其结构解析分辨率最低已经进入到原子尺度。除对样品进行常规二维拍照外，冷冻电镜也可以对同一个样品（包括病毒或其他颗粒结构）在一系列不同的角度分别进行拍摄，然后利用软件重构出其清晰的三维结构模型。冷冻电镜技术已经发展成为一种重要的结构生物学研究方法，它与X射线晶体学、核磁共振一起构成了高分辨率结构生物学研究的基础；其中，冷冻电镜的观测数据最为直观。2017年，冷冻电镜的三位主要贡献者Joachim Frank、Richard Henderson与Jacques Dubochet共享诺贝尔化学奖。

锂金属及其固体-电解液界面也同样面临被常规透射电镜中的高能电子束照射而发生变形及化学分解等，因此冷冻电镜或许也可以在电池研究中发挥作用。在诺贝尔化学奖颁发给冷冻电镜研究的同一年，崔屹课题组与孟颖（Shirley Meng）课题组分别采用冷冻电镜对锂枝晶及其与电解液产生的SEI等进行冷冻电镜观测，奠定冷冻电镜在电池乃至能源及催化领域应用的基础。应该指出，在电池乃至新能源或催化领域的冷冻电镜，实际上多采用可以装载液氮的样品杆在常规电镜下进行观测，这与结构生物学常用的标准冷冻透射电镜系统有显著的差异。因此，利用冷冻电镜对电池系统进行研究的关键，在于样品的有效制备与转移。由于锂金属及充放电后的电极对空气及透射电镜中的电子束都非常敏感，需要尽量减少或避免样品在空气中的暴露，并将样品温度降低到液氮温度，以有效地观测电极材料。

目前，主要有两种方式来为冷冻电镜制备电池样品，如图3.27所示。第一种办法是先分散电极样品，如果需要，可以利用冷冻双束电镜的聚焦离子束对样品在冷冻的状态下进行切片，以尽可能地保护维持电极电料的原始状态，然后将样品通过液氮转移至样品杆，最后转移至透射电镜中进行透射电镜的观测研究。虽然锂金属可以与常温常压下的氮气发生化学反应，但液氮环境中进行电极或锂金属样品转移的时候，由于在100K的低温下进行，锂金属与液氮的化学反应可以忽略不计。同时也由于这种低温环境，锂金属及其固体-电解液界面（SEI）等样品在透射电镜的观测过程中，可以更好保持其原始结构形貌等信息。

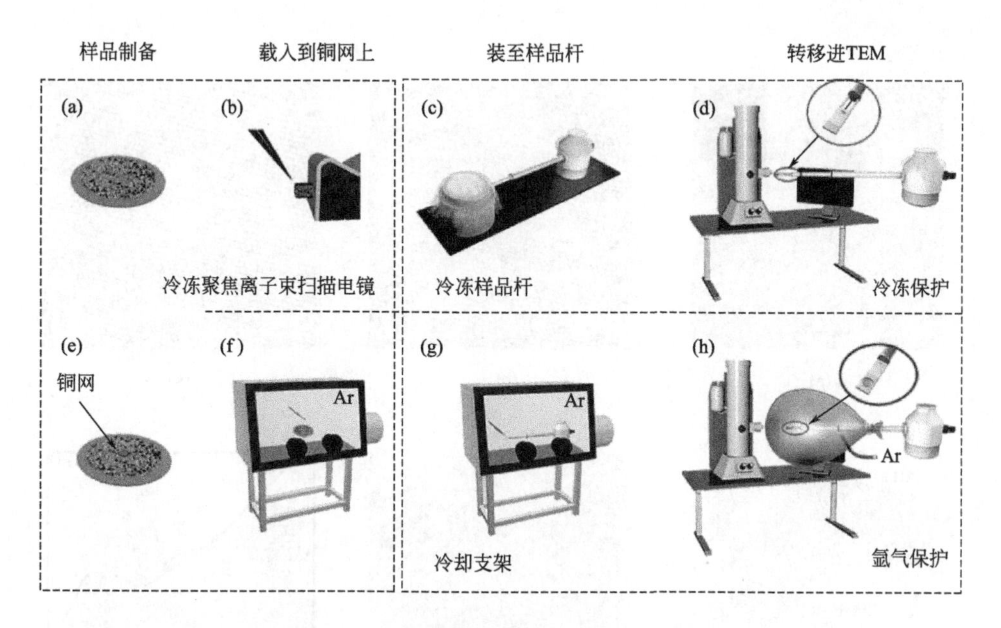

图 3.27 进行冷冻透射电镜观测的两种典型样品制备及转移方式

第一种 (a)～(d) 将样品在液氮中冷却处理后转移到透射电镜中：(a) 将样品分散在基体上，(b) 在冷冻双束电镜中利用聚焦离子束进行切片等处理并载入到透射电镜的铜网上，(c) 将样品在液氮中转移到冷冻样品杆，(d) 将冷冻样品杆插入透射电镜中进行观测。第二种方式：(e) 将样品分散在基体上后，(f) 在手套箱内氩气氛围中处理，(g) 装载到样品杆中，(h) 通过氩气保护袋将样品杆转移插入到透射电镜中，在进行液氮冷却后展开透射电镜的观测

第二种办法则是避开样品与液氮的直接接触，而是在氩气环境下的手套箱里进行制备样品，并装载入样品杆中；此时样品杆中并没有加入液氮。从样品杆移出手套箱并插入到透射电镜的过程中，样品杆始终处于氩气的气氛中，如图 3.27(h) 中所示的氩气袋内，以避免电池样品与空气的接触。直到样品已经完全插入透射电镜，才开始给样品杆装入液氮，进入冷冻状态后开始实际样品观测等。

由于可以在高能电子束照射下依然很好地保护电池材料，冷冻电镜在电池材料中很快就得到了广泛的应用，这对在不同条件下生成的锂枝晶及其 SEI，以及正极材料中的高分辨率观测，对研究电池材料的运行稳定性机理等具有重要意义。图 3.28 显示了一系列利用冷冻电镜所获得的锂枝晶原子分辨率照片。图 (a)～(d) 中对应的锂枝晶并非一直沿直线生长，而呈现出两处弯折。它先沿着〈211〉晶向生长，后来向〈110〉方向发生弯折，大约 100nm 后重新回

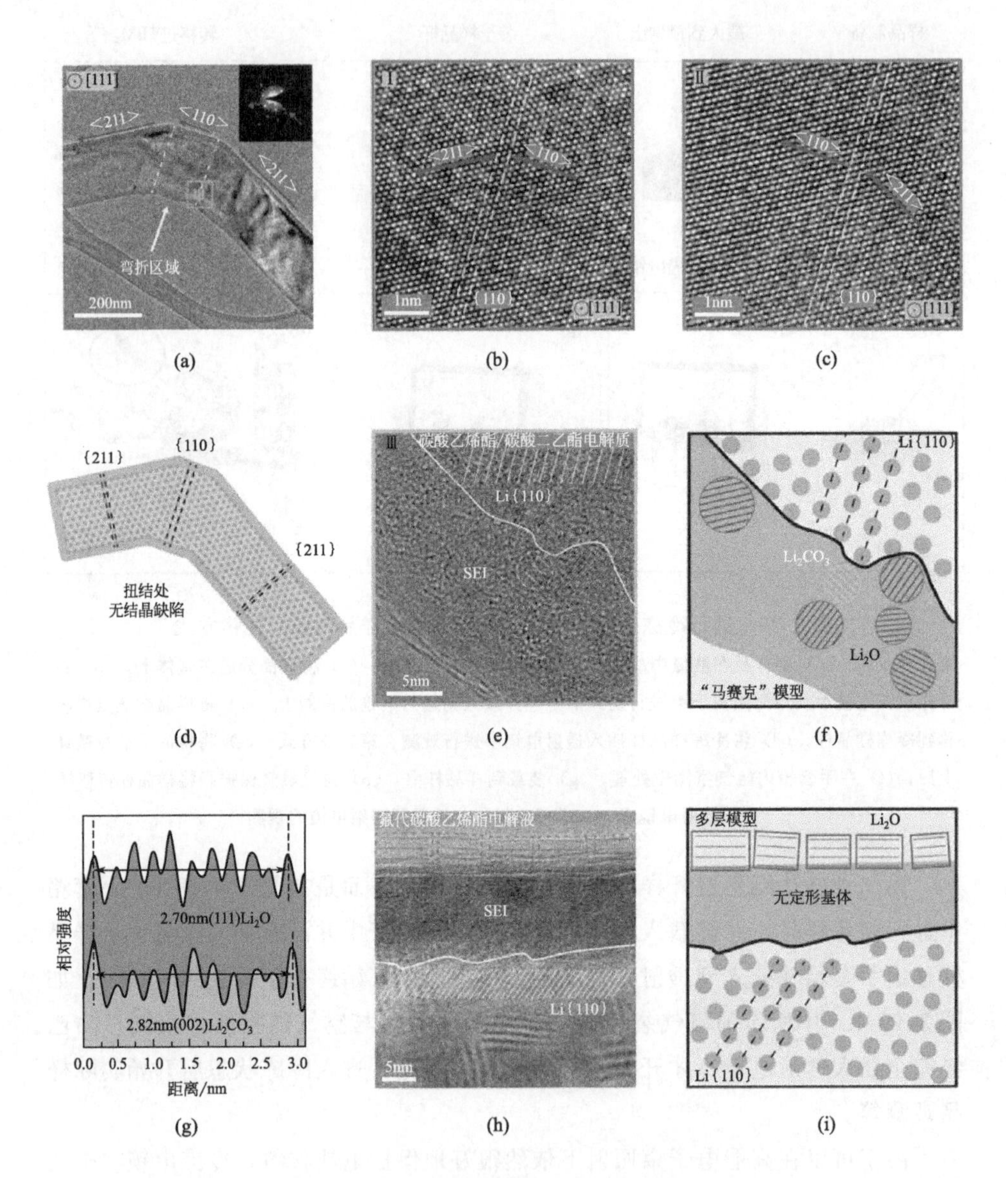

图 3.28 利用冷冻电镜观测的锂枝晶及其与电解液的 SEI 界面

(a) 为一段典型的锂枝晶，其长度方向从〈211〉晶向在左侧弯折处变为〈110〉晶向，然后回到〈211〉晶向，图中左上与右上方框的局部放大图分别见 (b) 与 (c)，而 (d) 为该锂枝晶的结构示意图。(e) 及 (f) 分别为 (a) 中右下方框部分的局部放大图及结构示意图，(g) 为 Li_2O 与 Li_2CO_3 信号强度积分图，(h) 为锂枝晶在添加 FEC 后所产生的 SEI 冷冻电镜照片，(i) 为其结构示意图到〈211〉方向。更为重要的是，该锂枝晶在弯折处没有出现常规纳米结构中容易出现的孪晶结构等晶格缺陷，相反，该锂枝晶弯折处两侧的晶格完全一致[图 3.28(b)～(d)]；换言之，该锂枝晶是锂的单晶，这从图中的选区电子衍射（SAED）图中也可以验证。图 3.28(e)～(i) 中对比了在标准碳酸亚乙酯-碳酸二乙酯（EC-DEC）电解液中，以及在其中添加 10%体积氟乙烯（FEC）后锂金属所形成的固体-电解液界面（SEI）层结构。在标准电解液中，锂金属表面出现一层 10～15nm 厚度的有机非晶物质，里面随机散布着大约直径 3nm 的微细晶体颗粒，其晶格间距对应为 Li_2O 与 Li_2CO_3 等无机物。相比之下，在电解液中添加 10%体积的氟乙烯后［图 3.28(h)～(i)］，锂金属表面所形成的 SEI 结构，与标准电解液中所形成的无机颗粒随机散布于有机层的 SEI 完全不同，其 SEI 结构上可以明显分为两层：靠近锂金属内层结构为非晶态有机层，而外侧则为 Li_2O 无机物层。这或许是氟乙烯添加剂可以显著改善锂金属电极循环稳定性的原因。

冷冻透射电镜除了可以对电池样品进行常规明场成像以外，也可以利用电镜的电子能量损失谱（EELS）技术等对电池材料进行元素映射成像，获得材料的组分与元素价态及其分布等信息；甚至可以利用聚焦离子束对电池样品进行逐层切片，然后对各切片分别进行冷冻条件下的观测与 EELS 扫描等，这样可以对样品进行层析并建立其三维组分结构模型。图 3.29 显示对锂金属样品进行上述处理后，发现样品中同时存在形貌明显不同的两类锂枝晶结构。第一类长宽达数微米的 SEI 结构，称为扩展 SEI（extended SEI），形状较为平整，里面富集 O 与 C 元素；而第二类则非常纤薄，仅 20nm 至几百纳米厚，而且扭曲严重，形状非常不规则，其主要成分为 LiH。第二类 SEI 相对更容易从锂金属脱离而形成“死锂”，导致锂电池容量衰减。在电解液中加入氟化物可以有效抑制第二类 SEI 的生成，从而提高电池的循环稳定性。

3.2.5 原子力显微镜

分子间作用力，即范德华力（van de Waals force），是一种普遍存在于中性或弱碱性分子之间的弱静电相互作用，其势能可以用兰纳-琼斯势（Lennard-Jones potential）近似描述为：

$$V(r)=4\varepsilon\left[\left(\frac{r_0}{r}\right)^{12}-\left(\frac{r_0}{r}\right)^{6}\right] \tag{3.5}$$

式中，ε 为势阱深度；r_0 为分子间平衡距离。此时系统势能为零。

图 3.30(a) 为该公式所对应的分子间作用力，$F=\mathrm{d}V(r)/\mathrm{d}r$，与分子间

图 3.29 SEM 照片

(a) 与 (b) 为经过冷冻聚焦离子束切割后两种不同锂枝晶结构的 SEM 照片，(c) 与 (d) 为对锂电极进行冷冻切片与冷冻透射电镜 EELS 元素映射成像后，重构所获得的两种典型锂枝晶的三维结构。(e) 与 (f) 为两种结构的典型切片暗场成像 HAADF 图片，(g) 与 (h) 为其对应的 EELS 元素映像成像

距关系。当二者距离 r 较远的时候 ($r>r_0$)，分子间作用力为负数，此时，二者之间吸引力大于排斥力。反之，当两分子距离较近的时候 ($r<r_0$)，分子间作用力为正数，即以排斥力为主，且随着距离的靠近，排斥力迅速增大。

原子力显微镜 (atomic force microscopy，AFM) 最初由斯坦福大学 G. Binnig、C. F. Quate 及 IBM 公司的 Ch. Gerber 于 1986 年发明，他们利用原子间相互作用力以极高的平面与垂直分辨率来表征物体的表面形貌。AFM 的基本工作原理如图 3.30(b) 所示。AFM 的微细探针针尖固定在一个悬臂梁的尖端下表面，悬臂梁的上表面则将一束入射激光反射到光电探测器。当探针针尖在沿着样品起伏的表面进行扫描的过程中，悬臂梁尖端部分会随之发生形变，并反射激光将探针对应的垂直方向位移传送到探测器并转化为电信号，并与反馈系统信号对比，通过调节压电陶瓷制动器将悬臂梁回复至初始值，并通过成像系统记录下样品表面特性。

一般而言，原子力显微镜有三种基本工作模式，即接触式、非接触式与轻敲式；其示意图见图 3.30(c)。

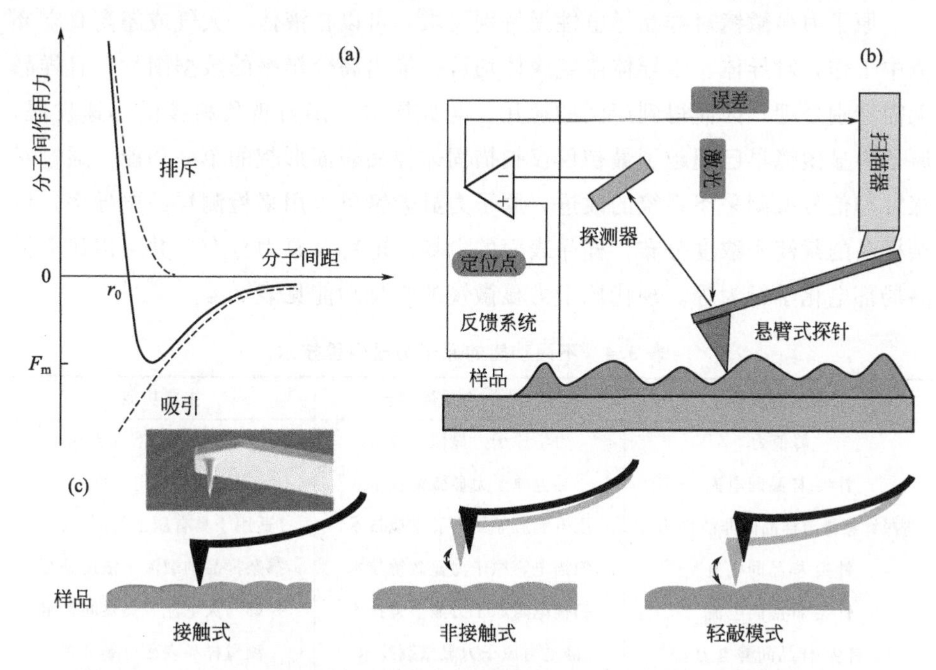

图 3.30 (a) 原子力显微镜探针针尖与样品之间的作用力与距离之间的关系；(b) 原子力显微镜 (AFM) 的工作原理示意图；(c) 原子力显微镜的三种基本工作模式，即接触式 (contact mode)、非接触式 (non-contact mode)，以及轻敲模式 (tapping mode)

接触式 (contact mode)：通常在直流电下运行，且探针在扫描过程中保持与样品表面接触，这使得悬臂梁的挠度 (deflection) 或弯曲程度保持恒定。接触式扫描速度较快，并可以获得样品表面的精细结构信息，分辨率高。但由于一直保持与样品的接触，探针针尖与样品原子之间的排斥力 [图 3.30(a) 中斥力部分] 或摩擦力较大，容易损坏样品表面或探针针尖，获得的 AFM 图片可能会发生部分变形。

非接触式 (non-contact mode)：通过交流电运行，探针针尖在共振频率发生振动，其振动幅度保持恒定。通常针尖位于样品表面上方 5～20nm 处进行扫描，与样品间作用力主要为长程吸引力 [图 3.30(a) 中]。由于与样品距离较远，对样品几乎不会产生损伤，但难以获得高分辨率的扫描数据。

轻敲模式 (tapping mode)：利用接触式与非接触式的优点，使探针针尖与样品发生间接性的接触，这样既可以获得优于非接触式的扫描分辨率，又可以减少接触式扫描过程中对样品或针尖的损伤。因此，轻敲模式是一种非常适用也非常常用的工作模式。

原子力显微镜对样品导电性无特别要求，可以在液体、大气或超高真空环境中工作，对导体、半导体或绝缘体均可扫描出高分辨率的数据图片，且样品无需特别处理，因而得到广泛的应用。与此同时，随着现代科技的迅速发展，原子力显微镜早已超越了最初仅仅扫描固体样品表面形貌的单一功能。通过对探针与信号检测采集系统的改进，原子力显微镜可以用来检测样品电导率，掺杂样品的载流子浓度分布，样品表面的电场、电势及磁力分布，并可以研究样品局部电化学行为等。现代原子力显微镜的常见功能见表 3.4。

表 3.4 不同功能的原子力显微镜技术

探测物理量	功能化原子力显微镜技术	主要功能
峰值力	力学原子力显微镜技术	力曲线/弹性模量测试
针尖-样品间电流	导电原子力显微镜技术	测量样品电导率
探针悬臂与样品间非线性力	压电响应原子力显微镜技术	适用于具有压电效应材料
针尖-样品间电流	扫描电容原子力显微镜技术	掺杂样品的载流子浓度分布
针尖-样品间电流	扫描电阻原子力显微镜技术	探针与大电流收集器间电阻
针尖-样品间静电力	静电力原子力显微镜技术	测量样品表面电场分布
针尖-样品间电场力	开尔文探针显微镜技术	衡量样品表面电势分布
针尖-样品间磁力	磁力原子力显微镜技术	衡量样品表面磁力分布
超微电极-样品间电化学电流	扫描电化学原子力显微镜	描述材料局部电化学行为

在电池研究中，原子力显微镜广泛用于全固态电池、锂离子电池、锂硫电池及锂空气电池中，对不同电解质体系下所产生的固体电解质界面（SEI）与阴极电解质界面（CEI）形成过程、形貌及机械物理性能，包括黏度、弹性模量、导电性等的检测；也用于研究电极材料在充放电循环过程中形状或尺寸的变化等。图 3.31(a) 为典型的利用原子力显微镜对电极材料高取向热解石墨进行锂化过程的原位扫描成像，照片清晰地显示了锂化中高取向热解石墨表面 SEI 的形成与生长是沿着石墨片层的边缘逐渐进行的，而不是从石墨的底面（basal plane）进行。此外，原子力显微镜的微细探针可以与透射电镜等结合，为研究锂枝晶的动力学行为与性质等提供一个新视角。图 3.31(b)、(c) 为典型 AFM-ETEM 的示意图及相应的 TEM 图片，显示 AFM 探针针尖通过碳纳米管 CNT 与锂金属连接。锂金属表面已经形成一层 Li_2CO_3 固态电解质。通电后，CNT 与固态电解质接触处最先出现锂的沉积，此后锂迅速生长并逐渐向上伸长，将 AFM 探针针尖顶起，直到被 AFM 针尖最终压至塌陷。这一方面可以直接测量锂晶须的机械物理性能，如屈服强度可达 244MPa；另一方

面，也可以研究锂晶须晶向与其机械物理性能的关系等。AFM 将会在电池研究中发挥越来越重要的作用。

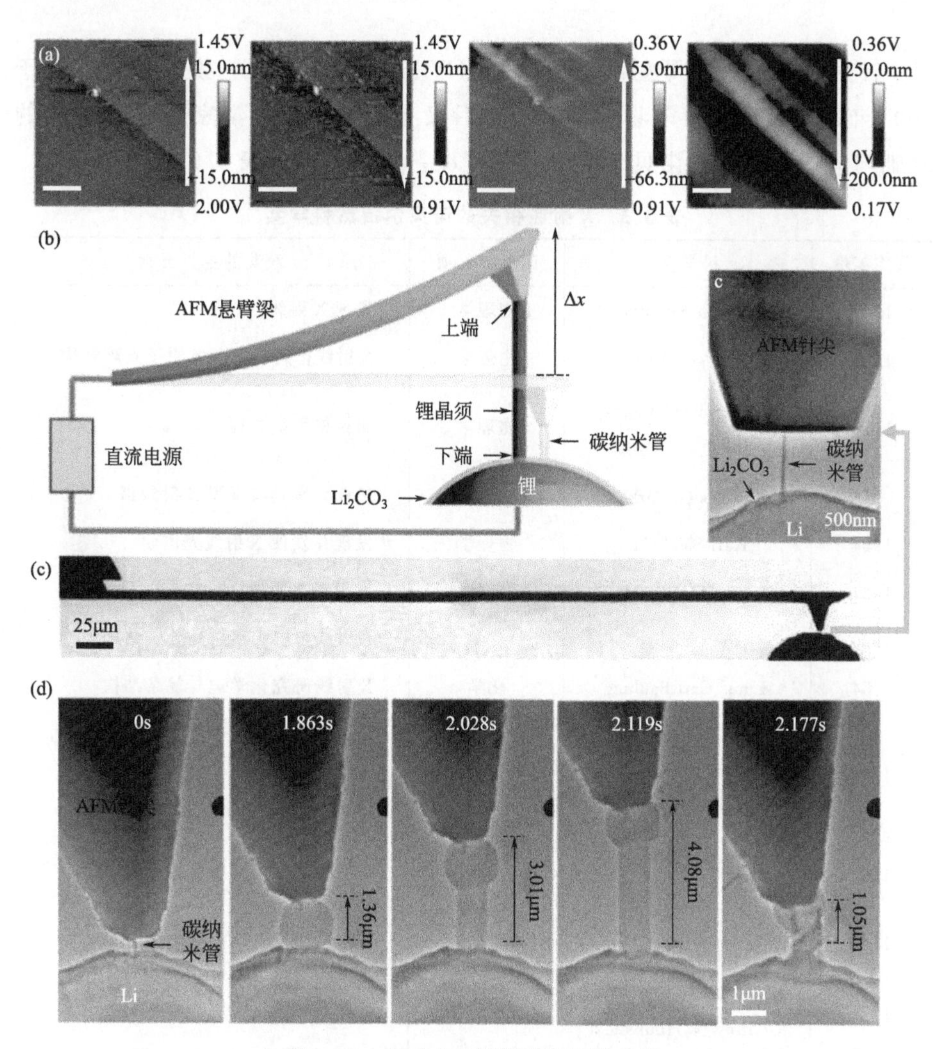

图 3.31　原子力显微镜进行原位检测

(a) 为原子力显微镜对高取向热解石墨 (highly oriented pyrolytic graphite，HOPG) 锂化过程的原位检测，(b) 为用于观测锂晶须生长的 AFM-ETEM 系统示意图。AFM 探针的尖端粘了一根电弧放电生成的碳纳米管 (carbon nanotube，CNT) 作为阴极，而阳极则为另一针尖划开的锂金属，以锂表面自然生成的 Li_2CO_3 作为固态电解质。所测悬臂尖端位移表示为 Δx。(c) 为 TEM 图像显示 AFM 悬臂探针通过 CNT 与锂金属接触。(d) 为通电过程中所拍摄的原位 TEM 图像，显示沉积中的锂金属先从 CNT 与 Li_2CO_3 及气体三相电开始形核，并逐渐长大成球，然后沿着长度方向生长并将 AFM 针尖向上方推举而最终塌陷的过程

3.3 X射线表征分析

X射线又称为伦琴射线，由伦琴（Wilhelm Roöntgen）发现，他因此于1901年获得首届诺贝尔物理学奖。此后又有二十多位科学家通过X射线的基础与应用研究荣获诺贝尔奖，群星璀璨，具体名单见表3.5。

表3.5 X射线相关的诺贝尔自然科学奖

获奖年份	科学家	诺贝尔奖项	获奖的主要贡献
1901	Wilhelm Roöntgen	物理学	发现X射线
1914	Max von Laue	物理学	X射线衍射确定晶体原子点阵结构
1915	William H. Bragg William L. Bragg	物理学	布拉格衍射方程
1917	Charles G. Barkla	物理学	发现元素具有标识X射线谱
1924	Karl Siegbahn	物理学	发现并发展X射线光谱学
1927	Arthur H. Compton	物理学	发现康普顿效应
1936	Peter Debye	化学	X射线与电子束研究分子结构
1954	Linus Carl Pauling	化学	X射线研究化学键与复杂结构
1962	Francis H. C. Crick James D. Watson Maurice H. F. Wilkins	生理学或医学	通过XRD发现DNA双螺旋结构
1962	Max F. Perutz John C. Kendrew	化学	X射线确定蛋白质晶体结构
1964	Dorothy Hodgkin	化学	X射线测定复杂晶体与大分子结构
1979	Allan M. Cormack Godfrey N. Hounsfield	生理学或医学	X射线计算机断层扫描(CT)技术
1981	Kai M. Siegbahn	物理学	高分辨X射线光谱学
1988	Johann Deisenhofer Robert Huber Hartmut Michel	化学	用X射线晶体分析法确定光合成反应中心复合物的三维结构
1997	Paul D. Boyer John E. Walker	化学	用同步辐射X射线发现细胞三磷酸腺苷(ATP)合成中酶的作用机制
2002	Riccardo Giacconi	物理学	发现宇宙X射线

可以说，X射线是一种非常神奇的电磁波，也是一种功能非常强大的研究用光源。相对于高能电子束，X射线的波长比较长，与原子间距相当，非常适合用于对晶体进行衍射，从而解析晶体结构。另外，X射线可以与材料发生多种相互作用，通过特定的信号收集器，可以采集并分析相关信息，获取材料表面或内部的结构、形貌、组分及化学信息等。

常见X射线相关表征技术主要包括：X射线衍射（X-ray diffraction，XRD）、X射线光电子能谱（X-ray photoelectron spectroscopy，XPS）、近边结构X射线吸收光谱（near edge X-ray absorption spectroscopy，NEXAS）以及透射X射线显微镜（transmission X-ray microscopy，TXM）。其中，除XRD与XPS可以在常规实验室进行外，其他的主要通过同步辐射光源来实现。同步辐射光源与普通实验室的X射线光源有显著差异。同步辐射光源覆盖从红外到硬X射线（波长0.01～0.1nm）的连续光谱，可以利用单色器（monochromator）选择其中的任意单一波长作为光源，对电池材料样品进行进一步的深入分析。此外，同步辐射光束的亮度比常规XRD高6～10个数量级，因而具有极高的信噪比，且信号采集速度极快。例如，通过常规XRD连续扫描10h所获得的信号强度，在强大同步辐射的衍射中只需扫描不到10min就可以获得。

应该指出，高能电子束也可以激发X射线信号，如扫描电子显微镜与透射电子显微镜中，电子束都可以碰撞出样品内层电子后，由外层电子跃迁填充至内层电子轨道时，将以X射线的形式释放多余的能量。这就是能量色散X射线谱（EDS）的来源。

这些X射线表征技术对电池机理的深入研究极为重要。

3.3.1 X射线衍射

各种衍射都遵循布拉格衍射定律［式(3.3)］，采用不同的光源进行衍射的时候，一个重要的区别在于光源的波长。200keV下，电子束波长约为2.5pm。常规实验室用XRD的X射线来源于Cu K_α 线，其波长为0.154nm，与单个原子的直径或原子间距相当。部分样品，如Fe或Co在使用Cu K_α 线进行扫描时，容易激发出较为明显的荧光，影响实验结果分析；此时可以使用Ag K_α 线作为光源，其波长为0.056nm。

根据X射线信号接收方向相对于入射到样品X射线的方向，XRD主要有两种运行模式，一种是反射式，另一种是透射式，其示意图见图3.32(a)与(b)。

对于实验室常规XRD，通常通过反射模式进行，即X射线射向电池样品后，被反射至 X 射线检测仪。此时，X 射线与样品平面的夹角即为 θ，X 射线反射路径对于入射方向延长线方向夹角为 2θ；所以，通常 XRD 图线的横坐标为 2θ 角度。通常该角度在扫描中逐渐增大，但增大至超过 70°后，各晶面对应的信号强度迅速减弱。所以，大多数电池样品的扫描都位于 10°～70°区间。电池样品通常由许多微细颗粒组成，当 X 射线射向这些颗粒时，部分满足布拉格衍射方程的晶面将会形成显著的信号增强，从而在衍射中出现类似于图 3.32(c) 中的衍射峰。

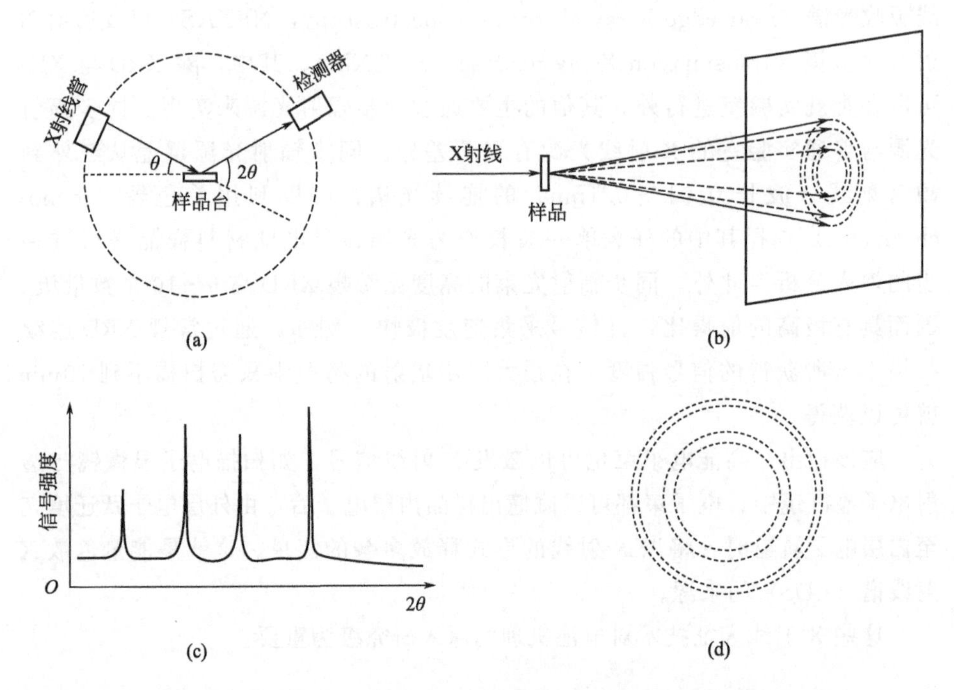

图 3.32 (a) 反射式与 (b) 透射式 XRD 示意图，及其相应的结果图形 (c) 与 (d) 通常 (d) 中同心圆图形会由软件自动处理，获得沿同心圆圆周强度积分的径向分布图形，本质上等效于 (c) 类的图形

对于同步辐射 XRD，亮度与强度极高的 X 射线光源，通常用于进行穿透式衍射表征 [如图 3.32(b)]，即同步辐射 X 光将直接穿透电极样品甚至特殊设计的整个电池。衍射发生后，部分满足布拉格衍射方程的晶面将在样品正后方出现，位于同心圆点 [如图 3.32(d)]，其周向积分沿径向的分布，本质上即等效于常规 XRD 的谱线。需要注意的是，由于同步辐射波长的可选择性，其横坐标不一定是常规的 2θ，通常取而代之的是直接等效换算后对应的晶面间距。

之所以只有部分满足布拉格衍射方程的晶面可以在衍射中出现衍射峰或亮斑，是因为还有部分满足该方程的晶面出现消光现象，没有衍射峰或亮斑的出现。在前面有关透射电镜电子衍射中也提到，这类消光的现象与晶体结构的结构因子有关。其计算详情可以参考电子衍射书籍。

通过同步辐射所获得的XRD谱线具有极高的信噪比，且信号采集效率极高，时间短，因而同步辐射也常用于对电池进行原位XRD监测。目前，我国的同步辐射光源主要有北京同步辐射装置（BSRF，第一代光源）、中国科学技术大学管理的合肥国家同步辐射国家实验室（NSRL，第二代光源），以及位于上海张江的上海光源（SSRF，第三代光源）。典型用于进行同步辐射XRD的电池设计见图3.33，包括含有中央Kapton膜窗口设计的扣式电池、阿贡国家实验室的AMPIX电池，以及含有Kapton膜窗口的软包电池设计等。

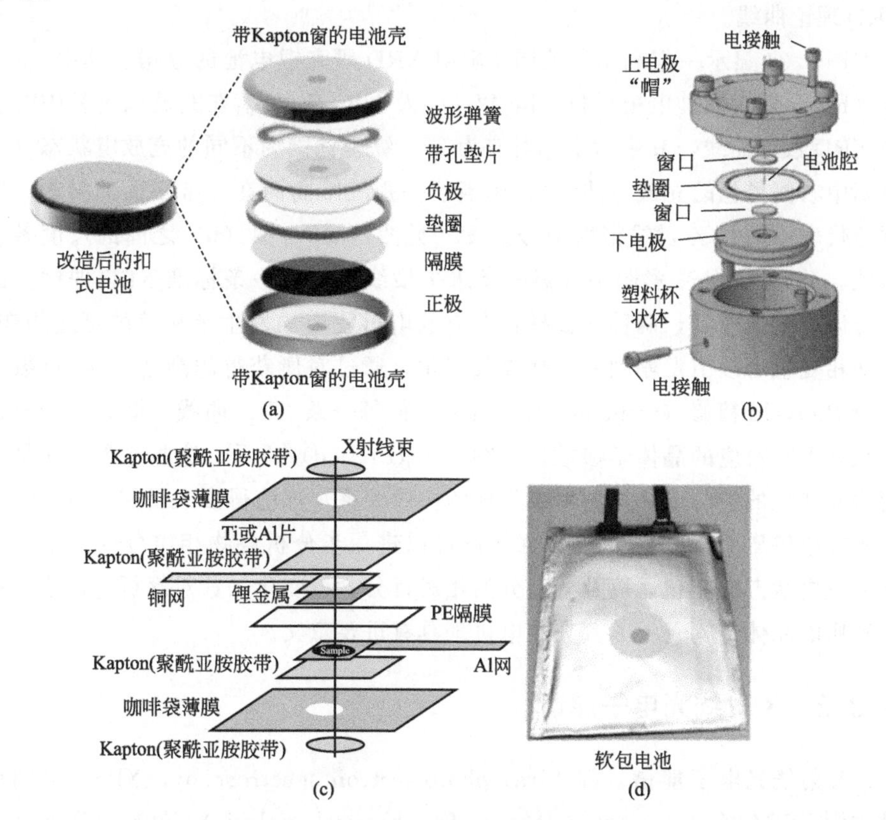

图3.33 用于同步辐射XRD常见电池设计

（a）扣式电池设计；（b）阿贡多功能原位X射线电池［Argonne's multipurpose in situ X-ray（AMPIX）cell］；（c）软包电池设计

电池材料中，实验室常规 XRD 设备即可用来对电极或固态电解质材料进行扫描，以确定其相关物相。这对于合成电极或固态电解质材料尤为重要，在确定所合成的材料为所需要的物相之前，通常不会进行其他更进一步的电化学等表征。另外，由于这些材料都由众多微小颗粒组成，晶向随机分布，对它们进行 XRD 衍射分析时，相当于对粉末或多晶进行衍射，因此，所获得的 XRD 图线中，所有不消光的晶面都将对应有一个 XRD 峰，去除背景信号后的各 XRD 峰所对应的面积积分，即为此晶面所对应的信号强度。由于对应 X 射线的高单色性，横坐标 2θ 可以等效计算转化为晶面间距。

XRD 曲线中各衍射峰的相对强度与对应晶体结构及晶面指数等密切相关。因此，在已知元素成分的条件下，获得物相的一系列 XRD 数据，就可以根据已有的 XRD 数据库（如 ICSD 库）搜索并判断样品的物相构成。在已知电池材料晶体结构的情况下，可以利用软件（如免费软件 VESTA）直接计算出其 XRD 理论曲线。

图 3.34 显示一组利用原位同步辐射 XRD 研究锂电池的数据。其中，(a) 与 (b) 分别为两种电极材料 $Nb_{16}W_5O_{55}$ 及 $Nb_{18}W_{16}O_{93}$ 在充放电过程中对应的 XRD 数据曲线，其中横坐标对应为 2θ，纵坐标则为不同的充放电状态（参考图中右侧黑色的充放电曲线），相当于一张三维曲面在二维平面的投影，以颜色代表不同的 X 射线衍射信号强度［见图 (a) 与图 (b) 之间的尺度条］。因此，(a) 与 (b) 彩图中任意一条水平横线均对应一条标准 XRD 曲线。图中可以清晰地看到，两种电极材料在充放电过程中均发生了显著的可逆相变，这些相变也可以引发剧烈的晶格参数变化。通过对所获得的高精度 XRD 数据进行 Rietveld 精修（refinement），可以获得每一条 XRD 曲线（即每一个充放电状态下）对应的晶体学参数，如图 3.34(c)、(d) 所示。这些参数之间是如何协同变化的，与电极材料形成怎样的构效关系，都值得深入研究。对多组分电极或电解质而言，XRD 的数据精修可以进一步分析各物相组分的晶格参数随充放电状态的变化，以及各组分的相对百分含量变化，这对解析电极或固态电解质的晶体结构及探索其充放电机理具有重要意义。

3.3.2 X 射线光电子能谱

X 射线光电子能谱，即 X-ray photoelectron spectroscopy，XPS，早期也被称为 ESCA（electron spectroscopy for chemical analysis)，最初由瑞典乌普萨拉大学的西格巴恩（Karl Siegbahn）开发，并被美国惠普公司于 1969 年首次商业化。1981 年西格巴恩获得诺贝尔物理学奖，以表彰他将 XPS 发展为一

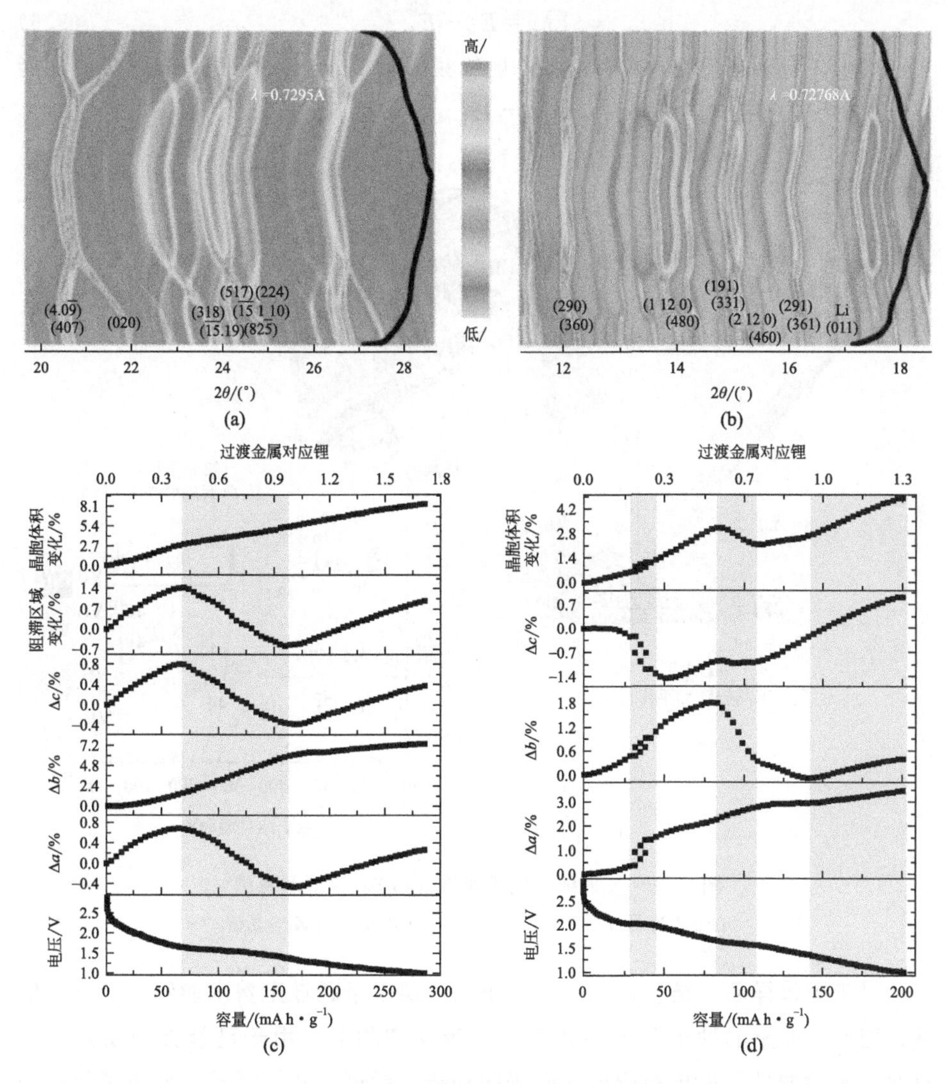

图 3.34　典型原位同步辐射 XRD 数据

(a) $Nb_{16}W_5O_{55}$ 与 (b) $Nb_{18}W_{16}O_{93}$ 电极在循环充放电过程中的原位 XRD 数据，其中对应的电化学充放电曲线见图中右侧的黑线，对应电流分别为 C/2 与 10C。(c) 与 (d) 分别为这两种电极材料在锂化过程中各晶格参数的变化。该原位电池采用的是图 3.33(b) 中的 AMPIX 设计

个重要分析技术所作出的杰出贡献。XPS 主要用于测量 X 射线光子束照射时样品表面所发射出光电子的能量分布。其工作原理如图 3.35 所示。在一定能量 X 射线光子束的照射下，样品表面原子的电子可以吸收 X 射线光子，并以一定动能脱离原子的束缚成为自由的光电子，而原子本身则被电离。可根据爱因斯坦光电效应方程计算：

$$h\nu = E_k + E_b \tag{3.6}$$

式中，h 为普朗克常数；ν 为 X 射线频率；E_k 与 E_b 分别为光电子的动能与元素电子的结合能（binding energy）。

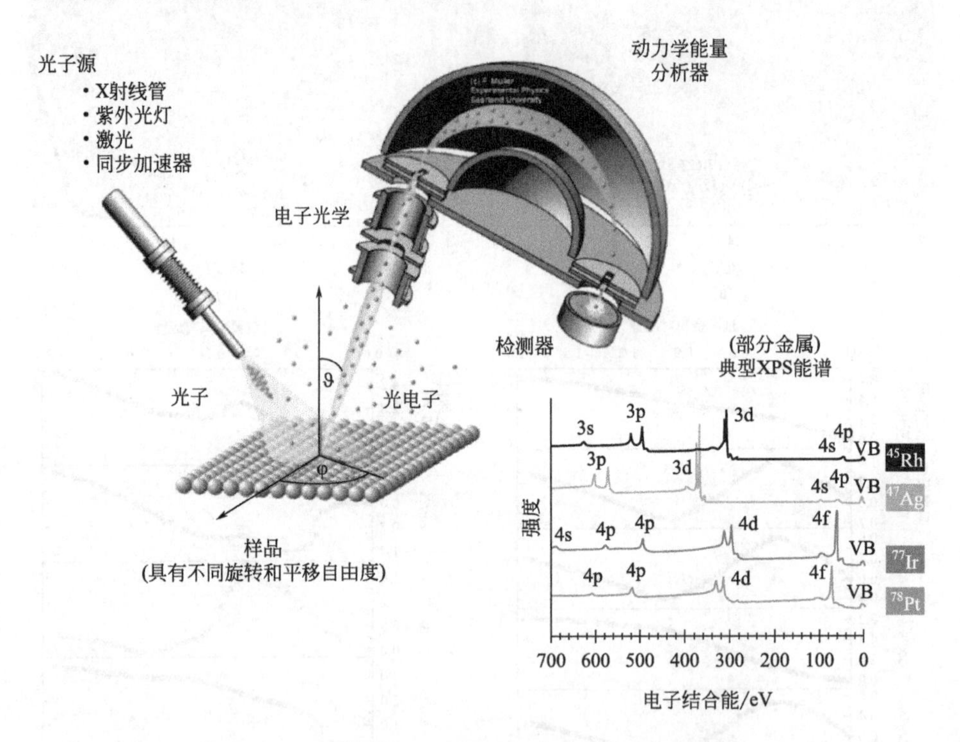

图 3.35　X 射线光电子能谱（XPS）原理示意图

右下角为典型元素 Rh、Ag、Ir 以及 Pt 的全谱 XPS 光谱

对于固体样品，结合能是元素原子的内层电子跃迁至费米能级所消耗的能量，因而与元素的种类及价态化学环境等密切相关。由于已经知道所选择 X 射线光源的能量，如果检测出光电子的动能，就可以知道样品表面原子的结合能，从而可以确定对应元素的种类及化学环境等。由于化学环境的不同而导致结合能的微小差别称为化学位移，根据化学位移可以确定元素所处的化学环境状态，包括元素的价态、相对含量、分子结构、化学键形式等多方面信息。例如，通常元素失去电子被氧化成为阳离子后，其结合能会增加，且氧化过程中失去的电子越多，结合能上升越快；而如果得到电子被还原成为阴离子，内层电子的结合能下降，导致其结合能降低，且还原中得到的电子越多，结合能下降幅度越显著；而对于给定价壳层结构的原子，所有内层电子结合能的位移几乎相同。因此，利用化学位移值可以分析元素的化合价和存在形式及化学环境

等。此外，XPS也可以用于测定元素的单个能级光电发射电子能量分布，例如图3.35中的Rh、Ag、Ir以及Pt元素。

总体而言，X射线光电子能谱XPS具有以下特点。

① XPS可以表征除氢（H）与氦（He）之外的其他所有元素，并且对所有元素的灵敏度具有相同的数量级。

② 相邻元素的同种能级谱线距离较远，相互干扰较少，元素定性的标识性强。

③ XPS是一种高灵敏度的微量表面分析技术，分析所需样品量少，一小片电池电极碎片即可用于XPS分析。

④ 由于入射到样品表面的X射线束是一种光子束，对样品的破坏性非常小，可以认为是一种无损分析，有利于对包括有机材料及高分子材料在内的一系列样品的表面元素组分与化学环境等进行分析；这对研究电池中金属负极SEI结构组分、正极CEI等具有非常重要的意义。

⑤ 尽管X射线具有很强的样品穿透能力，但是过深的信号难以逃逸出样品表面而被检测到，因而XPS所探测的信号均来源于样品表面；所能分析的样品深度通常为电子逃逸深度λ的3倍左右。金属材料的样品λ为0.5～3nm，无机非金属材料的为2～4nm，而有机物为4～10nm。

⑥ 如果需要获取样品较大深度处的信号，可以对样品进行Ar离子逐层轰击减薄，然后进行不同深度处的XPS检测分析，进而分析元素价态或化学环境等随着样品深度的变化。

⑦ 由于可以对样品进行无损分析，并可以进行深度逐层分析，XPS有利于研究电极材料的固体-电解液界面（SEI）或者正极-电解液界面（CEI）等。

XPS可以对电池样品进行定性分析，一次全谱扫描（扫描区间通常为0～1200eV，包含了电池研究中常见元素的最强峰位置），就可以确定样品表面的元素组分及各元素主峰所在位置。全谱分析信号比较粗糙，分辨率不够，无法获得样品表面组成的精细信息等，难以用于对样品进行定量分析。在全谱分析中，有可能会出现俄歇（Auger）电子信号，它们通常以谱线群的方式出现，其位置与X射线源无关。KLL与LMM等俄歇线较为常见。

为进行定量分析，测定样品中元素的相对浓度，或测定相同元素的不同氧化态的相对浓度，需要对样品进行XPS的窄区分析或高分辨扫描；并可以重复扫描，以提高信噪比。窄区分析通常在完成XPS全谱扫描后进行，以确定样品表面各元素主峰的位置，然后以元素对象强峰左右各10～30eV的区域进行高精度扫描。获取样品的XPS谱线后，可以减除其信号背景并对余下XPS

信号进行拟合，结合已知元素不同化学环境中的 XPS 数据，可以估算电池样品表面各种化学环境所对应的相对含量。

图 3.36 显示 XPS 光谱技术在电池研究中的典型应用：利用非原位与原位 XPS 技术对基于固态电解质 Li_2S-P_2S_5（LPS）的 Cu/LPS/Li 扣式电池在初始状态、充电过程以及放电过程进行的一系列检测分析。图 3.36(a) 为该电池的充电电压变化曲线，而（b）～(e) 则分别为非原位状态下 Li 1s、P 2p、S 2p、O 1s 的 XPS 谱线。这些 XPS 谱线的横坐标均为结合能（binding energy，eV），且从左至右逐渐减小，即越往右边元素的还原性越明显；而谱线的纵坐标为 XPS 信号强度。每条 XPS 谱线对应可能不止一种物质，因为几种组分对应的化学键或环境并不相同而导致化学位移有所区别，因而每条谱线都被去除背景信号后，拟合为若干个组分（图 3.36 中 XPS 谱线下方的彩色峰）的集合。这样，同一种物质的不同元素在对应元素的 XPS 谱线中都可以被检测到，如图中 LPS 的 Li、P 及 S 分别在各自 XPS 谱线中出现，即图中的深灰色拟合峰。

图 3.36(f) 与（g）分别为该电池的 LPS 在未进行电化学反应时，充电以及放电过程中的 Li 1s 原位 XPS 光谱。在充电过程中，LPS 峰逐渐减弱直到消失，而 SEI 峰则逐渐增强，这是由于锂离子的迁移导致 LPS 的表面发生反应并生成一层 SEI 结构；充电 3h 后，锂金属的 XPS 信号逐渐出现并增强，这意味着已经出现锂金属沉积。在放电过程中［图 3.36(h)］，虽然锂金属被快速氧化为锂离子，LPS 信号没有完全恢复至其初始状态，而 SEI 峰信号一直很稳定。尽管这里只显示了 Li 1s 的原位 XPS 光谱，其他 XPS 信号，如 P 2p、S 2p 以及 O 1s 都可以进行原位检测，从而更为系统地跟踪 LPS 表界面在充放电过程中的变化。除固态电解质外，XPS 也可以用于对正负电极材料的界面原位与非原位表征，对研究界面处元素组分与化学状态随电池充放电状态而发生的改变，进而研究电池的运行与失效机理，具有重要意义。

与前面所介绍的电子显微镜中 X 射线能谱分析（EDS）相比，XPS 表征技术有着较大的差别：

首先，二者来源不同：XPS 来源于 X 射线激发的光电子，而 EDS 则来源于电子束激发的 X 射线。

其次，EDS 只能用于确定样品表面的元素，并不能确定各元素的价态或化学环境等，且其灵敏度较低；而 XPS 既可以定性检测元素，也可以定量分

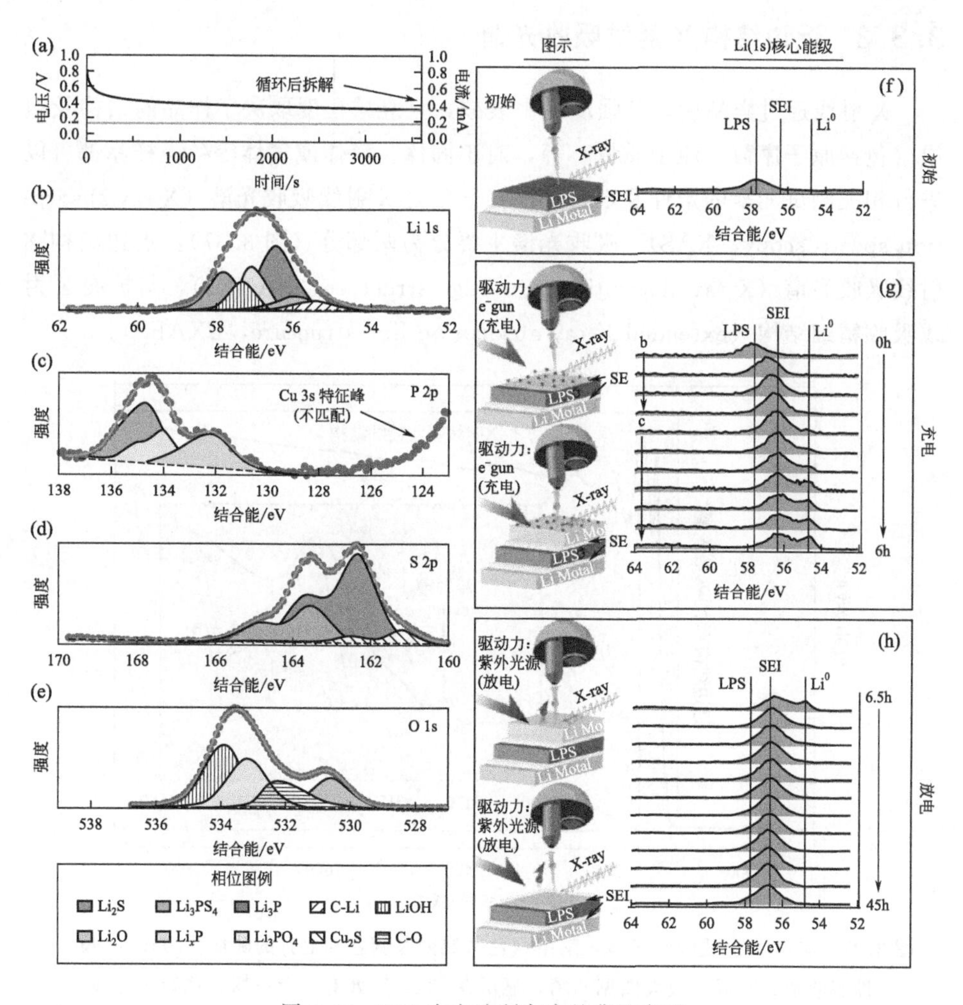

图 3.36 XPS在电池研究中的典型应用

Cu/LPS/Li 扣式电池的初始充电曲线，LPS代表固态电解质 Li_2S-P_2S_5。充电 1.5h 后，该电池被拆解进行 XPS 表征。(b)～(e) 分别为非原位状态下 Li 1s、P 2p、S 2p、O 1s 的 XPS 光谱。(f)～(h) 分别为 LPS 在原始状态、充电以及放电过程中 Li 1s 原位 XPS 光谱，插图为对应的 XPS 及电池检测结构示意图

析各元素化学环境及含量等，并具有高灵敏度。

最后，EDS 通常结合电子显微镜（如扫描电镜或透射电镜）进行使用，可以对样品进行点、线或面的扫描，可以获得样品表面（扫描电镜）或体相（透射电镜）的元素分布信息；而 XPS 则可以独立于其他表征设备进行使用，主要用于对样品表面进行检测，分析其元素组成及化学环境等。

3.3.3 近边结构X射线吸收光谱

X射线透过样品后，其强度发生衰减，且衰减程度取决于样品的结构及组成（包括原子序数、原子质量）等，对于固体、液体或气体等各类样品都可以进行相关测试元素的定性及定量分析；这就是X射线吸收光谱（X ray absorption spectroscopy，XAS）。吸收光谱主要分为两部分（图3.37）：近边结构X射线吸收光谱（X ray absorption near edge structure，XANES），与扩展X射线吸收精细结构（extended X-ray absorption fine structure，EXAFS）。

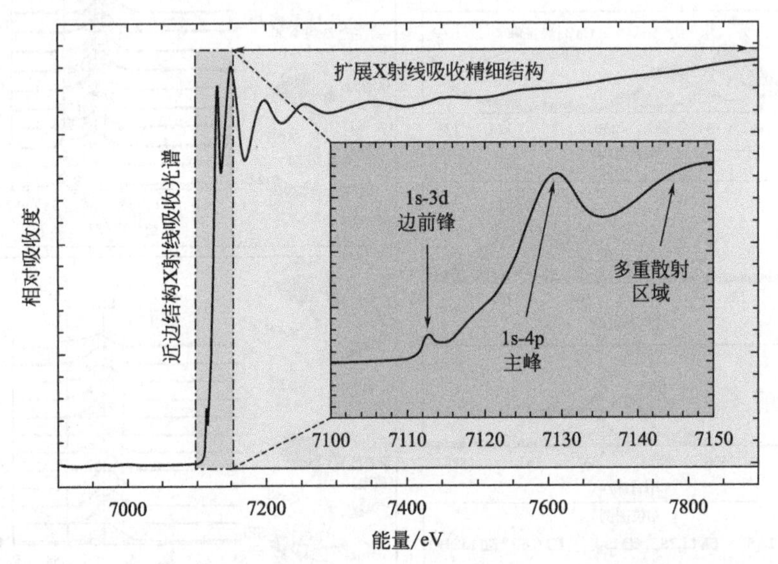

图3.37 典型X射线吸收光谱，图中深色区域内左侧急剧上升的陡坡称为边（edge），即吸收边；其局部放大图见插图，显示在7112eV处有一个小峰，称为边前峰（pre-edge），而吸收边右侧还有信号更强的区域，来源于多重散射

近边结构X射线吸收光谱（XANES），也称近边X射线吸收精细结构（near edge X-ray absorption fine structure，NEXAFS），是X射线吸收边以上30～50eV内的低能区吸收谱结构，其信号主要来源于样品原子对激发光电子的多重散射共振，对紧邻原子的立体空间结构非常敏感，而对温度依赖性很弱，可用于高温原位化学实验，并可以快速鉴别元素的化学种类。通常元素的氧化态越高，吸收边越向高能区域移动。边前峰（pre-edge）来源于偶极规则下，内层电子跃迁到空的束缚态。

扩展X射线吸收精细结构（EXAFS），则主要位于吸收边后50～1000eV能量区间，主要与中心原子与配位原子的键长、配位数、无序度等信息相关，对立体结构不敏感。

相比于 EXAFS，XANES 的信号更加清晰，而且所需采集信号的时间更短，对元素种类、价态及电荷转移等更敏感。基于同步辐射光源的原位 XANES 具有极高的时间分辨率，可用于研究固体电解质的稳定性及电极材料等在充放电过程中的反应机理等。图 3.38(a) 为磷酸铁锂（$LiFePO_4$）半电池的充放电曲线，其间有几次暂停休息（图中显示为 R）的区域，充电与放电过程中对应 Fe-K 吸收边的 XANES 谱线分别见（b）与（c），该吸收边的变化过程分别见（d）与（e）。随着充电的进行，$LiFePO_4$ 被逐渐转化为 $FePO_4$，铁离子逐渐由＋2 价氧化为＋3 价，在此过程中［图 3.38(b)、(d)］，XANES 谱线逐渐向高能态移动，并变得越来越宽。而在放电过程中则发生相反的变化［图 3.38(c)、(e)］。虽然这里仅仅显示了 XANES 在磷酸铁锂正极材料研究中的应用，它也完全可以用于对其他正极、负极以及电解质等各种电池材料的研究中。

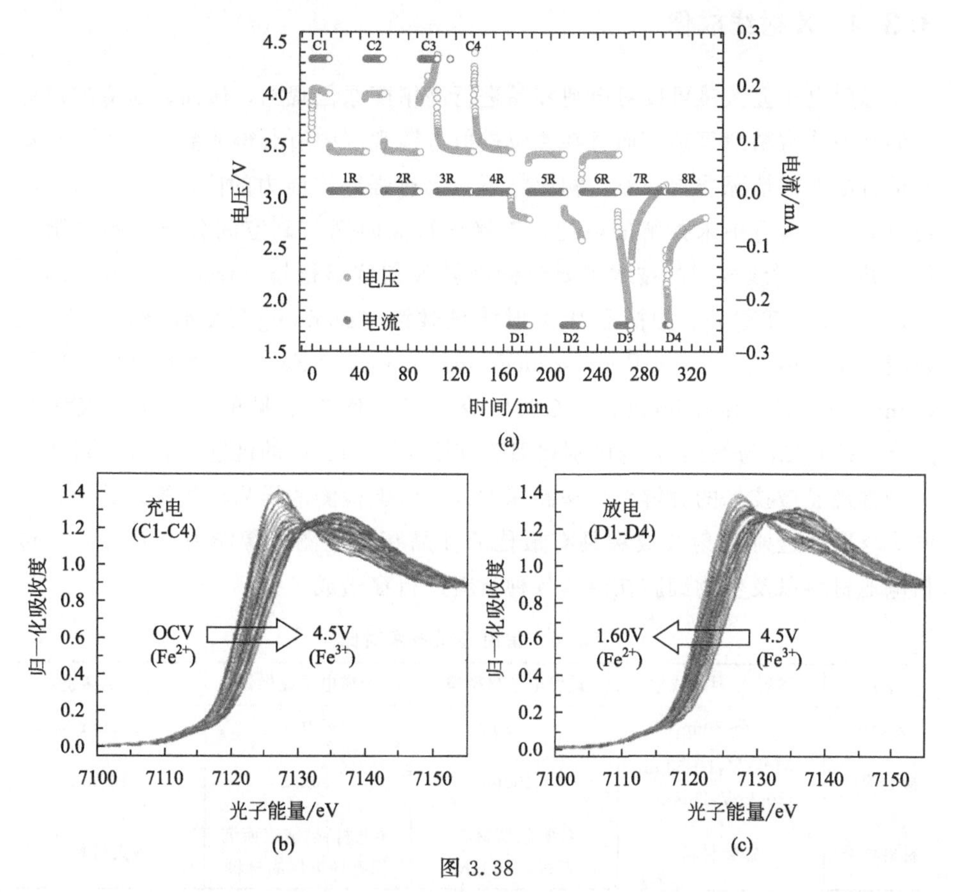

图 3.38

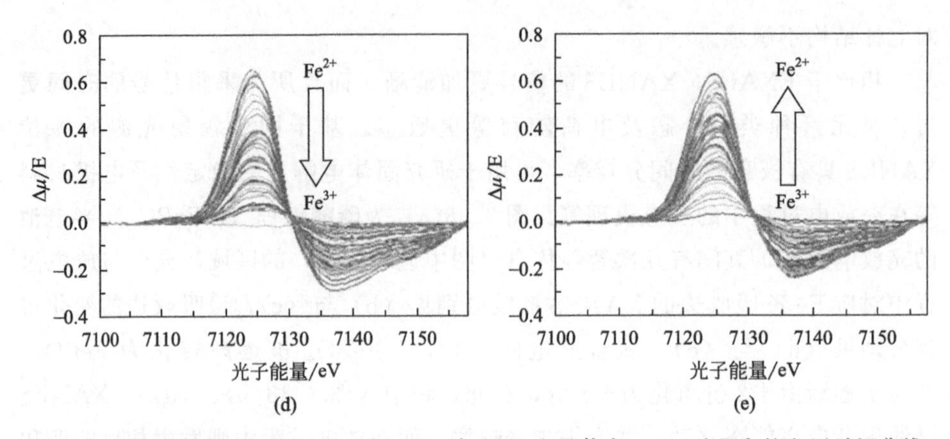

图 3.38 磷酸铁锂半电池在（a）充（C）放（D）电及休息（R）过程中的电压时间曲线，在（b）充电（c）放电过程中的原位 Fe-K 吸收边的 XANES 谱线，（d）与（e）分别为这两个过程中 XANES 的变化曲线

3.3.4 X 射线成像

透射电子显微镜可以对电池样品进行高精度原位观测，然而，对应超薄样品的制备非常精细复杂，而且在原位透射电镜观测中所获得的数据，未必与真实运行电池的情况非常一致。相比之下，具有强穿透能力的同步辐射 X 射线，可以对工况运行中未拆解的电池，直接进行高时间与高空间分辨率的显微成像。基于 X 射线成像的技术主要包括透射 X 射线显微镜（transmission X-ray microscopy，TXM）、扫描透射 X 射线显微镜（scanning TXM，STXM）、X 射线荧光显微镜（X-ray fluorescence microscopy，XFM）以及相干衍射成像（coherent diffraction imaging，CDI）等，其中比较常见的主要有 TXM 与 STXM；TXM 与 STXM 的区别类似于 TEM 与 STEM 的区别。表 3.6 对比了几种常规显微技术的分辨率、探测深度以及所能检测的样品种类等，其中基于同步辐射的透射 X 射线成像具有最佳的样品穿透检测成像能力，并可以对包括电池材料以及生物细胞在内的各种材料进行穿透成像。

表 3.6 常见显微技术对比

参数	透射 X 射线成像	透射电子显微镜	扫描电子显微镜	光学显微镜
分辨率	20～30nm	<0.1nm	1～10nm	200nm
探测深度	<10keV：1～50μm 100keV：20mm	<100nm	10nm	<100nm
材料种类	各类材料	各类超薄材料 厚度<100nm	导电材料，或表面沉积有导电层的材料	各类材料

对电池材料尤其是电池本身等进行穿透扫描过程中，X射线将穿透一系列材料，包括正极、电解质、负极以及集流体等，这些材料原本在整体上就不是单晶材料（通常由一系列活性材料、导电炭黑以及黏结剂等组成）或超薄多晶材料；此外，由于波长与常规材料对X射线折射率的影响，透射X射线成像（TXM）的空间分辨率通常在20nm以上，这使X射线很难直接用于对电池材料晶格的成像。然而，鉴于X射线对样品强大的穿透能力，可以在高速成像过程中，逐渐旋转样品，以对样品在一系列角度下进行穿透成像，从而可以结合计算层析成像（computed tomography，CT）技术，利用软件对电池样品的内部结构形貌进行三维重构。因此，在绝大多数情况下，基于同步辐射X射线的成像技术都不是对电池的单晶材料进行晶格或原子精度的观测，相反，它更多地被用于对未拆封的电池的整体或对电极材料等的层析观测中。

例如，对比不同参数或状况下电池内部的三维形貌结构变化，可以研究这些参数对电池相关性能的影响。图3.39(a)与（b）分别为利用透射X射线显微镜对锂电池进行实时热失控监测研究的一种电池设计与实际现场照片。电池放置于一金属防护罩内旋转台的中央，在X射线方向各有一个Kapton膜作为窗口，便于X射线穿透电池并进行检测。用于进行同步辐射XRD研究的电池设计（图3.33），也可以用于X射线成像。在原位观测实验中，成像速度为每秒1250张，足以捕捉热电池内部失控过程的细节。此外，在一侧有一个加热枪用于对电池加热到指定温度区间，另一侧则有红外摄像仪进行实时监测。

图3.39(c)与（d）分别为对商业电池LGNMC 18650在充电2.6Ah（标记为L1电池）与2.2Ah（标记为L2电池）后进行扫描所获得的三维重构图及其横截面图片，图中清晰地显示了柱状电池L1内部螺旋缠绕的电池电极与铜片等结构均匀地分布于电池内部。而图3.39(e)则显示了L1电池热失控的发生与扩散过程。显然，热失控成型最初源于温度较高的内部层［图3.39(f)］，铜片被迅速溶解为铜的小球，并在不到1s的时间内沿着径向迅速向外扩散［图3.39(g)、(h)］。热失控结束后，电池外形已经变色［图3.39(i)］，且电池内部出现较大的黄色铜球［图3.39(j)～(m)］，这表明热失控导致电池内部的最高温度超过了铜的熔点1085℃。在该透射X射线的观测过程中，对商业电池进行了无损监测，实时拍摄到电池内部结构与形貌等迅速变化的过程。

透射X射线成像还可以与XANES结合，通过一系列角度对电池内部结构形貌进行实时观测的同时，确定指定区域元素的种类与价态，实现对电池内部三维结构与三维XANES的实时表征，其原理见图3.40(a)。由于XANES本质上是一种能量的衡量，这相当于对电池材料实现了五维表征

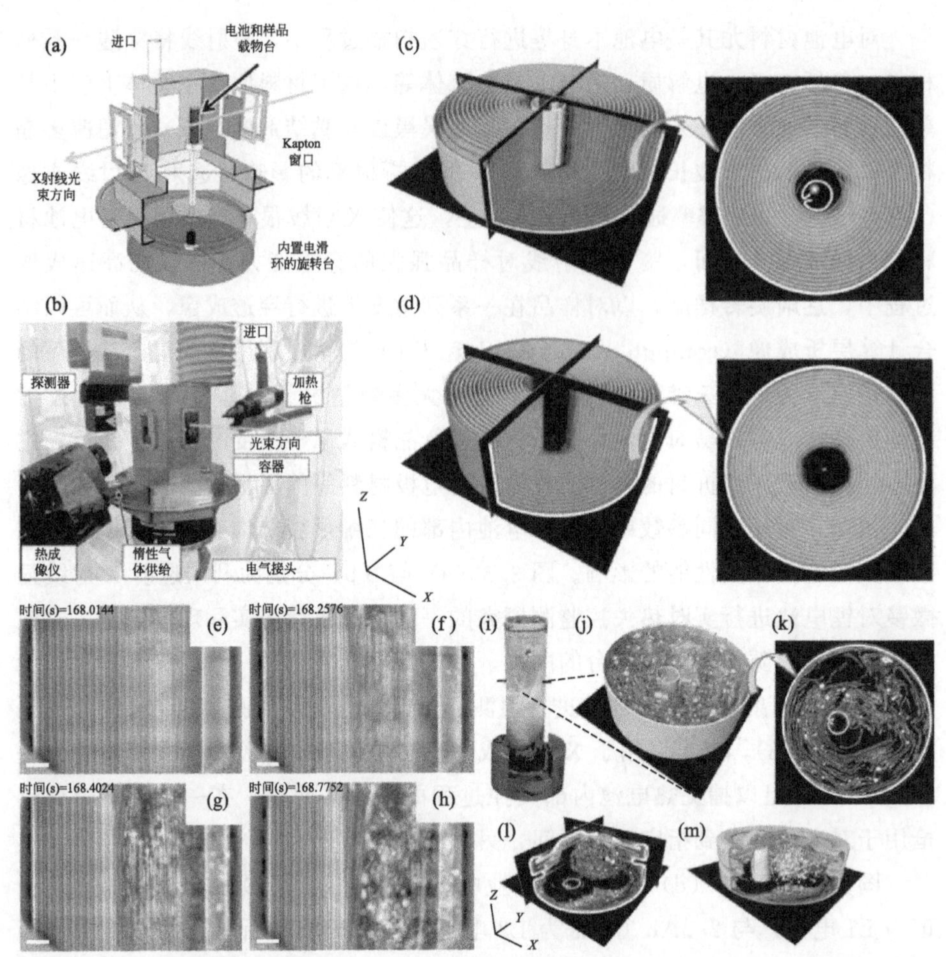

图 3.39 用于进行透射 X 射线成像的电池结构示意图 (a) 及现场图片 (b)。(c) 与 (d) 分别为利用透射 X 射线显微镜对圆柱状电池（来自 LG 18650）在充电 2.6 Ah 与 2.2 Ah 后进行的 CT-TXM 扫描成像并继续三维重构后获得的三维与横截面照片，两个电池分别称为 L1 与 L2。(e) 热失控前，以及 (f)～(h) 为热失控在电池内部产生并逐渐扩散的过程。热失控结束后电池 L1 的 (i) 照片、(j) 三维及 (k) 横截面结构重构图、(l) 电池通风口区域的三平面断层图以及 (m) 电池正极封盖区域的三维重构图

(三维空间＋时间＋能量)。这需要使用到同步辐射 X 射线光源，并在电池研究中得到越来越广泛的应用。对于正极材料磷酸铁锂 $LiFePO_4$ 而言，其充放电或脱嵌锂过程是一个典型的相变过程（$LiFePO_4 \Longleftrightarrow FePO_4$），也是离子价态 $Fe^{2+} \Longleftrightarrow Fe^{3+}$ 之间的转变过程［图 3.40(b)］；具体到 Fe 的 XANES 信号上，Fe^{3+} 的吸收边能量比 Fe^{2+} 的大近 10eV，因而可以用来在五维表征中辨别两种不同的物相。在充电初始时期，磷酸铁锂颗粒中相变出现非明显的各向异性［图 3.40(c)(d)］，并且在颗粒内部分布不均匀，表面层会率

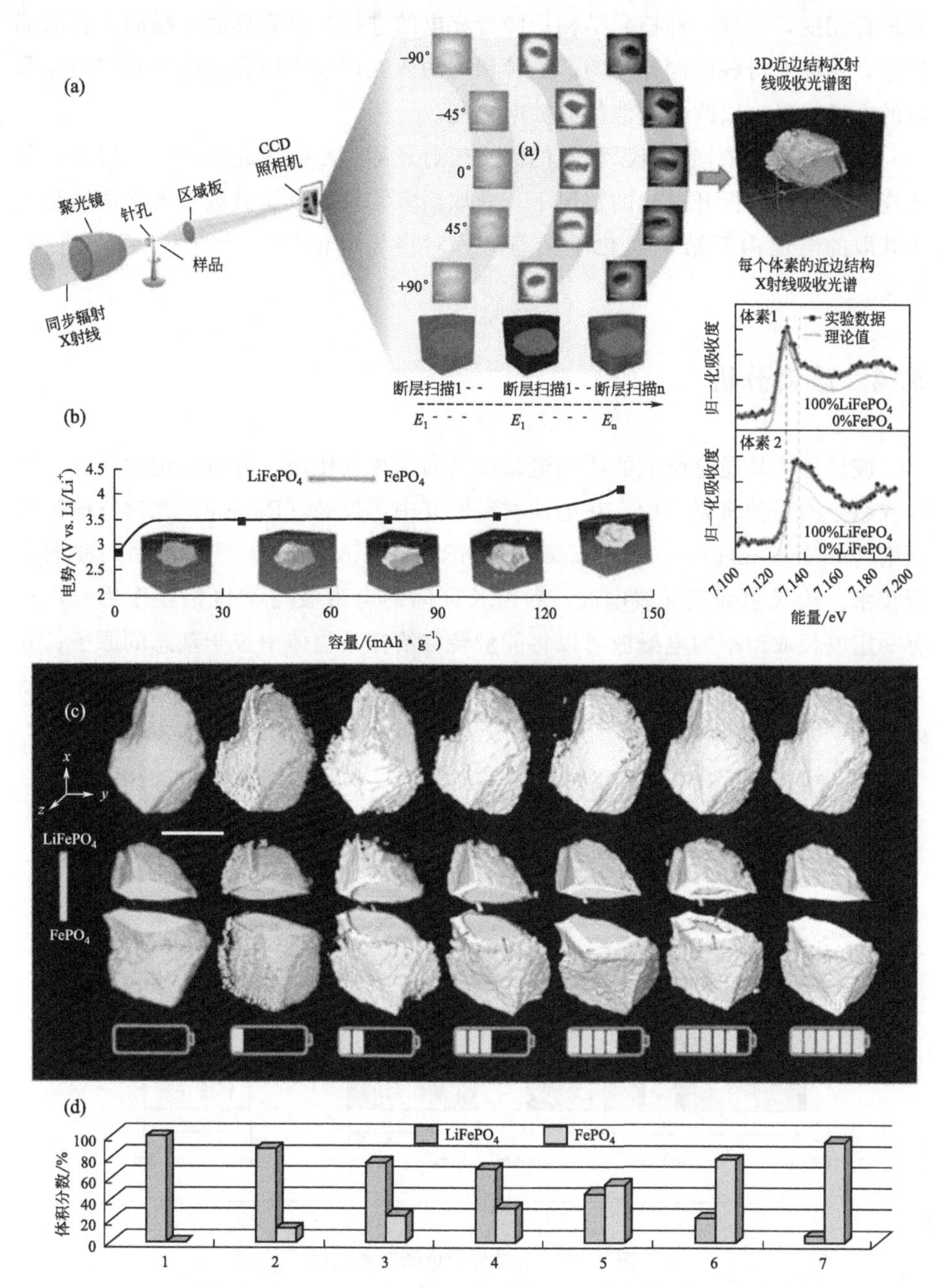

图 3.40 (a) 原位透射 X 射线成像与 XANES 结合实现对电池材料的五维表征原理示意图。(b) 充电脱锂过程中 $LiFePO_4$ 逐渐发生相变示意图，插图为 $LiFePO_4$ 与 $FePO_4$ 两相对应的 Fe-K 吸收边 XANES 谱。(c) 两个颗粒在充电过程中的相变过程，及 (d) 在各状态下两相的百分含量统计图

先进行相变，形成一种核壳结构。随着充电的进行，核壳界面不断向颗粒内部推进，逐渐变得各向同性均匀。这种深入的研究可以指导我们设计具有特殊取向的电极材料，以改善电池的充放电性能。

综上，尽管依赖于资源稀缺的同步辐射光源，X 射线成像可以利用其强穿透能力，在无需拆开电池的情况下，获取诸多常规电子显微镜与光学显微镜无法获取的电池内部结构及化学信息等，对指导电池的设计与发展具有重要意义。

3.4 波谱分析

波谱分析是通过研究物质与电磁波之间的相互作用，分析确定物质分子结构或组分的一种研究手段。在电池材料研究中，拉曼（Raman）光谱与核磁共振谱［nuclear magnetic resonance（NMR）spectroscopy］是最常用的波谱分析技术。从 X 射线至无线电波，各波长区间的电磁波与物体相互作用时，具有一定波长或频率的电磁波可以将能量转移给样品物体中位于基态的原子、分子、离子或原子核，将它们激发至更高的能态，从而导致电子跃迁、分子振动或转动、原子核自转或电子自转等，其基本对应关系可以见图 3.41。

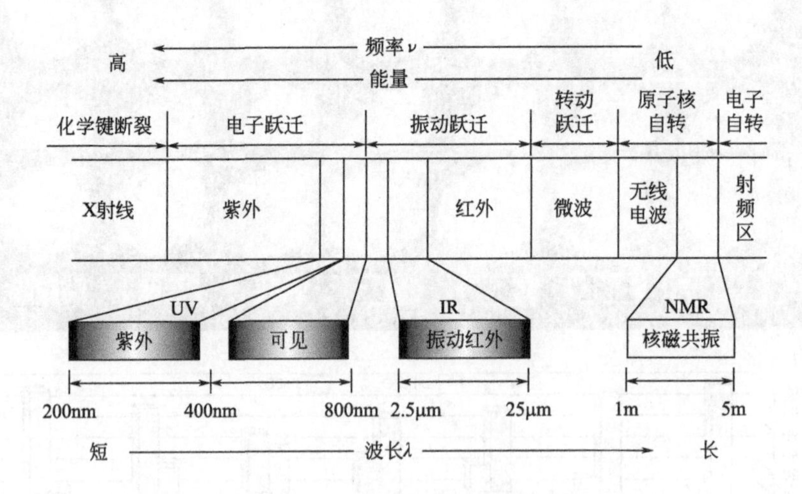

图 3.41 光谱与能量跃迁的关系

3.4.1 拉曼光谱分析

当一束光照射到物体上，它可以被反射、吸收（变成热量）、透过（如透镜），也可以被散射，这也是为什么我们可以看到并辨别不同的物体。散射的那部分光中，大部分与入射光具有相同的频率，只是改变了传播的方向，而没有发生能量的损失或转移，这种散射属于弹性散射，称为瑞利散射（Rayleigh scattering）；而另外有一少部分（约占总散射强度的 10^{-10}～10^{-6}）光波的频率则发生了改变，称为拉曼散射，由印度科学家拉曼（Raman）于 1928 年发现。

常规条件下，物体样品的分子处于电子能级和振动能级的基态。当光子能量足以激发振动能级跃迁，但又不足以将分子激发到电子能级激发态，样品分子吸收光子后到达一种准激发态，也称虚能态（virtual states）。此时，样品分子并不稳定，将回到电子能级基态，可能会出现三种情况，如图 3.42 所示。一种是发生瑞利散射，即样品分子回到电子能级基态中的振动能级基态，光子的频率及能量未发生改变。但如果样品分子回到较低的振动激发态，则散射过程中有能量的损失，相应散射光频率将会降低，波长增大，称为斯托克斯（Stokes）散射。第三种情况，如果样品分子在与入射光子作用前的瞬间处于电子能级基态中的某个振动能级激发态，则入射光激发使之跃迁到准激发态，然后回到电子能级基态，这导致散射光能量或频率高于入射光能量，称为反斯托克斯散射（anti-Stokes scattering）。斯托克斯散射与反斯托克斯散射都属于拉曼散射。由于室温下分子几乎都处于振动能级基态，斯托克斯散射的强度远远强于反斯托克斯散射，所以拉曼光谱仪所记录的主要是斯托克斯散射的信号。

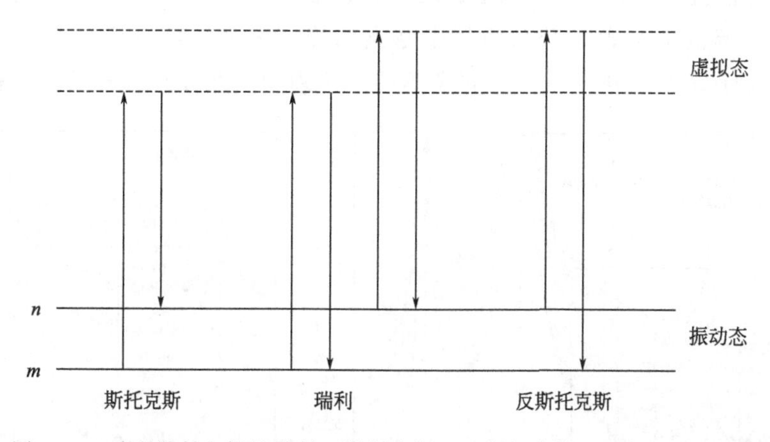

图 3.42　瑞利散射与拉曼散射（斯托克斯＋反斯托克斯）基本原理示意图

拉曼与红外光谱，它们的横坐标均为波数（wavenumber），即相应波长的倒数；在拉曼光谱中也称为拉曼位移（Raman shift）。由于电磁波速度恒为光速，波数的大小直接正比于其频率与能量。不同样品对应的拉曼光谱不同，并且同一个样品的拉曼位移与入射激光的波长或频率无关。因此，拉曼位移可以作为物质分子结构分析的定性判断依据。但部分样品对特定波长的激光有较强的荧光效应，导致所采集的拉曼光谱中包含大量的背景荧光信号等，不利于结果的准确分析，此时可以尝试其他波长的激光光源进行测试，降低荧光干扰。

整体而言，拉曼光谱是一种无损检测技术，具有以下特点：

① 适合在水溶液中研究各类化合物，因为水中的拉曼散射非常微弱。

② 覆盖广域波数区间：拉曼光谱的一次扫描就可以包括常见的 400～4000cm^{-1}，可对各种有机物及无机物进行分析。

③ 谱峰清晰尖锐，适合定量研究以及进行对比定性研究。

④ 样品不需要特别制备，直接放在激光下即可。

⑤ 只需要很少量的样品材料，整体上样品材料面对激光的面积大于激光光斑面积即可。

⑥ 通过在样品表面覆盖一层金纳米颗粒或银纳米颗粒，可以表面增强拉曼光谱（surface enhanced Raman spectroscopy，SERS)，实现 3～6 个数量级的拉曼信号增强，极大地提高拉曼光谱的灵敏度。

目前，拉曼光谱技术已经在各类电池的研究中得到了广泛的应用。图 3.43 为一组在不同百分含量加水电解液中放电后，锂氧电池正极的拉曼光谱图。图中显示，在完成放电点，清洗干燥后的电极上只余下 Li_2O_2 放电产物；而未经过清洗依然含有电解液电极的拉曼光谱，在 700～900cm^{-1}区间出现一个随着电解液中水含量升高而越来越宽的峰，这个峰可以拟合为一个源于 Li_2O_2 的峰与 LiOOH 中 O—C 的舒展峰。这表明，在较高水含量的电解液中

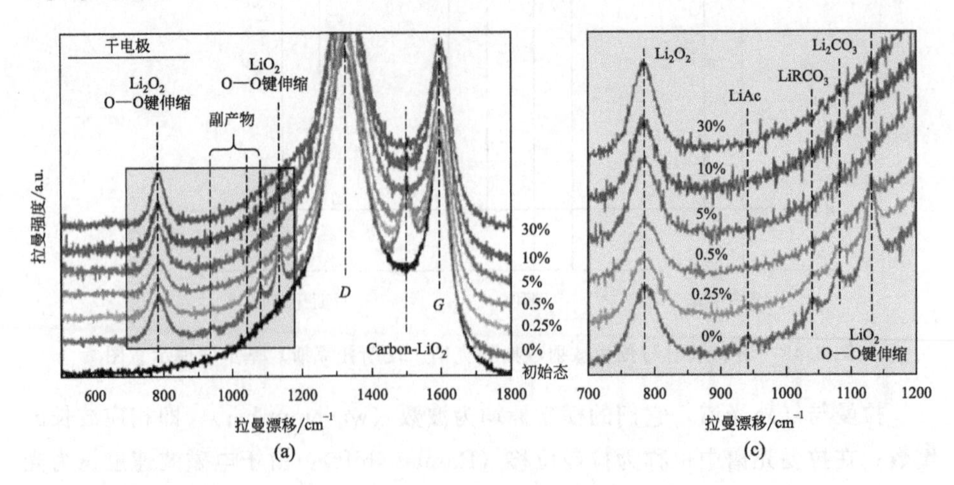

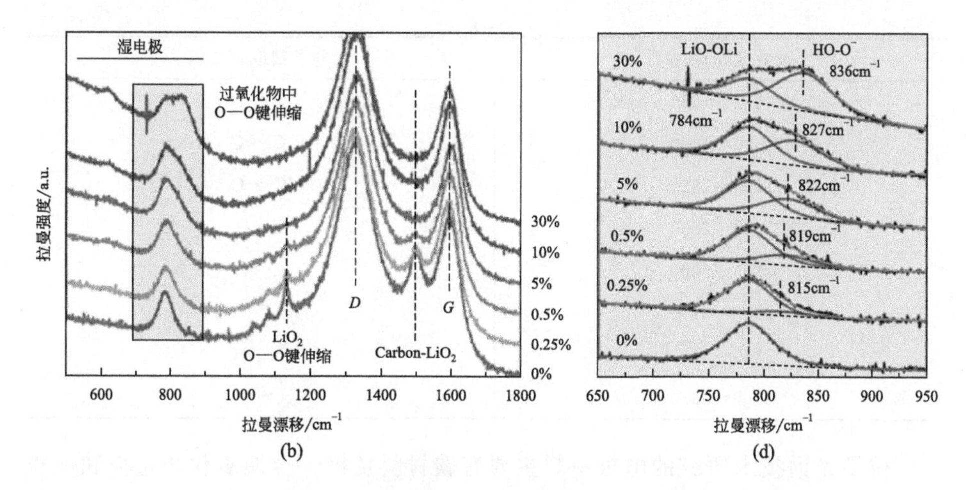

图 3.43 在（a）干燥与（b）含有未清洗电解液的电极上对应的拉曼光谱，（c）与（d）分别为（a）与（b）中方框内的放大部分，其中 700～900cm^{-1}区间的拉曼峰可以拟合为两个峰的叠加，分别来源于 Li_2O_2 与 LiOOH

图中的百分数代表对应电池电解液中所添加水的体积百分含量

进行放电时，锂氧电池可能以 LiOOH 为中间产物，而不是常规锂氧电池中的超氧化锂（LiO_2）。此外，表 3.7 中列出了电池研究中一些常见分子键或官能团对应的拉曼光谱峰位置。拉曼光谱技术广泛用于对各类电池电极与电解质的研究中，尤其是确定这些电池材料的表面分子结构与官能团，以及可能的充放电中间产物等。

表 3.7 常见与电池相关分子键对应的拉曼光谱峰位置

波数区间/cm^{-1}	分子键或官能团
10～200	晶体晶格振动
430～550	S—S
450～550	Si—O—Si
630～790	C—S(脂肪族)
845～900	O—O
1080～1100	C—S(芳香族)
800～970	C—O—C
1060～1150	C—O—C(非对称)
1380	—CH_3
1400～1470	—CH_2
1640	H_2O

续表

波数区间/cm^{-1}	分子键或官能团
1610～1680	C═N
1500～1900	C═C
1680～1820	C═O
2550～2600	S—H
2800～3000	C—H
3000～3100	═(C—H)
3300～3500	N—H
3100～3650	O—H

拉曼光谱技术研究的电极材料主要有碳材料负极、金属氧化物正极和锂硫电池正极等。碳材料是广泛使用的电池负极材料，尤其石墨由于具有良好的循环稳定性和高的初始充放电效率，是目前商品化锂离子电池负极材料，硬碳也是广泛使用的钠离子电池负极材料。对大部分的碳材料来说，被用于表征和讨论的拉曼谱峰一般有两个，即位于 1330cm^{-1}处的 A_{1g}模式（D 峰）和位于 1580cm^{-1}处的 E_{2g2}模式（G 峰）。取决于碳材料的类型和它们的化学修饰，这两个峰都会有 10～20cm^{-1}的蓝移或红移。D 峰来源于碳环的呼吸振动，与碳材料边缘的晶格对称性破缺、缺陷、晶型的不完整性、石墨片层间堆垛的无序化有关。完全理想的高定向裂解石墨是没有 D 峰的。G 峰来源于 sp^2 碳原子键的伸缩振动，是碳材料的特征峰。D 峰与 G 峰的相对峰强比（$R_{DG}=I_D/I_G$）反映了碳材料的有序性或是石墨化程度，比值越大说明碳材料的有序性，即石墨化程度越低。因此，拉曼光谱可以用来表征碳材料的类型和其有序性或是石墨化程度。如图 3.44(a) 所示，从下到上分别为石墨（graphite)、若干层还原石墨烯（GSs)，以及修饰了银纳米粒子的 GSs（Ag/GSs）的拉曼谱图及其 D 峰与 G 峰的相对峰强比 R_{DG}。从图上可以看出，这几种碳材料的 R_{DG}依次增大（0.24、1.19、1.23），这是由于石墨的有序性高，还原石墨烯在制备过程中产生很多缺陷，而银的修饰进一步影响了还原石墨烯的有序性。中间相微碳球（MCMB）是一种球形结构的碳材料，直径在 5～20μm 之间，具有小的比表面积和高的振实密度，从而可减小充放电过程中发生在电极表面的副反应。与天然石墨相比，MCMB 的球形片层结构使锂离子可以从颗粒的各个方向嵌入和脱出。MCMB 是一种软碳，其石墨化程度及电化学性能与热处理温度有很大关系。图 3.44(b) 是不同热处理温度下 MCMB 的拉曼光谱。与天然石墨的拉曼光谱相似，都在 1360cm^{-1}和 1580cm^{-1}处有两个峰。低温处理的

MCMB的拉曼峰较宽，这说明该样品主要是无定形碳，随着热处理温度的升高，石墨的特征峰变锐，且D峰与G峰的相对强度变小，说明高温热处理使石墨晶粒长大，内部缺陷减少，石墨化程度变高。

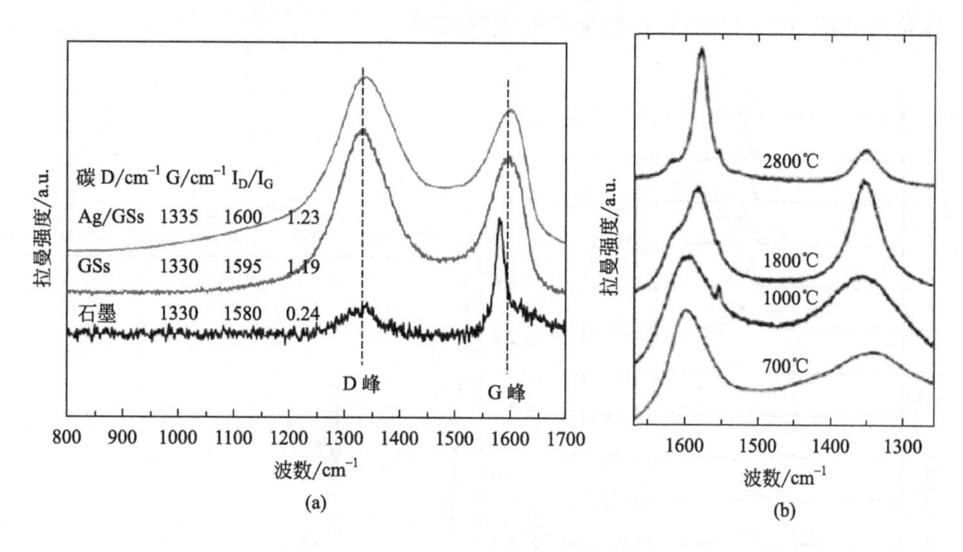

图 3.44 (a) 石墨（graphite）、若干层还原石墨烯（GSs）以及修饰了银纳米粒子的GSs（Ag/GSs）的拉曼谱图及其D峰与G峰的相对峰强比 R_{DG}；(b) 经不同温度热处理的MCMB的拉曼光谱

拉曼光谱技术应用于电化学原位研究电极材料充放电过程的中间产物，是该技术在电池材料研究应用中的一个重要发展方向。传统非原位的研究是把研究对象从变化的体系中隔离出来，再分析其变化后的结果。由于电极材料/产物一般容易氧化和水化，其在取出过程中容易与空气中的水和氧接触而被破坏，从而无法得到电极反应过程的真实信息。电化学原位拉曼光谱可在电池充放电过程中同步采集电极材料的拉曼光谱，从而获得组成变化的实时、动态、真实的信息。电化学原位拉曼光谱容易实现，只需设计带有透明光学窗口的电化学池便可完成测试。

如图 3.45 所示，电化学原位拉曼光谱被应用于研究锂离子电池石墨负极第一圈充电锂化和放电去锂化的过程。在 1000～3000cm^{-1} 的光谱范围内，在开路电位下（～3.0V vs Li^+/Li），可以观察到位于 1330cm^{-1} 处的微弱的D峰、位于 1580cm^{-1} 处的G峰。在锂化的过程中，D峰和G峰的拉曼信号强度逐渐减弱直至在 0.19V 的时候完全消失；同时，在 1570cm^{-1} 和 1590cm^{-1} 处出现两个新的拉曼谱峰。图 3.45(a)，这是由于锂离子的嵌入，形成了 Li_xC_6；

图 3.45(b)，导致了 G 峰 C—C 键的力常数发生了变化。在进一步锂化的过程中，两个新峰的强度逐渐增强直至完成锂化。而去锂化的过程，拉曼谱峰的变化是锂化过程的逆过程。电化学原位拉曼光谱还被应用于研究钠离子在高度晶体化的几层（2～10 层）石墨烯中的嵌脱过程。

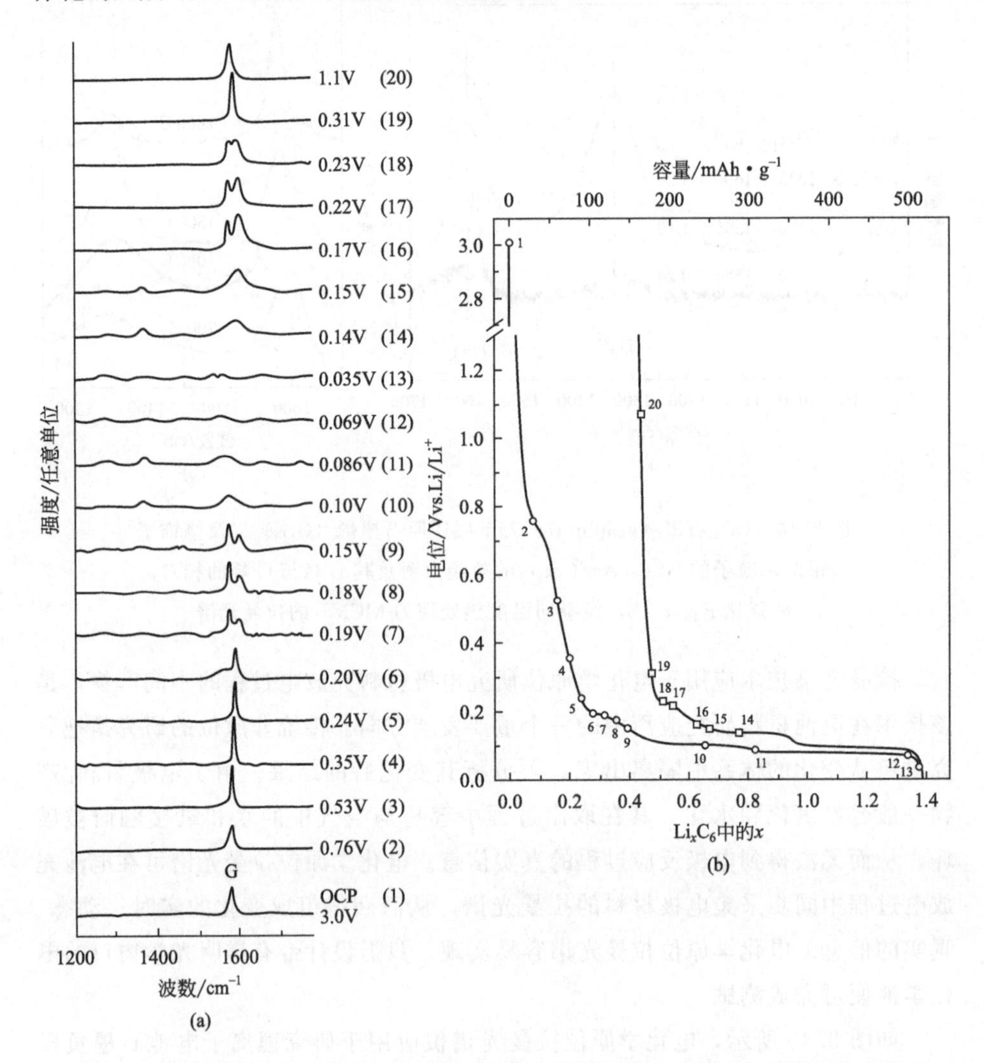

图 3.45 电化学原位拉曼光谱研究锂离子电池石墨负极第一圈充电锂化和放电去锂化的过程。拉曼谱峰随对应电位的变化过程（a）及其对应的锂离子的嵌入量（b）

电化学原位拉曼光谱也被应用于研究锂硫电池的充放电过程，以跟踪其中间产物。如图 3.46（a）（b）所示，初始的样品主要显示位于 186cm^{-1}、221cm^{-1}和 473cm^{-1}处的三个属于 S_8 的振动模式的谱峰。在放电的过程中，

S_8 的振动模式逐渐减弱，直到消失在 2.28V。而在放电的初始阶段（～2.32V），出现一个位于 473cm^{-1}处的新峰，代表中间物种 S^{3-} 自由基阴离子的生成。接下来，位于 748cm^{-1}处的谱峰也被检测到，意味着较长链的多硫化物（S_x^{2-}，x＝4～8）的生成。进一步地，在放电到 2.28V 的时候，拉曼谱图显示新的位于 235cm^{-1}处的谱峰，该谱峰被指认为 S_4^{2-}。这些中间物种的拉曼信号强度随着放电过程的进行而逐渐增强，意味着如下反应方程式所表示的反应过程和机理：

$$S_8 + 2e^- \longrightarrow S_8^{2-}$$

$$S_8^{2-} \longrightarrow S_6^{2-} + \frac{1}{4}S_8$$

$$S_6^{2-} \longleftrightarrow 2S_3^{\cdot -}$$

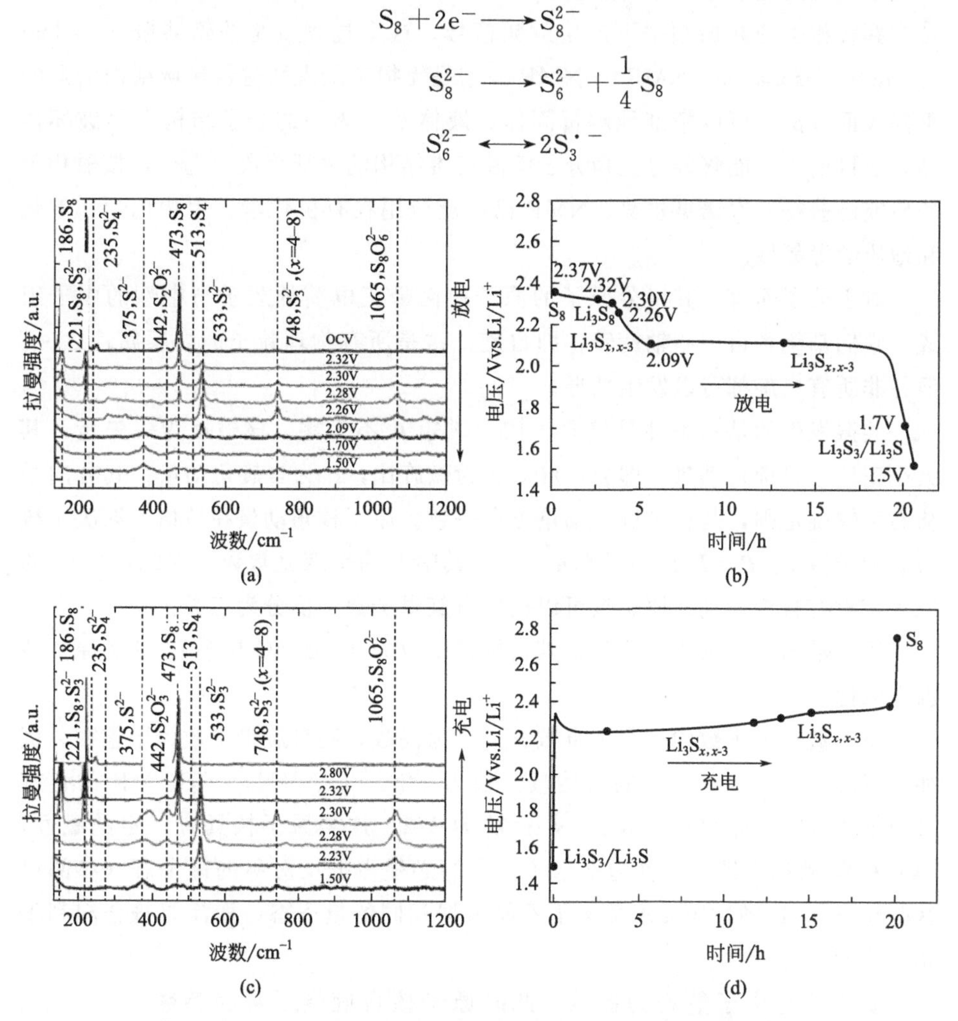

图 3.46　电化学原位拉曼光谱研究锂硫电池硫正极锂化和去锂化的过程，拉曼谱峰（a)(c）随对应电位（b)(d）的变化过程

在随后的充电过程中，S_8 的振动模式逐渐恢复而中间物种的拉曼信号逐渐消失，意味着反应过程的可逆性。此外，电化学原位拉曼光谱也被应用于研

究金属氧化物正极的锂化或是钠化过程。

3.4.2 核磁共振分析

磁矩不为零的原子核，在外磁场作用下自旋能级发生塞曼分裂（Zeeman splitting）。在特定频率射频信号的激发下，核自旋状态发生翻转，使部分自旋处于较高的能态；关闭射频信号后，核自旋在恢复到较低能态的弛豫将在与自旋翻转相关的共振频率下产生射频信号。这个过程就是核磁共振（nuclear magnetic resonance，NMR）。NMR 波谱是无损定量表征材料局域结构信息的重要表征方法，可以精准地解析固体、液体及气体中的分子结构而不破坏样品，是目前唯一能够确定生物分子溶液三维结构的表征手段。迄今，核磁相关的研究已获得 5 次诺贝尔奖。NMR 已广泛应用在有机化学、生物化学、催化和地质学等领域。

对于分子而言，其组分原子的原子核由带正电荷的质子与中性的中子组成，它们都绕各自中心轴旋转，即自旋，这是所有物理粒子的内禀属性之一。但并非所有自旋都可以发生共振。

共振发生的基本条件是该原子核的磁矩 $\boldsymbol{\mu}$ 不为零。核磁矩为一矢量，其大小正比于自旋角动量，即 $\boldsymbol{\mu}=\gamma\boldsymbol{P}$，$\gamma$ 为磁旋比，$\boldsymbol{P}$ 为自旋角动量；其方向服从右手螺旋定则，与核自旋角动量方向一致。原子核角动量在数值上取决于核自旋量子数 I：$\boldsymbol{P}=I(I+1)^{1/2}(h/2\pi)$。其中 h 为普朗克常数。因此，$I=0$ 的原子核没有自旋运动。原子核可以按照自旋量子数的值分为三类：

质子数与中子数均为偶数，其自旋量子数为 0，如 ^{12}C 与 ^{16}O，这类原子核没有磁性。

质子数与中子数中一个为奇数，一个为偶数，则自旋量子数为半整数。例如，^{1}H、^{13}C、^{15}N、^{19}F 的自旋量子数为 1/2、^{7}Li、^{23}Na、^{33}S、^{39}K 的自旋量子数为 3/2；而 ^{17}O、^{25}Mg、^{27}Al 的为 5/2。这类原子核具有一定的磁性，遵循费米-狄拉克统计，称为费米子，它们必须占据反对称的量子态（参阅可区分粒子）。这种性质要求费米子不能占据相同的量子态，即需要符合泡利不相容原理。

质子数与中子数均为偶数，此时原子核自旋量子数为整数。如，^{2}H、^{6}Li、^{14}N 的自旋量子数为 1，^{58}Co 的为 2。这种原子核遵循玻色-爱因斯坦统计，称为玻色子，这些粒子可以占据对称或相同的量子态。

核磁共振分析的研究对象是后面两种原子核。一个确定的磁核拥有 $2I+1$ 个核磁能级。在未施加外电场时，它们是简并的；而在外加磁场的影响下，核磁矩的简并能级将分裂为 $2I+1$ 个能级，这就是塞曼分裂。在外加强磁场中，质子磁矩相对于外加磁场有两种取向：与外加磁场同向的是稳定的低能态，反向的是高能态。两种自旋状态的能量差正比于外加磁场的磁感应强度。如果射频脉冲的能量满足 $\Delta E=h\nu$ 的电磁波照射磁场中的氢核，质子就会吸收能量，从低能态跃迁到高能态，即发生"共振"，并在核磁共振仪中产生吸收信号。通过逐渐改变外加磁场的磁感应强度（扫场），或是改变射频辐射的频率（扫频），或是施加激发脉冲信号，都可以实现质子翻转。

图 3.47 为核磁共振谱仪器的结构与工作原理示意图。通常核磁共振仪主要由超导磁体、探头、信号放大器、操控台（机柜）以及电脑软件控制处理系统等组成。超导磁体被液氦（温度约 4K）环绕，以在超低温下保持超导状态；再外围有液氮（温度 77K）环绕。在恒定外磁场中，在整个频率范围内施加具有一定能量的脉冲，使核自旋取向翻转跃迁到高能态。脉冲激发信号停止后，高能态原子核逐渐回到低能态，并产生感应电流，获得自由感应衰减（free

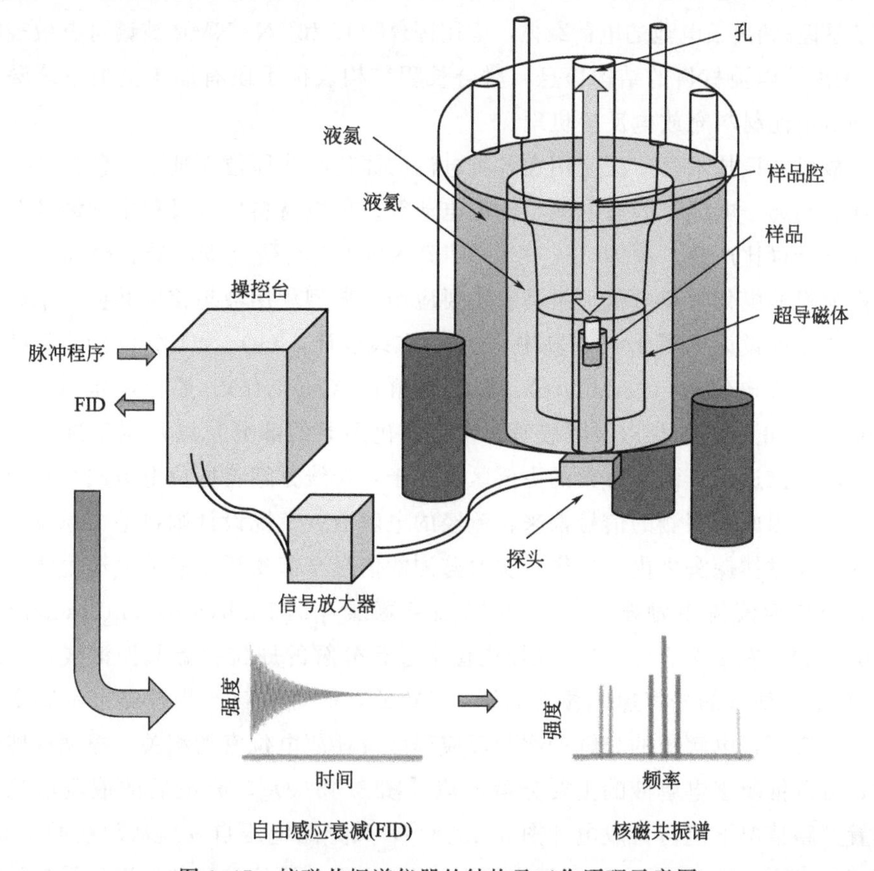

图 3.47 核磁共振谱仪器的结构及工作原理示意图

induction decay，FID）时域波谱数据。对FID信号进行傅里叶变换处理，获得其频域信息即常见的核磁共振频谱图。需要注意的是，核磁共振谱中，横坐标为化学位移（chemical shift），单位为0.0001%；纵坐标为吸收信号的强度。利用核磁共振也可以对研究对象进行成像分析，这便是医学上广泛应用的核磁共振成像（magnetic resonance imaging，MRI）。

在电池体系中，液体NMR常用于研究电解液体系中锂离子的配位环境，应用不同溶剂时Li^+受到的化学屏蔽作用相异，通过液体^{6,7}Li NMR谱可获得很好的分辨率。除此之外，^{1}H和^{19}F NMR在定量解析电解液中残余水或因此引起的锂盐分解信息中表现出重要应用前景。固态样品中，结构较为刚性，其中的原子核受到较强的化学屏蔽和偶极等作用，核磁共振信号分辨率相对较低，需要在高转速的魔角旋转下开展实验，获取高分辨固体NMR谱图。固体NMR波谱已成为定量表征电池材料中局域结构（如离子混排、离子占位等）、晶相和非晶相组分的重要手段，还是研究微观离子动力学的关键技术。锂和钠离子是锂/钠离子电池的电荷载体，应用固体^{6,7}Li和^{23}Na NMR波谱可有效表征锂/钠离子电池材料的结构信息，联合长程结构表征手段有助于更加系统深入地剖析电池材料充放电反应机理。

核磁共振技术已广泛应用在各类电池的原位与非原位表征中，包括锂金属电池、钠离子电池、固态电池、液流电池等。负极材料反应过程中常涉及非晶态和非计量比产物，固体^{7}Li、^{29}Si和^{31}P NMR谱在研究碳、硅、磷和锑基等负极材料的电化学反应机理中具有重要应用。典型利用液态核磁共振技术研究液流电池的设计见图3.48，其中（a）为在线设计，（b）为工况设计，两种设计都有阴极电解液（catholyte）、阳极电解液（anolyte）、原位电池（in situ cell，包括正负电极片以及隔膜等，发生氧化还原的部分）以及用于进行电解液循环的推进泵。两种方案的主要区别在于：在线方案将原位电池放在超导磁体之外，因此所探测的信号都来自流经的电解液；工况设计则将整个原位电池放在超导磁体探头之内，这样，实时监测的信号全部来源于液流电池主体。图3.45(c)为液流电池电解液2,6-二羟基蒽醌［2,6-dihydroxyanthraquinone (DHAQ)］在1.2V与1.7V还原电位下进行分解的原位核磁共振谱线，显示1.7V下电解液的分解速率显著高于1.2V的，而且分解产物种类也不完全相同，这表明，电解液的分解产物与反应程度及还原电位密切相关。根据这些数据，可以推断该电解液的主要分解反应［图3.45(e)］。充电后的液流电池在静置开路情况下进行自放电［图3.45(d)］，其开路电压自发地从起初的1.3V逐渐下降到1.1V，并在17h后突然下降到0.5V，原位核磁共振谱显示自放电

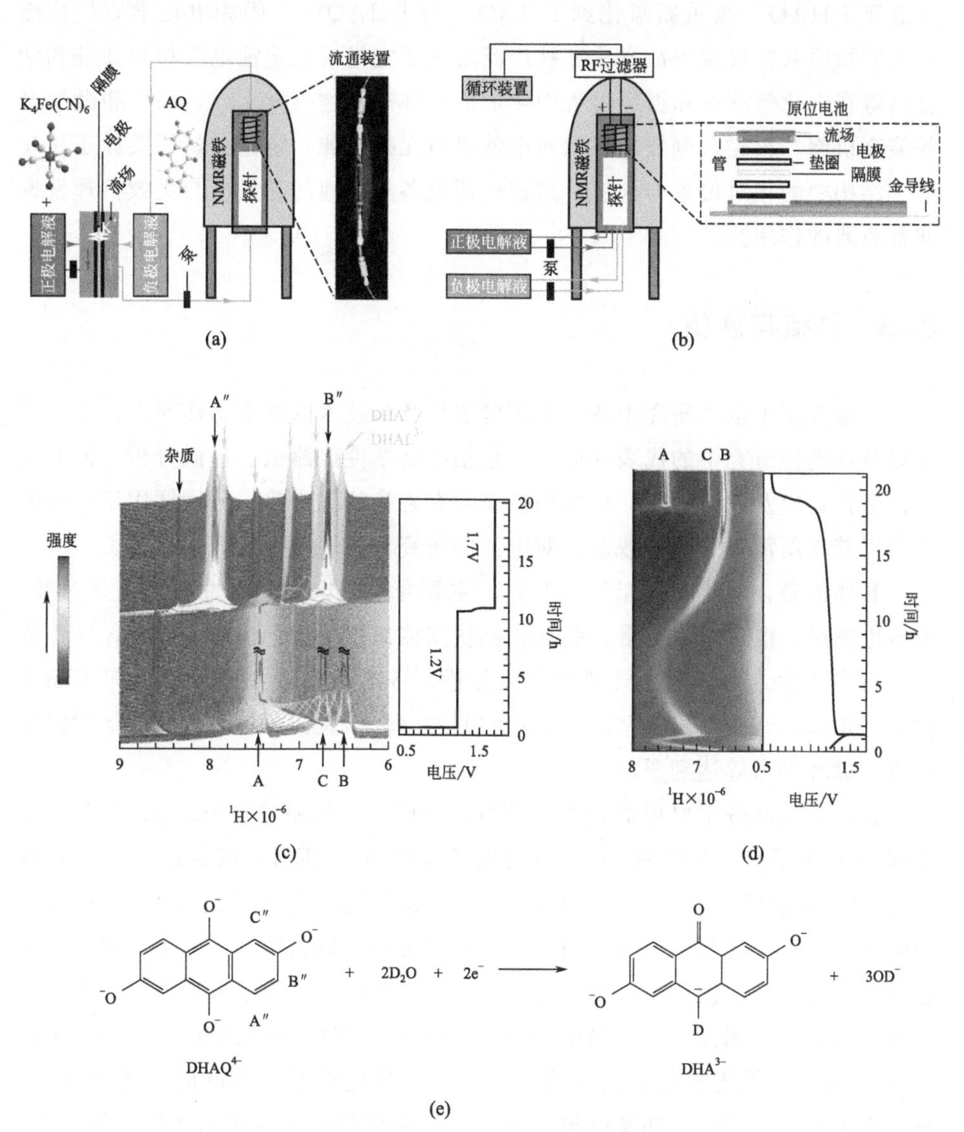

图 3.48　对液流电池进行原位核磁共振研究的（a）在线核磁共振，与（b）工况核磁共振方案示意图。（c）充电 100mA 后，在 1.2V 和 1.7V 的电位保持期间，100mM DHAQ 的^{1}H 核磁共振谱。浅灰色箭头突出显示 DHA^{3-} 或 $DHAL^{3-}$ 信号，A″与 B″信号来源于（e）中 $DHAQ^{4-}$ 分子中所标示位置的质子，紫色虚线跟踪质子 B 和 B″的信号。信号 C″的消失是由 D_2O 溶剂的 H-D 交换反应引起的。8.4×10^{-6}的信号来自杂质。（d）在 N_2 气流的静电荷实验中，D_2O 中 100mM 2,6-DHAQ 的^{1}H 核磁共振谱、电压曲线。（e）$DHAQ^{4-}$分解反应模型

来源于 $DHAQ^{4-}$ 被重新氧化到 $DHAQ^{3-}$ 与 $DHAQ^{2-}$。固相电化学原位核磁共振和核磁共振成像表征方法还被广泛应用于定量研究电池电极材料如硅和钠金属等在电化学反应和循环过程中生成的亚稳态产物（如 $Li_{15+x}Si$）和微纳形貌演变机制。核磁共振技术可以对电池进行无损监测，定量分析相关原子核在分子结构中的相对位置与含量，对定性研究各类电池的充放电与失效机理发挥非常重要的作用。

3.5 总结与展望

本章介绍了电池研究中各种常用的表征分析技术的基本工作原理、主要功能以及在电池研究中的代表性应用，包括电化学性能测试、显微分析、X 射线表征分析，以及波谱分析。这些表征技术有各自的优劣势，分别适用于不同的场合以获取所需要的信号数据，对电池的研究与发展发挥巨大的作用。

具体而言，电化学性能测试部分，主要介绍了电池常见性能的衡量参数、充放电测试、电化学阻抗谱、线性扫描伏安测试以及循环伏安测试等；这些都是进行电化学储能研究的最基本表征分析。各电池在进入产业化走向市场之前，一定都已经在实验室里进行了长时间的电化学表征分析，确保电池的能量密度、循环寿命等达到要求。

显微分析部分主要包括光学显微镜、扫描电子显微镜（SEM）、聚焦离子束-电子双束系统（FIB-SEM）、透射电子显微镜（TEM）以及原子力显微镜（AFM）。由于可见光波长的局限性，光学显微镜的分辨率通常大于 200nm，但价格低廉、操作与维护非常简单，而且也可以拍摄到枝晶与电极电解质的诸多细节，因此在电池研究中也获得了较为广泛的应用。通过采用波长在皮米级的电子波作为观测光源，扫描电子显微镜可以看到纳米级的微细结构，而运行在 60～300kV 的透射电子显微镜则可以对样品进行原子精度的成像与分析。现代透射电子显微镜的功能已经远远超过了形貌与结构观测的传统显微功能。利用透射电子束与样品的相互作用所产生的各种信号，可以对样品进行高分辨明场（HRTEM）及扫描透射（STEM）成像、电子衍射（ED）、获取电子能量损失谱（EELS）、能量色散 X 射线谱（EDS）、进行原位透射电镜（in situ TEM）观测以及超低温下的冷冻电镜（cryo EM）观测分析等，可以用于深入分析样品的物相、晶体内部结构及晶体缺陷、化学价态及其分布变化等，是对电池电极与固态电解质等进行机理性研究分析的一种非常强大也非常重要的研究手段。但电子显微镜也有其自身的挑战。因为高能量电子束可能会快速损坏部分样品（尤其是含有有机物或聚合物的电池材料）或改变样品结构等，这使得所获取的数据与电池的实际状态可能会有所偏差。这一方面需要降低电镜观测过程中的电子束剂量，另一方面，也可以采用近年来发展起来的冷冻电镜，更有效地在电池原始状态下进行观测分析。原子力显微镜AFM则利用探针针尖原子与样品原子之间相互作用力对样品表面进行高精度扫描，可以获得高精度的表面三维形貌图像，这在原理上与物理研究中的扫描隧道显微镜（scanning tunneling microscope，STM）有点类似，但STM需要样品具有较好的导电能力以产生足够的隧穿电流信号，而AFM则对样品的导电性能没有要求，甚至可以在溶液中进行测试分析。

受益于X射线，尤其是基于同步辐射X射线的强穿透能力与极高亮度及强度，X射线可以通过反射式或透射式装置用于对电池样品进行物相的精细分析（XRD），其数据精修结果可以直接获取对应组分晶体结构中各晶体学参数；X射线光电子能谱（XPS）则对电池样品的表面化学组分与化学态等信息非常敏感；近边结构X射线吸收光谱（XANES）则可以获取电池样品内部的化学态及分布等信息；X射线也可以用于成像，分辨率不如电子显微镜，但可以利用X射线的强穿透能力对电池材料样品甚至整个电池直接进行不同角度的扫描成像，并利用软件重构出样品的内部结构形貌等，还可以与XANES等技术结合，获得样品内部的元素或组分的三维分布信息等，对电池研究具有重要意义。

波谱分析技术中，在电池研究中最常用的是拉曼（Raman）光谱与核磁共振（NMR）谱。拉曼光谱来源于样品表面对激光的非弹性散射导致接收到的波出现波长改变，主要利用样品表面分子的特征振动来确定相关分子结构与组分。核磁共振信号来源于自旋量子数不为零的原子核在外部磁场中对射频信号的特征共振吸收谱，可以结合同位素标定的技术对部分元素进行追踪溯源等。

本章介绍的都是电池研究中比较常用的一些表征分析技术，还有其他一些表征分析技术，例如微分电化学质谱与电池内部的原位气压监测等。各种表征分析技术都有其最佳应用场景，主要功能都集中在某一方面或某一角度。在实际的电池研究中，通常采用若干种表征分析技术来检测电池的状态等，通过多尺度、多角度的研究，获得更全面的电池分析数据，包括物相组成、表面形貌、内部结构、晶体类型、相关元素的化学态及其在材料表界面及内部分布甚至演变过程等。随着现代科学技术的快速发展，这些表征技术也将进入新的发展期。一方面，通过对系统的不断优化，信号分辨率或解析能力也将获得持续改善，如2021年X射线成像的空间分辨率已经达到10nm左右。另一方面，这些技术设备的数据采集速度将会迅速提高，这将有利于提高数据采集的时间分辨率，从而有利于提高这些技术对电池材料等进行原位表征分析的能力。此外，其他新兴表征技术也将获得蓬勃发展；与这些表征手段适当结合使用，将可以更深入系统地研究分析电池的充放电机理与性能衰减机理，为开发高性能锂电池提供关键的数据分析支持与指导，加速电池的研究开发，从而为电池的发展与社会的进步作出更大的贡献。

参考文献

[1] NITTA N, WU F, LEE J T, et al. Li-ion Battery Materials: Present and Future [J]. Materials Today, 2015, 18: 252-264.

[2] YAN P, ZHENG J, LIU J, et al. Tailoring Grain Boundary Structures and Chemistry of Ni-rich Layered Cathodes for Enhanced Cycle Stability of Lithium-ion Batteries [J]. Nature Energy, 2018, 3(7): 600-605.

[3] ZHANG S S. Understanding of Performance Degradation of $LiNi_{0.80}Co_{0.10}Mn_{0.10}O_2$ Cathode Material Operating at High Potentials [J]. Journal of Energy Chemistry, 2020, 41: 135-141.

[4] CAMBRIDGE U O. Linear Sweep and Cyclic Voltametry: The Principles [M]. Department of Chemical Engineering and Biotechnology. University of Cambridge, 2021.

[5] BARD A J, FAULKNER L R. Electrochemical Methods: Fundamentals and Applications [M]. 2nd. New York: John Wiley & Sons, 2000.

[6] BAI P, LI J, BRUSHETT F R, et al. Transition of Lithium Growth Mechanisms in Liquid Electrolytes [J]. Energy & Environmental Science, 2016, 9(10): 3221-3229.

[7] TANG W, YIN X, KANG S, et al. Lithium Silicide Surface Enrichment: A Solution to Lithium Metal Battery [J]. Advanced Materials, 2018, 30(34): 1801745-1801745.

[8] KIM U-H, PARK G-T, SON B-K, et al. Heuristic Solution for Achieving Long-term Cycle Stability for Ni-rich Layered Cathodes at Full Depth of Discharge [J]. Nature Energy, 2020, 5: 860-869.

[9] WEI C-Y, LEE P-C, TSAO C-W, et al. In Situ Scanning Electron Microscopy Observation of MoS_2 Nanosheets during Lithiation in Lithium Ion Batteries [J]. ACS Applied Energy Materials, 2020, 3(7): 7066-7072.

[10] CHEN D, INDRIS S, SCHULZ M, et al. In Situ Scanning Electron Microscopy on Lithium-ion Battery Electrodes Using an Ionic Liquid [J]. Journal of Power Sources, 2011, 196(15): 6382-6387.

[11] CHEN C-Y, SANO T, TSUDA T, et al. In Situ Scanning Electron Microscopy of Silicon An-

ode Reactions in Lithium-Ion Batteries during Charge/Discharge Processes [J] . Scientific Reports, 2016, 6 (1) : 36153.

[12] THOMAS J, GEMMING T. Analytical Transmission Electron Microscopy: An Introduction for Operators [M] . City: Springer-Verlag, 2013.

[13] WILLIAMS D B, CARTER C B. Transmission Electron Microscopy: A Textbook for Materials Science [M] . 2New York: Springer, 2009.

[14] LEE S W, YABUUCHI N, GALLANT B M, et al. High-power Lithium Batteries from Functionalized Carbon-nanotube Electrodes [J] . Nature Nanotechnology, 2010, 5 (7) : 531-537.

[15] SHIN B R, NAM Y J, KIM J W, et al. Interfacial Architecture for Extra Li^+ Storage in All-Solid-State Lithium Batteries [J] . Scientific Reports, 2014, 4 (1) : 55-72.

[16] 贾志宏，丁立鹏，陈厚文．高分辨扫描透射电子显微镜原理及其应用 [J] ．物理，2015，44 (7) : 446-452.

[17] LIN F, MARKUS I M, NORDLUND D, et al. Surface Reconstruction and Chemical Evolution of Stoichiometric Layered Cathode Materials for Lithium-ion Batteries [J] . Nature Communications, 2014, 5: 3529.

[18] ZHU F, ISLAM M S, ZHOU L, et al. Single-atom-layer Traps in a Solid Electrolyte for Lithium Batteries [J] . Nature Communications, 2020, 11 (1) : 18-28.

[19] HADERMANN J, ABAKUMOV A M, TURNER S, et al. Solving the Structure of Li Ion Battery Materials with Precession Electron Diffraction: Application to Li_2CoPO_4F [J] . Chemistry of Materials, 2011, 23 (15) : 3540-3545.

[20] EGERTON R F. 电子显微镜中的电子能量损失谱学 [M] . 2 版．北京：高等教育出版社，2011.

[21] KARKI K, HUANG Y, HWANG S, et al. Tuning the Activity of Oxygen in $LiNi_{0.8}Co_{0.15}Al_{0.05}O_2$ Battery Electrodes [J] . ACS Applied Materials & Interfaces, 2016, 8 (41) : 27762-27771.

[22] J. DUDNEY N. Addition of a Thin-film Inorganic Solid Electrolyte (Lipon) as a Protective Film in Lithium Batteries with a Liquid Electrolyte [J] . Journal of Power Sources, 2000, 89 (2) : 176-179.

[23] WANG Z, SANTHANAGOPALAN D, ZHANG W, et al. In Situ STEM-EELS Observation of Nanoscale Interfacial Phenomena in All-Solid-State Batteries [J] . Nano Letters, 2016, 16 (6) : 3760-3767.

[24] YAN P, ZHENG J, ZHANG J-G, et al. Atomic Resolution Structural and Chemical Imaging Revealing the Sequential Migration of Ni, Co, and Mn upon the Battery Cycling of Layered Cathode [J] . Nano Letters, 2017, 17 (6) : 3946-3951.

[25] KRIVANEK O L, LOVEJOY T C, DELLBY N, et al. Vibrational Spectroscopy in the Electron Microscope [J] . Nature, 2014, 514 (7521) : 209-212.

[26] DEVARAJ A, GU M, COLBY R, et al. Visualizing Nanoscale 3D Compositional Fluctuation of Lithium in Advanced Lithium-ion Battery Cathodes [J] . Nature Communications, 2015, 6 (1) : 8014.

[27] QIAN X, JIN L, ZHAO D, et al. Ketjen Black-MnO Composite Coated Separator for High Performance Rechargeable Lithium-Sulfur Battery [J]. Electrochimica Acta, 2016, 192: 346-356.

[28] LI J, JOHNSON G, ZHANG S, et al. In Situ Transmission Electron Microscopy for Energy Applications [J]. Joule, 2019, 3(1): 4-8.

[29] CHENG Y, ZHANG L, ZHANG Q, et al. Understanding All Solid-state Lithium Batteries through In Situ Transmission Electron Microscopy [J]. Materials Today, 2021, 42: 137-161.

[30] LIU X H, WANG J W, HUANG S, et al. In Situ Atomic-scale Imaging of Electrochemical Lithiation in Silicon [J]. Nature Nanotechnology, 2012, 7(11): 749-756.

[31] WILLIAMSON M J, TROMP R M, VEREECKEN P M, et al. Dynamic Microscopy of Nanoscale Cluster Growth at the Solid-liquid Interface [J]. Nature Materials, 2003, 2(8): 532-536.

[32] ZHENG H, SMITH R K, JUN Y-W, et al. Observation of Single Colloidal Platinum Nanocrystal Growth Trajectories [J]. Science, 2009, 324(5932): 1309-1312.

[33] LU J, AABDIN Z, LOH N D, et al. Nanoparticle Dynamics in a Nanodroplet [J]. Nano Letters, 2014, 14(4): 2111-2115.

[34] WU F, YAO N. Advances in Sealed Liquid cCells for In-situ TEM Electrochemial Investigation of Lithium-ion Battery [J]. Nano Energy, 2015, 11: 196-210.

[35] YUK J M, PARK J, PETER ERCIUS, et al. High-resolution EM of Colloidal Nanocrystal Growth Using Graphene Liquid Cells [J]. Science, 2012, 336(6077): 61-64.

[36] MEHDI B L, QIAN J, NASYBULIN E, et al. Observation and Quantification of Nanoscale Processes in Lithium Batteries by Operando Electrochemical (S) TEM [J]. Nano Letters, 2015, 15(3): 2168-2173.

[37] LI Y, LI Y, PEI A, et al. Atomic Structure of Sensitive Battery Materials and Interfaces Revealed by Cryo-electron Microscopy [J]. Science, 2017, 358(6362): 506-510.

[38] WANG X, ZHANG M, ALVARADO J, et al. New Insights on the Structure of Electrochemically Deposited Lithium Metal and Its Solid Electrolyte Interphases via Cryogenic TEM [J]. Nano Letters, 2017, 17(12): 7606-7612.

[39] WANG X, LI Y, MENG Y S. Cryogenic Electron Microscopy for Characterizing and Diagnosing Batteries [J]. Joule, 2018, 2(12): 2225-2234.

[40] ZACHMAN M J, TU Z, CHOUDHURY S, et al. Cryo-STEM Mapping of Solid-Liquid Interfaces and Dendrites in Lithium-metal Batteries [J]. Nature, 2018, 560(7718): 345-349.

[41] 黄云博，张海涛，陈立杭，等．功能化原子力显微镜技术及其在能源材料领域的应用 [J]．电子显微学报，2020, 39(4): 434-450.

[42] 董庆雨，褚艳丽，沈炎宾，等．原子力显微镜在锂离子电池界面研究中的应用 [J]．电化学，2020, 26(1): 19-31.

[43] BINNIG G, QUATE C F, GERBER C. Atomic Force Microscope [J]. Physical Review Letters, 1986, 56(9): 930-933.

[44] LIU T, LIN L, BI X, et al. In Situ Quantification of Interphasial Chemistry in Li-ion Battery [J]. Nature Nanotechnology, 2019, 14(1): 50-56.

[45] ZHANG L, YANG T, DU C, et al. Lithium Whisker Growth and Stress Generation in an In Situ Atomic Force Microscope-environmental Transmission Electron Microscope Set-up [J]. Nature Nanotechnology, 2020, 15 (2): 94-98.

[46] BAK S-M, SHADIKE Z, LIN R, et al. In Situ/operando Synchrotron-based X-ray Techniques for Lithium-ion Battery Research [J]. NPG Asia Materials, 2018, 10 (7): 563-580.

[47] XU C, MäRKER K, LEE J, et al. Bulk Fatigue Induced by Surface Reconstruction in Layered Ni-rich Cathodes for Li-ion Batteries [J]. Nature Materials, 2021, 20 (1): 84-92.

[48] BORKIEWICZ O J, SHYAM B, WIADEREK K M, et al. The AMPIX Electrochemical Cell: a Versatile Apparatus for In Situ X-ray Scattering and Spectroscopic Measurements [J]. Journal of Applied Crystallography, 2012, 45 (6): 1261-1269.

[49] GRIFFITH K J, WIADEREK K M, CIBIN G, et al. Niobium Tungsten Oxides for High-rate Lithium-ion Energy Storage [J]. Nature, 2018, 559 (7715): 556-563.

[50] WOOD K N, STEIRER K X, HAFNER S E, et al. Operando X-ray Photoelectron Spectroscopy of Solid Electrolyte Interphase Formation and Evolution in Li_2S-P_2S_5 Solid-state Electrolytes [J]. Nature Communications, 2018, 9 (1): 2490.

[51] PONGHA S, SEEKOAON B, LIMPHIRAT W, et al. XANES Investigation of Dynamic Phase Transition in Olivine Cathode for Li-Ion Batteries [J]. Advanced Energy Materials, 2015, 5 (15): 1500663.

[52] WANG L, WANG J, ZUO P. Probing Battery Electrochemistry with In Operando Synchrotron X-Ray Imaging Techniques [J]. Small Methods, 2018, 2 (8): 1700293.

[53] FINEGAN D P, SCHEEL M, ROBINSON J B, et al. In-operando High-speed Tomography of Lithium-ion Batteries during Thermal Runaway [J]. Nature Communications, 2015, 6 (1): 6924.

[54] WANG J, KAREN CHEN-WIEGART Y-C, ENG C, et al. Visualization of Anisotropic-isotropic Phase Transformation Dynamics in Battery Electrode Particles [J]. Nature Communications, 2016, 7 (1): 12372.

[55] 张霞. 新材料表征技术 [M]. 上海: 华东理工大学出版社, 2012.

[56] SMITH E, DENT G. Modern Raman Spectroscopy: A Practical Approach [M]. City: John Wiley & Sons Ltd, 2005.

[57] QIAO Y, WU S, YI J, et al. From O_2^- to HO_2^-: Reducing By-Products and Overpotential in Li-O_2 Batteries by Water Addition [J]. Angewandte Chemie International Edition, 2017, 129 (18): 5042-5046.

[58] ZHU Y G, LIU Q, RONG Y, et al. Proton Enhanced Dynamic Battery Chemistry for Aprotic Lithium-oxygen Batteries [J]. Nature Communications, 2018, 8: 14308.

[59] JOHNSON L, LI C, LIU Z, et al. The Role of LiO_2 Solubility in O_2 Reduction in Aprotic Solvents and Its Consequences for Li-O_2 Batteries [J]. Nature Chemistry, 2014, 6 (12): 1091-1099.

[60] FERRARI A C. Raman Spectroscopy of Graphene and Graphite: Disorder, Electron-phonon Coupling, Doping and Nonadiabatic Effects [J]. Solid State Communications, 2007, 143

（1）：47-57.

[61] MATTHEWS M J，PIMENTA M A，DRESSELHAUS G，et al. Origin of Dispersive Effects of the Raman D Band in Carbon Materials [J]. Physical Review B，1999，59（10）：R6585-R8.

[62] LIN X-M，DIEMANT T，MU X，et al. Spectroscopic Investigations on the Origin of the Improved Performance of Composites of Nanoparticles/graphene Sheets as Anodes for Lithium Ion Batteries [J]. Carbon，2018，127：47-56.

[63] INABA M，YOSHIDA H，OGUMI Z. In Situ Roman Study of Electrochemical Lithium Insertion into Mesocarbon Microbeads Heat-Treated at Various Temperatures [J]. Journal of the Electrochemical Society，1996，143（8）：2572-2578.

[64] 赵亮，胡勇胜，李泓，等. 拉曼光谱在锂离子电池研究中的应用 [J]. 电化学，2011，17（1）：12-23.

[65] SOLE C，DREWETT N E，HARDWICK L J. In Situ Raman Study of Lithium-ion Intercalation into Microcrystalline Graphite [J]. Faraday Discussions，2014，172：223-237.

[66] COHN A P，SHARE K，CARTER R，et al. Ultrafast Solvent-Assisted Sodium Ion Intercalation into Highly Crystalline Few-Layered Graphene [J]. Nano Letters，2016，16（1）：543-548.

[67] VINAYAN B P，DIEMANT T，LIN X-M，et al. Nitrogen Rich Hierarchically Organized Porous Carbon/Sulfur Composite Cathode Electrode for High Performance Li/S Battery：A Mechanistic Investigation by Operando Spectroscopic Studies [J]. Advanced Materials Interfaces，2016，3（19）：1600372.

[68] CHEN J-J，YUAN R-M，FENG J-M，et al. Conductive Lewis Base Matrix to Recover the Missing Link of Li2S8 during the Sulfur Redox Cycle in Li-S Battery [J]. Chemistry of Materials，2015，27（6）：2048-2055.

[69] QIAO Y，GUO S，ZHU K，et al. Reversible Anionic Redox Activity in Na_3RuO_4 Cathodes：A Prototype Na-rich Layered Oxide [J]. Energy & Environmental Science，2018，11（2）：299-305.

[70] HUANG J-X，LI B，LIU B，et al. Structural Evolution of NM（Ni and Mn）Lithium-rich Layered Material Revealed by In-situ Electrochemical Raman Spectroscopic Study [J]. Journal of Power Sources，2016，310：85-90.

[71] DOKKO K，MOHAMEDI M，ANZUE N，et al. In Situ Raman Spectroscopic Studies of $LiNi_xMn_{2-x}O_4$ Thin Film Cathode Materials for Lithium Ion Secondary Batteries [J]. Journal of Materials Chemistry，2002，12（12）：3688-3693.

[72] RANKIN N J，PREISS D，WELSH P，et al. The Emergence of Proton Nuclear Magnetic Resonance Metabolomics in the Cardiovascular Arena as Viewed from A Clinical Perspective [J]. Atherosclerosis，2014，237（1）：287-300.

[73] ZHAO E W，LIU T，JÓNSSON E，et al. In Situ NMR Metrology Reveals Reaction Mechanisms in Redox Flow Batteries [J]. Nature，2020，579（7798）：224-228.

[74] ZENG Z，MURUGESAN V，HAN K S，et al. Non-flammable Electrolytes with High Salt-to-

solvent Ratios for Li-ion and Li-metal Batteries [J] . Nature Energy, 2018, 3 (8) : 674-681.

[75] BHATTACHARYYA R, KEY B, CHEN H, et al. In Situ NMR Observation of the Formation of Metallic Lithium Microstructures in Lithium Batteries [J] . Nature Materials, 2010, 9 (6) : 504-510.

[76] XIANG Y, ZHENG G, LIANG Z, et al. Visualizing the Growth Process of Sodium Microstructures in Sodium Batteries by In-situ ^{23}Na MRI and NMR Spectroscopy [J] . Nature Nanotechnology, 2020, 15 (10) : 883-890.

[77] PECHER O, CARRETERO-GONZÁLEZ J, GRIFFITH K J, et al. Materials' Methods: NMR in Battery Research [J] . Chemistry of Materials, 2017, 29 (1) : 213-242.

[78] KEY B, BHATTACHARYYA R, MORCRETTE M, et al. Real-Time NMR Investigations of Structural Changes in Silicon Electrodes for Lithium-Ion Batteries [J] . Journal of the American Chemical Society, 2009, 131 (26) : 9239-9249.

[79] CHANG D, HUO H, JOHNSTON K E, et al. Elucidating the Origins of Phase Transformation Hysteresis during Electrochemical Cycling of Li-Sb Electrodes [J] . Journal of Materials Chemistry A, 2015, 3 (37) : 18928-18943.

[80] PENG C, CHEN H, ZHONG G, et al. Capacity Fading Induced by Phase Conversion Hysteresis within Alloying Phosphorus Anode [J] . Nano Energy, 2019, 58: 560-567.

[81] ZHONG G, CHEN H, CHENG Y, et al. Insights into the Lithiation Mechanism of CFx by A Joint High-resolution ^{19}F NMR, In Situ TEM and ^{7}Li NMR Approach [J] . Journal of Materials Chemistry A, 2019, 7 (34) : 19793-19799.

[82] KITADA K, PECHER O, MAGUSIN P C M M, et al. Unraveling the Reaction Mechanisms of SiO Anodes for Li-Ion Batteries by Combining In Situ ^{7}Li and Ex Situ ^{7}Li/^{29}Si Solid-State NMR Spectroscopy [J] . Journal of the American Chemical Society, 2019, 141 (17) : 7014-7027.

[83] DE ANDRADE V, NIKITIN V, WOJCIK M, et al. Fast X-ray Nanotomography with Sub-10nm Resolution as A Powerful Imaging Tool for Nanotechnology and Energy Storage Applications [J] . Advanced Materials, 2021, 33: 2008653.

第4章 锂离子电池材料

目前，全球范围内传统石油等能源资源日益紧缺，社会城市化发展迅速，工业和生活污染对环境的影响日渐突出，人们对全球变暖和生态环境恶化等环保问题的关注日益增强，一些新能源，如太阳能、风能、潮汐能等，被相继开发利用起来。它们发展迅速，例如，按目前的发展速度计算，到2030年新能源将成为美国能源消耗的主要能源。但这些新能源供应具有不稳定性和不连续性，所以这些能源需要先转化为电能然后再输出，这就促使了对可充放电电池的研究。寻找替代传统铅酸电池和镍镉电池的可充电电池，开发无毒无污染的电极材料、电解液和电池隔膜以及对环境无污染的电池，是目前电池行业首要任务。传统的铅酸电池、镍镉电池、镍氢电池等，因使用寿命短、能量密度较低以及环境污染等问题，大大地限制了它们的使用。同传统的二次化学电池进行比较，由于锂离子电池具有比能量高、工作电压高、循环寿命长、能够快速充电等优点，已经被广泛地应用于手机、笔记本电脑、数码相机等便携式电子设备上。在全球能源问题和环境问题变得日趋严峻的形势下，各方竭力倡导节能减排、低碳环保生活，而使用"清洁汽车"将成为必然的发展趋势。动力电池应该是一种高容量的大功率电池，相对于其他二次电池而言，可循环的锂离子电池具有多方面的优势，它被认为是动力电池的理想之选。因此，引发了世界范围的锂离子电池的研究与开发热潮，并在锂离子电池材料技术、生产技术、设备技术等方面有了较大的突破，从近十几年来的研究热点来看，锂离子电池在二次电池中的研究可以说是一枝独秀。

4.1 锂离子电池概述

锂离子电池是20世纪研发出来的新型高能电池。20世纪60年代末，贝尔实验室的 Broadhead 等最早开始“电化学嵌入反应”方面的研究。70 年代初，Exxon 公司设计了以锂金属为负极、以 TiS_2 为正极的二次电池。70 年代末，贝尔实验室发现金属氧化物能够提供更大的容量及更高的电压平台而开始被研究。80 年代，Goodenough 等人先后研究发现了 Li_xCoO_2 和 Li_xNiO_2 等层状材料（R-3m 空间群）的电化学价值，以及尖晶石锰酸锂（Fd-3m 空间群）作为电极材料的优良性能。90 年代，Badhi 和 Goodenough 等首次构想出以橄榄石型磷酸铁锂为锂离子电池正极材料进行研究。80 年代末，加拿大 Moli 能源公司把 Li/MoS_2 二次电池推向市场，第一块商品化锂二次电池由此诞生。90 年代，日本 SONY 公司发明了以碳基为负极、以含锂的化合物为正极的锂二次电池，并最早实现产业化生产。1993 年，美国 Bellcore 电信公司首次采用 PVDF 工艺制造聚合物锂离子电池（PLIB）。而锂离子电池和聚合物锂电池作为第三代动力电池，其能量密度高于阀控密封铅酸蓄电池（VRLA）和镍氢（Ni-MH）电池，质量比能量高达 200W·h/kg（PLIB），有足够的优势，如果能解决安全问题，它将是最有竞争力的动力电池。

4.1.1 锂离子电池工作原理

锂离子电池实际上是一种锂离子在正负两个电极之间进行反复嵌入和脱出的新型二次电池，是一种锂离子浓差电池。在充电状态时，电池的正极反应产生了锂离子和电子，电子即负电荷通过外电路从电池的正极向负极迁移，形成负极流向正极的电流。与此同时，正极反应产生的锂离子通过电池内部的电解液，透过隔膜迁移到负极区域，并嵌入负极活性物质的微孔中，结合外电路过来的电子生成 Li_xC_6，在电池内部形成从正极流向负极且与外电路大小一样的电流，最终形成完整的闭合回路。放电过程则正好相反。充电时，嵌入负极中的锂离子越多，表明充电容量越高；电池放电时，嵌入负极活性物层间的锂离子脱出，又迁移到正极中去，返回到正极中的锂离子越多，放电容量就越高。在正常充电和放电过程中，Li^+ 在嵌入和脱出过程中一般不会破坏其晶格参数及化学结构。因此，锂离子电池在充放电过程中理论上发生的是一种高度可逆的化学反应和物理传导过程，故锂离子电池也常称为摇椅式电池。而且充放电过程中不存在金属锂的沉积和溶解过程，避免了锂枝晶的生成，极大地改善了电池的安全性和循环寿命，这也是锂离子电池比锂金属二次电池优越并取而代之的根本之处。以磷酸亚铁锂/石墨电池为例，其工作原理示意图如图 4.1 所示。

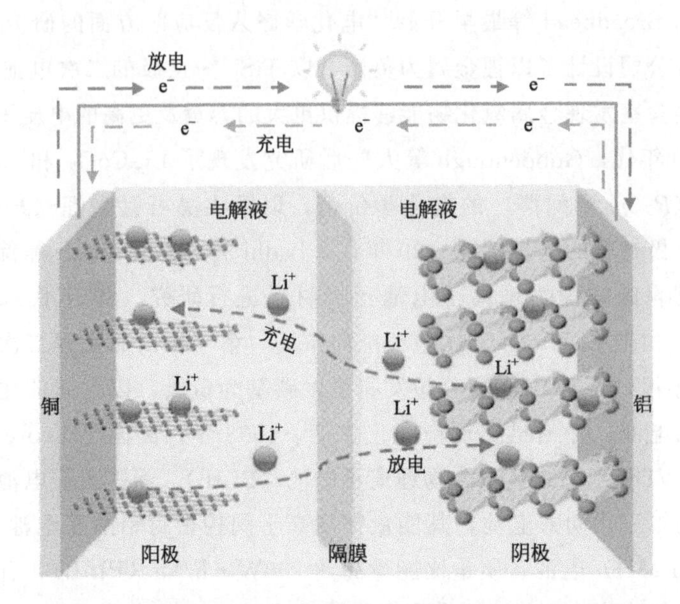

图 4.1 磷酸亚铁锂/石墨锂离子电池的工作原理示意图

当锂电池充电时，Li^+ 从正极 $LiFePO_4$ 晶格中脱嵌出来，经过电解液嵌入到负极，使正极成为贫锂状态而负极处于富锂状态。同时释放了一个电子，正极发生氧化反应，Fe 由＋2 价变为＋3 价。游离出的 Li^+ 则通过隔膜嵌入石墨，形成 Li_xC_6 的插层化合物，负极发生还原反应。放电则反之，Li^+ 从石墨中脱出，重新嵌入 $FePO_4$ 中，Fe 由＋3 价降为＋2 价，同时电子从负极流出，经外电路流向正极，从而保持电荷平衡。电极反应如下：

正极： $$LiFePO_4 \longrightarrow Li_{1-x}FePO_4 + xe^- + xLi^+ \tag{4.1}$$

负极： $$6C + xLi^+ + xe^- \longrightarrow Li_xC_6 \tag{4.2}$$

总电极反应： $$6C + LiFePO_4 \longrightarrow Li_xC_6 + Li_{1-x}FePO_4 \tag{4.3}$$

从以上可知，锂离子电池的核心主要是正负极材料，这直接决定了锂电池的工作电压以及循环性能。

4.1.2 锂离子电池组成

锂离子电池是在锂金属电池基础上发展起来的一种新型锂离子浓差电池，主要由正极、负极、电解液、隔膜、正负极集流体、外壳等几部分构成。正极活性物质一般选择氧化还原电势较高（＞3V vs. Li^+/Li）且在空气中能够稳定存在的可提供锂源的储锂材料，目前主要有层状结构的钴酸锂（$LiCoO_2$）、镍酸锂（$LiCoO_2$）、三元材料（$LiNi_yCo_xMn_zO_2$）和富锂材料［xLi_2MnO_3·

$(1-x)LiMO_2$ (M＝Mn、Co、Ni 等)]、尖晶石型的锰酸锂（$LiMn_2O_4$）和镍锰酸锂（$LiNi_{0.5}Mn_{1.5}O_4$）以及不同聚阴离子新型材料，如磷酸盐材料 Li_xMPO_4（M＝Fe、Mn、V、Ni、Co)、硅酸盐材料、氟磷酸盐材料以及氟硫酸盐材料等。

目前锂离子电池的成功商品化主要归功于用嵌锂化合物代替金属锂负极。负极材料通常选取嵌锂电位较低、接近金属锂电位的材料，可分为碳材料和非碳材料。碳材料包括石墨化碳（天然石墨、人工石墨、改性石墨)、无定形碳、富勒球、碳纳米管。非碳材料主要包括过渡金属氧化物、氮基、硫基、磷基、硅基、锡基、钛基和其他新型合金材料。根据反应机理不同，锂离子电池负极材料又可以被分为以下三种类型：以石墨、钛酸锂为代表的嵌入型；以硅单质为例的合金化型；以过渡金属氧化物、硫化物等为代表的转化型。

电解液为高电压下不分解的有机溶剂和电解质的混合溶液。电解质为锂离子运输提供介质，通常具有较高的离子电导率、热稳定性、安全性以及相容性，一般为具有较低晶格能的含氟锂盐有机溶液。其中，电解质盐主要有 $LiPF_6$、$LiClO_4$、$LiBF_4$、$LiCF_3SO_3$、$LiAsF_6$ 等锂盐，一般采用 $LiPF_6$ 为导电盐。有机溶剂常使用碳酸丙烯酯（PC)、碳酸乙烯酯（EC)、碳酸甲乙酯（EMC)、碳酸二乙酯（DEC）等烷基碳酸酯或它们的混合溶剂。

隔膜是锂离子电池重要的组成部分，其性能的优劣决定了电池的界面结构、内阻等，直接影响电池的容量、循环性能等关键特性，性能优异的隔膜对提高电池的综合性能具有重要的作用。电池的设计要求不同对隔膜的要求也不同，隔膜的主要性能包括透气率、孔径大小及分布、孔隙率、力学性能、热性能及自动关闭机理和电导率等。锂离子电池隔膜一般都是高分子聚烯烃树脂做成的微孔膜，主要起到隔离正负电极，使电子无法通过电池内电路，但允许离子自由通过的作用。由于隔膜自身对离子和电子绝缘，在正负极间加入隔膜会降低电极间的离子电导率，所以应使隔膜孔隙率尽量高、厚度尽量薄以降低电池内阻。因此，隔膜则是采用可透过离子的聚烯微多孔膜，如聚乙烯（PE)、聚丙烯（PP）或它们的复合膜。锂离子电池隔膜的制备方法主要有两种：一种是采用湿法（wet)，即相分离法；另一种是干法（dry)，即拉伸致孔法。不管是哪种方法，其目的都是增加隔膜的孔隙率和强度。

集流体是锂离子电池重要的组成部分，其占总重量的 10%～13%。正负极集流体的性质也影响着锂离子电池的容量，通常铜和铝分别用作锂离子蓄电池负极和正极的集流体，两者特别是铜容易腐蚀。集流体的钝化膜形成、与活性物质的黏合力、腐蚀等因素均会增加电池的内阻，因而造成电池的容量衰减。集流体的腐蚀行为主要表现为：铝正极钝化膜的局部破坏，即点蚀，这与电解液有关。例如，铝在常见的几种电解质盐中的腐蚀顺序为：$LiAsF_6$＜$LiClO_4$＜$LiPF_6$＜$LiBF_6$。铜的腐蚀可以看作是负极上的一个过放电反应，过放电时会引起铜负极的腐蚀开裂，进而引起铜的溶解；溶解的铜离子会在充电时重新在负极沉积，沉积铜长成枝晶状，穿透隔膜，使电池报废。为了提高集流体与活性物质间的黏合力和减少腐蚀，锂离子蓄电池中的两个集流体都必须经过预处理（酸化、防腐涂层、导电涂层等）来提高其附着能力及减少腐蚀速率，如通过添加氟化物可以明显抑制铝的腐蚀过程。

4.1.3 锂离子电池的优缺点

跟传统电池相比，锂离子电池具备下面的优点：

① 能量密度高。即同重量或体积的锂离子电池提供的能量比其他电池高。锂离子电池的质量比能量一般在100～170Wh・kg^{-1}之间，体积比能量一般在270～460Wh・L^{-1}之间，均为镍镉电池、镍氢电池的2～3倍。因此同容量的电池，锂离子电池要轻很多，体积要小很多。

② 电压高。因为采用了非水有机溶剂，其电压是其他电池的2～3倍。这也是能量密度高的重要原因。

③ 自放电率低。自放电率又称电荷保持率，是指电池放置不用自动放电的多少。锂离子电池的自放电率为3%～9%，镍镉电池在25%～30%之间，镍氢电池在30%～35%之间。因此，同样环境下锂离子电池保持电荷的时间长。

④ 无记忆效应。记忆效应就是指电池用电未完时再充电时充电量下降。无记忆效应所以锂离子电池可以随时充电，这样就使锂离子电池效能得到充分发挥；而镍氢电池，特别是镍镉电池的记忆效应较重。对于EV和HEV动力电源的工作状态，这一点是至关重要的。

⑤ 循环使用寿命长。在优良的环境下，可以存储五年以上。此外，锂离子电池负极采用最多的是石墨，在充放电过程中，Li^+不断地在正负极材料中脱嵌，避免了Li金属负极内部产生枝晶而引起的损坏。循环使用寿命可以达到1000～2000次。而镍镉电池、镍氢电池的充放电次数一般为300～600次。

⑥ 锂离子电池内部采用过流保护、压力保护、隔膜自熔等措施，工作安全、可靠。

⑦ 锂离子电池不含任何汞（Hg）、镉（Cd）、铅（Pb）等有毒元素，是真

正的绿色环保电池。

⑧ 工作温度范围广。锂离子电池通常在−20～60℃的范围内正常工作，但温度变化对其放电容量影响很大。

表4.1中列出了几种二次电池的性能，从表中可以看出，与其他二次电池相比，锂离子电池具有较多优势。

表4.1 各种二次电池的性能对比

	铅酸电池	镍镉电池	镍氢电池	锂离子电池	锂聚合物电池
比能量/($Wh \cdot kg^{-1}$)	50	75	75～90	180	120～160
能量密度/($Wh \cdot L^{-1}$)	100	150	240～300	300	250～320
功率密度/($W \cdot L^{-1}$)	200	300	240	200～300	220～300
开路电压/V	2.1	1.3	1.3	>4.0	>4.0
平均输出电压/V	1.9	1.2	1.2	3.6	3.7
循环寿命/次	300	800	>500	>1000	400～500
记忆效应	无	有	有	无	无
月自放电率/%	3～5	15～20	20～30	6～9	3～5
工作温度/℃	−10～50	−20～60	−20～50	−20～60	−20～60
毒性	高	高	中	低	低

然而，锂离子电池也不是完美的，存在如下几点缺陷。

① 内阻相对较大。由于其电解液是有机溶剂，其扩散系数远低于Cd-Ni和MH-Ni电池的水溶性电解液。

② 充放电电压区间宽。所以必须设置特殊的保护电路，防止过充电和过放电的发生。

③ 与普通电池的相容性差。因为锂电池的电压比其他电池高，所以跟其他电池相容性就较低。

4.1.4 锂离子电池对电极材料的要求

能够可逆地嵌入和脱出锂离子的负极材料是锂离子电池能够成功应用于工业生产的一个重要因素。作为一种可脱嵌的材料（B_y），电极反应为$x\mathrm{Li}+B_y=\mathrm{Li}_xB_y$。锂离子电池负极材料应当具有下列基本特性。

① 电池在正常的充放电工作情况下，能够有大量的锂离子可以在基体中可逆地嵌入和脱出，即可逆的x值应保持较好的数值，进而得到较高的能量密度。

② 锂离子在基体中的脱嵌过程应该保持较高的可逆性，且整个反应对主体结构没有或有很小的影响，从而减少可逆容量的损失，以确保良好的循环性能。

③ 锂离子在嵌入负极基体中时，其电位应尽可能低，从而使电池保持较高的输出电压，即工作电压。

④ 随着锂离子的脱嵌（x 值变化），基体的氧化还原电位的变化应尽可能小，这样可保持性能良好的充电和放电电压平台，利于获得相对稳定的电池电压。

⑤ 可脱嵌型化合物应具有较好的电导率，包括电子电导率和离子电导率，这样可以减缓极化，以获得较好的倍率性能。

⑥ 主体材料能够在固液相层面发生界面反应，形成致密性良好的 SEI 膜，可以有效保护材料的结构，防止崩塌，从而增加材料的循环寿命。

⑦ 在 SEI 膜形成后，电极主体材料应不与电解液等发生不可逆副反应，在整个电池充放电过程中应该具有较好的化学稳定性。

⑧ 在主体材料中应具有较大的锂离子扩散系数，利于电池具有较快的反应速度，适合快速充放电。

⑨ 主体材料应满足原料来源广、价格适宜、制备工艺简易、对环境无较大污染等要求。

相对于负极材料而言，正极材料价格偏高、能量密度和功率密度偏低，这些因素都制约了锂离子电池的大规模应用。因此，开发并制备出高性能的正极材料是锂离子电池应用领域的研究重点，理想的锂离子电池的正极材料应该具备以下特征。

① 在与锂离子的反应中有较大的可逆吉布斯能，这样可以减少由于极化造成的能量损耗，并且可以保证具有较高的电化学容量；此外，放电反应应具有较大的负吉布斯自由能变化，使电池的输出电压高。

② 锂离子在其中有较大的扩散系数，这样可以减少由于极化造成的能量损耗，并且也可以保证较快的充放电速率，以获得高的功率密度；此外，嵌入化合物的分子量要尽可能小并且允许大量的锂可逆地嵌入和脱嵌，以获得高的比容量。

③ 在锂的嵌入/脱嵌过程中，主体结构及其氧化还原电位随嵌脱锂量的变化应尽可能小，以获得好的循环性能和平稳的输出电压平台。

④ 材料的放电电压平稳性好，在整个电位范围内应具有良好的化学稳定性，不与电解质发生反应，这样有利于锂离子电池的广泛应用。

4.2 正极材料

4.2.1 层状结构正极材料

层状正极材料主要包括钴酸锂（$LiCoO_2$）、镍酸锂（$LiNiO_2$）、锰酸锂（$LiMnO_2$）、三元材料（$LiNi_yCo_xMn_zO$）和富锂材料［$xLi_2MnO_3 \cdot (1-x)LiMO_2$（M＝Mn、Co、Ni 等）］。$LiCoO_2$ 材料具有三种物相结构，分别是层状（六方晶系，$R\text{-}3m$ 空间群）、尖晶石型（六方晶系，$Fd\text{-}3m$ 空间群）和岩盐相结构。合成方法的不同造就了 $LiCoO_2$ 不同的物相，虽然都是嵌入式化合物，都可以作为锂离子电池正极材料，但是由于晶体结构差异导致了电化学性能差异。高温下合成的层状 $LiCoO_2$（HT-$LiCoO_2$）由于比容量较高，并有较好的循环性能和安全性，且较易制备而成为目前大量用于生产的锂离子电池正极材料。$LiCoO_2$ 的另外一种物相，是在较低温度下（400℃）合成的尖晶石型 $LiCoO_2$（LT-$LiCoO_2$），由于颗粒为尖角形，松装密度低，循环性能有争议而受到商业化冷淡。

HT-$LiCoO_2$ 具有 α-$NaFeO_2$ 型晶体结构，$R\text{-}3m$ 空间群，属于六方晶系，如图 4.2(a) 所示。三价钴占据八面体 $3a$ 位置，锂离子占据 $3b$ 位置，氧离子占据 $6c$ 位置。锂原子、钴原子和氧原子分别占据八面体的三个不同位置，成立方密堆积，形成层状结构。层状结构的 $LiCoO_2$ 的氧原子作立方密堆积（ABCABC……），钴原子和锂原子有序地交替排列在（111）晶面上，这种（111）晶面的有序排列引起晶格的轻微畸变而成为三方晶系，这样（111）面就变成了（001）面，其空间群为 $R\text{-}3m$，称这种结构为 Cu-Pt 型结构。电池充电时，正极活性材料中的部分锂离子脱离出 $LiCoO_2$ 晶格，锂离子通过电解液嵌入到负极活性物质 C 的晶格中，生成 Li_xC_6 化合物，负极处于富锂状态，正极处于贫锂状态，同时通过外电路从正极向负极补偿电子以保持电荷的平衡；反之放电时，锂离子从 Li_xC_6 中脱出经过电解液嵌入正极晶格中，同时，电子通过外电路从负极流向正极进行电荷补偿。图 4.2(b) 为 $LiCoO_2$ 材料的循环伏安曲线。在第一周循环中，3.92/3.87V 处可以明显发现一对氧化还原电对，它对应于典型的氧化还原电对 Co^{3+}/Co^{4+}。$LiCoO_2$ 材料在脱锂与嵌锂过程中，展现出复杂的固溶反应现象。也就是说，随着锂离子的进一步脱嵌，一些新的 Li_xCoO_2 相可能会在进一步探索 CoO_6 结构时形成。4.08/4.05V 和 4.17/4.14V 的氧化还原电对，归因于六角晶体和单斜晶体之间发生了二阶转换。第二周循环，明显的氧化还原电对出现在 3.94/3.86V 处，证明材料在循环时发生了极化。

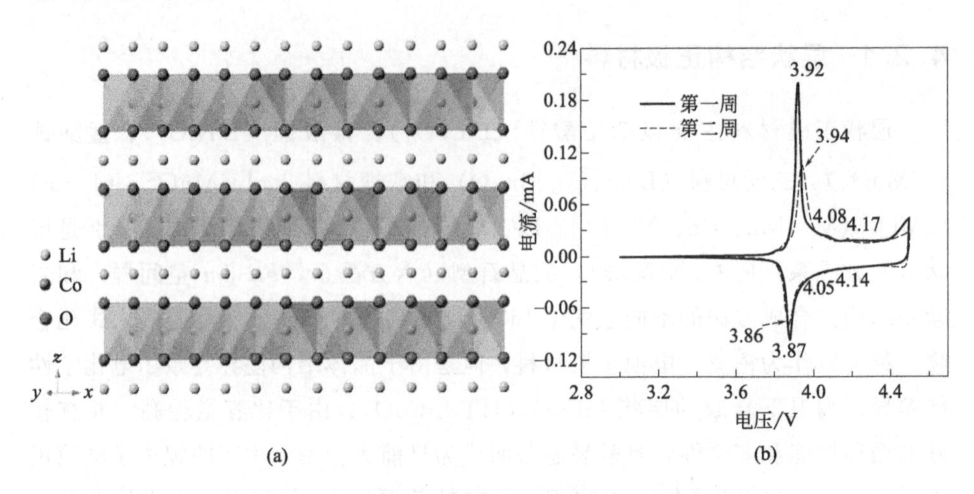

图 4.2 $LiCoO_2$ 的（a）结构示意图和（b）循环伏安曲线

$LiCoO_2$ 材料具有电压高、放电平稳及生产工艺简单等优点，一经推出便迅速占领市场。但在高于 4.35V 的电位时，其结构不稳定性是阻碍其实现 $274mAh \cdot g^{-1}$理论容量的主要障碍。目前实际容量只有理论值的一半。当充电电压高于 4.45V 时，$LiCoO_2$ 会发生不利的相转变，从 O3 相转变为 O1-O3 的共混相，随之会发生过渡金属层的滑移以及 O3 晶格结构的坍塌。随后 $LiCoO_2$ 内部应力增大，导致裂纹的出现以及颗粒的粉化。目前很多研究都专注于改性以改善其性能，如离子掺杂（Mg^{2+}、Sr^{2+}、Ga^{3+}、Al^{3+}）、包覆（$FePO_4$、ZrO_2 等）。黄云辉等利用 Mg 掺杂合成了 $Li_{0.9}Mg_{0.05}CoO_2$（LMCO），研究表明 Mg^{2+} 作为支柱时，能够有效防止在高度脱锂时发生的过渡金属层滑移，抑制 LMCO 发生相变，使得 LMCO 在充电至 4.6V 的高压时，依旧具有良好的循环稳定性。此外，Mg^{2+} 占据 LMCO 表面 Li^+ 位点时，能够原位形成 Li-Mg 混排结构。所得到的 Li-Mg 混排结构有利于抑制正极-电解液界面处的 CEI 膜过度生长和相转变，从而提高界面的稳定性，进一步提高了 LMCO 的循环稳定性。

与 $LiCoO_2$ 的结构一样，$LiNiO_2$ 也具有 α-$NaFeO_2$ 晶体结构，属 R-$3m$ 空间群，六方晶系。$LiNiO_2$ 是目前研究的各种正极材料中容量较高的系统，其理论容量为 $274mAh \cdot g^{-1}$，实际容量高达 $200 \sim 220mAh \cdot g^{-1}$，具有类似于 $LiCoO_2$ 的层状结构，也属于三方晶系的六方晶胞（R-$3m$），锂离子占据 $3a$ 位置，镍离子占据 $3b$ 位置，氧离子占据 $6c$ 位置。其晶胞参数为 $a=0.288nm$，

$c=1.42nm$，比 $LiCoO_2$ 稍大。由于 $LiNiO_2$ 具有放电容量高、成本廉价、无毒性和环境友好等优点，且与商业化的电解液具有良好的匹配性，从而被视为有可能替代 $LiCoO_2$ 的材料之一。但是，合成化学计量比的 $LiNiO_2$ 非常困难，由于 $LiNiO_2$ 中存在稳定的 Ni^{2+}，且和 Li^+ 的半径相近，易占据 Li^+ 的位置发生阳离子混排，很容易形成非化学计量比的 $Li_{1-x}Ni_{1+x}O_2$，Li^+ 位置被 Ni^{2+} 占据，阻碍了锂离子的扩散，降低了 Li^+ 扩散系数，从而导致容量下降。另外，$LiNiO_2$ 的热稳定性较差，在 200℃左右会发生分解。原因在于充电过程达到一定程度时，具有强氧化性的 Ni^{4+} 不仅可以氧化分解电解质，放出大量的热量和气体，而且自身也不稳定，在一定温度下易分解并析出氧气，导致 $LiNiO_2$ 的热安全性较差。目前，科研人员常采用元素掺杂和表面包覆等改性方法来克服 $LiNiO_2$ 在循环过程中发生的相变，进而提高 $LiNiO_2$ 的热稳定性和电化学性能。通过掺杂元素进入 $LiNiO_2$ 晶格中得到 $LiNi_{1-x}M_xO_2$（M＝Co、Mn、Mg、Al 等）化合物，不仅可以改善 $LiNiO_2$ 的结构，而且提高了材料的放电比容量、循环性能和热稳定性等。在 $LiNiO_2$ 表面包覆 TiO_2、ZnO、ZrO_2 等惰性物质是提高材料电化学性能的有效手段之一。实验证明，材料表面的包覆层不仅可以抑制材料与电解液的直接接触，提高了材料的稳定性，同时起到抑制电荷转移、阻抗增加的作用。

$LiMnO_2$ 是一种同质多晶化合物，它主要有 3 种存在形式：正交、单斜以及四方 $LiMnO_2$。其中正交和单斜 $LiMnO_2$ 具有层状结构，如图 4.3 所示。

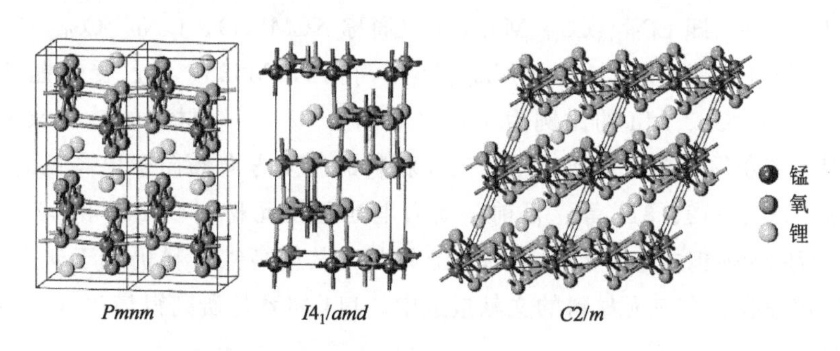

图 4.3 不同空间群的 $LiMnO_2$ 晶体结构图

正交 $LiMnO_2$ 属正交晶系，其空间群为 *Pmnm*，通常简称为 o-$LiMnO_2$，LiO_6 八面体和 MnO_6 八面体呈波纹形交互排列，而且 Mn^{3+} 向锂层迁移所引起的 Jahn-Teller 畸变效应使得 MnO_6 八面体骨架被拉长 14%左右，其晶格参数为：$a=0.2805nm$、$b=0.5757nm$、$c=0.4572nm$。o-$LiMnO_2$ 基于 Mn^{3+}/Mn^{4+} 电对的理论容量为 $286mAh \cdot g^{-1}$。单斜 $LiMnO_2$ 属单斜晶系，具有

α-$NaFeO_2$ 型结构，与 $LiCoO_2$ 和 $LiNiO_2$ 结构相似，属于 $C2/m$ 空间群，通常简称为 m-$LiMnO_2$。它具有 NaCl 型的微结构，两种不同的离子沿［111］晶面方向交替排列，理论容量也是 286mAh·g^{-1}，在空气中稳定。四方 $LiMnO_2$ 属四方晶系，空间群 $I4_1/amd$，通常简称为 t-$LiMnO_2$。其晶格参数为 $a=0.5662$nm、$c=0.9274$nm，阳离子分布为 $[Li^+]_{8a}[Li^+]_{16c}[Mn_2{}^{3+}]_{16d}O_4^{2-}$，其中 $8a$ 位是四面体位，$16c$ 和 $16d$ 位是八面体位。目前，用作锂离子电池正极材料的主要是层状结构的 $LiMnO_2$。单斜晶系的 $LiMnO_2$ 的理论容量为 285mAh·g^{-1}，实际的比容量也有 200mAh·g^{-1}。不过与 $LiNiO_2$ 一样，$LiMnO_2$ 对制备工艺的要求比较高。因为单斜相 $LiMnO_2$ 的热稳定性较差，一般在低温条件下合成，所以很难通过高温固相法合成出层状结构 $LiMnO_2$。目前普遍采用水热法、离子交换法等方法制备出层状结构的 $LiMnO_2$。由于在循环过程中，单斜相的 $LiMnO_2$ 会发生不可逆的转变，变为六方晶相，电化学性能欠佳，因此应用不是特别广泛。

三元材料（Li-Ni-Co-Mn-O，NCM 或 Li-Ni-Co-Al-O，NCA）是当前公认的最有商用价值的正极材料之一。与单一 $LiMO_2$ 材料相比，三元材料的倍率性能更好，安全性更高。这主要是由于：①Ni 提高材料容量；②Co 减少了离子混排占位，从而提高材料结构稳定性；③Mn 降低成本，同时提高安全性。随着 Ni、Co、Mn 组成比例的变化，材料的容量、安全性等诸多性能能够在一定程度上实现可调控。业内人士习惯于按照材料的比例命名，三元系列的材料可分为以下几种，即 $LiNi_{1/3}Co_{1/3}Mn_{1/3}O_2$（简称 NCM111）、$LiNi_{0.4}Co_{0.2}Mn_{0.4}O_2$（简称 NCM424）、$LiNi_{0.5}Co_{0.2}Mn_{0.3}O_2$（简称 NCM523）等。受镍锂互占位的影响，Ni、Co、Mn 的比例为 1∶1∶1 和 4∶2∶4 时材料的结构稳定性较好。但为了获得更多的可逆容量，三元材料的研发方向倾向于提高镍的含量，如 523、622、712、811 等。目前，动力电池用三元材料以 111 和 424 为主，532 逐渐成为便携式电子产品中的主流材料，其他高镍材料仍处于研发之中，实际应用较少。在三元材料的文献报道中，111 体系是研究得最深入、最充分的材料。

以 $LiNi_{1/3}Co_{1/3}Mn_{1/3}O_2$ 为例，与 $LiCoO_2$ 一样，层状 $LiNi_{1/3}Co_{1/3}Mn_{1/3}O_2$ 属于 R-$3m$ 群，六方晶系，是 α-$NaFeO_2$ 型层状盐结构，其结构如图 4.4 所示，Li 占据岩盐结构（111）面的 $3a$ 位置，过渡金属 Ni、Co、Mn 离子占据 $3b$ 位置，O 占据 $3c$ 位置，每个过渡金属由 6 个氧原子包围形成 MO_6 八面体，锂离子嵌入在过渡金属层 $Ni_{1/3}Co_{1/3}Mn_{1/3}O_2$ 中。在充放电过程中，过渡金属层间的锂离子可逆地嵌入和脱嵌。关于 $3b$ 位置过渡金属层的排列普遍认为有三种模型：第一种模型是具有 $[\sqrt{3}\times\sqrt{3}]R30°$超结构的 $[Ni_{1/3}Co_{1/3}Mn_{1/3}]O_2$ 的复杂模型，如图 4.4(a)；第二种模型是 CoO_2、NiO_2、MnO_2 交替形成组成的晶格，如图 4.4(b)；第三种模型是 Ni、Co、Mn 随机无序地占据 $3b$ 位置。对于 $LiNi_{1/3}Co_{1/3}Mn_{1/3}O_2$ 的晶体结构有待进一步研究。

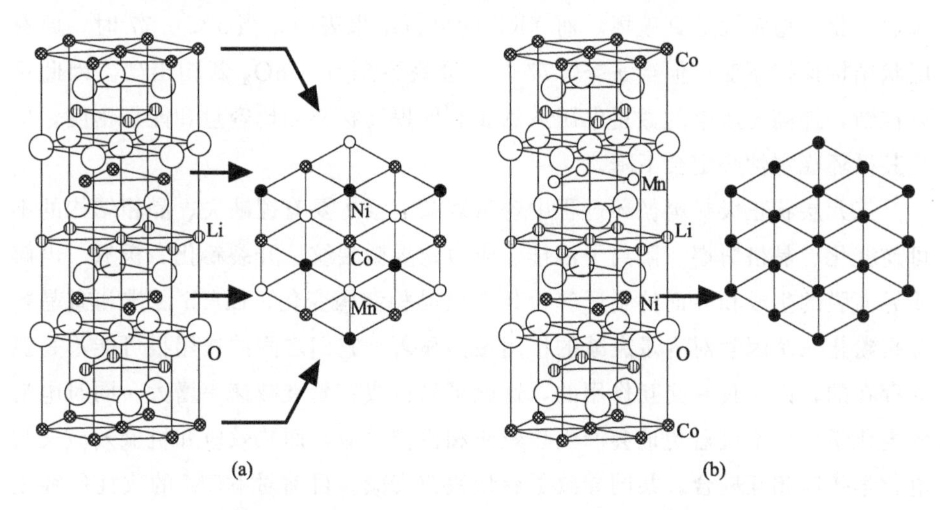

图 4.4 $LiNi_{1/3}Co_{1/3}Mn_{1/3}O_2$ 的晶体结构图

$LiNi_{1/3}Co_{1/3}Mn_{1/3}O_2$ 中各过渡金属离子作用各不相同，一般认为，Mn^{4+} 的作用在于支撑材料的结构，提高材料的安全性；Co^{3+} 的作用在于不仅可以稳定材料的层状结构，而且可以提高材料的循环和倍率性能；而 Ni^{2+} 的作用在于增加材料的容量。局域自旋密度近似（LSDA）计算表明，$Li_{1-x}Ni_{1/3}Co_{1/3}Mn_{1/3}O_2$ 的脱锂过程分为三个阶段。

① $0\leqslant x\leqslant 1/3$ 时，对应的反应是将 Ni^{2+} 氧化成 Ni^{3+}，在充电过程中的电化学反应式为：

$$LiNi_{1/3}Co_{1/3}Mn_{1/3}O_2 \underset{放电}{\overset{充电}{\rightleftharpoons}} Li_{2/3}Ni^{3+}_{1/3}Co_{1/3}Mn_{1/3}O_2+\frac{1}{3}Li^++\frac{1}{3}e^- \quad (4.4)$$

② $1/3\leqslant x\leqslant 2/3$ 时，对应的反应是将 Ni^{3+} 氧化成 Ni^{4+}，在充电过程中的电化学反应式为：

$$Li_{2/3}Ni^{3+}_{1/3}Co_{1/3}Mn_{1/3}O_2 \underset{放电}{\overset{充电}{\rightleftharpoons}} Li_{1/3}Ni^{4+}_{1/3}Co_{1/3}Mn_{1/3}O_2+\frac{1}{3}Li^++\frac{1}{3}e^- \quad (4.5)$$

③ $2/3\leqslant x\leqslant 1$ 时，Co^{3+} 氧化成 Co^{4+}，在充电过程中的电化学反应式为：

$$Li_{1/3}Ni^{4+}_{1/3}Co_{1/3}Mn_{1/3}O_2 \underset{放电}{\overset{充电}{\rightleftharpoons}} Ni^{4+}_{1/3}Co^{4+}_{1/3}Mn_{1/3}O_2+\frac{1}{3}Li^++\frac{1}{3}e^- \quad (4.6)$$

电位为 3.8～4.1V 区间内对应于 Ni^{2+}/Ni^{3+}（$0\leqslant x\leqslant 1/3$）和 Ni^{3+}/Ni^{4+}

(1/3≤x≤2/3）的转变；在4.5V左右对应于Co^{3+}/Co^{4+}（1/3≤x≤2/3）转变。当Ni^{2+}与Co^{3+}被完全氧化至＋4价时，其理论容量为278mAh·g^{-1}。Choi等的研究表明，在$Li_{1-x}Ni_{1/3}Co_{1/3}Mn_{1/3}O_2$中，当$x$≤0.65时，O的＋2价保持不变；当$x$＞0.65时，O的平均价态有所降低，有晶格氧从结构中逃逸，化学稳定性遭到破坏。而XRD的分析结果表明，当x≤0.77时，原有层状结构保持不变；但当x＞0.77时，会观察到有MnO_2新相出现。因此可以推断，提高充放电的截止电压虽然能有效提高材料的比容量和能量密度，但是其循环稳定性必定会下降。

三元层状正极材料循环过程中容量衰减因素主要有锂缺失、晶相结构的不可逆变化、晶格坍塌、阳离子混排、应力诱导微裂纹、开裂粉化、析氧、电解质界面膜的生成和界面的副反应，其中以晶相结构变化、Li/Ni混排和微晶粒开裂粉化三个因素对容量衰减的作用最为显著。它们之间的作用很可能不是孤立存在的，而是具有交互作用的，这就更易造成容量衰减速率增大。同时电池的电化学反应不可避免地会产生热效应和机械效应，而热效应和机械效应又与电化学效应相互耦合，共同导致了容量快速衰减。目前对NCM的改性研究主要包括掺杂、表面包覆以及梯度结构设计等。

掺杂是改进NCM正极材料结构稳定性、功率性能、离子导电性能的有效手段。常用的掺杂元素主要包括Mg、Al、Ti、Zr及F等。三元材料的表面易与环境中的空气和水发生副反应，在材料的表面形成高浓度的Li_2CO_3以及LiOH杂质。这些表面残留物可与电解液反应，在电极表面形成绝缘层，降低材料倍率性能。材料表界面间的副反应会对三元材料的性能产生决定性影响。因此，对其进行表面处理是对三元材料一种有效的改性手段。但是，包覆层对电极性能的影响也高度依赖于包覆剂的性能、含量、热处理条件。Zhang等采用溶剂热法合成Li_2ZrO_3@$LiNi_{1/3}Co_{1/3}Mn_{1/3}O_2$材料，其制备流程如图4.5所示。该材料呈现良好的球状，大小在300～500nm之间，在球体的表面包覆着一层厚度约为7～10nm的Li_2ZrO_3。与纯样相比，Li_2ZrO_3@$LiNi_{1/3}Co_{1/3}Mn_{1/3}O_2$的可逆容量、循环性能、电导率、热稳定性以及高倍率性能等都得到了很大的提高，其中材料分别在25℃和55℃的条件下，5C倍率循环400次后的容量保持率分别为93.8%和85.1%，明显高于纯样的69.2%和37.4%。

核壳结构材料可以保护内核物质不会受到HF腐蚀，兼具了高镍材料高容量和高锰材料高稳定性的优势。此类材料的特点是核壳交界处具有相同的浓度，其中内核处的过渡金属离子浓度不发生改变，而外壳成分由内到外，Ni

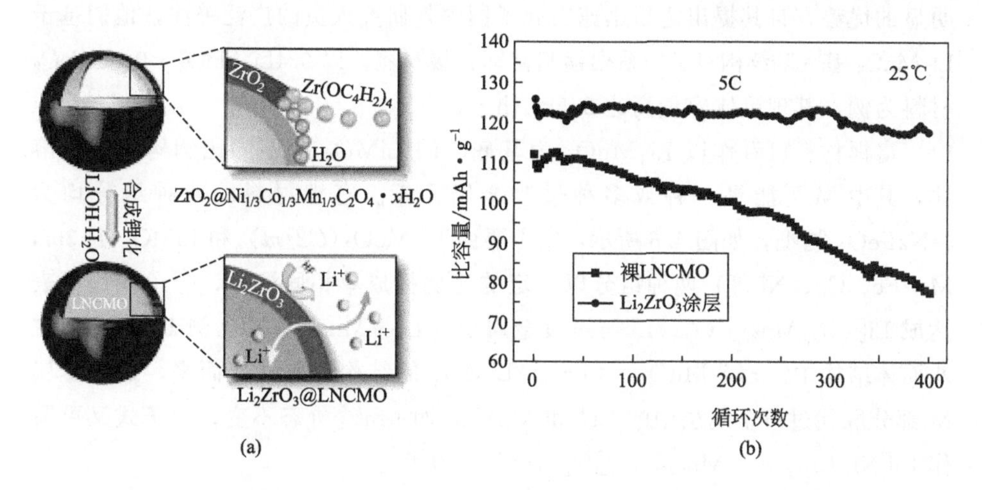

图 4.5 Li_2ZrO_3@$LiNi_{1/3}Co_{1/3}Mn_{1/3}O_2$ 的（a）制备流程图及（b）循环性能图

的浓度逐渐降低，而 Mn 或 Co 的浓度逐渐增加。这种核壳梯度材料界面处浓度的渐变，可以抑制核壳材料因成分差异过大而出现的核壳分离现象。梯度材料的设计初衷是在提升放电比容量的同时保证优异的循环稳定性和热稳定性，目前较为常见的梯度设计都是控制 Ni 和 Mn 的浓度反方向变化，而 Co 的浓度可恒定、增加或降低。

2001 年，Dahn 课题组就率先在 Li_2MnO_3 的基础上通过引入 Ni^{2+} 替代 Li^+ 和 Mn^{4+}，设计了 $Li[Ni_xLi_{(1/3-2x/3)}Mn_{(2/3-x/3)}]O_2$ 固溶体。他们发现当 $x=1/3$ 时，该材料在 50℃和 2.0～4.6V 条件下进行循环时的实际比容量达到了 $220mAh \cdot g^{-1}$；随后他们将电池的工作电压提高到 4.8V，并发现首次充电曲线在 4.5～4.7V 区间出现了一个出乎意料的长平台，但伴随着氧的不可逆损失，该平台在后续的循环中消失，该材料的可逆比容量最后稳定保持在 $225mAh \cdot g^{-1}$。Thackeray 课题组则系统地研究了 $xLi_2MO_3 \cdot (1-x)LiM'O_2$（M′＝Ni、Co 和 Mn；M＝Ti、Zr 和 Mn）材料的电化学性质，他们发现 Li_2TiO_3 非活性组分的引入对于提高 $LiMn_{0.5}Ni_{0.5}O_2$ 的稳定性和富锂材料的库仑效率是有利的，并且 $0.95LiMn_{0.5}Ni_{0.5}O_2 \cdot 0.05Li_2TiO_3$ 材料在 2.5～4.6V 窗口下的可逆比容量约为 $175mAh \cdot g^{-1}$。受以上工作的启发，具有 $xLi_2MnO_3 \cdot (1-x)LiMO_2$（M＝Mn、Ni、Co、Cr、Fe 等）计量比的富锂材料成为了人们竞相关注的焦点，人们开展了大量的研究工作，以更好地理解锰基富锂材料的电化学行为。富锂锰基正极材料因其超高比容量（$>250mAh \cdot g^{-1}$）、低成本和高安全性，受到广泛关注。富锂正极材料由于在比容量方面具有非常明显的优势，自其提出之后迅速引起了国内外研究人员的广泛关注，他们基于 Li_2MnO_3 基元陆续构筑了一系列锰基富锂正极材料。以 $0.4Li_2MnO_3 \cdot 0.6LiCoO_2$ 材料为例，其理论比容量高达 $345mAh \cdot g^{-1}$。

富锂材料可看作以 Li_2MnO_3 为基底，同 $LiMO_2$ 按不同比例构成的固溶体，其中 M 可能是一种或多种过渡金属元素。富锂材料的两种组分均为 α-$NaFeO_2$ 构型，如图 4.6 所示，它主要由 Li_2MnO_3($C2/m$) 和 $LiMO_2$(R-$3m$，M=Fe、Co、Ni 等) 两种组分以一定的比例构成单相固溶体，分子式还可表达成 $Li[Li_{1/3}Mn_{2/3}]O_2$，Li 与过渡金属层 $[Li_{1/3}Mn_{2/3}]$ 以比例 1∶1 排列在八面体结构中。$xLi_2MnO_3 \cdot (1-x)LiMO_2$ 的结构由此演变而来，过渡金属 M 部分取代过渡金属层中的 Li^+ 和 Mn^{4+}，而 Mn^{4+} 价态不变，分子式又可写作 $Li[Ni_xLi_{1/3-2x/3}Mn_{2/3-x/3}]O_2$ ($0 \leqslant x \leqslant 0.5$)。

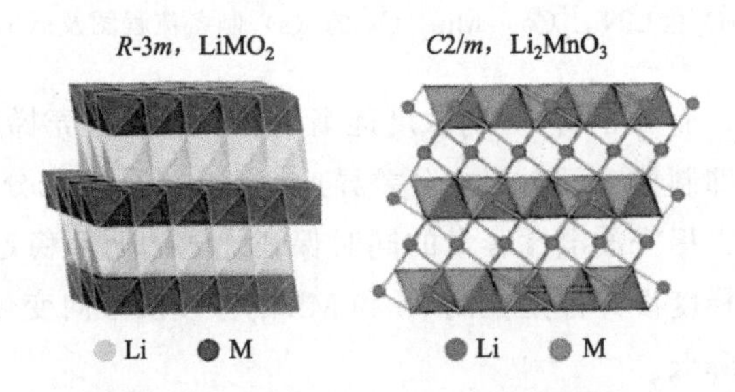

图 4.6 Li_2MnO_3 和 $LiMO_2$ 晶体结构示意图

以富锂型正极材料中的 $xLi_2MnO_3 \cdot (1-x)LiNi_{1/3}Co_{1/3}Mn_{1/3}O_2$ 为例，当充放电循环在较低的截止电压（≤4.5V）下进行时，此时 Li_2MnO_3 材料的电化学活性较小，因此 $LiNi_{1/3}CO_{1/3}Mn_{1/3}O_2$ 正极材料是放电容量的主要来源；当充电截止电压≥4.6V 时，固溶体中 Li_2MnO_3 材料的电化学活性增大，此时 Li_2MnO_3 材料和 $LiNi_{1/3}CO_{1/3}Mn_{1/3}O_2$ 正极材料一起作用，进行锂离子的脱出与嵌入。在该充电截止电压下，大量的锂离子从正极材料晶格中脱出，并释放出氧，形成 Li_2O 和 MnO 的网络。若从正极电极中能够脱出所有的锂离子，则富锂型正极材料 $xLi_2MnO_3 \cdot (1-x)LiMO_2$ (M=Mn、Co、Ni 等) 理想的充电反应机理可以分别用式(4.7) 和式(4.8) 表示，图 4.7 给出了首次充放电过程中材料的结构变化。

$$xLi_2MnO_3 \cdot (1-x)LiMO_2 \xrightarrow{\text{充电}} xLi_2MnO_3 \cdot (1-x)MO_2 + (1-x)Li \tag{4.7}$$

$$xLi_2MnO_3 \cdot (1-x)MO_2 \xrightarrow{\text{充电}} xMnO_2 \cdot (1-x)MO_2 + xLi_2O \tag{4.8}$$

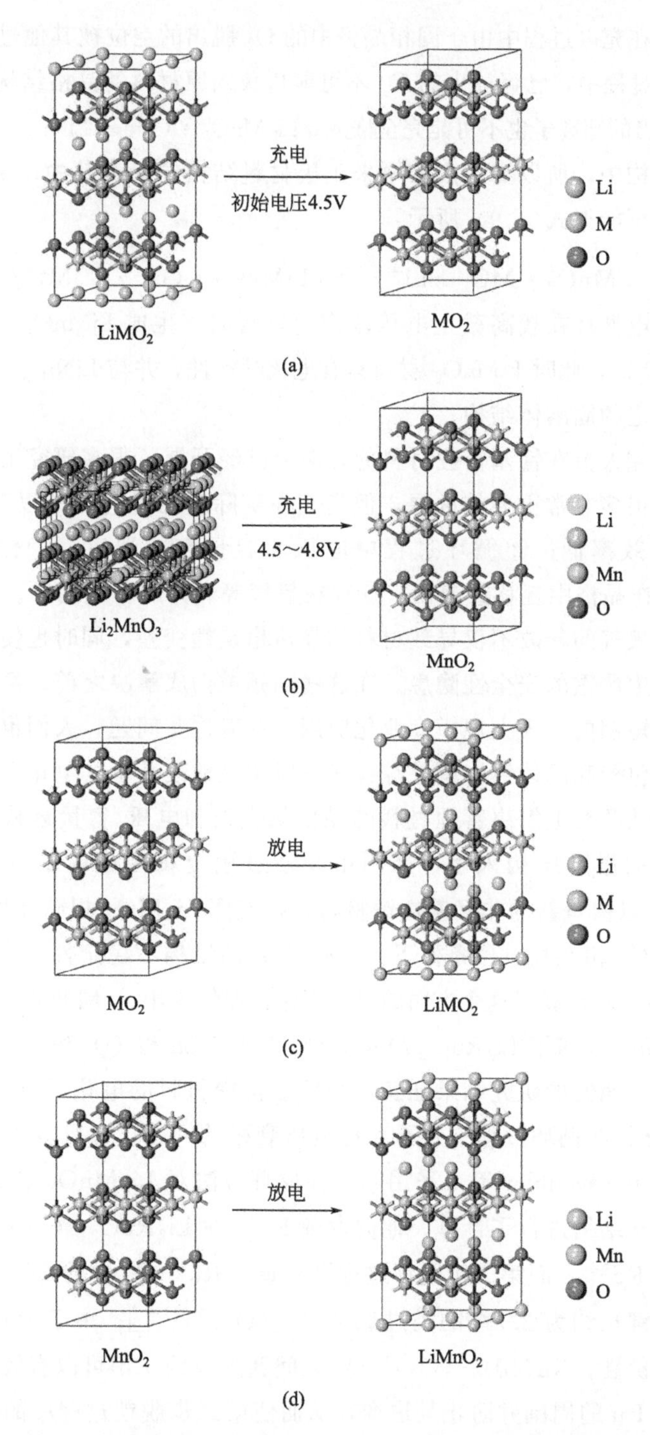

图 4.7　首次循环 $x\mathrm{Li_2MnO_3}\cdot(1-x)\mathrm{LiMO_2}$ 的结构变化

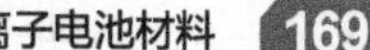

然而，在充电过程中由于固相晶格中的 O_2 脱出的空位被其他过渡金属所占领，在放电过程中，已释放出的 O_2 不可能再载入原材料的晶格结构中。因此放电时所有脱出的锂离子也不可能完全嵌入 $xLi_2MnO_3 \cdot (1-x)LiNi_{1/3}Co_{1/3}Mn_{1/3}O_2$ 正极材料结构中，所以真正嵌入原来正极材料结构的只有其中一部分锂离子，其反应机理可能如式(4.9) 所示：

$$xMnO_2 \cdot MO_2 + Li^+ \xrightarrow{\text{放电}} xLiMnO_2 \cdot (1-x)LiMO_2 \tag{4.9}$$

当充放电循环在较高截止电压范围内进行时，生成 $LiMnO_2$，其中 Mn 的化合价为+3 价，此时 $LiMnO_2$ 材料具有电化学活性，并与 $LiNi_{1/3}Co_{1/3}Mn_{1/3}O_2$ 形成更加稳定的固溶体结构。

尽管研究人员在锰基富锂材料的方向上已经开展了很多研究工作，并且也已经取得了很多非常重要的进展，但是其在实际应用中仍存在以下技术挑战：①首次库仑效率低；②循环过程中电压和容量衰减严重；③倍率性能差；④TM 离子在晶格中迁移或溶出；⑤存在氧气等气体的释放问题。特别是晶格氧的损失及氧气的释放不仅导致材料的晶格稳定性变差，同时也使电池在热失控条件下产生严重的安全性隐患。在这些问题被彻底解决之前，富锂锰基正极材料难以在短期内实现大规模商业化应用。针对这些问题，人们也采用了离子掺杂、表面包覆和晶体结构调控等技术手段明显地改善了其电化学性能。

但要想从源头上解决富锂材料的晶格氧损失和电压/容量衰减等问题，仍需要从材料的微观结构入手，采用由非锰过渡金属构成的 Li_2MO_3 相替代 Li_2MnO_3 相以构筑新的非锰基富锂材料，在发挥 Li_2MO_3 相储锂优势的同时，抑制 Li_2MnO_3 相在高电位条件下（>4.6V）的结构不稳定性。Tarascon 课题组在 2013 年率先开展了这个方面的研究工作，他们采用 4d 周期的 Ru 和 5d 周期的 Ir 替代 Mn，构筑了 $Li_2Ru_{1-x}M_xO_3$（M=Mn、Sn 和 Ti）和 $Li_2Ir_{1-x}Sn_xO_3$ 等富锂材料。他们的研究结果证实：与锰基富锂材料的电化学行为完全不同，Ru 基富锂材料在循环过程中并不存在电压衰减的问题，并且其不可逆容量的损失也非常小。Doublet 等人采用第一性原理方法对 Li_2MnO_3 和 Li_2RuO_3 的稳定性和电子结构进行了计算，他们发现 Ru^{4+} 在 Li_2RuO_3 第一步脱锂的过程中被氧化成 Ru^{5+}，而第二步脱锂过程则导致 $LiRu^{5+}O_3$ 中的 O^{2-} 离子两两靠近并形成了键长约为 2.3Å 的类过氧基团［$(O_2)^{3.333-}$］；由于 Ru—O 之间具有很强的共价性，Ru(4d)—$(O_2)^{3.333-}$ 之间新形成的 σ 键可以有效地将类过氧基团束缚在 Ru 的周围并防止其逃逸，从而使第二步脱锂过程中的阴离子氧化还原成为一个完全可逆的过程。这种还原耦合机理与 Li_2MnO_3 在高电位下阴离子的氧化完全不同：Li_2MnO_3 在深度脱锂的条件下，O^{2-} 离子的氧化也伴随着晶格氧的不可逆损失。最近的研究结果已表明 Mo 基富锂材料也可以较好地抑制晶格氧的损失，这为新型富锂材料的设计和开发带来了一线曙光。王兆祥等人采用 Li_2MoO_3 替代 Li_2MnO_3 作为富锂材料的结构基元，他们的研究结果表明 Li_2MoO_3 具有良好的结构稳定性并可以抑制高电位下氧的释放，这对于提高富锂材料的倍率性能有利，同时他们也提出了一中心两电子的机制，即锂离子的脱嵌导致 Mo^{4+} 氧化成 Mo^{6+}。谢颖等人最近的研究结果则表明：对于所有的 3d 过渡金属，$Li_2M(3d)O_2$ 在脱嵌一个锂之后，其晶格氧的损失成为了热力学自发过程，但 M(4d/5d)—O 之间较强的共价性使晶格的稳定性得到了明显的改善，并较好地抑制了晶格氧的脱出，这很好地解释了为何 4d 周期的 Mo 和 Ru 所对应的 Li_2MO_3 相可以作为高度稳定的结构基元构筑非锰基富锂材料。但考虑到过渡金属（M）的复杂性，由不同过渡金属衍生得到的 Li_2MO_3 相的微观成键结构具有很大的差异性，这毫无疑问对 Li_2MO_3 的结构稳定性、氧化还原反应机理和电化学性能产生重要的影响，进而影响 $xLi_2MO_3 \cdot (1-x)LiM'O_2$（M′＝Fe、Co 和 Ni 等）材料的整体性能。

4.2.2 尖晶石结构正极材料

尖晶石型 $LiMn_2O_4$ 属于 $Fd\text{-}3m$ 空间群，其中的［Mn_2O_4］骨架是一个有利于 Li^+ 扩散的四面体与八面体共面的三维网络。$LiMn_2O_4$ 中的 Mn 占据八面体（16d）位置，3/4Mn 原子交替位于立方紧密堆积的氧层之间，余下的 Mn 原子位于相邻层；O 占据面心立方（32e）位，作为立方紧密堆积；Li 占据四面体（8a）位置，可以直接嵌入由氧原子构成的四面体间歇位，Li^+ 通过相邻的四面体和八面体间隙沿 8a-16c-8a 通道在［Mn_2O_4］三维网络中脱嵌，$Li_xMn_2O_4$ 中 Li^+ 的脱嵌范围是 $0<x\leqslant 2$。$LiMn_2O_4$ 作为锂离子电池正极材料，具有放电电压高、安全性能好、价格低廉和对环境友好等优点。$LiMn_2O_4$ 的循环性能较差，尤其是在高温（55℃）时的容量衰减较快，主要原因为：①Mn^{3+} 与电解液发生歧化反应（$Mn^{3+} \longrightarrow Mn^{2+} + Mn^{4+}$），生成 Mn^{2+}，发生溶解，且在高温（55℃）下溶解速度加快，使尖晶石型 $LiMn_2O_4$ 的结构被破坏，因此在充放电过程中，Mn^{2+} 会发生迁移，沉积在负极表面，造成短路；②Jahn-Teller 效应导致 Mn 的平均价态＜3.5 时，晶体结构由立方晶系转变为四方晶系，产生晶格畸变，电极极化效应增强，造成容量衰减；③氧缺陷，在高温（55℃）条件下，$LiMn_2O_4$ 对电解液有催化作用，能引起

电解液的催化氢化，溶解失氧。目前用于提高 $LiMn_2O_4$ 材料性能的方法主要有纳米化、控制形貌、掺杂以及表面改性。

为了改善 $LiMn_2O_4$ 的倍率性能，各种形貌和纳米结构的 $LiMn_2O_4$ 已经被报道。$LiMn_2O_4$ 材料的电化学性能与其形貌、颗粒大小、晶型和结构的多孔性有密切的联系，常见的形貌有纳米颗粒、纳米线、纳米纤维、纳米片、纳米棒、多孔材料以及纳米刺等。其中，多孔材料存在丰富的网络状结构的孔洞，电解液可从孔隙中浸入，缩短材料内部的锂离子进入电解质的扩散路径，同时改善了 $LiMn_2O_4$ 中电子和离子的传导。表面包覆 $LiMn_2O_4$ 的目的主要是通过微粒包覆避免 $LiMn_2O_4$ 和电解液的直接接触，阻止正极材料和电解液之间的相互恶性作用，抑制锰的溶解和电解液的分解，提高材料在高温下的循环稳定性能。

$LiMn_2O_4$ 属于 $Fd\text{-}3m$ 空间群，锰离子（$3d^3$、$3d^4$）占据八面体 $16d$ 位，很容易被锂离子（$2s^0$）取代，形成非化学计量比锂锰氧化物，而不引起结构变化。因此，采用少量离子对锰离子进行掺杂，可以充分抑制 Jahn-Teller 效应的发生，有效提高电极的循环寿命，抑制容量的衰减。锰酸锂正极材料的掺杂与改性主要分为三种：①提高 Mn 元素的平均价态，抑制 Jahn-Teller 效应，主要掺杂 Li^+、Mg^{2+}、Zn^{2+} 以及稀土离子等。这类离子少量掺杂，可以提高锂离子电池的循环性能和高温性能。②提高 Mn 元素的平均价态，增强尖晶石结构的稳定性。这类离子主要包括 Cr^{3+}、Co^{3+}、Ni^{2+}，由于这类离子的离子半径与 Mn 离子半径差别不大，其 M—O 键键能一般比 Mn—O 键键能大，增强了晶体结构，抑制了晶胞的膨胀和收缩，因此掺杂量较大时基本上不改变尖晶石结构。③提高 Mn 元素的平均价态，但容易形成反尖晶石结构［其通式为 $B(AB)O_4$，A^{2+} 分布在八面体空隙，B^{3+} 一半分布于四面体空隙另一半分布于八面体空隙］，掺杂量较大时导致尖晶石结构破坏。这类离子主要包括 Al^{3+}、Ga^{3+}。它们部分取代四面体 $8a$ 位置的 Li^+，掺杂量较少时，电池可逆容量只是稍有降低，而循环性能明显提高。

采用过渡金属离子对锰离子进行掺杂，生成尖晶石相 $LiM_{0.5}Mn_{1.5}O_4$（M=Cr、Ni、Cu、Fe），可以提高电池的充放电电压，可达到 5V 左右，充分抑制了 Jahn-Teller 效应的发生，有效地提高了电极的循环寿命。电池的容量和充放电平台电压取决于过渡金属离子的类型和浓度，5V 电池的好处是可以获得高的功率密度。过渡金属离子掺杂锰酸锂正极材料具有比较高的输出电压，充分抑制了充放电过程中结构的不可逆变化，大大提高了锂离子电池的循环性能、能量密度以及功率密度。在大量的研究过程中发现，材料

$LiCr_{0.5}Mn_{1.5}O_4$ 在循环过程中容量衰减得非常快，而材料 $LiCo_{0.5}Mn_{1.5}O_4$ 在 36 个循环之后其放电电压从 5.0V 降至 4.8V，$LiFe_{0.5}Mn_{1.5}O_4$ 在 4.0V 和 4.8V 处的容量距理论值有很大的差距，只有材料 $LiNi_{0.5}Mn_{1.5}O_4$ 表现出一个可接受的稳定性能。尖晶石型 $LiNi_{0.5}Mn_{1.5}O_4$ 正极材料的起始容量和充放电循环性能受其合成条件的影响很大。尖晶石型 $LiNi_{0.5}Mn_{1.5}O_4$ 具有面心立方（$Fd\text{-}3m$）和原始简单立方（$P4_332$）两种结构，如图 4.8 所示。在 $LiNi_{0.5}Mn_{1.5}O_4$（$Fd\text{-}3m$）中，Li 占据 $8a$ 位，Ni 和 Mn 随机地占据 $16d$ 位，O 则占据 $32e$ 位；而在 $LiNi_{0.5}Mn_{1.5}O_4$（$P4_332$）中，Ni 有序地取代了部分 Mn 原子，$16d$ 位分为 $4b$ 位和 $12d$ 位，Ni 占有 $4b$ 位，Mn 占有 $12d$ 位，O 占有 $8c$ 和 $24e$ 位。

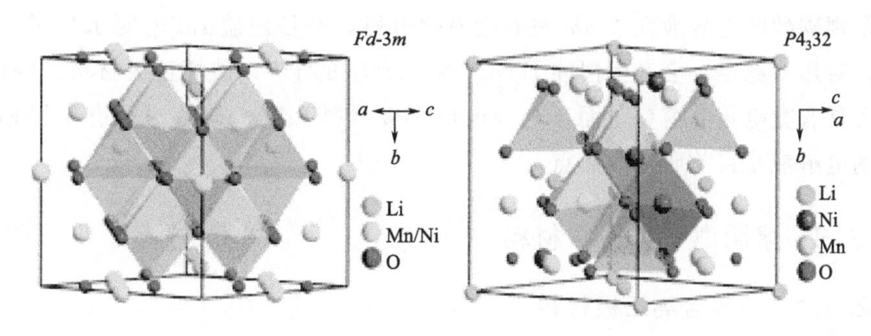

图 4.8 $LiNi_{0.5}Mn_{1.5}O_4$ 正极材料的晶体结构

$LiNi_{0.5}Mn_{1.5}O_4$ 在碳材料作为负极的全电池中高温容量衰减较快，其容量的衰减机制通常有 Mn 的溶解以及结构-电解液-相关反应等。在无序的 $LiNi_{0.5}Mn_{1.5}O_4$ 材料中，由于 Mn^{3+} 的存在，从而导致 Mn 溶解问题严重。Pieczonka 等人研究表明，随着荷电状态（SOC）的增加，过渡金属溶解的数量也增加。也就是说，在充电态，金属的溶解增加；在放电态，过渡金属的价态较低，金属的溶解降低。此外，当使用 $LiPF_6$ 基电解液时，电解液中痕量的水容易导致电解质盐 $LiPF_6$ 的分解，进而产生 HF 与 $LiNi_{0.5}Mn_{1.5}O_4$ 材料发生化学反应：

$$4HF+2LiNi_{0.5}Mn_{1.5}O_4 \longrightarrow 3Ni_{0.25}Mn_{0.75}O_2+0.25NiF_2+0.75MnF_2+2LiF+2H_2O \quad (4.10)$$

高温时，上述反应会被进一步加速，不利于 $LiNi_{0.5}Mn_{1.5}O_4$ 材料在锂离子电池中的应用。Kim 等人证明了 $LiNi_{0.5}Mn_{1.5}O_4$/石墨全电池的容量衰减来自于 Mn 的溶解；Mn 在石墨表面的还原导致 SEI 膜的不断生成，进而导致了锂离子在全电池体系中的损失。另外，$LiNi_{0.5}Mn_{1.5}O_4$ 的自放电行为会导致电解液的分解，电解液分解生成的HF加速了Mn和Ni的溶解，生成了LiF、MnF_2、NiF_2以及聚合有机物等，沉积在$LiNi_{0.5}Mn_{1.5}O_4$电极的表面，增加了电池的阻抗。此外，Mn^{2+}在全电池的石墨负极表面被还原，并消耗了活性的Li^+，其反应方程式如下：

$$Mn^{2+} + 2LiC_6 \longrightarrow 2Li^+ + Mn + 石墨 \qquad (4.11)$$

还原的金属Mn会进一步促进通过SEI膜厚度的增加减少活性的Li^+数量，导致$LiNi_{0.5}Mn_{1.5}O_4$/石墨全电池的容量衰减。与$LiMn_2O_4$材料类似，目前提高$LiNi_{0.5}Mn_{1.5}O_4$材料的方法主要有纳米化、控制形貌、掺杂以及表面改性。与$LiMn_2O_4$材料不同的是，$LiNi_{0.5}Mn_{1.5}O_4$材料的电压平台较高，现在还没有与之相匹配的电解液，限制了$LiNi_{0.5}Mn_{1.5}O_4$的应用。基于$LiPF_6$的常规碳酸酯电解液在4.5V左右会氧化分解，并且锂盐$LiPF_6$对水分过于敏感，对热不稳定，会产生侵蚀$LiNi_{0.5}Mn_{1.5}O_4$的HF，破坏正极材料。因此，开发具有宽电化学窗口，而且与高电压正极材料$LiNi_{0.5}Mn_{1.5}O_4$有很好相容性的电解液是目前研究的热点。

4.2.3 聚阴离子型正极材料

4.2.3.1 磷酸盐类正极材料

自从J. B. Goodenough等于1997年率先报道$LiFePO_4$作为锂离子电池正极材料以来，聚阴离子化合物$LiMPO_4$（M＝Fe、Mn、Co、Ni）因具有良好的电化学性能、高温稳定性好、成本低廉、来源广泛、对环境友好等优点受到了广泛的关注和研究，是很有前景的正极材料之一。

$LiMPO_4$（M＝Fe、Mn、Co、Ni）晶体为橄榄石型结构，属于*Pnma*空间群，为六方正交晶系，其晶体结构如图4.9所示。其中，Li原子和M原子分别与六个O原子形成LiO_6八面体和MO_6八面体，P原子与四个O原子组成PO_4四面体，Li和M交替占据八面体的空隙位，构成具有二维Li^+脱嵌通道的三维结构。由于铁的资源丰富且价格低廉、无毒，因此$LiFePO_4$正极材料被科学家研究得最为广泛，并已经得到大量商品化。$LiFePO_4$的理论比容量高达170mAh·g^{-1}，能量密度为550Wh·kg^{-1}，具有良好的循环性能和安全性能，而成为动力锂离子电池首选的正极材料。但是$LiFePO_4$的电子电导率和锂离子扩散系数较低，使得容量衰减严重，尤其在大倍率电流下。为了提高$LiFePO_4$的电子电导率和锂离子扩散系数，科研人员对$LiFePO_4$正极材料进行了大量的改性研究，如表面碳包覆，不仅增加了材料的比表面积，而且提高了颗粒之间的导电性，从而提高 $LiFePO_4$ 的电子电导率；离子掺杂，通过掺杂金属离子来改变 $LiFePO_4$ 的晶格参数，提高材料的锂离子扩散系数及电导率，主要掺杂的金属离子有 Mn^{2+}、Mg^{2+}、Al^{3+}、Ti^{4+}、Zr^{4+}、Nb^{5+} 等；材料纳米化，通过减小材料的粒径和改变材料的形貌来缩短 Li^+ 的扩散路径，从而提高材料的锂离子扩散系数。

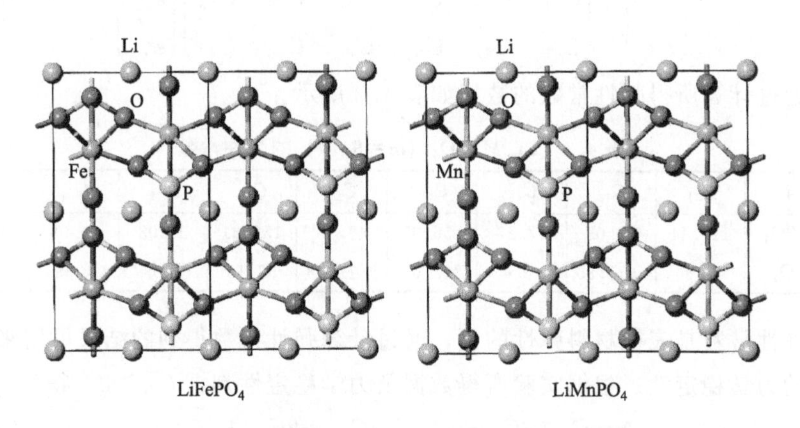

图 4.9 橄榄石型 LiFe(Mn)PO_4 结构示意图

$LiFePO_4$ 与碳负极构成的电池工作电压在 3.2V 左右，低于目前 $LiCoO_2$ ‖ C 电池的电压（3.6V），使得两者不能互换通用，这大大限制了 $LiFePO_4$ 正极材料的应用范围。$LiMnPO_4$ 相对于 Li^+/Li 的电极电势为 4.1V，正好位于现有电解液体系的稳定电化学窗口，可以弥补 $LiFePO_4$ 电压低的缺点，与碳负极组成的电池工作电压与 $LiCoO_2$ ‖ C 电池的电压相近，理论上可以取代价格昂贵的 $LiCoO_2$，是一种具有很好应用前景的锂离子电池正极材料。$LiMnPO_4$ 的空间群为 $Pnma$，Li 原子和 Mn 原子分别占据八面体的 $4a$ 和 $4c$ 位，P 原子占据四面体的 $4c$ 位。Mn 与 Li 各自处于氧原子八面体中心位置，形成 MnO_6 八面体和 LiO_6 八面体。P 处于氧原子四面体中心位置，形成 PO_4 四面体。交替排列的 MnO_6 八面体、LiO_6 八面体和 PO_4 四面体形成层状脚手架结构，使得锂离子能形成二维扩散运动。

对于 $LiXPO_4$（X＝Fe、Mn）体系，需要 6 个应力变量和 6 个应变变量表示材料的弹性性质。因为每个面都有一个法向应力 σ 和两个剪应力，分别用 σ_x、σ_y、σ_z、τ_{xy}、τ_{yz}、τ_{xz} 表示。对应于每个应力，都有一个应变量，所以，应该有 ε_{xx}、ε_{yy}、ε_{zz}、ε_{xy}、ε_{yz}、ε_{xz}。应力对应虎克定律中的 F，应变对应于 x，因此描述材料弹性形变的方程矩阵形式如下，其中 C_{ij} 称为弹性常数。

$$\begin{pmatrix}\sigma_{xx}\\ \sigma_{yy}\\ \sigma_{zz}\\ \tau_{yz}\\ \tau_{zx}\\ \tau_{xy}\end{pmatrix}=\begin{pmatrix}C_{11} & C_{12} & C_{13} & C_{14} & C_{15} & C_{16}\\ C_{21} & C_{22} & C_{23} & C_{24} & C_{25} & C_{26}\\ C_{31} & C_{32} & C_{33} & C_{34} & C_{35} & C_{36}\\ C_{41} & C_{42} & C_{43} & C_{44} & C_{45} & C_{46}\\ C_{51} & C_{52} & C_{53} & C_{54} & C_{55} & C_{56}\\ C_{61} & C_{62} & C_{63} & C_{64} & C_{65} & C_{66}\end{pmatrix}\begin{pmatrix}\varepsilon_{xx}\\ \varepsilon_{yy}\\ \varepsilon_{zz}\\ \varepsilon_{yz}\\ \varepsilon_{zx}\\ \varepsilon_{xy}\end{pmatrix} \tag{4.12}$$

通过计算所得弹性常数的数据如表 4.2 所示。

表 4.2 Li_mMnPO_4（$m=0$、1）的弹性常数

项目	C_{11}	C_{12}	C_{13}	C_{22}	C_{23}	C_{33}	C_{44}	C_{55}	C_{66}
$LiMnPO_4$	129.44	68.03	47.27	156.97	43.13	152.61	29.08	29.08	39.76
$MnPO_4$	47.86	−18.85	−0.47	242.01	−12.58	52.18	4.38	4.38	16.49

弹性常数是表征材料弹性的量，通过计算弹性常数得到的结果可用来判断材料的力学稳定性。根据实验所得数据及力学稳定性判据 $C_{ij}>0$，得

$$A=C_{11}+C_{22}+C_{33}+2C_{12}+2C_{13}+2C_{23} \tag{4.13}$$

$$B=C_{11}+C_{33}-2C_{13} \tag{4.14}$$

$$C=C_{11}+C_{22}-2C_{12} \tag{4.15}$$

$$D=C_{22}+C_{33}-2C_{23} \tag{4.16}$$

可以算出 $LiMnPO_4$ 和 $MnPO_4$ 这两个体系的 A、B、C 和 D 的值均大于零，但其中 $MnPO_4$ 的 C_{ij} 值并非都大于零，说明深度脱 Li 后的 $MnPO_4$ 体系力学稳定性降低。因此除 $MnPO_4$ 稳定性较差外，$LiMnPO_4$ 体系在力学上都是稳定的。

通过体模量、杨氏模量和剪应模量来了解材料的力学性能。其中，体模量是指反抗外力作用下，材料抵抗体积变形的能力；体模量越大，说明材料抵抗形变能力越强，越不易变形。杨氏模量是描述固体材料在纵向方向抵抗形变能力的物理量；杨氏模量的大小标志了材料的刚性，杨氏模量越大，越不容易发生形变。剪应模量是指材料在剪应力下发生滑移的难易程度。各种模量可以通过弹性常数求出，弹性常数确定后，材料的模量即可确定，通过计算所得的晶格参数和各模量数据如表 4.3 和表 4.4 所示。

表 4.3 Li_xMnPO_4（$x=0$、1）的晶格常数 单位：Å

项目	a	b	c
$LiMnPO_4$	10.57	6.18	4.78
$MnPO_4$	10.86	6.30	4.86

比较数据可以看出，脱 Li 后 $MnPO_4$ 的体模量和剪应模量都比 $LiMnPO_4$ 减小很多。体模量的减小是由 x 轴方向与 z 轴方向上杨氏模量的减小造成的，而剪应模量的大幅度下降说明深度脱 Li 后的 $MnPO_4$ 体系并不稳定，易发生滑移现象。

表 4.4　Li_xMnPO_4（x=0、1）的模量　　　单位：GPa

项目	体模量	剪应模量	杨氏模量		
			E_x	E_y	E_z
$LiMnPO_4$	83.51	37.99	94.15	118.74	132.59
$MnPO_4$	19.20	18.30	46.35	231.46	51.48

图 4.10 为 $LiMnPO_4$ 材料中与 τ_{zx} 相关的剪应形变示意图。图 4.11 为 $MnPO_4$ 化合物的相变机制模型。

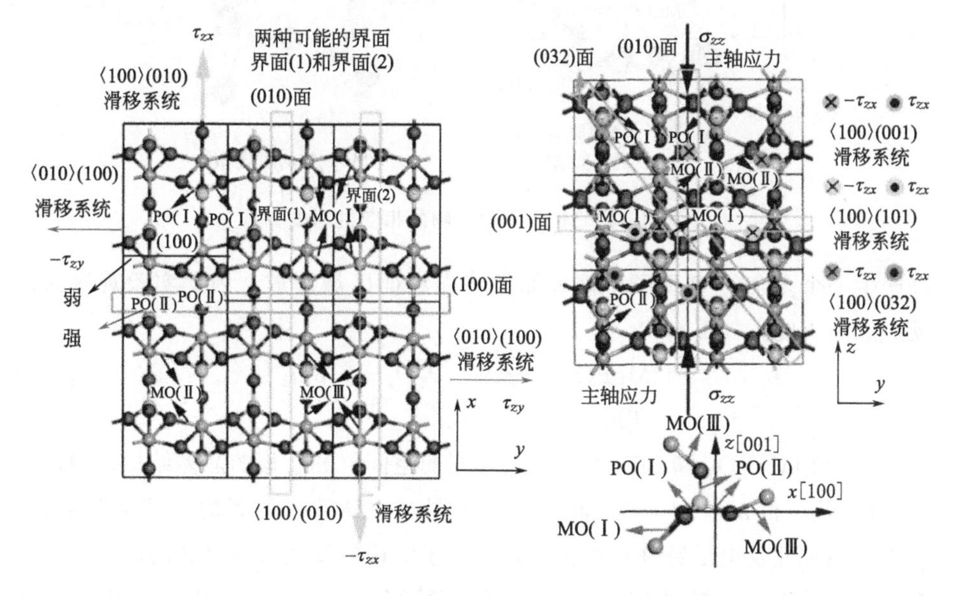

图 4.10　$LiMnPO_4$ 材料中与 τ_{zx} 相关的剪应形变示意图

Li^+ 的脱嵌使原本很弱的 Mn—O(I) 键进一步削弱，导致材料的力学性能发生显著改变。由于 Mn—O(I) 主要分布在 {101} 和晶面上，这导致与上述两晶面相关滑移系统（例如 ⟨010⟩ {101}、{101}、⟨010⟩ 和 ⟨101⟩）变得非常活跃。因此 $MnPO_4$ 材料很容易产生剪应形变和位错。沿着（101）和晶面分布的位错使得紧邻的 MnO_6 八面体以共享边的方式相连接，而最紧邻的两个 PO_4 四面体则通过一个共享顶点（O 原子）相连。因此，每个 $Mn_2P_2O_8$($2MnPO_4$)

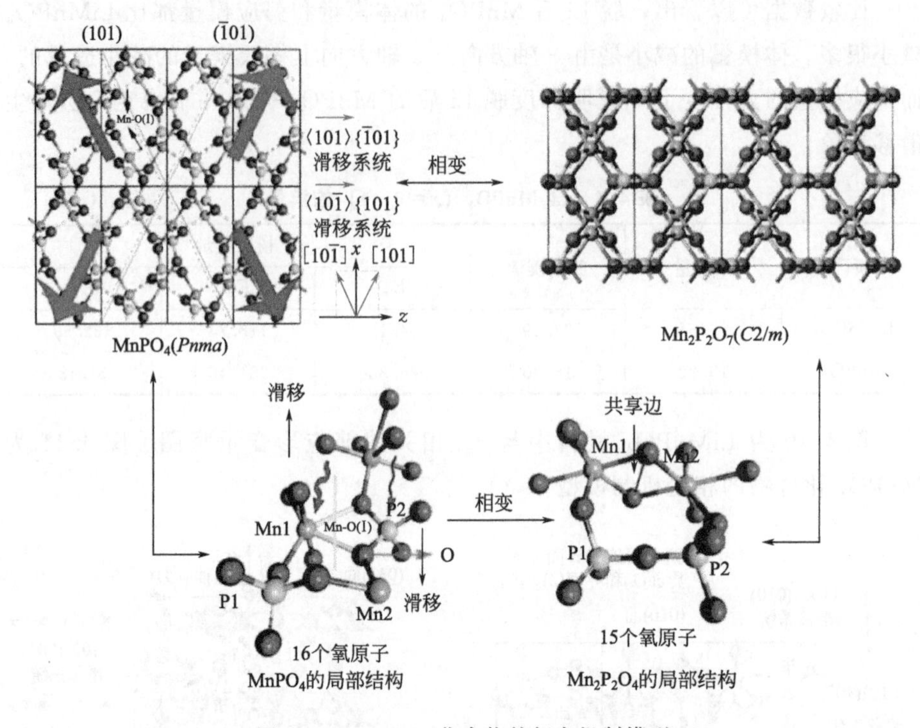

图 4.11 $MnPO_4$ 化合物的相变机制模型

将产生一个多余的 O 原子，该氧原子将在界面区域释放，因此实验观测到的反应成为可能。

$$\underset{Pnma}{2MnPO_4} \longrightarrow \underset{C2/m}{Mn_2P_2O_7} + 0.5O_2 \tag{4.17}$$

尽管 $LiMnPO_4$ 和 $LiFePO_4$ 具有相同的空间群和相似的晶体结构，但由于 Fe($3d^6 4s^2$) 和 Mn($3d^5 4s^2$) 价电子层不同，这导致了两者的微观成键结构、热力学稳定性及电子特性有所不同，而电子结构的变化将对材料的电化学性质产生深远的影响。根据正常价态的估算，若 Mn 和 Fe 都是 +2 价，则 Fe^{2+} 和 Mn^{2+} 分别是 d^6 和 d^5 构型。因此在 $LiMnPO_4$ 体系中 Mn^{2+} 的低自旋构型将会导致系统产生 Jahn-Teller 畸变，而材料的结构畸变将使电池材料的循环性能变差。而对于 $LiFePO_4$ 而言，低自旋构型可以使 $Mn^{2+}O_6$ 保持理想八面体结构，这有利于增强体系的结构稳定性，并提高材料的循环性能。除此之外，Mn 和 Fe 最外层的电子数的差异也会导致 M—O（M＝Mn 和 Fe）之间的化学键的强度发生改变。可以预期随着 3d 层的电子数增加，M—O 之间的成键态逐渐被填充，在达到某个临界点之前 M—O 键的键强逐渐增强。因此，$LiFePO_4$

的热力学稳定性应该较 $LiMnPO_4$ 更优。

$LiMnPO_4$ 的电子电导率低于 10^{-10} S/m，电子能隙为 2eV，属于绝缘体，同时晶体的非弹性形变会使材料的循环性能急剧下降。此外，$LiMnPO_4$ 晶格内部的阻力也比较大，一维锂离子扩散通道导致其离子扩散速率小于 $10^{-16}cm^2/s$，当 Mn 离子占据晶格中 Li^+ 离子的 4a 位置时，Li^+ 便无法顺利脱嵌。常用于提升 $LiMnPO_4$ 材料性能的方法主要有四种：①电极材料的纳米化，减小材料颗粒的粒径、尺寸，从而缩短锂离子迁移路径；②材料的晶面选控，选择利于调控锂离子扩散的晶面方向；③体相掺杂，借助掺杂离子形成固溶体稳定晶体的结构，降低 Jahn-Teller 效应的影响，提高锂离子的扩散速度，实现对材料电化学性能的优化和改进；④材料的表面包覆，有效稳定材料的结构，抑制材料和电解液发生副反应，并利用包覆物的性质，如快速的离子/电子传导率，从而提高正极材料的电化学性能。

$LiCoPO_4$ 具有有序的橄榄石型结构，有三种空间群结构，分别为 $Pn2_1a$、$Cmcm$ 和 $Pnma$。$Cmcm$ 空间群的 $LiCoPO_4$ 几乎没有电化学活性，$Pn2_1a$ 空间群的 $LiCoPO_4$ 电化学活性较低，二者均不适合作为锂离子电池电极材料。而 $Pnma$ 空间群的 $LiCoPO_4$ 电化学活性尚可，可作为活性材料。空间群为 $Pnma$ 的 $LiCoPO_4$ 属于正交晶系，晶胞参数为 $a=10.206$Å，$b=5.992$Å，$c=4.701$Å。在 $LiCoPO_4$ 晶体中氧原子呈六方密堆积，磷原子占据的是四面体空隙，锂原子和钴原子占据的是八面体空隙。共用边的八面体 CoO_6 在 c 轴方向上通过 PO_4 四面体连接成链状结构。$LiCoPO_4$ 中聚阴离子基团 PO_4 对整个三维框架结构的稳定性起到了重要作用，使得它具有很好的热稳定性和安全性。$LiCoPO_4$ 的理论容量为 $167mAh \cdot g^{-1}$，相对 Li^+/Li 的电极电势约为 4.8V。$LiCoPO_4$ 的充放电机理较 $LiFePO_4$ 复杂，目前还没有统一的定论。主要有一步脱嵌机理和两步脱嵌机理。一步脱嵌机理认为只有一个充放电平台和两个相（$LiCoPO_4$ 和 $CoPO_4$），充放电反应式如下：$LiCoPO_4 \Longleftrightarrow CoPO_4 + Li^+ + e^-$。与 $LiFePO_4$ 相似。两步脱嵌机理认为充电曲线上出现 4.80～4.86V 及 4.88～4.93V 两个平台，对应 Li_xCoPO_4 的 $0.7 \leqslant x \leqslant 1$ 和 $0 \leqslant x \leqslant 0.7$，除了 $LiCoPO_4$ 和 $CoPO_4$ 相之外，中间还出现一个 Li_xCoPO_4 相。嵌锂过程中相变向相反的方向进行。$LiNiPO_4$ 是橄榄石型结构，属于 $Pnma$ 空间群。Li^+ 和 Ni^{2+} 占据了八面体空位的一半，P^{5+} 占据了四面体空位的 1/8。PO_4^{3-} 中的 P—O 共价键很强，在充电时可以起到稳定作用，防止了高电压下 O_2 的释出，保证了材料的稳定和安全。但是，$LiNiPO_4$ 电导率较低，锂离子扩散系数较 $LiFePO_4$ 小，电化学活性较低。

$Li_3V_2(PO_4)_3$ 具有与 $LiCoO_2$ 近似的放电平台和能量密度，而 $Li_3V_2(PO_4)_3$ 的热稳定性、安全性远远优于 $LiCoO_2$。与 $LiFePO_4$ 相比，具有单斜结构的 $Li_3V_2(PO_4)_3$(A-LVP) 化合物，不仅具有良好的安全性，并且具有更高的 Li^+ 离子扩散系数、放电电压和能量密度。这样，$Li_3V_2(PO_4)_3$ 被认为是比 $LiFePO_4$ 更好的正极材料，并被看成是电动车和电动自行车锂离子电池最有希望的正极材料。$Li_3V_2(PO_4)_3$ 具有单斜和菱方 (B-LVP) 两种晶型。由于单斜结构的 $Li_3V_2(PO_4)_3$ 具有更好的锂离子脱嵌性能，因此人们研究较多的是单斜结构的 $Li_3V_2(PO_4)_3$。对于单斜的 $Li_3V_2(PO_4)_3$，PO_4 四面体和 VO_6 八面体通过共用顶点氧原子而组成三维骨架结构，每个 VO_6 八面体周围有 6 个 PO_4 四面体，而每个 PO_4 四面体周围有 4 个 VO_6 八面体。这样就以 $(VO_6)_2(PO_4)_3$ 为单元形成 $Li_3V_2(PO_4)_3$ 三维网状结构，锂离子存在于三维网状结构的空穴处。从 $Li_3V_2(PO_4)_3$ 的结构分析，PO_4^{3-} 结构单元通过强共价键连成三维网络结构并形成更高配位的由其他金属离子占据的空隙，使得 $Li_3V_2(PO_4)_3$ 正极材料具有和其他正极材料不同的晶相结构以及由结构决定的突出的性能。$Li_3V_2(PO_4)_3$ 由 VO_6 八面体和 PO_4 四面体通过共顶点的方式连接而成，因为聚阴离子基团通过 V—O—P 键稳定了材料的三维框架结构，当锂离子在正极材料中嵌脱时，材料的结构重排很小，材料在锂离子嵌脱过程中保持良好的稳定性。由于 VO_6 八面体被聚阴离子基团 PO_4 分隔开来，导致单斜结构的 $Li_3V_2(PO_4)_3$ 材料的电子电导率只有 $10^{-7}S \cdot cm^{-1}$ 数量级，远低于金属氧化物正极材料 $LiCoO_2$ 和 $LiMn_2O_4$。因为 $Li_3V_2(PO_4)_3$ 中的 V 可以有四种变价，如图 4.12 所示，理论上有 5 个锂离子可以在材料中嵌脱，理论容量高达 332mAh/g。

A-LVP 中的锂离子处于 4 种不等价的电荷环境中，所以容量-电压曲线及其微分电容曲线（图 4.13）中出现 3.61V、3.69V、4.1V 和 4.6V 4 个电位区。在前 3 个电位区的锂离子嵌脱是对应于 V^{3+}/V^{4+} 电对，而 4.6V 电位区的第三个锂离子嵌脱对应于 V^{4+}/V^{5+} 电对。此外，材料 A-LVP 嵌入两个锂离子后把 V^{3+} 还原为 V^{2+}，对应的电位平台在 2.0～1.7V 之间，加上材料中第三个锂离子的嵌脱，材料的比容量还有很大的上升空间。由此看来，高容量的 A-LVP 材料将很有吸引力。B-LVP 中的 3 个锂离子处于相同的电荷环境中，随着两个锂离子的脱出，V^{3+} 被氧化为 V^{4+}，但是只有 1.3 个锂离子可以重新嵌入，相当于 $90mAh \cdot g^{-1}$ 的放电容量，嵌入电位平台为 3.77V，性能明显比 A-LVP 差。锂离子在 B-LVP 中的嵌脱可逆性较差，可能是因为锂离子脱出后，B-LVP 的晶体结构发生了从菱方到单斜的变化，阻止了锂离子的可逆

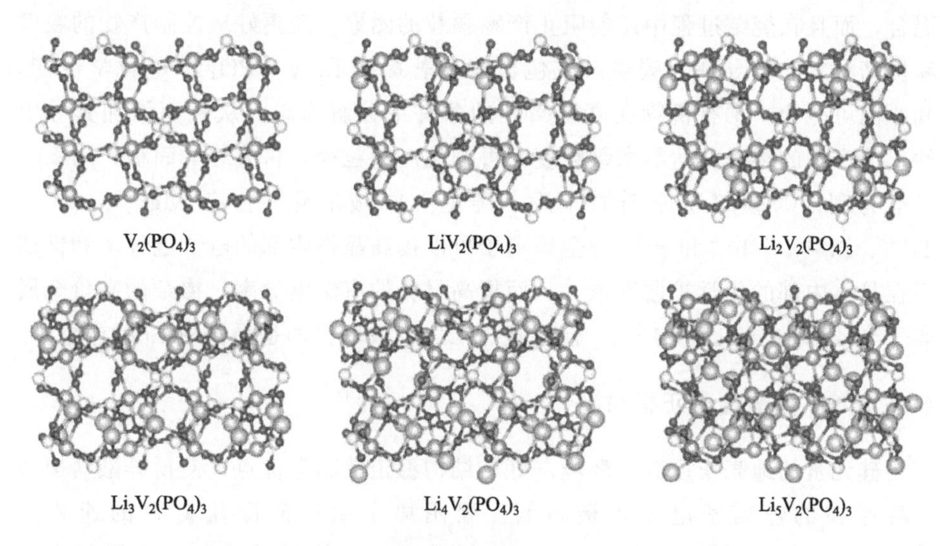

图 4.12 嵌入不同数量锂离子的 $V_2(PO_4)_3$ 晶体结构

嵌入。此外，$Li_3V_2(PO_4)_3$ 的 DSC 实验显示，尽管 $Li_3V_2(PO_4)_3$ 的热稳定性不如 $LiFePO_4$ 的热稳定性，但与镍钴酸锂和锰酸锂相比，$Li_3V_2(PO_4)_3$ 仍具有非常好的热稳定性；由此看来，高容量的 $Li_3V_2(PO_4)_3$ 材料将很有吸引力。

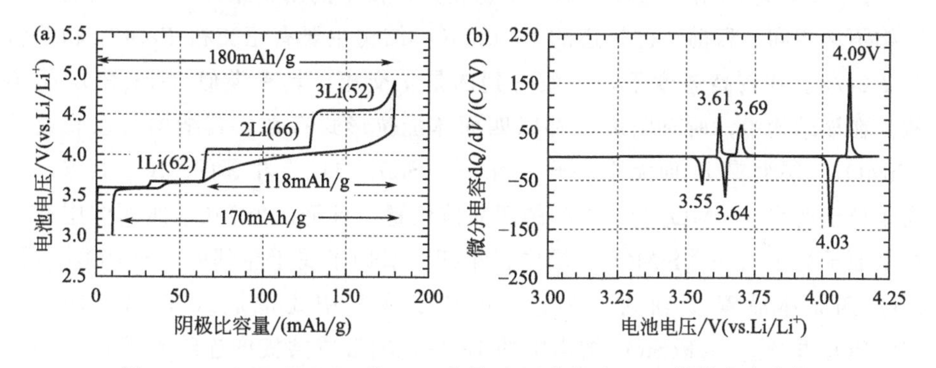

图 4.13 $Li_3V_2(PO_4)_3$ 的（a）容量-电压曲线及（b）微分电容曲线

$Li_3V_2(PO_4)_3$ 正极材料具有较高的锂离子扩散系数，允许锂离子在材料中快速扩散，但是 VO_6 八面体被聚阴离子基团分隔开来，导致材料只有较小的电子电导率。一系列研究表明，包覆、掺杂、机械化学活化或者采用低温合成技术均可有效改善材料的电导率，提高材料的充放电循环性能。通过对 $Li_3V_2(PO_4)_3$ 的表面包覆碳可以改善材料的导电性、提高容量和提高材料放电电位平台。包覆碳可以使材料颗粒更好地接触，从而提高材料的电子电导率和容量。包覆碳结合机械化学活化预处理使得碳前驱体可以更均匀地和反应物混合，而且在烧结过程中还能阻止产物颗粒的团聚，能更好地控制产物的粒度和提高材料的电导率。碳掺杂或包覆能显著提高 $Li_3V_2(PO_4)_3$ 电化学性能，其原因可能为：①有机物在高温惰性的条件下分解为碳，从表面增加其导电性；②产生的碳微粒达纳米级粒度，可细化产物粒径，扩大导电面积，对 Li^+ 扩散有利；③碳起还原剂的作用，避免 V^{3+} 被氧化。掺杂 Mg^{2+}、Al^{3+}、Ti^{4+}、Zr^{4+}、Nb^{5+} 和 W^{6+} 等金属离子可以提高晶格内部的电子电导率和锂离子在晶体内部的化学扩散系数，从而提高材料的室温电导率。掺杂的高价金属离子半径都小于 Li^+ 和 V^{3+}，但很接近 Li^+，故取代的是晶格中 Li 的位置。

4.2.3.2 硅酸盐类正极材料

硅元素的地壳丰度高、环境友好和结构稳定性高等优点，使得硅酸盐成为一种潜在的锂离子电池正极材料。聚阴离子型正硅酸盐材料的通式为 Li_2MSiO_4（M=Mn、Fe、Co、Ni），强 Si—O 键使得材料具有优异的安全性，且理论上允许两个 Li^+ 可逆嵌脱（$M^{2+} \longleftrightarrow M^{4+}$ 氧化还原对），具有 300mAh/g 以上的理论容量。因此，硅酸盐正极材料具有突出的理论容量和优异的安全性能，使其在大型锂离子动力蓄电池领域具有较大的潜在应用价值。

Li_2FeSiO_4 的结构与合成温度密切相关，在不同制备条件下，合成的产物结构不尽相同。目前，已报道的 Li_2FeSiO_4 结构主要有正交相 $Pmn2_1$ 和单斜相 $P2_1/n$。在较高温度下，一般得到的是正交相，具有类似 β-Li_3PO_4 的结构。在该结构中，所有阳离子都以四面体配位形式存在，其结构可以看成是 [$SiMO_4$] 层沿着 ac 面无限展开，每一个 SiO_4 与四个相邻的 MO_4 共点。锂离子位于两个 [$SiMO_4$] 层之间的四面体位置，且每一个 LiO_4 四面体中有三个氧原子处于同一 [$SiMO_4$] 层中，第四个氧原子属于相邻的 [$SiMO_4$] 层，LiO_4 四面体沿着 a 轴共点相连，锂离子在其中完成嵌入-脱出反应。与 $LiFePO_4$ 相比，Li_2FeSiO_4 结构中的 Li 在 b 轴形成共棱的连续直线链，并平行于 a 轴，从而使得锂离子具有二维扩散特性。而在较低温度（600～700℃）下合成的 Li_2FeSiO_4 的结构更符合单斜晶系的 $P2_1$ 空间群。在该结构中，氧原子形成有规律扭曲的四面体阵列，而阳离子则占据 1/2 的四面体位置。与正交晶系的结构相比，FeO_4 和 SiO_4 四面体同样通过共点连接组成 $[SiFeO_4]_x$ 层，但是这两种四面体的朝向不是相同的。这样，Li 和 Si 之间的距离就达到了一个合理长度。除正交和单斜两种晶型外，在更高温度（900℃）下制备的 Li_2FeSiO_4 属于正交晶系的 $Pmnb$ 空间群。一般认为 Li_2FeSiO_4 化合物中的 Fe 只存在 2 种价态过渡金属离子（Fe^{II} 和 Fe^{III}），只能有 1 个 Li^+ 可以进行脱嵌，其理论容量为 166mAh·g^{-1}。但是，Zhong 等利用第一性原理计算表明，基于单斜晶系 $P2_1$ 空间群的 Li_2FeSiO_4 分子中的第 2 个 Li^+ 可以在 4.6V（vs. Li^+/Li）进行可逆脱嵌，并且这一结论得到 Manthiram 组的验证，其理论容量可达 330mAh·g^{-1}左右。两个锂脱出之间高的电位差来源于 Fe^{3+} 稳定的 $3d^5$ 半充满电子结构，因此从 $LiFeSiO_4$ 中脱出剩下的一个锂是非常困难的。Li_2FeSiO_4 在充放电循环过程中，锂离子在 $LiFeSiO_4$ 和 Li_2FeSiO_4 两相之间转移，这是两相共存的过程，对应 Fe^{3+}/Fe^{2+} 的相互转换。两相之间的晶胞体积相差只有 1%左右，说明在充放电过程中 Li_2FeSiO_4 的体积变化很小，不至于造成颗粒变形和破裂，从而颗粒与颗粒、颗粒与导电剂之间的电接触在充放电过程中不会受到破坏。聚阴离子型材料的三维框架结构，使得该材料具有较好的循环性能。Li_2FeSiO_4 作为锂离子电池正极材料，也存在着电导率低（10^{-14}S/cm）的问题，导致材料在大电流密度下电化学性能很差，使其在动力电池领域应用受到极大的限制。目前主要的解决办法包括导电材料的包覆和复合改性、元素掺杂改性、材料纳米化和形貌控制。

Li_2MnSiO_4 材料理论比容量可达 333mAh·g^{-1}，与 Fe 相比，Mn 更容易进行两电子交换，配合正硅酸盐化学式允许两个 Li^+ 交换的特性，理论上更容易达到制备高比容量正极材料的目的。Li_2MnSiO_4 的结构复杂，存在多种同分异构体。Arroyo-deDompablo 等认为不同条件下合成的 Li_2MnSiO_4 空间结构可能不同，包括 $P2_1/n$、$Pmnb$ 和 $Pmn2_1$ 三种空间群。他们通过第一性原理计算得出，$P2_1/n$ 空间点群不如 $Pmnb$ 和 $Pmn2_1$ 空间点群稳定，而且由于 $Pmnb$ 和 $Pmn2_1$ 空间点群的总能量相差不到 5meV/f. u.，所以这两种点群难以孤立存在；同时还指出高温/高压不利于形成 $Pmn2_1$ 空间点群。为进一步证实计算结果，他们以水热法合成的 Li_2MnSiO_4 作前躯体，在 400℃下处理后获得 $Pmn2_1$ 结构，在 900℃下处理 3h 获得 $Pmnb$ 结构，处理 6h 则得到 $P2_1/n$ 结构，实现了不同晶型之间的相互转变（$Pmn2_1 \rightarrow Pmnb \rightarrow P2_1/n$）。程琥等采用溶胶凝胶法在不同温度下合成了 Li_2MnSiO_4 正极材料，通过 XRD 分析和 ^6Li 固体核磁共振谱研究同样发现其晶相结构比较复杂，其中，在 600℃下合成的样品中正交 $Pmn2_1$ 相占 76%，正交 $Pmnb$ 相占 19%；在 900℃下合成的样品中单斜 $P2_1/n$ 相占 66%，正交 $Pmn2_1$ 相占 14%，正交 $Pmnb$ 相占 18%。Liu 等采用 Rietvel 程序对其用多元醇法在 700℃下合成的 Li_2MnSiO_4/C 结构进行精修，发现样品中存在两种相，分别为 $Pmn2_1$ 相和 $Pl2_1/nl$ 相，各占 52.65%和 42.94%，并无 $P2_1/n$、$Pmnb$ 和 $Pmn2_1$-I 相。上述工作充分说明：Li_2MnSiO_4 的结构与合成工艺有关。Li_2MnSiO_4 材料在首次充电过程中晶体结构发生变化，晶态特征逐渐消失，最终结构完全坍塌。因此，为了进一步得到高性能的 Li_2MnSiO_4 正极材料，目前的研究工作主要集中于：①优化合成工艺，缩小晶粒尺寸，提高材料纯度；②包覆碳提高材料的电子电导率；③掺杂离子提高材料的结构稳定性。

4.2.3.3 $LiFeSO_4F$ 正极材料

氟化聚阴离子材料通过 SO_4^{2-}（或 PO_4^{3-}）阴离子的诱导效应和 F^- 的强电负性作用，与金属阳离子一起组成三维骨架结构，保证了材料的结构稳定性，从而使材料具有更好的循环稳定性，进而在安全性和成本方面都特别具有吸引力。SO_4^{2-} 比 PO_4^{3-} 具有更强的诱导效应，所以硫酸盐应比磷酸盐具有更高的电位平台。2010 年，Tarascon 组首次报道了 $LiFeSO_4F$ 电化学性能，具有 3.6V 的电位平台，比 $LiFePO_4$ 高出 0.2V，证明了诱导效应的潜在作用。$LiFeSO_4F$ 具有比 $LiFePO_4$ 更高的离子扩散系数，因而具有更好的倍率性能，但这个领域的探索才刚刚开始起步。与 $LiFePO_4$ 相比，$LiFeSO_4F$ 的原料来源则更为广泛。低廉的价格和优异的安全性使氟硫酸盐材料特别适合作动力电池材料，从而使基于氟硫酸盐材料的锂离子电池成为更有竞争力的动力电池。

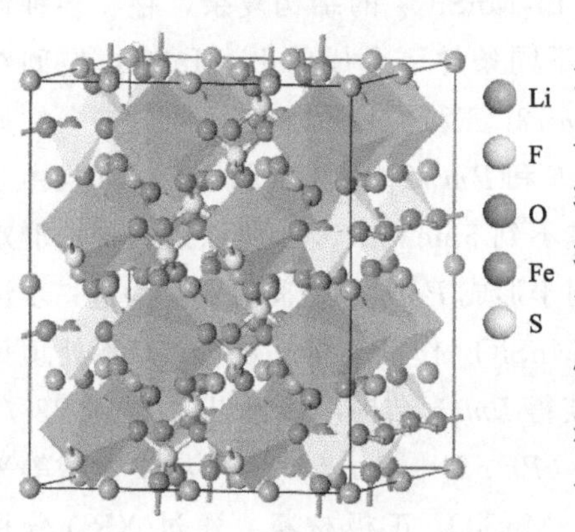

图 4.14 $LiFeSO_4F$ 的晶体结构图

图 4.14 为 $LiFeSO_4F$ 晶体结构示意图，$LiFeSO_4F$ 为三斜晶胞（空间群 $P1$），由 SO_4 四面体和 FeO_4F_2 八面体组成。一个 S 原子周围有四个 O 原子，组成了 SO_4 四面体结构，且共角点的八面体沿 c 轴的方向组成长链，每个四面体与四个不同的八面体共顶点。在所有共顶点的四个八面体中有两个八面体在一条链上，也可以说每个四面体连着三个不同的链。每个 FeO_4F_2 八面体通过其中的氧原子连着四个不同的四面体，通过其中的氟阴离子连着两个不同的八面体。这种三维结构给 Li^+ 提供了沿着 [100]、[010]、[101] 三个方向的迁移通道，比一维结构的 $LiFePO_4$ 正极材料更有利于 Li^+ 的脱出和嵌入，具有更高的离子电导率，因此可提高材料的电化学性能。

合成 $LiFeSO_4F$ 的关键两步分别是 $FeSO_4 \cdot H_2O$ 的失水和 LiF 进行嵌锂，其反应方程式为：

$$FeSO_4 \cdot 7H_2O \longrightarrow FeSO_4 \cdot H_2O + 6H_2O \quad (4.18)$$

$$FeSO_4 \cdot H_2O + LiF \longrightarrow LiFeSO_4F + H_2O \quad (4.19)$$

氟离子取代了 $FeSO_4 \cdot H_2O$ 中 OH^- 的位置，H^+ 的位置正好由一个 Li^+ 补充上去，后一步必须比第一步要快。因此，疏水反应介质对于降低失水速率就很关键。由于 $LiFeSO_4F$ 材料在400℃下 SO_4^{2-} 就开始分解，这也表明不可能用经典的高温固相法制备该材料。因此，目前主要采用疏水的离子性液体作为溶剂，低温合成。

$LiFeSO_4F$ 正极材料理论上应具有比磷酸盐材料更高的电压平台和更稳定的结构，因而可能具有更好的应用前景。这个工作不仅对现有的 $LiFePO_4$ 是个挑战，也预示着更多的氟硫酸盐（$LiMSO_4F$）可以被继续研究开发，有望成为下一代锂离子电池的正极活性材料。但目前关于 $LiFeSO_4F$ 的研究工作才刚刚开始，还主要集中在材料制备上，对于掺杂改性的研究比较少。制备方法上还是主要采用离子性液体作为溶剂的离子热法，但是这种方法合成成本较高。因此，需要改进材料的制备技术，简化材料制备工艺。在提高 $LiFeSO_4F$ 电化学性能方面，可以通过包覆导电性物质和掺杂等方法进行结构调控，提高其电子电导率和离子电导率，同时可以结合第一性原理计算加强其锂离子的嵌入和脱出动力学方面的研究，找出其动力学的影响因素和反应的控制步骤，从而提高反应速率，为提高倍率放电能力奠定基础。因此，在未来的研究中，随着 $LiFeSO_4F$ 制备工艺及其掺杂改性研究的深入，$LiFeSO_4F$ 综合电化学性能必将不断提高，在锂离子电池材料应用领域将会具有更广阔的发展空间。

4.2.4 其他类型正极材料

普鲁士蓝及其类似物（PBAs）是一类框架化合物，其化学通式为 $A_xM_{Ay}[M_B(CN)_6]_z \cdot \square_m \cdot nH_2O$，其中A代表 Li^+、Na^+、K^+ 等碱金属离子，M_A、M_B 代表Fe、Ni、Co、Cu、Zn等过渡金属不同价态的离子，其中，x、y、z 取决于 M_A 和 M_B 的价态，□代表空位，m 代表空位数，n 代表水分子数。以 $Fe_I{}^{3+}[Fe_{II}{}^{3+}(CN)_6]$ 和富含缺陷的 $Fe_I{}^{3+}[Fe_{II}{}^{2+}(CN)_6]_{0.75} \cdot \square_{0.25} \cdot 3.5H_2O$ 为例，相关晶体结构分别如图4.15(a)、(b)所示。

PBAs通常为面心立方结构，空间群为 $Fm3m$。在其晶格中，M_A 和 M_B 位于顶点位置且交替排列，并与位于棱边的氰基（—C≡N—）按 M_B—C≡N—M_A 的形式线性连接，高自旋态的 M_A 与N配位，低自旋态的 M_B 与C配位，形成 M_AN_6 和 M_BC_6 金属八面体，M_A、M_B 均位于配合物中心，交替连接形成面心立方结构，拥有开放的三维骨架。这种开放结构中的间隙位置能够容纳一定量的碱金属离子和水分子，并且在〈100〉方向上形成较大的三维离子通道，便于碱金属离子（如 Li^+、Na^+、K^+ 等）快速嵌入和脱出。就空位而言，以 $NaFe[Fe(CN)_6]$ 和 $Fe_4[Fe(CN)_6]_3$ 为例，前者含有可溶性 Na^+，后者不含可溶性 Na^+，故为保持结构中的阴阳离子电荷平衡，形成 $Fe(CN)_6$ 空位；水分子的存在形式有两种，一种是位于空位、与 M_A 配位的配位水，另一种称为沸石水或间隙水。

普鲁士蓝类似物的形貌和电化学性质主要与迁移离子、过渡金属、空位和结晶水有关。通过控制反应条件（温度、pH、表面活性剂种类和用量），如图 4.15(c) 所示，可合成一维到三维的多种形貌的目标产物。Fe(Ⅲ) 取代 Fe(Ⅱ)，得到 $Fe(Ⅲ)_4[Fe(Ⅲ)(CN)_6]_3$，两种 Fe 均参与了氧化还原反应，结构缺陷和配位/间隙水是造成循环性差和容量低的主要原因。配位/间隙水将捕获插入的 Li^+，形成比离子传导通道大的水合离子，导致较大的晶格失配，从而扭曲晶格骨架，如图 4.15(e) 所示。

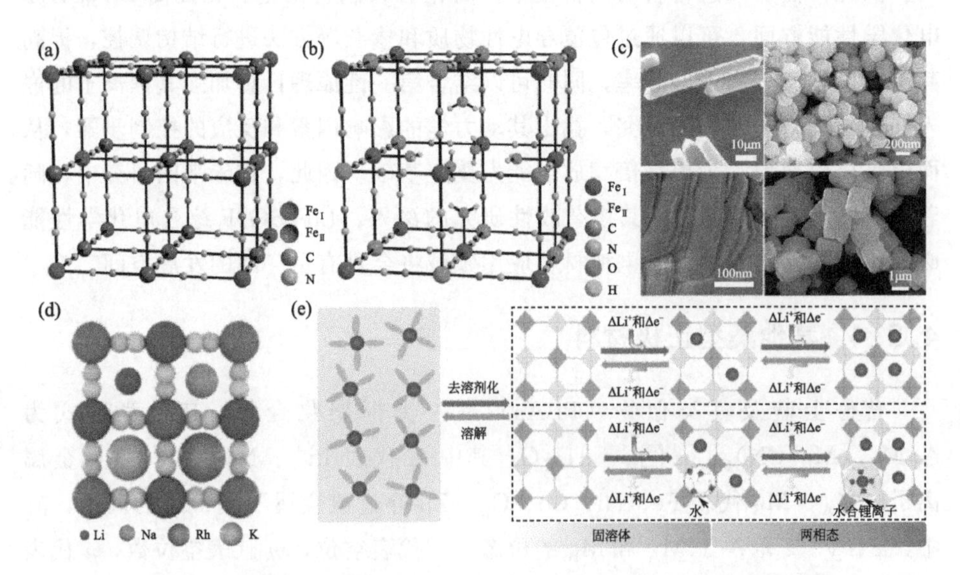

图 4.15 (a) 理想无空缺的 $Fe_Ⅰ{}^{3+}[Fe_Ⅱ{}^{3+}(CN)_6]$ 框架；(b) 富含缺陷的 $Fe_Ⅰ{}^{3+}[Fe_Ⅱ{}^{2+}(CN)_6]_{0.75}\cdot\square_{0.25}\cdot 3.5H_2O$ 框架；(c) 不同形貌的普鲁士蓝类化合物；(d) PBAs 晶格容纳的不同金属离子；(e) $Fe(Ⅲ)Fe(Ⅲ)(CN)_6\cdot nH_2O$ 的锂离子嵌入/脱出过程、结构变化和氧化还原反应示意图

根据 PBAs 中过渡金属的种类，其分类主要有以下几种：NiFe-PBA、FeFe-PBA、MnFe-PBA、CuFe-PBA、CoFe-PBA、ZnFe-PBA、MnMn-PBA

等。这些 PBAs 都具有一定的储锂性能。PBAs 作为锂离子电池电极材料具有以下优点：具有三维开放结构，离子通道大，便于锂离子快速地嵌入和脱出；有些 PBAs（如 FeFe-PBA、MnFe-PBA、CoFe-PBA 等）具有两个电化学反应活性位点，比容量高；充放电平台高，能量密度较大；原料易获取、易制备、成本低、对环境友好等。这些特点使得该材料非常适合大规模储能应用。

普鲁士蓝类似物作为锂离子电池的正极材料最早可追溯到 1999 年，N. Imanishi 等合成了 $KMFe(CN)_6$（M＝Mn、Co、Ni、V、Cu），并将其作为锂离子电池的正极材料进行了电化学性能研究。当 M 不同时，这些材料的比容量有差异，但均可实现锂离子的可逆脱嵌。据目前报道，当内外界金属都具有电化学活性的时候，材料具有约 $170mAh \cdot g^{-1}$ 的理论比容量。Shen 等制备了 $FeFe(CN)_6$（Ⅰ）和 $Fe_4[Fe(CN)_6]_3$（Ⅱ）两种不同的普鲁士蓝，用作锂离子电池正极材料时，$FeFe(CN)_6$ 的循环性能优于 $Fe_4[Fe(CN)_6]_3$，如图 4.16(a)～(c) 所示。掺杂改性可以改善 PBAs 作为锂离子电池电极材料的电化学性能，由于掺杂元素的不同物化性质以及元素含量的差异，它们对于材料的晶体结构和电化学性能也有着不同程度的影响。如果只掺杂 Co，则材料容量会大幅提升，但循环性能变差。P. Nie 等制备了 $M_3^{Ⅱ}[Co^{Ⅲ}(CN)_6]_2 \cdot nH_2O$（M=Co、Mn）两种普鲁士蓝衍生物，其电化学性能如图 4.16(d)～(f) 所示。$Co_3[Co(CN)_6]_2$ 在电压窗口为 0.01～3V 时，可逆容量达到

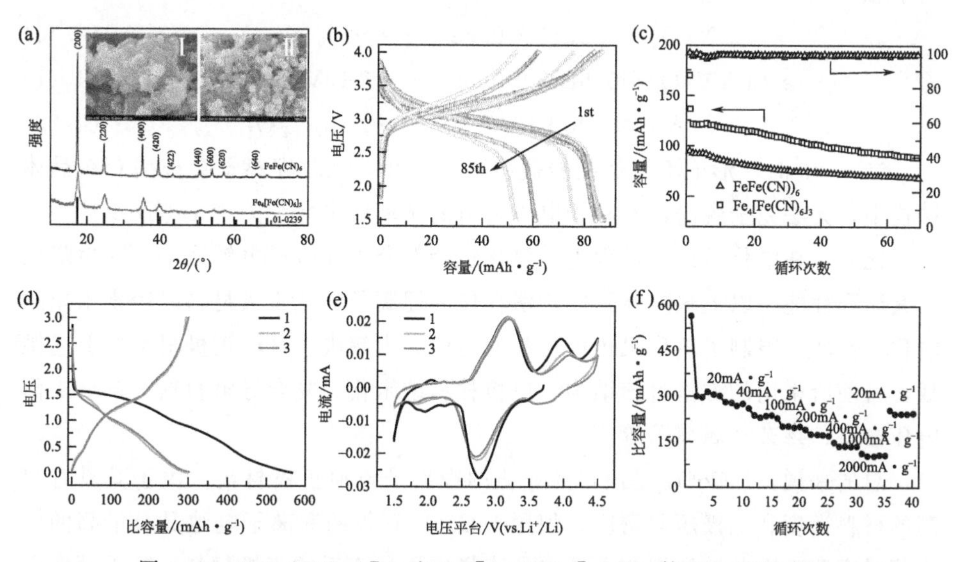

图 4.16 $FeFe(CN)_6$（Ⅰ）和 $Fe_4[Fe(CN)_6]_3$（Ⅱ）的（a）XRD 图、（b）充放电曲线与（c）循环性能曲线；$M_3^{Ⅱ}[Co^{Ⅲ}(CN)_6]_2$ 的（d）充放电曲线、（e）循环伏安曲线及（f）倍率性能曲线

299.1mAh·g^{-1}。$Mn_3[Co(CN)_6]_2$ 虽然首次充放电容量较高，但是在接下来的循环过程中比容量却快速降低，在100次重复循环后仅保持35.3mAh·g^{-1}。当Ni含量高时，材料稳定性增强，但电极容量有所降低。

随着稳定碱金属正极的发展，V_2O_5 作为正极材料的吸引力越来越大，钒材料价格较为低廉，且具有较高的理论容量和嵌入Li、Na、K离子的能力。如图4.17(a)所示，在 V_2O_5 晶体结构中，VO_5 方形金字塔通过共边和共角的方式交替连接，在 a-b 平面内形成二维片层结构，在沿 c 轴方向上形成周期性重复排列的层状结构，层间通过较弱的范德华力结合。作为过渡金属元素的钒存在从+3到+5价的多种价态，能够发生多个电子的嵌入反应，并且晶体中独特的层状结构有利于离子的嵌入和脱出，因此 V_2O_5 正极材料的理论比容量最高可达到442mAh·g^{-1}。同时，V_2O_5 具有价格低廉、原材料丰富、电压窗口宽、能量密度高等优势，因此在提高锂离子电池比容量及能量密度方面具有潜力。但是，V_2O_5 块体材料存在固有缺陷，限制了它在电极材料方面的应用。该材料电导率低（$10^{-3}\sim10^{-2}S\cdot cm^{-1}$），锂离子扩散系数小（$\sim10^{-12}cm^2\cdot s^{-1}$），导致其比容量低，倍率性能差。而且，在电化学嵌锂过程中，会形成 $Li_xV_2O_5$ 相。当 $x\leqslant1$ 时，锂离子脱出后，V_2O_5 的晶体结构能够完全恢复，此时的相变过程是完全可逆的；当 $1<x<3$ 时，形成部分可逆的 γ 相。

$$\alpha\text{-}V_2O_5+0.5Li^++0.5e^-\longrightarrow\varepsilon\text{-}Li_{0.5}V_2O_5 \tag{4.20}$$

$$\varepsilon\text{-}Li_{0.5}V_2O_5+0.5Li^++0.5e^-\longrightarrow\delta\text{-}LiV_2O_5 \tag{4.21}$$

$$\delta\text{-}LiV_2O_5+Li^++e^-\longrightarrow\gamma\text{-}Li_2V_2O_5 \tag{4.22}$$

当 $x=3$ 时，形成不可逆的岩盐型结构 ω 相，此时锂离子会被捕获在晶体结构中，无法完全脱出，不利于电极材料的循环稳定性[图4.17(b)]。

此外，在电化学循环过程中，氧化钒会部分溶在有机电解液中，这也降低了其循环性能。以上缺陷导致氧化钒在作为锂离子电池正极材料时表现出差的电化学性能，限制了氧化钒正极材料的应用。为解决 V_2O_5 正极材料的上述挑战，目前所采用的方法可归纳为：电极材料纳米化、复合导电材料、调节工作电压窗口、掺杂金属离子等。

总的来说，$LiCoO_2$ 是最早商业化的锂离子电池正极材料。由于其具有很高的材料密度和电极压实密度，使用 $LiCoO_2$ 正极的锂离子电池具有最高的体积能量密度，因此钴酸锂是消费电子市场应用最广泛的正极材料。随着消费电子产品，特别是5G手机等的发展，对锂离子电池续航时间和体积大小的要求不断提高，迫切需要进一步提升电池体积能量密度。提高基于 $LiCoO_2$ 正极的

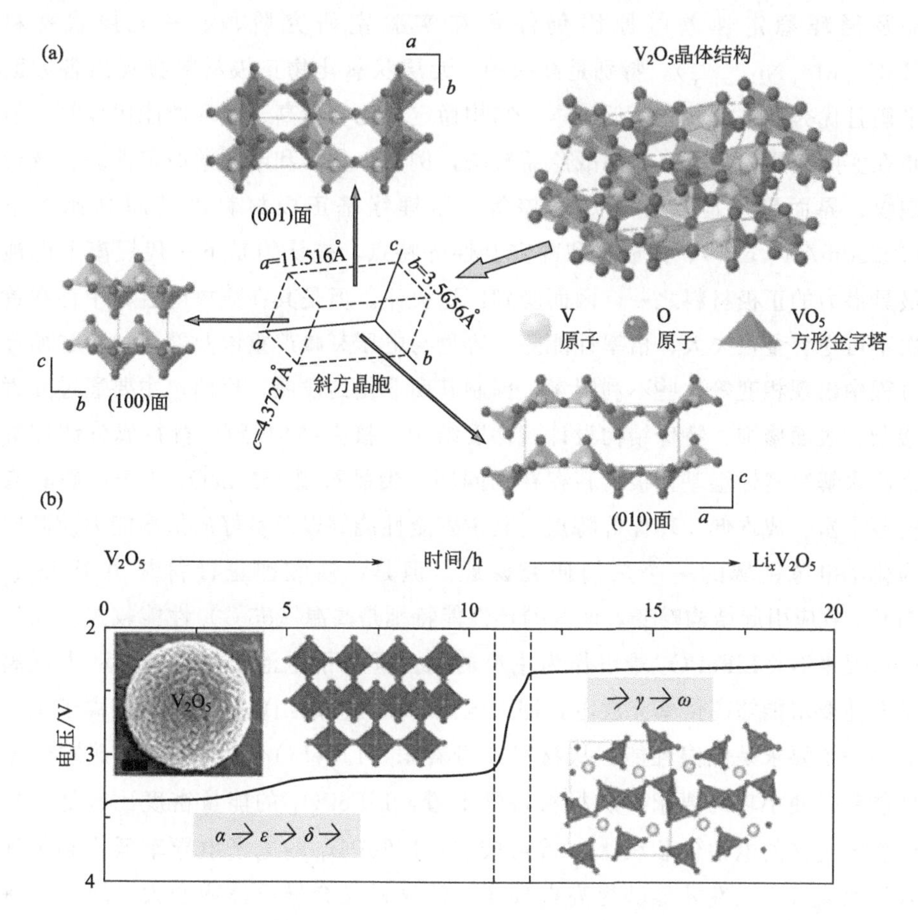

图 4.17 (a) V_2O_5 和锂化后 $Li_xV_2O_5$ 晶体结构的示意图和 (b) Li^+ 嵌入过程中 V_2O_5 微球的电化学反应机制和结构演变示意图

锂离子电池的充电电压可以提高电池的体积能量密度，其充电截止电压已经从1991年最早商业化时的4.20V逐渐提升至4.45V (vs Li^+/Li)，体积能量密度已经超过700W·h/L。目前，开发下一代更高电压的 $LiCoO_2$ 正极材料已经成为科研界及企业共同关注的热点。随着充电电压的提高，$LiCoO_2$ 正极材料会逐渐出现不可逆结构相变、表界面稳定性下降、安全性能下降等问题，限制了其实际应用。通过采用多种元素痕量掺杂的手段对 $LiCoO_2$ 正极材料进行改性，以提升其在高电压充放电过程中的稳定性是未来高压 $LiCoO_2$ 正极材料研发的重点。$LiNiO_2$ 正极材料的批量合成十分困难，且深度脱锂状态下材料中 Ni^{4+} 具有很强的氧化性，易被电解液还原放出大量热量与气体，进而引发电池的安全性问题。$LiMnO_2$ 正极材料由于难以合成质量均一的产品及循环稳定性差等原因仍停留在实验室研究阶段。三元层状材料($LiCo_xMn_yNi_{1-x-y}$)，特别是高镍的三元层状氧化物正极材料显现出各方面平衡且优秀的电池性能：低成本、结构稳定、比容量高、循环性能优异等。但是在实际应用中仍有一些挑战急需解决，例如：化学和电化学稳定性差、颗粒裂纹、界面副反应及热稳定性差等。富锂锰基正极材料因其超高比容量($>250mAh\cdot g^{-1}$)、低成本和高安全性等特点，被认为是下一代锂离子电池最具潜力的正极材料之一，因而受到广泛关注。但是其在充放电过程中存在首次不可逆容量损失大、倍率性能差、容量与电压衰减严重以及部分材料在循环过程中出现相变等这些不利因素，抑制其商业化的发展。目前，主要通过元素掺杂、表面修饰、特殊结构设计（梯度结构、核壳结构等）、材料成分调控等措施来解决富锂锰基正极材料存在的问题。尖晶石型 $LiMn_2O_4$ 正极材料具有资源丰富、成本低、环保等特点，其中安全性能好以及良好的倍率能力使其成为化学电源领域的一个热门研究课题。但是，锰酸锂正极材料由于 Jahn-Teller 效应引起结构畸变，使其循环性能特别是高温（55℃）性能较差。从目前情况来看，$LiFePO_4$ 难以作为主流的动力锂离子电池正极材料，动力锂离子电池要求能够高倍率充放电，即大电流、短时间放出电能；动力锂离子电池的另一个要求是低温性能。从材料本身看来，$LiFePO_4$ 目前还很难兼顾低温性能和轻便小巧的要求。从材料特性上看，$LiFePO_4$ 的能量密度比较低，导致生产出来的电池体积较大，重量较沉；$LiFePO_4$ 的电子电导率低，必须加入炭黑或进行改性才能够提高电导率，但这样又会导致体积变大，增加电解液；$LiFePO_4$ 在低温情况下电子电导率更低，其低温性能是其应用于动力电池的另一障碍。但是随着金属离子掺杂 $LiMPO_4$ 研究的不断深入，其电导率可大大提高，明显优于其他的材料。此外，低廉的价格、优异的安全性使其特别适用于动力电池材料。磷酸盐特别是 $Li_3V_2(PO_4)_3$ 的出现是锂离子电池材料的一项重大突破，是动力锂离子电池正极材料的发展趋势，从而使锂离子电池成为更有竞争力的动力电池。

近年来，一些具有较高比容量的正极及高电压正极材料逐渐受到科研工作者的关注，开发了许多具有潜在商业化价值的正极材料，例如：$LiNi_{0.5}Mn_{1.5}O_4$、$LiMnPO_4$、硅酸盐正极、V_2O_5、过渡金属氟化物等。总的来说，锂离子电池正极材料的发展需要朝着更高能量密度/功率密度、高倍率性能、低循环容量损失、高循环稳定性、高安全性及高经济效益等方向进行，通过技术创新，未来正极材料有望实现性能的大幅提升。

4.3 负极材料

锂离子电池的理想负极应满足高可逆重量比容量和体积比容量、相较于正极材料电位低、倍率性能好、循环寿命长、成本低、耐用性好、环境兼容性好等要求。目前碳材料（石墨、石墨烯、碳纳米管、多孔碳等）、二氧化钛、钛酸锂，硅和氧化亚硅、锡、锗等，过渡金属氧化物、硫化物、磷化物和氮化物等高性能负极材料已经得到了深入的研究，这些材料脱嵌锂的氧化还原电位与其比容量关系如图 4.18(a) 所示。根据电化学储锂的反应机理，负极材料可分为三类：嵌入型负极材料［碳材料、二氧化钛和钛酸锂等，图 4.18(b)］、合金型负极材料［硅、锡和锑等，图 4.18(c)］以及转化型负极材料［过渡金属氧化物、硫化物、磷化物等，图 4.18(d)］。

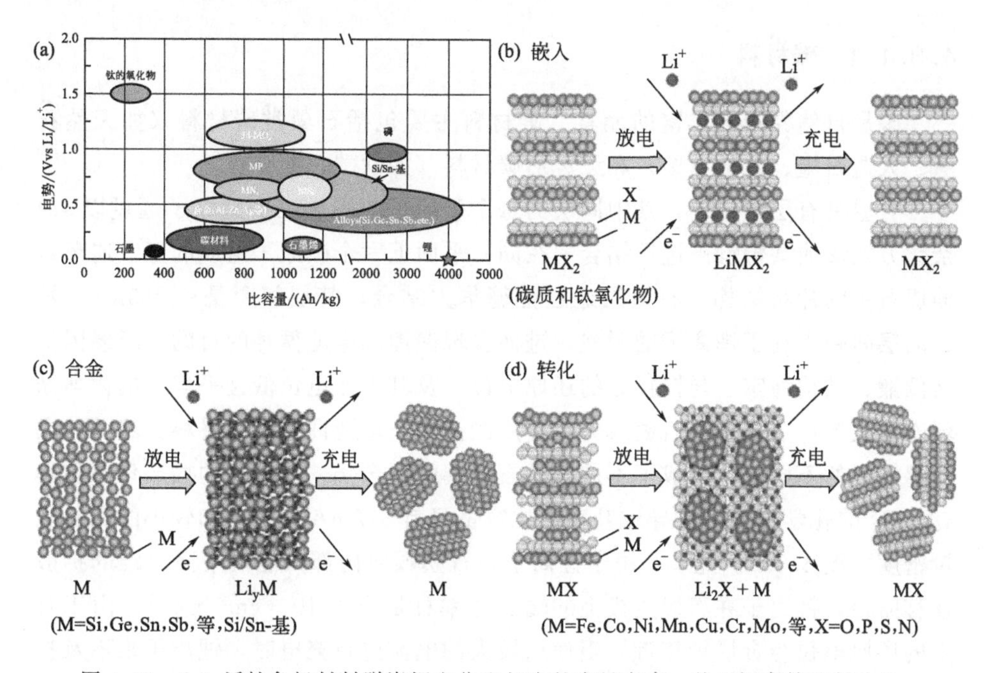

图 4.18 (a) 活性负极材料脱嵌锂电位和相应的容量密度。基于锂存储机制分为：(b) 嵌入型负极材料、(c) 合金型负极材料和 (d) 转化型负极材料

4.3.1 嵌入型负极材料

碳材料、二氧化钛、钛酸锂等这些材料在放电时可以容纳外来的锂离子，

在充电过程中脱出外来的锂离子，而其晶体结构几乎不发生显著改变，其特点如表 4.5 所示。与其他反应机理材料相比，嵌入型负极材料因其具有库伦效率高、电压极化小、循环稳定性好等优点，是目前最具有实用价值的一类负极材料。

表 4.5 石墨、软碳、硬碳、二氧化钛和钛酸锂各自的特点

名称	电压/V (vs. Li^+/Li)	理论/实际比容量 /($mAh \cdot g^{-1}$)	特点
石墨	0.1～0.2	372/330	体积改变约为 11%
软碳	<1	—/<700	容量高
硬碳	<1	—/600	容量高
二氧化钛	1.85	168/168	体积变化为 4%
钛酸锂	1.55	175/170	电压高,结构稳定

4.3.1.1 碳材料

碳是自然界中最丰富的元素。碳材料主要包括石墨类碳材料（如天然石墨、人造石墨、改性石墨）和无定形碳材料（如软碳、硬碳）。

石墨具有层状结构，其中同层的每个碳原子与另外三个碳原子通过以 sp^2 杂化方式形成共价键来进行结合，在同一平面上六个碳原子组成的正六连环延伸成石墨的片状结构。石墨层通过范德华力结合，其层间距是 0.335nm，较大的层间距有利于锂离子的脱嵌，进而实现储锂和电池循环的目的。石墨因价格低廉、结构稳定、与锂接近的还原电位，及其工作电位低且平坦、电化学循环寿命长等优点，使得石墨成为最常用的锂离子电池商业负极材料。然而，在石墨嵌锂的不同电位形成了不同阶的石墨层间化合物，最富锂的插层化合物具有 LiC_6 的化学计量比，导致其理论比容量只有 $372mAh \cdot g^{-1}$ 和较小的实际能量密度（图 4.19）。此外，由于锂离子在石墨颗粒内部只能沿平面二维的扩散迁移路径，锂离子在石墨负极上的输运速率总是小于 $10^{-6} cm^2 \cdot s^{-1}$。由于石墨的还原电位与金属锂接近，当使用较大的电流进行充电时，锂离子来不及扩散进入石墨颗粒内部，便会在石墨表面以金属态锂沉积出来，也即“析锂”。这样的特性使得石墨材料无法满足较快速的充电速率要求，且在充电过程中容易引发锂枝晶而造成安全隐患。同时，天然石墨等类型的石墨，具有较多的表面缺陷，在首次放电后难以一次性形成均匀的 SEI 膜，致使循环寿命性能变差。工业上往往需要多石墨进行二次造粒和包覆处理，以满足电芯应用要求。

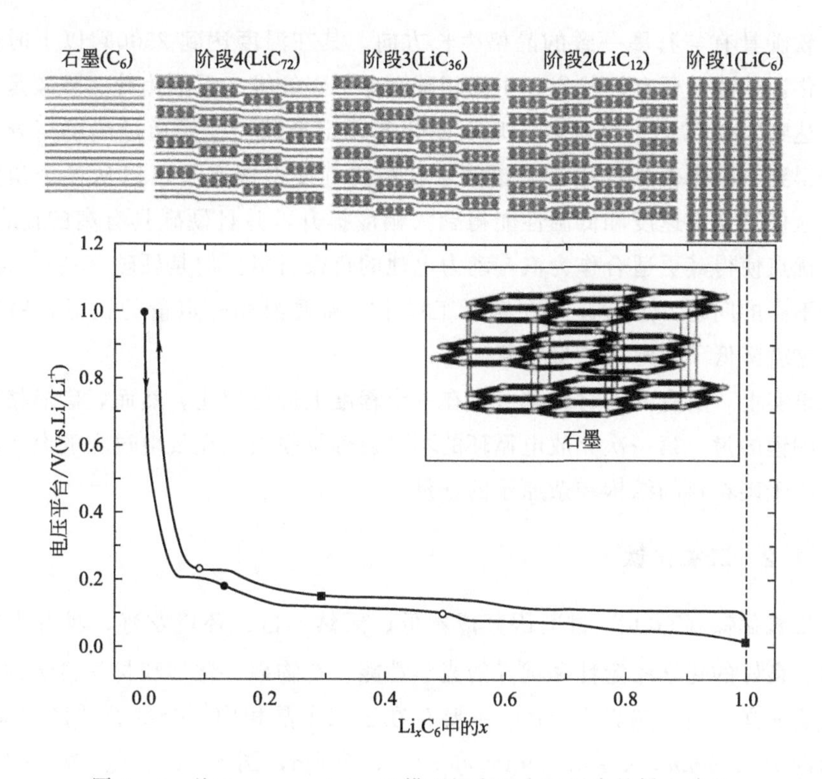

图 4.19 基于 Daumas-Herold 模型锂离子在石墨中的插入阶段

插图为石墨晶体结构示意图

无定形碳材料根据石墨化的难易程度，可以分成难石墨化的硬碳和易石墨化的软碳（图 4.20）。结晶型碳（石墨）在大电流充放电的情况下，锂离子在石墨材料中的扩散系数较低，进而其倍率性能较差，并且石墨材料与电解液的兼容性也较差，使得其在动力锂电池中应用受到一定限制。然而，无定形碳（软碳和硬碳）无序性的层状结构，使得锂离子具有较快的扩散速率，进而其具有较好的倍率性能；另外，无定形碳材料与电解液具有较好的兼容性。这些相较于石墨具有的优点，使得其更适合用于电动汽车和分布式储能市场。

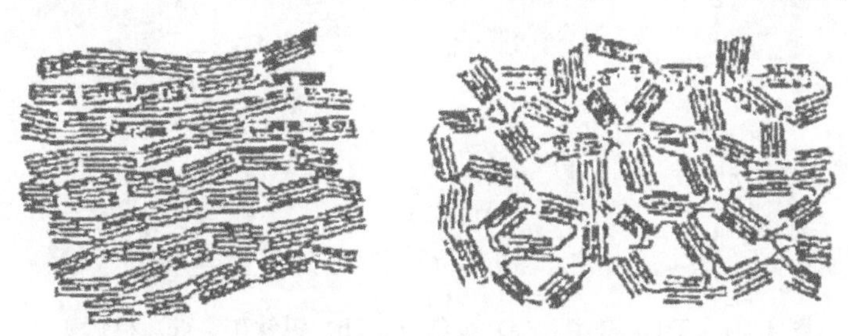

图 4.20 软碳和硬碳的结构模型

软碳具有与石墨一致的晶格生长方向，其在温度达到2500℃以上时能够石墨化。软碳主要有针状焦、中间相碳微球、碳纤维、石油焦等。硬碳是即使温度达到2500℃以上也难以实现石墨化的无定形碳，主要通过热解高分子聚合物得到。因硬碳具有相互交错的层状结构，使得锂离子可以从各个角度脱嵌，这使得充电速度和低温性能得到大幅度提升，并且硬碳具有高的比容量。这些优点使得其更适合作为汽车动力电池的负极材料。但是硬碳存在首次库伦效率不高的问题，这就导致在实际工作中，需要消耗一定量的正极材料来补偿，这就降低了电池的能量密度。

事实上，所有的碳材料都可以在一定程度上进行锂化。然而，碳晶格中可逆容纳锂的量、第一次充放电循环的不可逆容量损失、充放电过程的电压曲线均取决于碳材料的结构和杂原子的含量。

4.3.1.2 二氧化钛

二氧化钛（TiO_2）材料因其成本低、天然丰富、环境友好、具有丰富的晶型、良好的化学稳定性和优异的光学性能，在物理、化学和材料科学领域具有重要意义。在自然界中 TiO_2 主要存在于三个晶相中：金红石［四方晶系，空间群 $P42/mnm$，$a=0.459$nm 和 $c=0.296$nm，图 4.21(a)］、锐钛矿［四方晶系，空间群 $I4_1/amd$，$a=0.536$nm 和 $c=0.953$nm，图 4.21(b)］和板钛矿［正交晶系，空间群 $Pbca$，$a=0.915$nm、$b=0.544$nm 和 $c=0.514$nm，图 4.21(c)］。另外，还存在一种纯 TiO_2 的晶相 TiO_2(B)［图 4.21(d)］。虽然 TiO_2(B) 具有与 TiO_2 相同的分子式，但与其他晶型相比，其骨架结构更为开放，密度相对较低，比容量较大，更适合应用在锂离子电池领域。它的空间群 $C2/m$ 仅由两个 TiO_6 八面体组成，通过共边连接在一起。

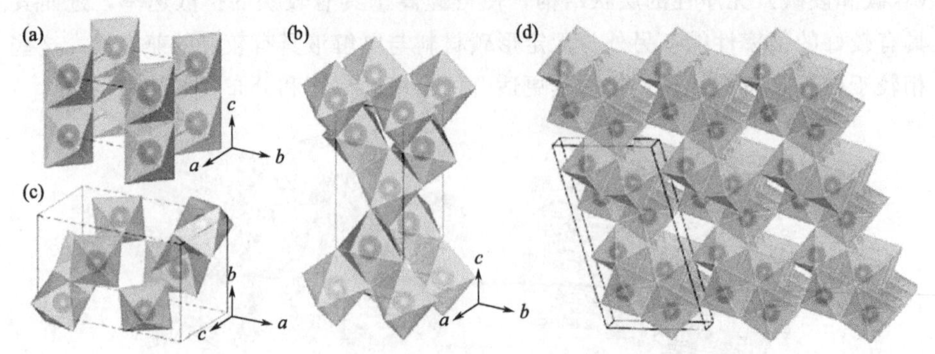

图 4.21 TiO_2 晶型：(a) 金红石、(b) 锐钛矿、(c) 板钛矿、(d) TiO_2(B)。球体代表 Ti 原子，八面体代表 TiO_6 块体

在所有的形态中，钛金属阳离子与氧阴离子的配位是1∶6，形成扭曲的TiO_6八面体。四方晶系的锐钛矿型TiO_2的理论比容量为330mAh·g^{-1}，TiO_6八面体通过共用顶点和共四条边相连接。因分别在a、b轴的方向存在着双向孔隙通道，所以有着较高的嵌锂能力，但是在实际嵌锂过程中，当嵌锂数超过0.5时，在四方晶系TiO_2晶格中的锂离子之间就会产生过大的相互排斥力，进而阻碍进一步锂离子的嵌入。而同样属于四方晶系的金红石型TiO_2，氧原子紧密堆积呈近似六方结构，半数的氧八面体空隙被钛金属阳离子所填满，从而构成TiO_6八面体配位。嵌入的锂可填充在剩余的氧八面体空隙中。沿着c轴方向TiO_6八面体成链状排列，并且通过共顶点与上下相邻的TiO_6八面体相连。但沿着c轴方向的通道空隙过窄，这就阻碍了锂的脱嵌，并且TiO_2本身具有较低的电导率，使得嵌入晶格内的锂难以脱出，进而表现出较差的循环性能。在不同的晶型中，金红石一般被认为是最稳定的体相，而在纳米尺度下，锐钛矿和板钛矿由于其较低的表面能，被认为是更稳定的体相，其中板钛矿的TiO_6八面体通过共享八面体的角和八面体的边连接。

到目前为止，利用TiO_2纳米材料作为负极材料已经获得了高比容量和安全性，同时具有优异的倍率性能和稳定性。2005年，Armstrong等人使用TiO_2(B)纳米线可以在电流密度为50mA·g^{-1}下实现230mAh·g^{-1}的初始放电比容量。TiO_2(B)纳米线相较于锐钛矿、金红石和板钛矿其强度较低，是Li^+插层的理想载体，从而可以在TiO_2纳米线中可控地引入Li^+和电子。Li等人首次报道了一种简易的水热法制备具有超高比表面积的TiO_2(B)纳米线，可通过水热温度调节比表面积，最大比表面积可达210m^2·g^{-1}[图4.22(a)(b)]。在120℃、150℃和180℃下制备的TiO_2(B)的初始放电比容量分别为364mAh·g^{-1}、388mAh·g^{-1}和379mAh·g^{-1}[图4.22(e)(f)]。所得到的TiO_2(B)纳米线被证明是锂离子电池的一种良好的负极材料，特别是基于其快速的充放电性能。

限制TiO_2电极材料循环性能和倍率性能的两个重要因素是较差的电导率和较低的锂离子扩散速率。为了改善这两个难题，研究人员进行了大量的尝试，其中对TiO_2材料进行碳包覆和杂原子掺杂可以有效提高TiO_2的倍率性能和循环性能。这些策略致使TiO_2电极材料具有巨大的应用前景。

4.3.1.3 钛酸锂

钛酸锂（$Li_4Ti_5O_{12}$）是典型的$Fd3m$空间群和立方对称的尖晶石晶体结构，其晶格常数是0.8364nm。在室温下，$Li_4Ti_5O_{12}$四面体的8a位点被3/4

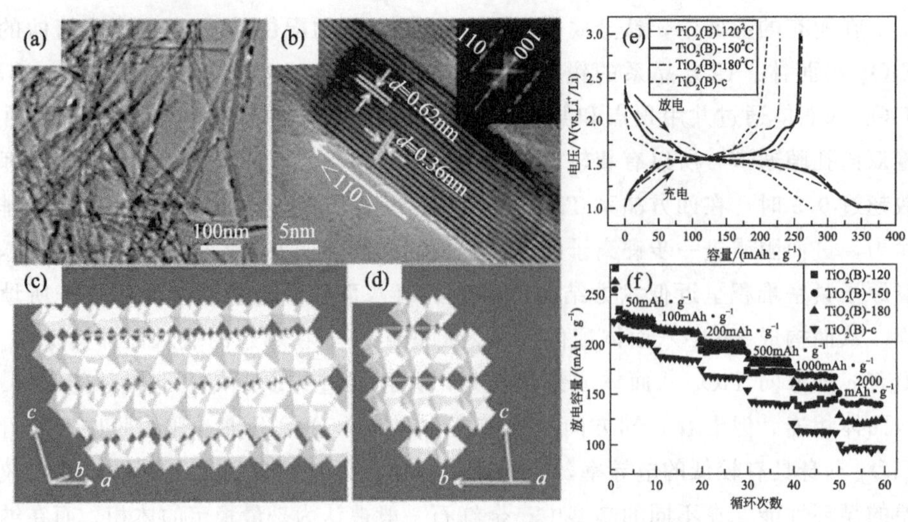

图 4.22 TiO_2(B) 纳米线的 (a) TEM 图像和 (b) HRTEM 图像；(c)(d) TiO_2(B) 纳米线的示意模型；(e)、(f) TiO_2(B) 纳米线的电化学性能

的锂离子所占据，剩下的 1/4Li^+ 和 Ti^{4+} 随机占据着八面体 16d 位点。32 个 O^{2-} 占据着所有的 32e 位点，形成 CCP 结构。因为 Ti^{4+} 和 Li^+ 的比例为5：1，所以钛酸锂可以表示为空间符号 Li(8a)[$Li_{1/3}Ti_{5/3}$](16d)O_4(32e)。在充放电过程中，锂在 $Li_4Ti_5O_{12}$、$Li_7Ti_5O_{12}$ 和 $Li_9Ti_5O_{12}$ 相中的脱嵌见图 4.23。$Li_{4+x}Ti_5O_{12}$ ($0<x<5$) 可进一步表示为 $Li_4Ti_5O_{12}$，1.55V 平台对应的是 $Li_7Ti_5O_{12}$，1.0V 以下容量对应的是 $Li_9Ti_5O_{12}$。所有的电化学能量都来自于 Ti^{3+} 和 Ti^{4+} 之间的可逆氧化还原反应。

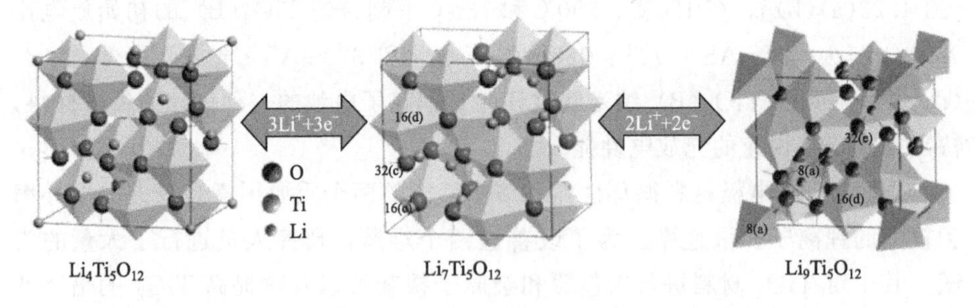

图 4.23 $Li_4Ti_5O_{12}$、$Li_7Ti_5O_{12}$ 和 $Li_9Ti_5O_{12}$ 的结构

CCP 结构中的另一半四面体阳离子中心 8b 和 48f 位点以及八面体阳离子中心 16c 位点都是空的，这非常适合锂离子的脱嵌。在嵌锂过程中，嵌入的锂离子能够沿着 8a—16c—8a 和 8a—16c—48f—16d 两条传输路径进行扩散，这就使得钛酸锂比碳负极材料具有更高的离子扩散系数。八面体 16c 位点被新嵌

入的三个 Li^+ 占据，由于静电排斥效应最初在四面体 8a 位点的 Li^+ 也移入相邻的八面体 16c 位点，产生与 $Li_4Ti_5O_{12}$ 具有相同对称性的岩盐相 $Li_7Ti_5O_{12}$。当脱锂时，Li^+ 通过四面体 8a 位点从八面体 16c 位点脱出，最初的 Li^+ 通过八面体 16c 位点回到四面体 8a 位点。同时，伴随着 Ti^{4+} 与 Ti^{3+} 之间的氧化还原反应，即：

$$Li_4Ti_5O_{12} + 3Li^+ + 3e^- \rightleftharpoons Li_7Ti_5O_{12} \tag{4.23}$$

发生 $Li_4Ti_5O_{12}$ 与 $Li_7Ti_5O_{12}$ 之间的相转化对应的体积变化仅有 0.2%～0.3%，这与晶格常数从 0.8364nm 转变为 0.8353nm 有一定关系。这种微乎其微的晶格体积变化在作为锂离子电池负极材料时具有优异的循环性能，该材料也被称为“零应变”材料。钛酸锂可以提供一个非常平坦的 1.55V 脱嵌锂的电压平台。在脱嵌锂过程中，在电压为 0.8V 时容易形成 SEI 膜，这导致比容量下降。

钛酸锂由于优异的循环稳定性（在脱嵌锂过程中几乎没有结构性体积变化）和较高的安全性，被认为是最有前途的石墨替代品之一。然而，固有的动力学问题，即低导电性（约 $10^{-13}S \cdot cm^{-1}$），限制了其倍率性能。针对这些存在的问题，研究人员主要通过下述方法进行改性：形貌控制、表面改性等。Liu 等人设计并制备了用于锂离子电池的自支撑高导电性 $Li_4Ti_5O_{12}$-C 纳米管阵列。$Li_4Ti_5O_{12}$ 纳米管阵列通过一种简单的基于模板的溶液路径直接生长在不锈钢箔上，在 $Li_4Ti_5O_{12}$ 纳米管内外表面均匀的碳涂层进一步提高了电子导电性。由于缩短了锂离子扩散距离，以及本身具有高接触的比表面积、足够的电导率和很好的纳米管阵列，因此，$Li_4Ti_5O_{12}$-C 纳米管阵列表现出优异的倍率性能和循环性能（图 4.24）。

此外，还通过离子掺杂对 $Li_4Ti_5O_{12}$ 进行改性，掺杂的阳离子主要为 K^+、Zn^{2+}、Al^{3+}、Mg^{2+} 等，阴离子主要为 Cl^-、Br^- 等，但是掺杂通常会导致循环性能下降。

4.3.2 合金型负极材料

合金型负极材料主要是 IV 和 V 族元素。合金机理一般为 $xLi^+ + xe^- + M \longrightarrow Li_xM$ 反应，其中典型的 M 为 Si、Sn、Sb 等。在各种合金类型的负极材料中，硅（Si）、锡（Sn）采用的是完全锂化相 $Li_{4.4}M$ 的合金化机制，容量分别为 4200 和 $994mAh \cdot g^{-1}$，作为下一代锂离子电池负极材料，展现出巨大潜力。由于合金型负极材料在嵌锂过程中可以结合多个锂离子，所以表现出极高的理论比容量。这些合金型负极材料在循环过程中不断地嵌入和脱出锂离

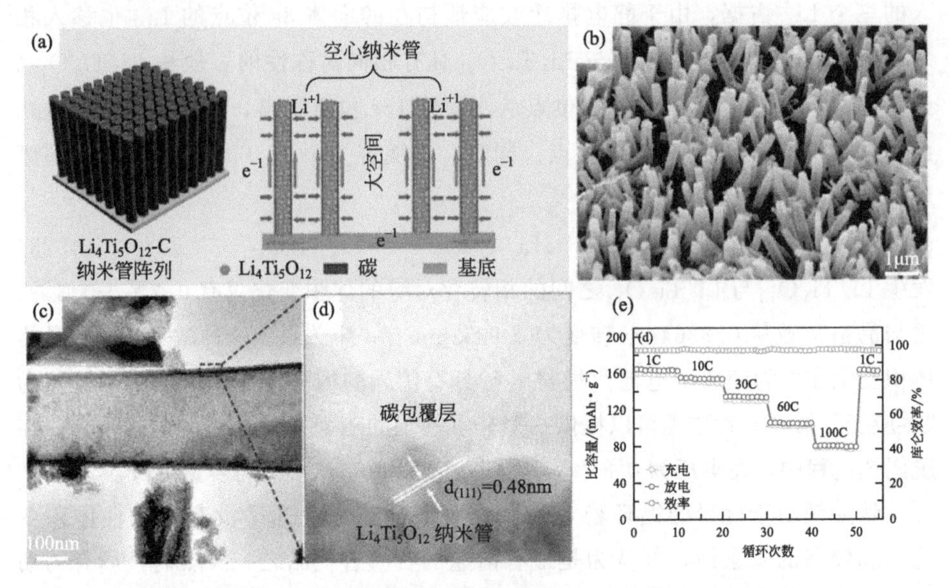

图 4.24 (a) $Li_4Ti_5O_{12}$-C 纳米管阵列的示意图，$Li_4Ti_5O_{12}$-C 纳米管阵列的 (b) SEM 图像和 (c)(d) TEM 表征，(e) 不同电流密度下的倍率性能

子，会导致巨大的体积膨胀/收缩，进而致使活性物质开裂，甚至粉碎并使周围的电子导电网络破坏，最终导致容量迅速衰减，以及动力学差等一系列关键问题，严重限制了合金型负极材料的应用。

4.3.2.1 硅

硅被认为是下一代高比能锂离子电池最有前途的候选负极材料之一。这是由于它低的嵌锂电压（<0.5V vs. Li/Li^+）和较高的理论比容量（室温下 $Li_{15}Si_4$ 相的理论比容量为 $3590mAh \cdot g^{-1}$），是石墨、硬碳和软碳等碳质材料（约 $372mAh \cdot g^{-1}$）的 10 倍。此外，硅是地壳中储量第二丰富的元素，其来源丰富且制取成本较低。根据 Robert A. Huggins 平衡相图可以分析出：当锂离子嵌入硅负极后，硅经历一系列的相变，在 450℃时的理论恒流电压曲线上导致多个电压平台［图 4.25(a)］；室温下，晶体硅在第一次锂化过程中经历单晶-非晶态相变，之后保持非晶态［图 4.25(a)］。当 Si 转变成 $Li_{4.4}Si$ 时，体积膨胀约为 420%。体积膨胀随锂浓度的变化近似为线性。然而，硅负极的实际应用目前面临多种挑战，包括脱/嵌锂过程中巨大的体积变化、低固有电导率和固体电解质界面（SEI）的不稳定性。体积变化大会导致颗粒粉碎，与导电剂或集流体失去电接触，甚至从集流体上脱落。重复的体积膨胀和收缩也

会导致颗粒周围 SEI 层的断裂和重新形成，导致电解质的不断消耗，阻抗增加，容量快速下降［图 4.25(b)］。

为解决上述问题，研究人员发现将 Si 颗粒的尺寸减小到纳米尺度可以在很大程度上克服颗粒破裂粉化的问题，因为小尺寸的 Si 可以在显著的体积膨胀过程中不断释放应力。利用尺寸效应，许多硅纳米结构已被证明可提高循环寿命，包括纳米颗粒、纳米线、空心纳米球和多孔结构等［图 4.25(c)］。2012 年，Liu 等人利用原位电镜发现硅纳米颗粒是否产生裂纹跟颗粒的尺寸相关，临界尺寸为 150nm，低于该临界值可以发生可逆的收缩和膨胀，高于该临界值则会在锂化过程中发生破裂。与大颗粒的硅材料相比，纳米化的硅材料具有更好的电化学性能，因此，对硅材料进行纳米尺度的结构调控可以有效提高其电化学嵌锂的可逆性。

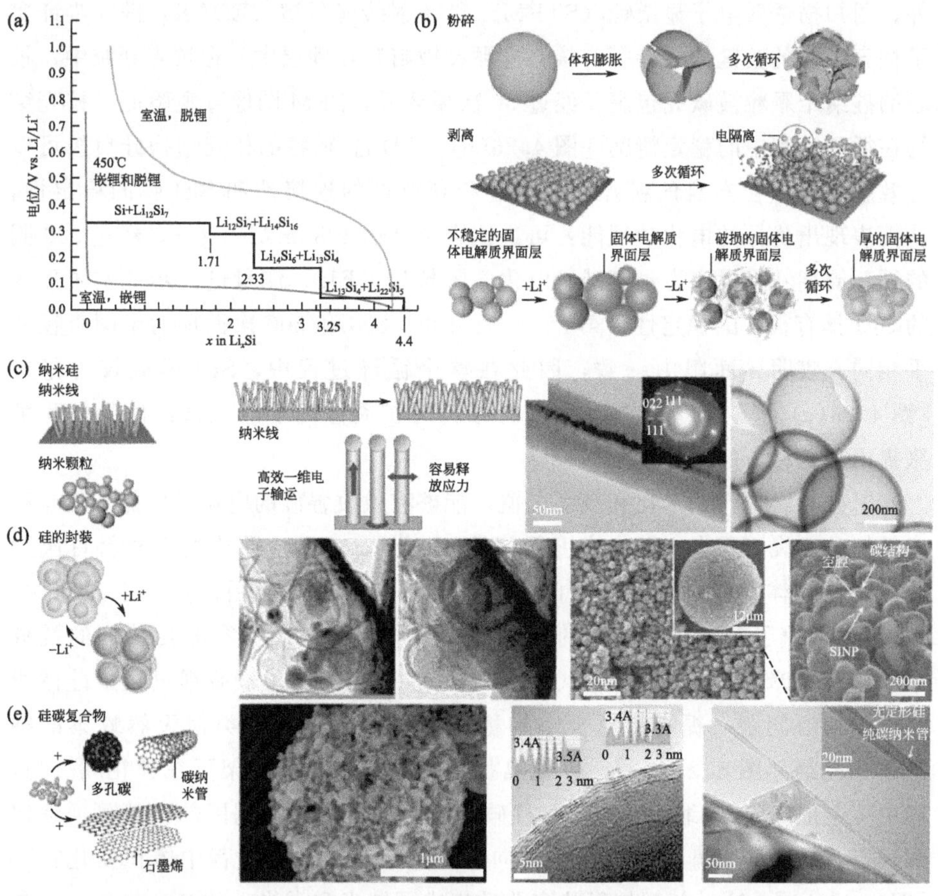

图 4.25 (a) 硅在室温和高温下锂化和脱锂的曲线；(b) 硅负极的主要降解机制；(c) 硅的纳米化；(d) 硅的封装；(e) 硅碳复合

此外，纯硅属于直接带隙半导体，其电阻率一般在$10^{-4}\Omega\cdot m$，相较于石墨（$10^{-6}\Omega\cdot m$）高两个数量级左右。因此，硅颗粒普遍电子导电性较差，一般难以直接满足电极应用的需要。考虑到硅本身在锂嵌脱反应过程中的体积变化问题，对硅颗粒进行适度的封装包覆［图 4.25(d)］，或者将其与碳材料［如多孔碳、石墨烯和碳纳米管等，图 4.25(e)］复合搭配是重要的改性技术，可在提升其电子导电性能的同时，缓解体积膨胀，提高材料的大电流充放电性能及循环寿命。

2012 年，Hwang 等人开发了一种静电纺丝工艺，使用双喷嘴以可扩展的方式生产核壳纤维电极［图 4.26(a)］。通过扫描电子显微镜（SEM）和透射电子显微镜（TEM）表征证实了硅纳米颗粒的封装。此外，选区电子衍射（SAED）模式显示的衍射斑点对应着硅的（111）、（220）和（311）面。此外，用扫描透射电子显微镜（STEM）和 X 射线能量谱（EDAX）进一步证实了核壳纤维的关键结构特征：核心硅颗粒被封装在碳层中。在核壳纤维中，核心的硅纳米颗粒被碳壳包裹。经过 50 次循环后，SEM 图像直观验证了核壳结构在循环过程中的稳定情况［图 4.26(b)～(d)］。独特的核壳结构硅负极可以有效解决硅颗粒本身的粉碎、提高硅和导电剂的连接性和 SEI 膜的稳定性，从而表现出优异的电化学性能：可逆比容量高达$1384mAh\cdot g^{-1}$，经过 300 圈的循环周期几乎没有容量衰减。电化学阻抗谱（EIS）测量进一步证实了形成的 SEI 具有很好的稳定性。第 25、50、100、200 和 300 次循环的半圆直径几乎相同，表明界面阻力一致，因此在整个循环过程中，SEI 形成较为稳定［图 4.26(e)、(f)］。静电纺丝核壳纤维为可扩展锂离子电极抵抗硅的体积膨胀提出了一种新的设计策略。

对硅材料进行纳米化和表面包覆，能够有效改善硅的电化学性能。但是纳米结构硅比表面积大、振实密度低（约$0.2g\cdot cm^{-3}$），导致电极材料首次库伦效率低和体积能量密度低等问题，限制了其商业化应用。针对上述问题，An 等人构筑了新颖三维互连的纳米硅骨架和内部三维贯穿的孔结构的类蚁巢状多孔微米硅/碳核壳结构（AMPSi/C），有效解决了嵌脱锂过程中硅体积膨胀的核心问题，提高了电极结构稳定性。AMPSi 具有类似天然蚁巢的纳米多孔网络［图 4.27(a)］。该蚁巢状多孔硅的硅纳米骨架可在锂化/脱锂过程中可逆地膨胀/收缩而不粉化，且硅的体积膨胀可通过周围的孔隙可逆地向内进行，从而产生可以忽略的颗粒向外膨胀，整个嵌锂过程中体积变化很小［图 4.27(b)］。这种新型蚁巢状多孔硅集成了纳米和微米硅的各自优势。碳包覆后的蚁巢状多孔硅负极（AMPSi/C）相比 AMPSi，在 0.5C 下经 1000 圈的

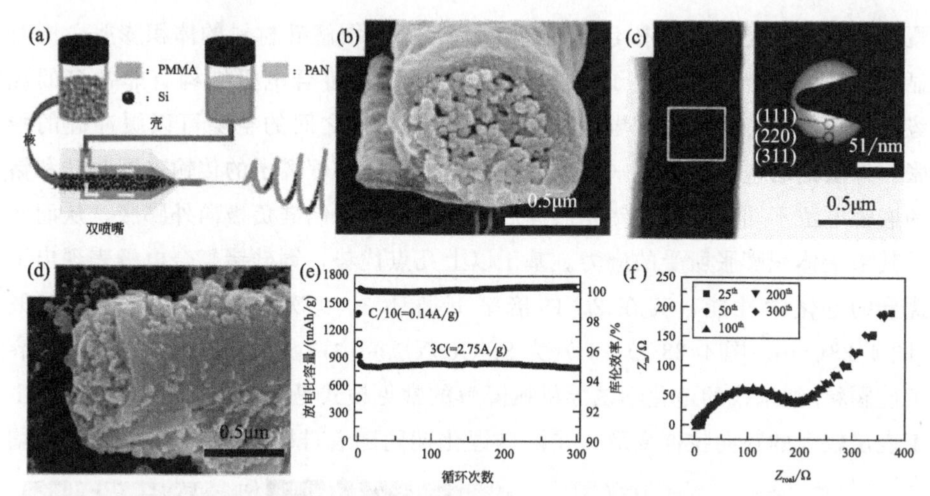

图 4.26 (a) 静电纺丝示意图；核壳纤维的 (b) SEM 截面图、(c) TEM 图和 (e) 循环 50 次后的 SEM 截面图；(e) 在 3C 下的循环性能；(f) 核壳纤维在第 25、50、100、200 和 300 次循环的阻抗谱

长循环测试显示出更优异的循环稳定性，可逆比容量高达 $1271mAh \cdot g^{-1}$，容量保持率为 90% [图 4.27(c)、(d)]。

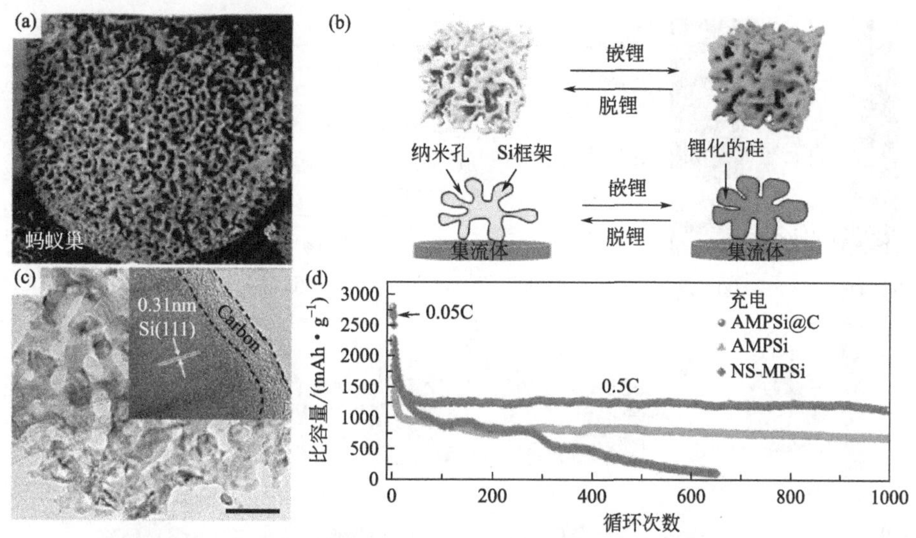

图 4.27 AMPSi 的 (a) SEM 图和 (b) 在脱嵌锂过程中的示意图；AMPSi@C 的 (c) TEM 图和 (d) 在 0.5C 下进行长循环测试

针对硅负极在嵌脱锂过程中体积变化大及导电性差等问题，2018 年，Zhang 等人制备出三维多孔泡沫镍支撑的中空竹节状铜纳米线阵列，随后将硅活性物质沉积在阵列表面，并在其外围包覆一层锗，成功构建了中空铜核外包

覆硅和锗双层壳结构［图 4.28(a)～(d)］，用以缓解硅材料的体积膨胀，同时显著提高了复合材料的电子导电性。这种独特的复合电极结构有非常多的优势：铜核能够有效地改善电极的导电性，铜与铜之间的空隙可以缓冲硅的膨胀，外层锗的包覆能够进一步改善硅的电子导电和锂离子的传输；同时硅和锗的嵌锂电位不同，外层的锗先嵌锂后，能够有效限制硅负极向外膨胀，从而降低其由于体积膨胀所受的应力。基于以上几点优势，铜硅锗复合电极表现出了优异的电化学性能，其在 2C 的倍率下循环 3000 次容量保持率高达 81%［图 4.28(e)］。图 4.28(f)～(i) 为 Si/Ge 双层壳中两步锂化的模拟仿真，大容量硅颗粒/纳米线的电化学诱导机械降解的常见模式是表面裂纹/破坏，这是由于表层较大的环向拉伸变形，在渐进锂化期间随着硅颗粒/纳米线的膨胀而增

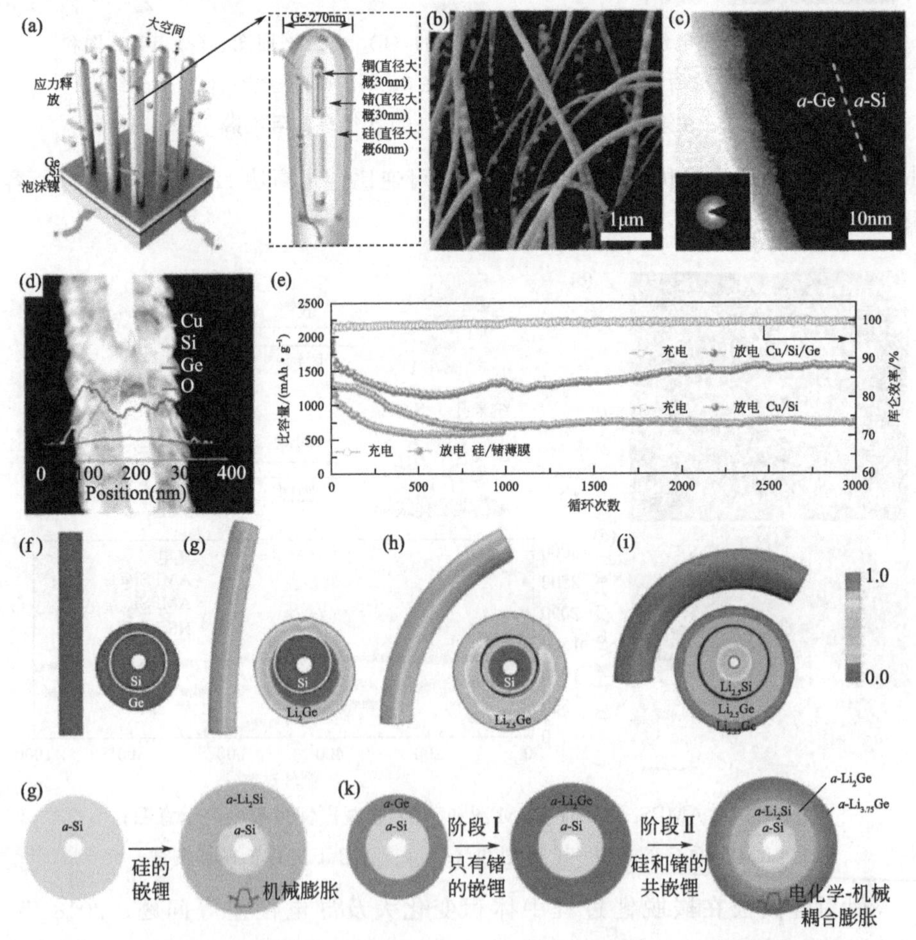

图 4.28 (a) 高性能 Cu/Si/Ge 纳米线示意图；(b)～(d) Cu/Si/Ge 纳米线 SEM 和 TEM 图；(e) Cu/Si/Ge 纳米线的长循环性能；(f)～(k) Si/Ge 材料锂化的化学机械效应

加。对于硅颗粒/纳米线，表面层中的大环状拉伸变形主要为纯机械拉伸[图4.28(j)]。因此，硅的表层很容易受损。相反，Si/Ge双层壳在共锂化过程中，由Si和Ge层中的锂化诱导的体积膨胀驱动的表面Ge层中的环状拉伸变形，表面Ge层的大环状拉伸变形是锂的电化学插入和机械拉伸的结合作用[图4.28(k)]。揭示了活性材料硅和锗间全新的“共嵌/共脱锂”机制能有效抑制硅的径向膨胀，并促进硅更均匀嵌脱锂，从而大幅降低了硅因巨大体积变化所承受的机械应力，保证了电极在充放电循环过程中的结构稳定，极大地改善了铜/硅/锗纳米线电极的电化学性能。该项工作不但为设计和合成高性能锂离子电池用硅复合负极提供了新的思路，还为我们今后更好地理解硅复合负极材料中多个活性组分之间的协同作用反应机理打开了一扇崭新的窗口，以及为设计高性能锂离子电池负极材料提供强有力的指导。

针对纳米硅颗粒在循环过程中巨大的体积变化和颗粒团聚以及导电性差等问题，Ke等人设计并合成了一种独特的薄碳壳层和N/P共掺杂的二维碳片双重封装硅纳米颗粒（表示为2DNPC/C@Si）。双碳结构可作为导电介质和缓冲基质，以适应纳米硅颗粒的体积变化，并在循环过程中实现快速电子/离子传输[图4.29(a)～(d)]。由于其突出的结构优点，制备的2D NPC/C@Si电极具有出色的循环稳定性（在1A・g^{-1}电流密度下500次循环后仍有86%的容量保留，比容量为326mAh・g^{-1}，见图4.29(e)。

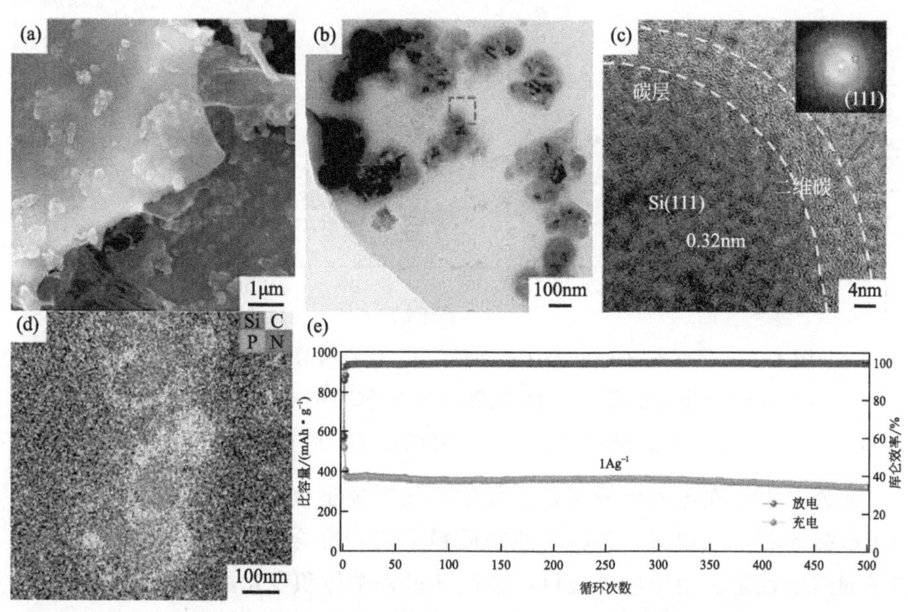

图4.29　2DNPC/C@Si的（a）SEM图、(b)～(d) TEM图和（e）在1A・g^{-1}电流密度下的循环性能

在活性 Si 中引入非活性的金属与 Si 的合金相，再辅以碳包覆，能有效提高其电子电导率和缓冲其在充放电循环过程中的体积膨胀，改善电池的倍率和循环性能。Zheng 等人提出了采用溶胶凝胶法结合后续热处理的方式创新性地制备了自支撑石墨烯-碳共包覆铜硅合金-硅纳米颗粒复合负极（Cu_3Si-SCG）。该纳米复合材料由 Cu_3Si-Si 核和碳壳组成，石墨烯纳米片均匀封装核壳颗粒[图 4.30(a)～(c)]。在这个设计中，碳壳、石墨烯纳米片和非活性 Cu_3Si 相作为缓冲介质，用来抑制硅在脱嵌锂过程中的体积变化，有利于形成稳定的 SEI 膜，并使其具有良好的传输动力学。优化后的 Cu_3Si-SCG 纳米复合负极显现出了优异的倍率性能 [图 4.30(d)]。

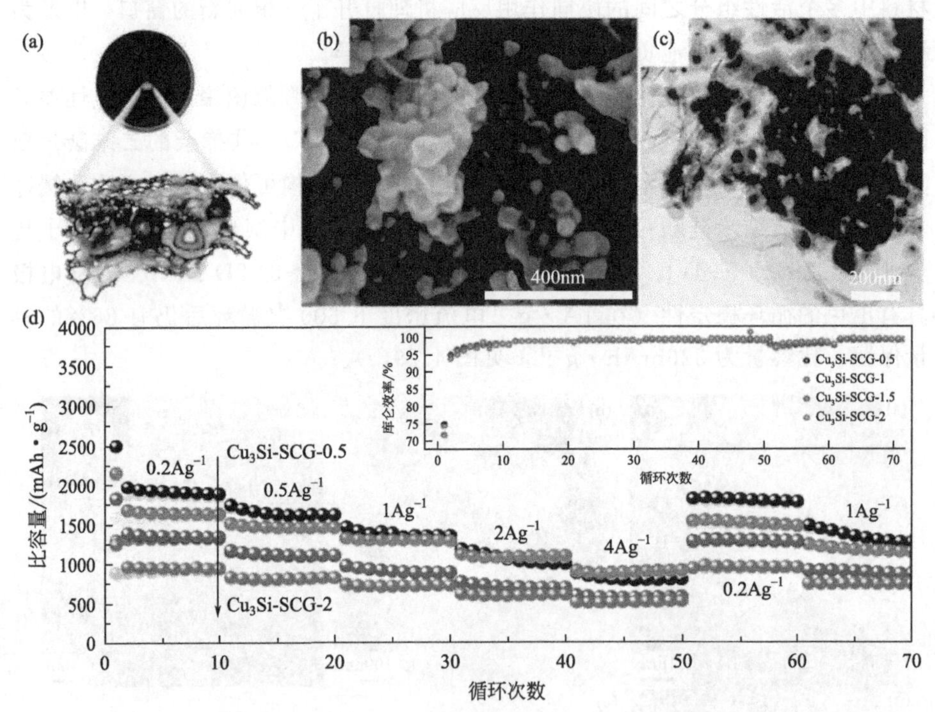

图 4.30 2DNPC/C@Si 的 (a) SEM 图、(b)～(d) TEM 图和 (e) 在 $1A \cdot g^{-1}$ 电流密度下的循环性能；Cu_3Si-SCG 的 (f) 结构示意图、(g) SEM 图、(h) TEM 图和 (i) 倍率性能

此外，由于在电极极板制备过程中往往需要适度添加一些高分子黏结剂，便于电极涂布加工成型，并将活性物质粉末固定在金属集流体上以维持电子/离子通路的稳定。由于硅负极材料在循环过程中体积变化的特性，对黏结剂的性能提出了特殊的更高要求，常规黏结剂如 PVDF、SBR/CMC 等体系难以耐受硅负极较大的体积变化，易引起电极龟裂、活性物质掉粉而造成电极失活、

容量衰减。近年来开发了一些新型的黏结剂体系，如聚丙烯酸（PAA）、海藻酸（alginate）、聚轮烷等，可与 Si 颗粒表面形成较强的相互作用，抵抗体积变化带来的界面剥离，在一定程度上提高硅负极的循环寿命。但这类黏结剂或多或少地存在与电解液副反应而降低首次库伦效率、增加电极成本和电极加工难度等问题，亟待解决。

近期的一些研究发现，将 Si 或者 Si/C 复合材料的表面进行改性，修饰一些可以与黏结剂发生化学键合的环氧有机官能团，可以增强活性颗粒与黏结剂间的界面粘接，同时该类官能团不含活性质子，可有效钝化电极界面，抑制电解液副反应，在很大程度上改善硅负极的循环寿命。该类研究代表了一个十分有希望的硅负极发展方向。

4.3.2.2 锡

锡基材料因为自身导电性好、理论比容量高，以及嵌锂电位较低（0.6V vs. Li/Li^+），可以有效避免在循环过程中金属锂的析出问题等特点，而备受关注。由于锡自身的导电性好，可以应用于快充和低温领域；另外锡熔点只有 232℃，可应用于固态电池中，亦被认为是下一代高比容量负极材料的理想选择之一。但锡负极在嵌锂过程中伴随着约 300%的体积变化，进而带来一系列问题。为解决这一问题，研究人员通常采用碳包覆和结构设计等方法来优化锡的电化学性能。碳材料［石墨（G）、石墨烯（GP）、碳纳米管（CNT）等］具有导电性且不与锡材料发生反应，可以作为导电基体。因此可以通过设计不同结构的碳材料，来与锡材料进行不同形式的复合。碳材料作为表面包覆层或承载基体还具有一定的力学性能，在充放电过程中可以有效缓解锡的体积变化，防止锡的粉化和团聚问题［图 4.31(a)～(d)］。

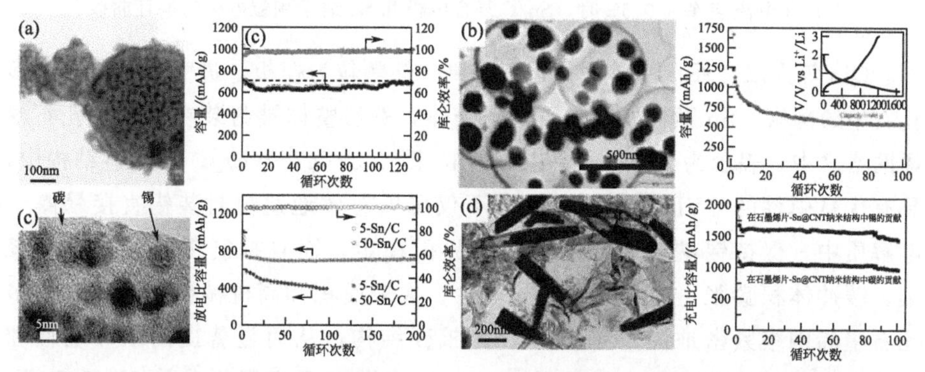

图 4.31 （a）纳米 Sn/C 复合颗粒、（b）弹性空心碳球封装纳米锡、（c）氮掺杂多孔碳封装 Sn 颗粒和（d）石墨烯片-Sn@CNT 纳米结构的 TEM 图像和循环性能

Yu 等人采用同轴静电纺丝法制备了新型 Sn@C 纳米颗粒，并将其包裹在竹节状中空纳米碳纤维中［图 4.32(a)～(e)］，作为潜在的锂离子电池负极材料，该复合材料在 0.5C 下循环 200 次后，可逆比容量仍有 737mAh·g^{-1}［图 4.32(f)］。中空碳纳米纤维结构封装的 Sn@C 具有较高的 Sn 含量，并提供适当的空隙体积来响应较大的体积变化和防止 Sn 纳米颗粒的粉碎。此外，同轴静电纺丝也被证明是一个强大的常规制备中空核壳结构纳米材料的有效方法。

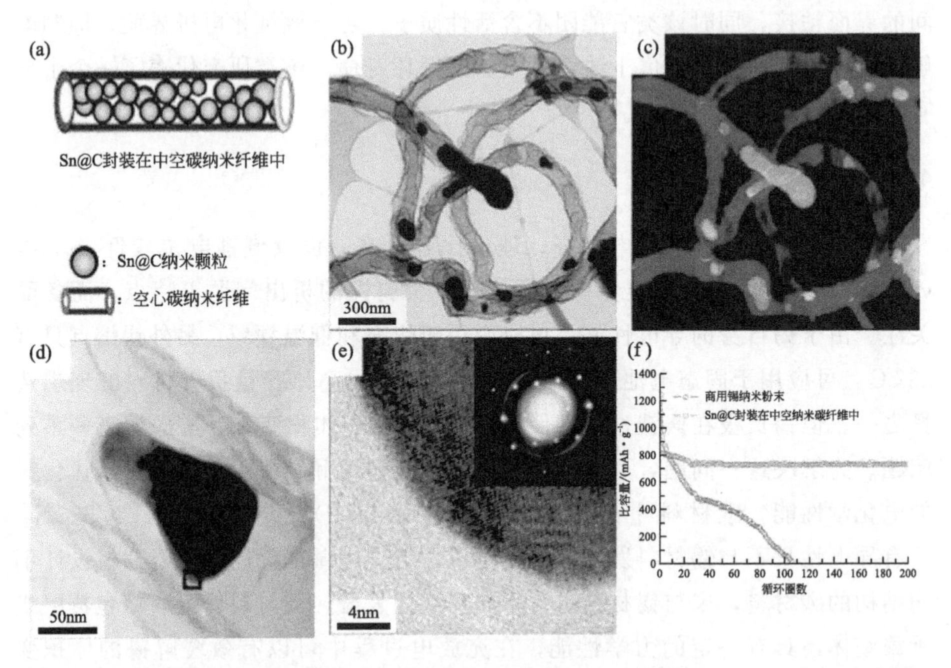

图 4.32 Sn@C 纳米颗粒封装在中空碳纳米纤维中的 (a) 示意图和 (b)～(e) TEM 图；(f) 在电流速率为 0.5C 时，Sn/C 复合电极和 Sn 纳米颗粒电极的循环曲线

Qin 等人以金属前驱体为催化剂和氯化钠颗粒为模板，进一步制备三维多孔石墨烯网络。Sn 颗粒外层是石墨烯壳体，然后整体被封装在三维多孔石墨烯网络之中［表示为 3D Sn@G-PGNWs，图 4.33(a)～(c)］。在构造结构中，具有优良弹性的 CVD 合成石墨烯壳不仅可以有效地避免封装锡直接暴露于电解质中，保持锡纳米颗粒的结构和界面稳定，而且抑制锡纳米颗粒的聚集，缓冲体积膨胀；并且具有高导电性、大表面积和高机械灵活性的三维多孔石墨烯网络紧密地固定着 Sn@G 的核壳结构，从而显著提高了导电性和整体电极的结构完整性。通过图 4.33(d) 多孔石墨烯网络壁的 HRTEM 图像，可知，由少量石墨烯层组成的壁的厚度约为 3nm。图 4.33(e) 显示了 Sn

@G 纳米颗粒的 HRTEM 图像，其中 Sn 纳米颗粒被紧紧地固定在石墨烯壳（～1nm）中，是典型的核壳结构。因此，三维混合负极具有优异的循环稳定性［当电流密度为 $2A \cdot g^{-1}$时，1000 次循环后仍保留约 96.3%，可逆比容量为 $682mAh \cdot g^{-1}$，图 4.33(f)］。

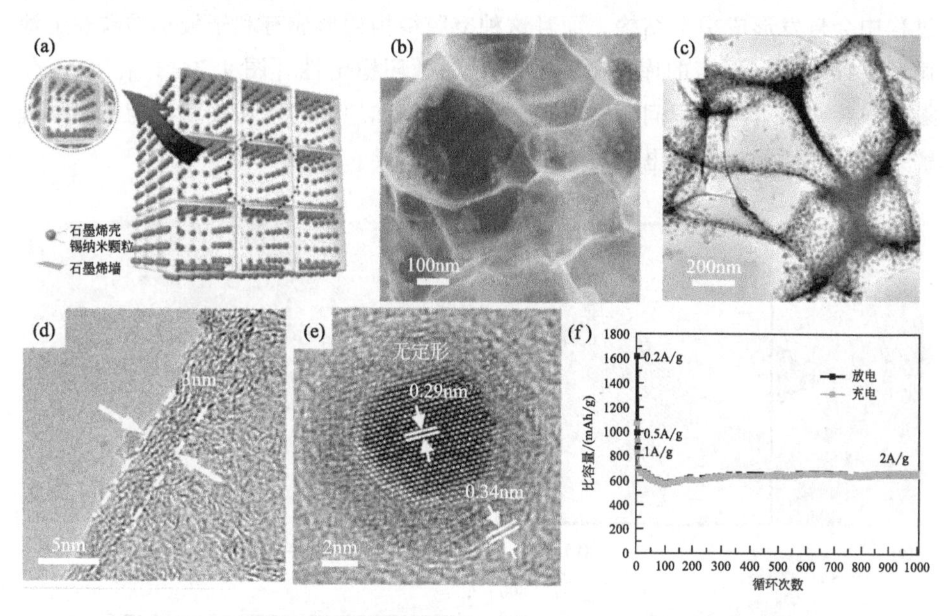

图 4.33 3D Sn@G-PGNWs 的（a）结构模型、（b）STM 图像、（c）～（e）TEM 图像以及（f）循环曲线图

4.3.2.3 锑

位于元素周期表第Ⅴ主族第五周期的金属锑（Sb）与硅（Si）类似，也是一类合金化机理储锂负极材料。因其具有较高的理论比容量（$660mAh \cdot g^{-1}$）和体积比容量（$1890Ah \cdot L^{-1}$）且嵌锂电位适中（0.6V vs. Li/Li^{+}），而受到关注。但 Sb 向 Li_3Sb 转变的同时体积增加了 150%，会导致电池容量快速衰减。前期的研究表明，纳米尺寸的 Sb 颗粒的循环寿命优于微米级 Sb 颗粒。然而，关于循环性能提高的潜在机理尚不清楚。Boebinger 等人研究发现颗粒足够小的 Sb 纳米颗粒在嵌锂的过程中发生膨胀，并在脱锂过程中自发形成均匀的空腔，且其可在循环过程中可逆地填充和形成空腔结构。初始的 Sb 纳米颗粒为单晶相，其形貌为球形或椭圆形。嵌锂后，其发生了合金化反应形成 Li_3Sb 相，且表面被薄层氧化锂包裹。脱锂后，颗粒呈现出独特的形貌，在氧化锂内表面形成空心的 Sb 且尺寸没有明显改变。电子衍射的结果证实脱锂后

得到的空心 Sb 为无定形结构［图 4.34(a)～(d)］。脱锂过程中两种可能的形态轨迹的示意图表示，氧化层的机械约束导致较小的颗粒在脱锂过程中形成空隙，而较大的颗粒能够收缩但不形成空隙［图 4.34(e)］。这证实 Sb 纳米颗粒的脱锂空心化现象存在一个临界尺寸，在临界尺寸以下，Sb 纳米颗粒在脱锂过程中会自发形成中空结构，而且这种空腔结构的形成有利于较小颗粒在电池循环过程中获得更高的库伦效率和更好的循环稳定性［图 4.34(f)］。该工作揭示出一些基本电化学问题中存在的材料结构和性能的密切关联，为更好地理解并设计高性能锂离子电池材料提供了有力指导。

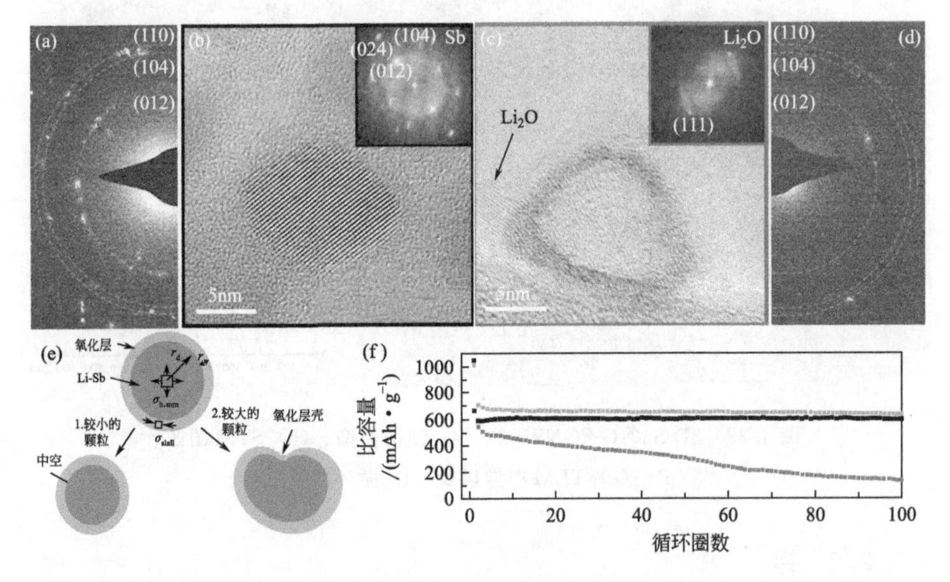

图 4.34 (a) 原始 Sb 纳米颗粒的 SAED 图；原始 Sb 纳米晶 (b) 和脱锂的 Sb 纳米晶 (c) 的高分辨率 TEM 图像和快速傅里叶变换；(d) 脱锂后的 SAED 图；(e) 脱锂过程中两种可能的形态轨迹的示意图；(f) 在 $660mA \cdot g^{-1}$ 电流下循环时的比容量

为了缓冲体积变化和保持合金型电极材料的结构完整性，一种广泛采用的方法是将 Sb 与其他电化学活性或非活性成分结合，如碳质材料：碳纳米管、石墨烯和碳纳米纤维（CNFs）。这些碳质材料不仅作为缓冲基体，缓解 Sb 脱嵌锂的体积变化，而且提供额外的锂存储容量和提高电极导电性。Wang 等人提出了一种“二氧化硅强化”的概念，即通过静电纺丝方法制备二氧化硅增强碳纳米纤维，用于封装锑纳米颗粒［表示为 SiO_2/Sb@CNFs，图 4.35(a)～(f)］。在这种复合结构中，绝缘二氧化硅填料不仅增强了整体结构，而且有助于增加锂存储容量，将 Sb 纳米颗粒封装到碳-二氧化硅基体中，可有效缓冲

Sb在脱嵌锂过程中的体积变化，缓解机械应力。多孔碳纳米纤维框架允许快速电荷转移和电解质扩散。这些有利的特征协同促进锂离子的存储，展示良好的循环稳定性和倍率性能［图4.35(g)(h)］。

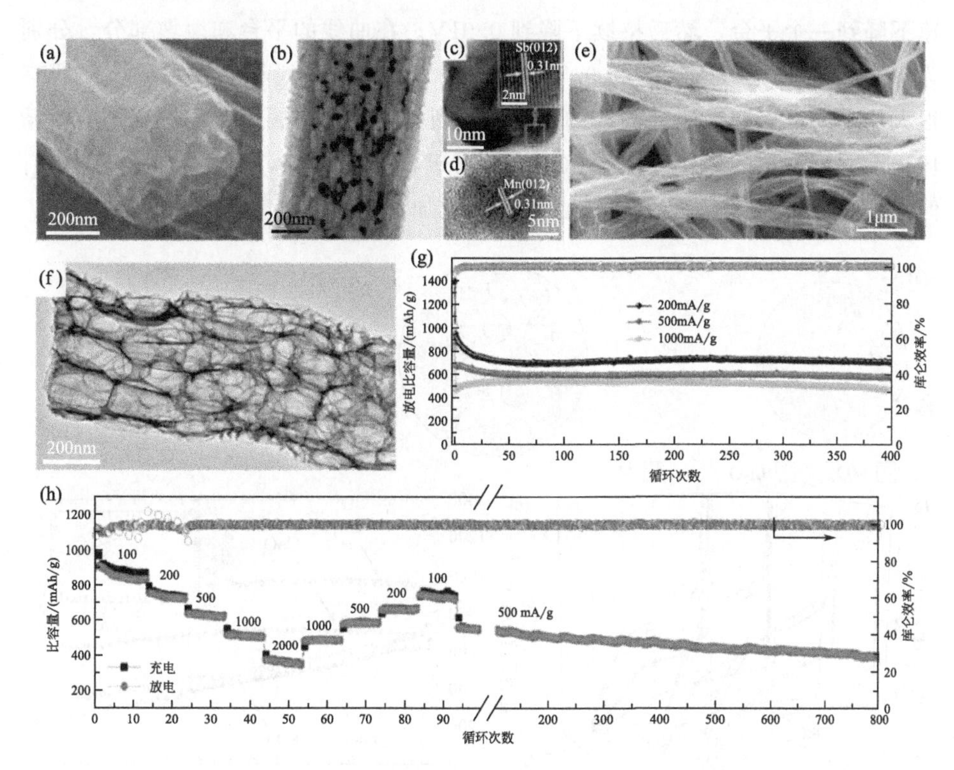

图4.35 (a)～(d) SiO_2/Sb@CNFs的SEM图像和TEM图像；多孔CNFs的(e) SEM图像和(f) TEM图像；(g) SiO_2/Sb@CNFs在不同电流密度下的循环性能；(h) 在不同电流密度下测量的全电池的倍率性能

此外，研究工作者也研究了Ge、Ga等合金负极材料在嵌脱锂过程中的电化学性能，对优化合金型负极材料的电化学性能具有重要指导意义。

4.3.3 转化型负极材料

4.3.3.1 金属氧化物

转化型反应不同于嵌入和合金化反应，原理主要是过渡金属氧化物与锂离子发生转化反应：$M_xO_y+2yLi^++2ye^-\longrightarrow yLi_2O+xM$［图4.36(a)］。即储锂方式对应着纳米金属颗粒的还原和氧化以及氧化锂的形成和分解过程。Poizot等人用过渡金属氧化物纳米粒子（MO，M为Co、Ni、Cu或Fe）制成的电极，其电化学比容量为700mAh·g^{-1}，并具有较高的容量保持率和较快充电速率。如图4.36(b)所示，由Co、Ni或Fe氧化物制成的金属氧化物锂离子电池的电压和嵌锂量曲线表现出相似之处。在第一次放电过程中，电势迅速下降到一个平台，然后持续下降到0.01V。在曲线的平台和缓坡部分，分别为每摩尔M大约嵌入2个和0.7个锂。第二次放电曲线与第一次放电曲线有很大的不同，表明锂驱动的结构发生了剧烈的变化。金属氧化物锂离子电池循环显示两种类型的变化[图4.36(c)]：对于FeO和NiO，可逆容量不断衰减；但Co氧化物可逆容量保持不变甚至略有增加。

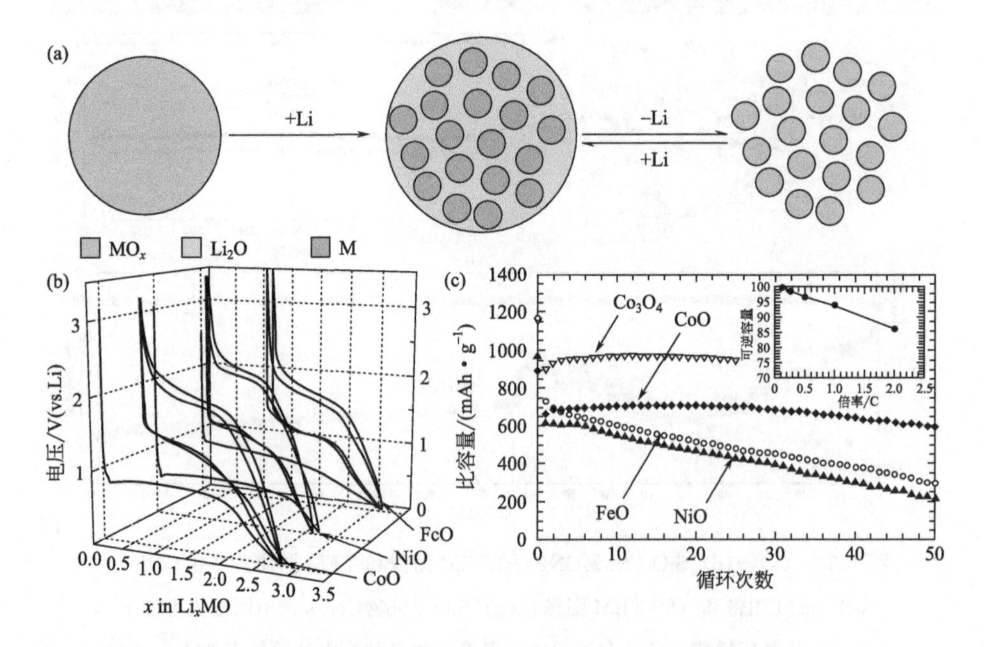

图4.36 (a)金属氧化物颗粒的第一次锂化过程和随后的锂化/脱锂循环过程，(b)金属氧化物的电压与嵌锂量关系曲线，(c)金属氧化物的循环性能图(插图为氧化钴的倍率性能)

转化型储锂负极材料在充放电过程中也存在体积膨胀大的问题，致使其性能欠佳。除了设计合理的核壳结构来解决体积膨胀问题，蛋黄壳结构也是近年来被广泛用以缓释高比容量负极材料体积效应的一种复合结构设计，主要是通过在活性材料核以及壳间构筑合理的空腔，继而降低体积膨胀的负面影响，从而获得优异的电化学循环稳定性。作为一类重要的转化型负极材料，Fe_2O_3因其理论比容量高、储量丰富、环境友好，且易于制备等优点，已成为国内外电化学储能领域的研究热点。但充放电过程中的剧烈体积变化以及低电子导电率等关键瓶颈，限制了这类材料的广泛应用。目前，解决 Fe_2O_3 负极材料导电性低问题的措施主要是与导电碳材料复合。碳材料的引入虽然改善了锂离子电池的循环稳定性和倍率性能，但其严重的体积膨胀现象仍然难以解决。鉴于此，Zheng 等人设计了以 Fe_2O_3 为内核和自支撑碳为外壳的蛋黄壳结构 Fe_2O_3@C 复合负极材料［图 4.37(a)］。由于空腔的存在，Fe_2O_3 在嵌锂过程中体积膨胀的应力得到有效释放，使得外层碳壳保持完整，显著改善了电化学性能。得益于这种蛋黄壳结构的优势［图 4.37(b)～(e)］，制备的电极表现出高可逆比容量（0.2A・g^{-1}电流密度下循环 80 次后仍有 1013mAh・g^{-1}的比容量）。与商用 $LiCoO_2$ 正极组装的全电池，在 1C 电流密度下循环 100 次后容量保持率高达 84.5%［图 4.37(f)(g)］，显示了较好的商业化前景。

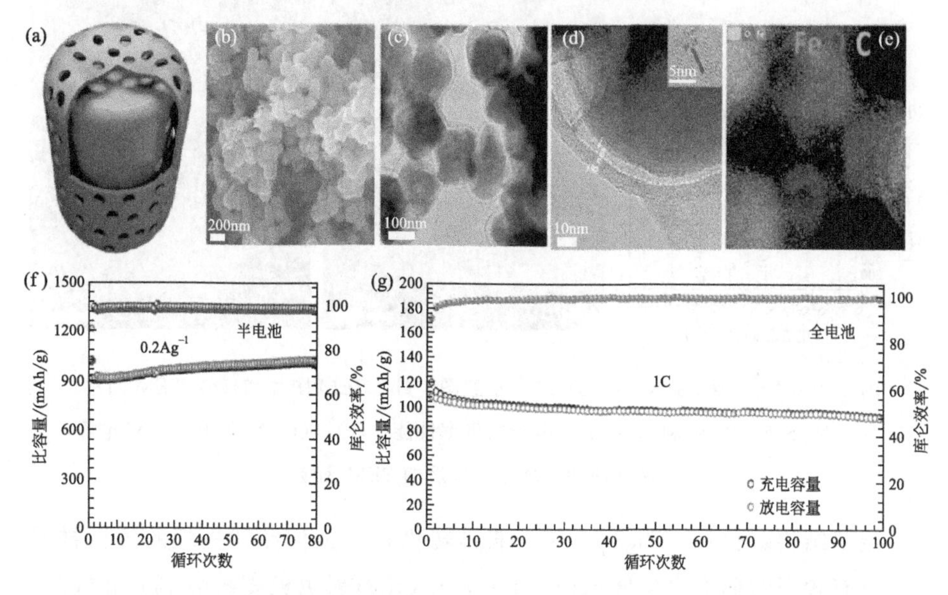

图 4.37 (a) 蛋黄壳 Fe_2O_3@C 的结构示意图；蛋黄壳 Fe_2O_3@C 的 (b) SEM 图片和 (c)～(e) TEM 图片；蛋黄壳 Fe_2O_3@C (f) 半电池和 (g) 全电池的电化学性能

相应的其他金属氧化物（Fe_3O_4、Co_3O_4、CuO 和 NiO 等）也得到研究人员的大量探索，将有希望应用于未来锂离子电池中。

4.3.3.2 金属硫化物

基于转化/合金化反应的高比容量负极材料在下一代高比能锂离子电池中具有巨大的应用潜力。然而，其在脱嵌锂过程中发生的巨大体积变化和缓慢的动力学，导致循环和倍率性能差，限制了其广泛应用。为了解决上述问题，

Zhao 等人报道了一种通过压皱石墨烯作为高弹性保护壳，实现了褶皱石墨烯封装的三维双连续骨架 Ni_3S_2 电极［图 4.38(a)～(c)］。褶皱结构与 3D 框架相结合，极大地提高了锂离子电池的循环稳定性，制备的电极具有较高的比容量（$2165mAh\cdot g^{-1}$）［图 4.38(d)］。这种皱褶石墨烯具有自适应能力，通过展开和折叠来同步适应 Ni_3S_2 的循环体积变化，既能释放应力，又能保持良好的电接触，100 圈循环后仍能保持良好的结构［图 4.38(e)(f)］。这一发现将促进折叠石墨烯和自适应材料的应用。

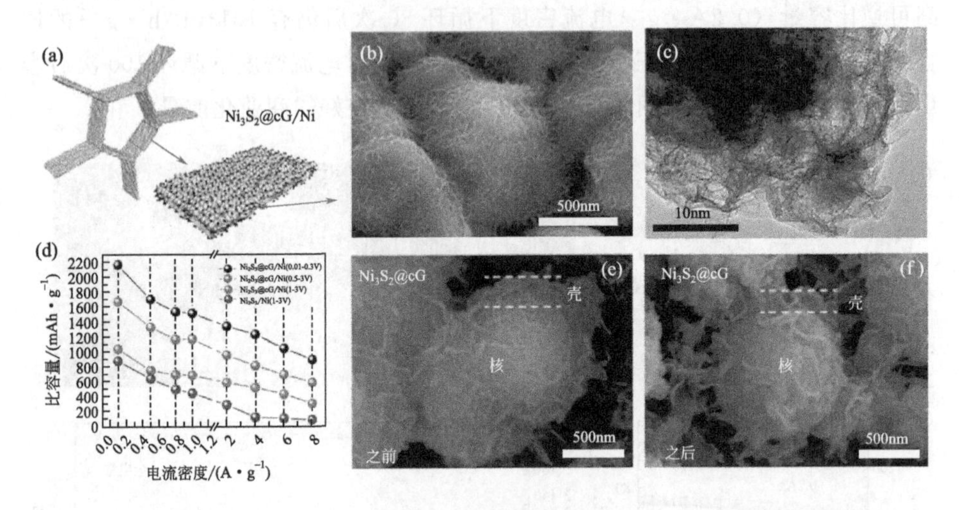

图 4.38 Ni_3S_2@cG/Ni 的（a）结构示意图、（b）SEM 图片和（c）TEM 图片；（d）Ni_3S_2@cG/Ni 和 Ni_3S_2/Ni 电极的倍率性能，（e）、（f）Ni_3S_2@cG/Ni 电极循环前和循环 100 次后的 SEM 图像

层状结构硫化铋（Bi_2S_3）属于兼具转化和合金化储锂机理的负极材料，由于具有较高的理论比容量 $625mAh\cdot g^{-1}$（比石墨负极高约 70%）和极高的体积比容量 $4250mAh\cdot cm^{-3}$（大约为石墨负极的 4 倍），引起了研究者们的广泛关注。但 Bi_2S_3 在嵌锂过程中巨大的体积变化和低的电子电导率，制约了其作为高性能负极材料的实际应用。针对上述问题，Zhao 等人通过溶胶凝胶法结合碱溶液刻蚀的方法，构筑了一种具有空腔结构的氮掺杂介孔碳包覆（Bi_2S_3@C）纳米线复合负极材料［图 4.39(a)～(d)］。研究结果表明，由于内部空腔的存在，该纳米线复合结构可以在多次循环后保持完整，虽然 Bi_2S_3 核发生了较大的膨胀，但是空腔结构能够有效地缓冲 Bi_2S_3 核的膨胀并对外层的碳壳几乎无冲击作用，显示了内部空腔结构的巨大优势。得益于结构上的优势，开发出的复合负极表现出优异的循环稳定性和倍率性能［在 $1A\cdot g^{-1}$ 的

情况下，循环700次容量仍保留85%，图4.39(e)、(f)]。该研究阐明了蛋黄壳复合结构负极材料的微观演变和稳定机制，可为材料储锂（钠/钾）性能、体积效应与材料结构间关联规律的研究提供新的实验证据和重要的思路及见解。

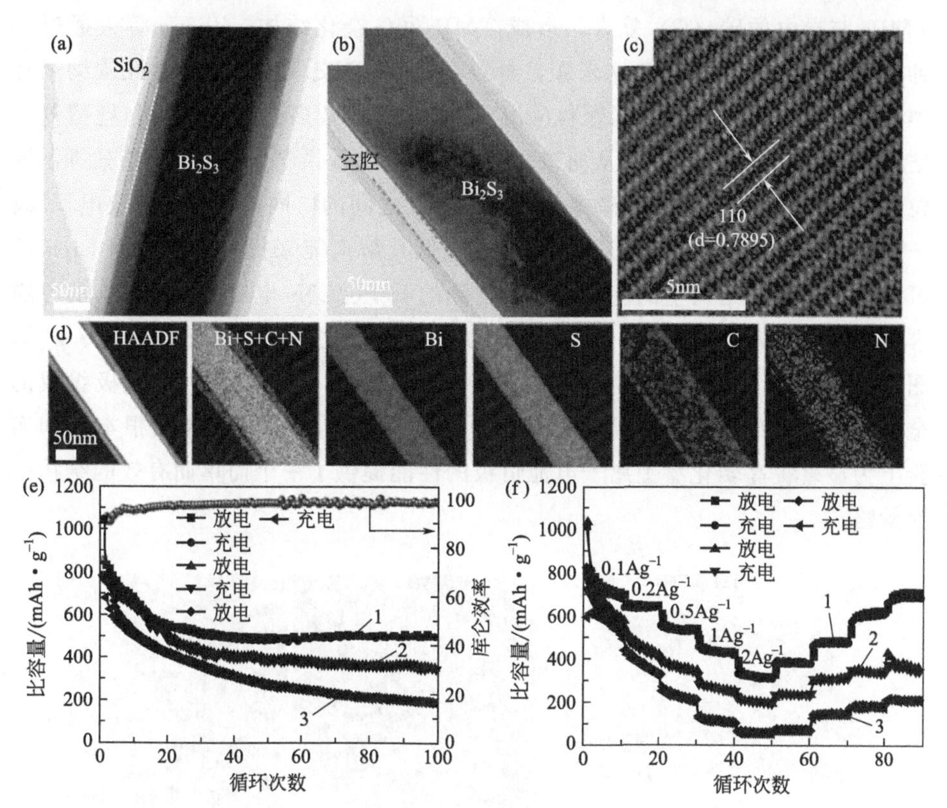

图4.39 (a) Bi_2S_3@SiO_2@C纳米线前驱体的TEM图像；(b) Bi_2S_3@C纳米线的TEM图像；(c) Bi_2S_3纳米线核心的HRTEM图像；(d) 与STEM图像对应的Bi、S、C和N的元素分布图；蛋黄壳Bi_2S_3@C、核壳Bi_2S_3@C和纯Bi_2S_3纳米线电极 (e) 在$0.1A \cdot g^{-1}$的循环性能和 (f) 各电流密度下的倍率性能

1—蛋黄壳结构Bi_2S_3@C；2—核壳结构Bi_2S_3@C；3—纯的Bi_2S_3

此外，针对其他金属硫化物负极材料（SnS_2、ZnS等），研究工作者也研究了它们的电化学性能，这些研究结果为寻找性能优异的电极材料提供了有价值的科学数据和参考。

4.3.3.3 金属磷化物

过渡金属磷化物（TMPs）作为一类转化型储锂负极材料，表现出较高的理论比容量、稳定的放电平台和相对较低的极化电位，被认为是有潜力的下一代锂离子电池负极材料。然而在循环过程中也存在体积变化大、颗粒团聚、导电性差以及放电产物 Li_3P 可逆性差等问题，易导致其容量快速衰减和倍率性能欠佳。为了提高其循环稳定性和倍率性能，一个有效策略是将纳米结构的 TMPs 与导电的碳（C）复合，形成 TMPs@C 杂化结构。Zheng 等人通过一种简单的方法将非晶 FeP 纳米颗粒封装在超薄 3D 交联的磷掺杂多孔碳纳米片中（FeP@CNs），形成纳米颗粒@3D 交联的磷掺杂多孔碳纳米片包埋型复合结构［图 4.40(a)～(c)］，从而缓释其体积膨胀、提供电子导电性并有效抑制颗粒团聚。具体来说，FeP 和磷掺杂的碳纳米片之间的协同作用可以加快电子/离子输运动力学和缓冲体积膨胀，并通过降低其解离能来提高放电产物 Li_3P 的可逆性。得益于结构上的优势，制备得到的 FeP@CNs 电极表现出较高的可逆容量［在电流密度 $0.2A \cdot g^{-1}$ 下循环 300 圈后，比容量高达 $837mAh \cdot g^{-1}$，图 4.40(d)］。此外，预锂化后的 FeP@CNs 负极和商用 $LiFePO_4$ 正极组成的全电池同样显现出优越的循环稳定性［图 4.40(e)］。这项工作从根本上和实验上为显著提高转化型锂离子电池负极的性能提供了一个简单而有效的结构设计策略。

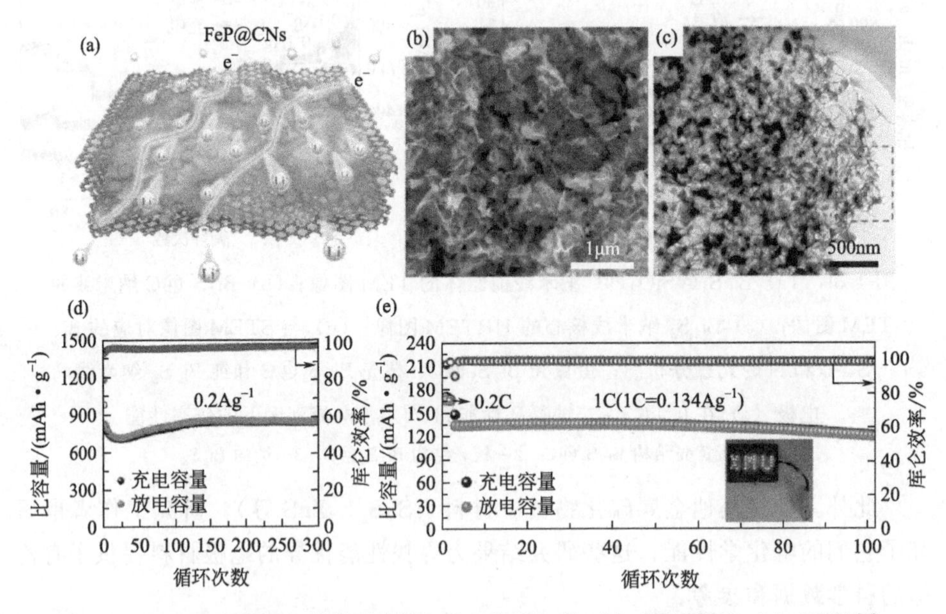

图 4.40 (a) FeP@CNs 结构示意图；FeP@CNs 的（b）SEM 图和（c）TEM 图；FeP@CNs 的（d）半电池性能和（e）全电池性能

此外，其他 TMPs@C 复合结构（GeP_5@C、ZnP_2@C、石墨烯@Ni_2P、CoP 纳米管/石墨烯、Sn_4P_3@C 等）也证明可以增强过渡金属磷化物的电化学性能。

近年来，电动汽车和消费电子产品的快速发展对锂离子电池的能量密度提出了更高的要求，这迫切需要进一步提升电极材料的比容量。尽管锂离子电池的高性能负极材料的开发已经取得了显著的进展，然而商用石墨负极的比容量已接近其理论比容量的极限。以 Si、Sn 和 SiO_x（$0<x\leqslant2$）为代表的负极材料，因其高容量而成为最具吸引力的候选负极，但循环过程中巨大的体积变化，致使其容量快速衰减，是阻碍其商业化应用的主要因素。采用纳米化、与碳复合、开发新型黏结剂、表面修饰和电解液改性等策略，可使材料的可逆容量与循环寿命获得显著提升，但依然存在诸多基础理论与工艺技术问题亟待解决。电池工业中对首次库仑效率、材料振实密度、极片压实密度等物性控制的要求往往未获充分考虑或者难以兼顾，电极颗粒微观层面上与极片层面上的亚微观尺度下的锂离子嵌脱反应均一性、可逆性尚未形成统一的理论框架，电极界面钝化层形成与演化的描述预测仍显粗略难控，而这是该类材料取得推广应用必须解决的问题。

未来的研究还需要在以下几个方面进行。首先，充分了解固态电解质膜（SEI）的性质，通过材料结构设计和预锂化的策略来提高首次和循环的库伦效率。第二，结合各种原位表征和非原位表征技术的优势来揭示脱嵌锂过程中的微观反应机理，指导材料结构优化和实现性能调控。第三，研制合理的微-纳结构复合材料，提高材料的振实密度和库仑效率。第四，开发大规模、低成本、性能优异的材料制备工艺，以实现其商业化应用。

4.3.4 锂金属负极

随着诸多电子设备及电动交通工具的迅猛蓬勃发展，现有锂离子电池能量密度已日渐接近现有电极材料和电芯结构设计的极限，但仍然无法满足移动电子设备及新能源汽车对续航能力快速增长的需求。工信部提出到 2030 年动力电池能量密度要达到 $500Wh\cdot kg^{-1}$，这已大大超过了碳负极锂离子电池体系的理论极限（$\sim300Wh\cdot kg^{-1}$）。传统负极材料以锂离子嵌脱为主要储锂机制，一般比容量较低，如石墨的储锂极限为 $370mAh\cdot g^{-1}$。而锂金属的沉积-电解反应（$Li^{+}+e^{-}\longleftrightarrow$ Li 金属）可贡献比容量高达 $3860mAh\cdot g^{-1}$。同时锂金属本身即含充足的活性锂，可使正极使用不含锂但比容量很高的材料（硫、空气/氧气等），构建锂-硫、锂-空气/氧气等高能电池体系（理论能量密度分别达到 $2500Wh\cdot kg^{-1}$、$3200Wh\cdot kg^{-1}$）。因此，锂金属负极是开发下一代超高能量密度锂二次电池的重要技术支撑。

锂金属负极最主要的限制是金属锂在循环过程中形成枝晶（dendrite）的固有行为。枝晶与电解液发生严重的副反应，不断消耗电解液并造成产气，且在反复充放电循环后形成“死锂”，引起电池极化上升和可逆容量的快速衰减［图 4.41(a)(b)］，严重影响电池循环性及安全性，目前尚无可靠办法妥善解决之。枝晶的形成机理较为复杂，同时受到多个因素的影响。国内外对金属锂枝晶开展了大量研究，已认识到枝晶形成主要受三个方面因素的控制：

① 电流密度的大小：在较大的沉积电流密度条件下，电沉积累积一定时间以后的产物形貌急剧向枝晶转变［如图 4.41(c)］；

② 成核位点的多寡：在锂亲和性不足的基底表面上，锂金属成核点较少，锂倾向于“点发式”成核而生长形成枝晶［如图 4.41(d)］；

③ 固态电解质膜（SEI）的稳定性：SEI 膜由多种电解液分解产物以“马赛克”式结构无规律堆砌而成，易受到应力作用而破裂，破裂处界面阻抗较低，锂易优先沉积而发展为枝晶［如图 4.41(e)］。

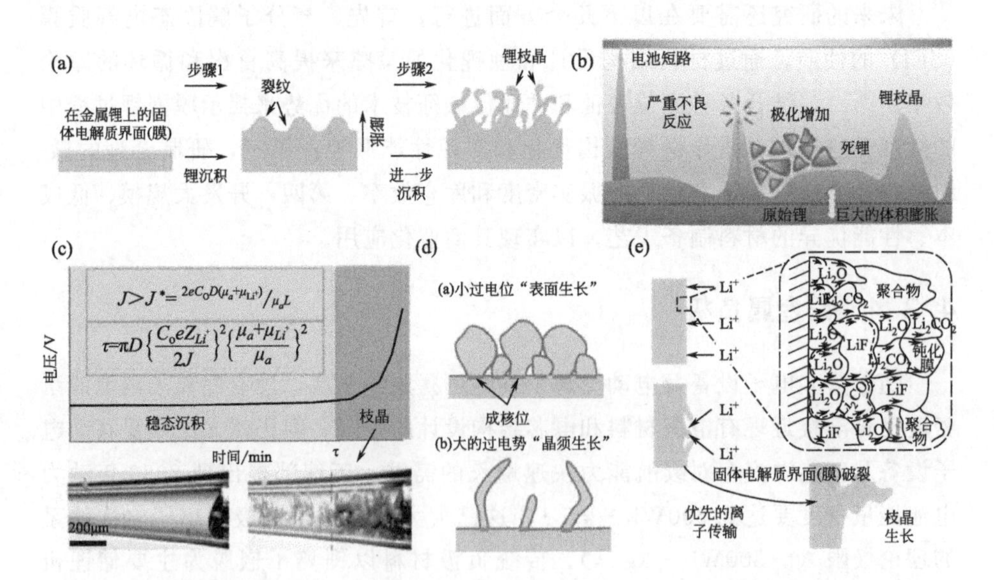

图 4.41　锂金属枝晶的形成、危害及相关机理：(a) 锂离子在电极表面的不均匀沉积是锂枝晶形成的本质；(b) 锂枝晶的形成会引起电池极化上升、锂失活（“死锂”），并诱发电池内部短路，造成安全隐患；(c) 沉积电流密度超过临界值（$J>J^*$）会快速触发锂枝晶形成发展；(d) 电极表面锂成核位点不足时，锂沉积以“点成核”生长模式形成枝晶；(e) 电极表面 SEI 钝化膜由多种纳米级有机和无机颗粒以“马赛克”式结构堆砌而成，易在应力变化作用下破裂，锂在破裂处优先生长而形成枝晶

基于枝晶形成的机理，近年来研究者开发了许多针对锂金属负极的技术策略，都取得了调控抑制锂枝晶形成的显著效果，极大地促进了锂金属二次电池的快速发展。目前而言，抑制枝晶形成的策略一般可分为以下几种：

① 电流密度稀释策略。利用多孔集流体的高比表面积，大大稀释电沉积反应的局域电流密度，进而降低界面浓差极化和空间电荷效应，抑制枝晶向电解液中伸展及枝化生长；同时通过增加电解液浓度、提高电极界面的离子传导性能，也可以起到降低浓差极化、稀释电流密度而抑制枝晶的效果。

② 电极表面的亲锂性控制策略。研究表明，锂在 Au、Ag、Sn 等电极基底材料的表面上沉积可形成平坦的晶核，而在 Cu、Ni、Fe 等材料表面上沉积，形成带突触的初始晶核。该种“平坦晶核”或“突触晶核”的成核行为，与 Li 金属与电极基底材料间的热力学混溶性质有关：锂在电极基底材料表面电沉积形成的初始晶核（往往是几个原子大小的团簇）具有固溶进入基底材料的趋势，该固溶过程如果焓变（ΔH）为负，则锂晶核往往“浸润”基底材料而呈薄膜状生长；反之，该固溶过程如果焓变为正，则锂晶核往往“反浸润”基底表面而呈树枝状生长。因此与锂金属的混溶 ΔH 数值越负的材料往往“亲锂性”越好，可以将其作为集流体或集流体的表面镀层，调控锂金属的成核生长行为而抑制枝晶。

③ 电极表面的界面保护策略。构建一种具有良好力学强度与离子导通性能的人造 SEI 层，隔离锂金属与有机电解液的副反应，并起到匀化界面离子传输、促使锂均一沉积的作用，是一种抑制枝晶的有效办法。该种界面保护层可以通过电解液添加剂、锂金属表面改性、聚合物隔膜修饰等策略来可控构筑。该种界面保护层的理想结构设计与可控合成加工，目前仍是方兴未艾的研究前沿，未来仍有很大的发展空间。

总体上，金属锂负极是下一代超高能量密度锂离子电池的重要发展趋势，锂金属负极的性能将在很大程度上决定 $500Wh \cdot kg^{-1}$ 的电芯能量密度目标能否真正实现。金属锂形成枝晶的固有缺陷是制约锂金属二次电池发展的关键瓶颈问题，锂枝晶的形成与调控已成为广受关注的研究前沿。近年来的研究报道了诸多进展与突破，锂金属负极的安全性、可逆性及综合电化学性能均取得了长足进步。但目前已有的锂金属负极技术离实际电芯应用仍有一定的差距，具体表现为库伦效率仍较低（$<99.9\%$）、锂金属的加工叠片与电池装配环境要求过高（惰性或超低露点气氛）、循环过程易胀气等问题仍未彻底解决。这将是下一阶段集中攻关的重点、难点问题。

4.4 电解质材料

电解质材料是锂离子电池体系的四大重要组成部分之一。该材料被称为锂离子电池的“血液”，是锂离子电池不可缺少的成分。它承担的作用是在电池正负极之间输送锂离子和传导电流，是正负极材料之间离子传输的桥梁。电解质材料的选择在很大程度上决定着电池的工作机制，影响着电池的比能量、安全性、循环性能、倍率充放电性能、存储性能和锂离子电池成本等。所以，电解质体系的优化与革新对电池发展有着革命性作用。

在一般情况下，如果希望锂离子电池体系的性能发挥至最佳，该体系的电解质材料应当满足如下要求：

① 电化学稳定性好，电化学窗口应当在0～5V左右，电解质材料不会与该电池体系的其他材料发生副反应，保证反应的单一性；

② 其离子电导率高，离子迁移数适当，能够减弱电池体系充放电过程中的浓差极化；

③ 工作温度范围宽，以适应电池体系在不同的温度条件下工作；

④ 聚合物电解质材料具有良好的力学性能和可加工性能；

⑤ 材料成本低；

⑥ 安全性好，电解质材料挥发性、可燃性差；

⑦ 电解质材料低毒甚至无毒，实现绿色可持续发展。

以上种种因素都是影响电解质材料发展的重要因素，同时也是实现其产业化发展的重要前提。为了提高锂离子电池的各项电化学性能，研究者对锂离子电池电解质材料展开了诸多研究。对其进行分类，大致可以分为有机液体电解质、聚合物电解质、无机固体电解质和凝胶电解质。下面将分别对其进行详细介绍和讨论。

4.4.1 有机液体电解质

从学术定义角度上讲，有机液体电解质是一定浓度的锂盐溶解在有机非质子混合有机溶剂中，并含有一定量添加剂所形成的溶液。下面为表述方便，在此统一定义为有机电解液。这类电解质通常具有凝固点低、沸点高和电化学稳定性好的特点，可以在较宽的温度区间范围内使用。

有机电解液主要由有机溶剂、锂盐、功能添加剂所组成，而经过数十年的研究，目前商业化的电解液锂盐一般选择六氟磷酸锂，有机溶剂为多种碳酸酯所构成的混合溶剂。此外，还有诸多其他材料得到了深入研究。

4.4.1.1 有机溶剂

有机溶剂是电解液的主体成分，大致分为质子溶剂、极性非质子溶剂、惰性溶剂三类。但由于质子溶剂含有活泼的质子氢，一般不考虑作为锂离子电池的有机溶剂。而锂盐在惰性溶剂中溶解度不高，也不适用于锂离子电池中。极性非质子溶剂通常含有 C═O、S═O、C—O 等极性基团，既有良好的电化学稳定性，又能够充分溶解锂盐。锂离子电池的工作温度范围受限于有机溶剂的熔、沸点高低。理想的有机溶剂应具有高沸点、低熔点，而锂盐的溶解度由其介电常数和偶极矩所决定。有机溶剂的黏度决定着锂离子在电解液中的流动性是否良好，其闪、燃点与电池安全性密不可分。施主数和受主数则分别表示了溶剂分子-阳离子和溶剂分子-阴离子之间作用力的大小，一般绝对值越大越有利于锂盐的解离。

目前应用于锂离子电池的有机液体电解质和极性非质子溶剂主要有以下几类：酯类、醚类、砜类、腈类。各类有机溶剂性质将在后面详细讨论。

对于应用锂离子电池的酯类电解液而言，主要包括羧酸酯和碳酸酯，两者均包含有环状和链状两种结构的酯类。碳酸酯是最早应用于锂电池的有机溶剂，在锂离子电池的发展过程中具有不可替代的地位。锂离子电池中常用的碳酸酯类溶剂可分为环状碳酸酯和线性碳酸酯两类。

环状碳酸酯中最常见的有机溶剂是碳酸乙烯酯（EC）和碳酸丙烯酯（PC）。随着酯类碳原子数目的增加，其相应的介电常数、熔点、黏度等性能也会随之降低，导致大分子的环状酯失去了研究的价值。PC 除了介电常数（69F/m）高和电化学稳定性好之外，还具有低熔点（－49.2℃）、高沸点（240℃）、高闪点（132℃），从而具有比较宽的工作温度范围和较高的安全性。但 PC 与石墨类碳材料兼容性差，在负极碳材料的 SEI 膜形成之前，在锂嵌入石墨层过程中，会发生还原反应，从而导致石墨层发生剥离，降低电池的循环寿命。碳酸乙烯酯（分子式：$C_3H_4O_3$）是一种透明无色、性能优良的有机溶剂液体（>35℃），能够溶解多种聚合物，室温时为结晶固体，沸点为 248℃、闪点为 160℃。与其他有机溶剂相比，EC 黏度（1.90mPa・s）低、热稳定性高、介电常数（89.6F/m）高，有助于锂盐的溶解度和离子传导效率的提高和 SEI 膜的形成。但由于 EC 的熔点（35～38℃）比较高，导致单一 EC 有机溶剂在低温工作条件下表现较差。

链状碳酸酯主要有碳酸二甲酯（DMC）、碳酸甲乙酯（EMC）、碳酸二乙酯（DEC）。碳酸二甲酯（分子式：$C_3H_6O_3$）的黏度（0.625mPa·s）较低，锂盐在该溶剂中具有较高的溶解度。此外，碳酸二甲酯分子结构中含有羰基、甲基和甲氧基等官能团，具有多种反应性能。而且，碳酸二甲酯毒性较小，是一种具有发展前景的有机电解液溶剂。EMC是一种具有不对称结构和空间位阻小的线型碳酸酯类化合物，其黏度低（0.65mPa·s），同时表现出DMC和DEC的特有性质，因此，锂离子在该溶剂中具有较高的溶解度。EMC具有较高的沸点（107℃）和相对较低的熔点（－14℃），具有宽的工作温度范围，同时具有良好的导热性能和电化学稳定性，电池体系寿命长。但是，其热稳定性能较差，在受热或者碱性等条件下容易发生酯交换反应。DEC具有较低的黏度（0.748mPa·s）和较低的介电常数，但是，锂在DEC中所生成的还原产物具有一定的溶解性，无法在电极材料表面生成稳定的SEI膜，故一般不作为单一有机溶剂。

除上述提到的有代表性的碳酸酯类有机溶剂外，其他如碳酸甲丙酯（MPC）、碳酸甲丁酯（BMC）等非对称链状碳酸酯也有用作有机液体电解液溶剂。虽然它们熔点低、沸点高、工作温度范围宽、低黏度和高电化学窗口，但其介电常数较低，锂盐在其中的溶解度不高，因此，一般需要与EC溶剂配合以加强锂盐的离解。

羧酸酯同样分为环状羧酸酯和链状羧酸酯。环状羧酸酯用作电解质溶剂主要是γ-丁内酯（1,4-Butyrolactone BGL），其形成的电解液体系工作温度范围相对较宽。其中γ-丁内酯中羰基上的碳和氧原子均以sp2杂化形成σ键，其他C、O原子均以sp3杂化形成σ键，遇水易分解，溶于甲醇、乙醇、丙酮、乙醚等。此外，其介电常数（39F/m）较低，主要用于锂一次电池或作为共溶剂使用。

锂离子电池中比较常见的作为电解液溶剂的链状羧酸酯有乙酸甲酯（MA）、甲酸甲酯（MF）、丁酸甲酯（MB）等。对于链状羧酸酯而言，此类溶剂的电导率高、熔点较低、黏度不高，较低的黏度易于生产制备纯化。因此，在传统电解液有机溶剂中添加一定量的链状羧酸酯都能明显改善锂离子电池的低温性能。将上述作为共溶剂加入到EC基电解液中能够明显改善单一EC溶剂电解液的低温工作性能。尽管链状羧酸酯具有上述诸多优点，但是由于其极性强，比较容易在锂表面发生还原反应，因此，当用链状羧酸酯作为电解液时，锂离子电池的循环效率较差，就目前而言应用较少。

随着锂离子电池体系的不断发展，更安全、电化学性能更稳定的电解液体系是开发新一代有机溶剂的重要目标。而碳酸酯类有机溶剂已经发展成熟，对其进行进一步的改性是研究方向之一。提高有机溶剂的介电常数，闪点升高，电化学稳定性也会增强。对于同一类型的有机溶剂，随着分子量的增加，其沸点、闪点、氧化能力通常会随之增强。对有机溶剂的基团进行卤素原子或其他基团的取代，除其分子量会增加外，其溶剂的不对称性也会增加。氟代酯包括氟代碳酸酯、氟代羧酸酯等。以氟代碳酸丙烯酯为例，对碳酸丙烯酯中甲基上的碳原子进行不同程度的氟取代，生成一氟代碳酸丙烯（MFPC）、三氟代碳酸丙烯（TFPC）。比较其形成 SEI 膜的能力，会发现 TFPC＞EC＞MF-PC≫PC，并对环状碳酸酯进行了不同长硅烷链的取代，其 SEI 膜成膜性与 EC 相当。这证明电子效应是影响成膜的主要原因，也为后续电解液的发展提供了一些指导。

有机亚硫酸溶剂也有被用于有机电解液溶剂，如亚硫酸乙烯酯（ES)、亚硫酸丙烯酯（PS)、亚硫酸二甲酯（DMS)。这类溶剂结构与碳酸酯相似，但具有优异的成膜性，膜阻抗低、熔点低。此外，硫的孤对电子可与锂离子发生螯合，有利于锂盐溶解。有研究发现，环状亚硫酸酯可以考虑作为碳酸丙烯酯的成膜添加剂，而链状亚硫酸酯与环状亚硫酸酯相比成膜特性差，但可以作为碳酸乙烯酯的共溶剂，以降低溶剂黏度，提高电解液的低温性能和安全性。有研究者通过引入三种含硫溶剂 ES、DMS 和环丁砜探究其对 LiDFOB-EMC/EC/AND 体系性能的改善，分别通过交流阻抗、循环性能、循环伏安测试以及电解质和正/负电极之间的相容来进行评估。由于 LiDFOB 和含硫溶剂之间的协同作用，0.7M LiDFOB-EMC/ES/AND（49：49：2，体积分数）和 0.7M LiDFOB-EMC/SL/ADN（65.3：32.7：2，体积分数）的溶液体系均被推荐作为5V 高电压锂离子电池的替代电解质。见图 4.42 所示。

环状醚类主要含有四氢呋喃（THF)、1,3-二氧环戊烷（DOL）和 4-甲基-1,3-二氧环戊烷等。THF 是一种黏度较低、液态范围宽的中等极性非质子性溶剂，可与水互溶。1,3-二氧环戊烷的熔点低（－95℃)、沸点较高（74～75℃)，同 THF 一样，通常与碳酸丙烯酯、碳酸二甲酯等传统有机溶剂作共溶剂使用，并应用在锂一次电池中。有研究报道表明，2MeTHF/$LiAsF_6$ 在一段时间内是表现性能最好的一元溶剂锂电池电解液。有研究者将乙烯碳酸酯（EC）加入到 2MeTHF/$LiAsF_6$ 一元溶剂电解液体系中，形成二元混合溶剂电解液体系。这种电解液体系提高了锂电池的循环寿命以及放电效率。在上述二元混合溶剂电解液体系中加入其他醚类，形成三元混合溶剂（EC＋2MeTHF＋醚/1mol/L $LiAsF_6$）电解液体系，其中 EC＋2MeTHF＋DME/

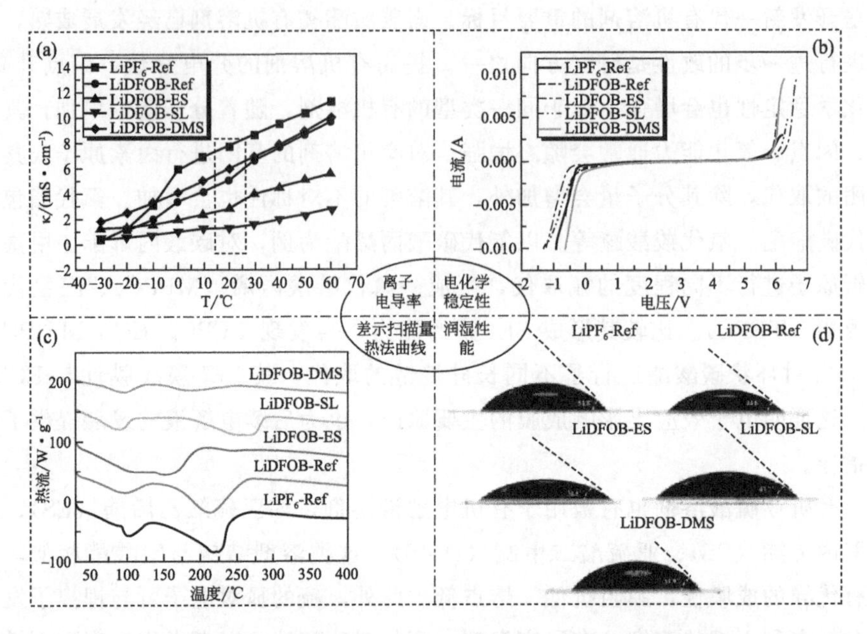

图 4.42 (a) 离子电导率；(b) 电化学稳定性；(c) 各种电解质的差示扫描量热法曲线；(d) 环境温度下各种电解质在膜上的接触角测量

1mol/L $LiAsF_6$ 和 EC+2 MeTHF+THF/1mol/L $LiAsF_6$ 的电导率在 25℃时分别为 14.8mS·cm^{-1}和 14.2mS·cm^{-1}，这大约是二元混合溶剂电解液体系的 2 倍。但由于环状醚类的电化学性能较差，容易发生开环聚合反应，所以在锂离子电池电解液方面的应用并不多。

目前用作锂离子电池电解液的链状醚有二甲氧甲烷（DMM）、1,2-二甲氧乙烷（DME）、1,2-二甲氧丙烷（DMP）等。随着碳原子数目的增加，有机溶剂的抗氧化性能提高，但该溶剂的黏度也会随之增加，从而降低有机电解液的电导率。1,2-二甲氧乙烷（DME）对阳离子具有比较强的螯合能力，常见锂盐 $LiPF_6$ 能与 DME 生成稳定的 $LiPF_6$-DME 复合物，从而在该溶剂中的锂盐具有比较高的溶解度，该电池体系的电导率也会随之提高。但由于 DME 的化学反应活性比较强，与锂接触不容易形成稳定的 SEI 膜，因此，醚类电解液主要用于一次锂电池中，见图 4.43。

砜类溶剂是当下研究人员重点研究的一种替代传统碳酸酯的溶剂。砜类溶剂作为电解液，在不同领域，包括锂电池、锂硫电池和锂空气电池，都有着非常广泛的应用。常见的砜类溶剂主要有环丁砜、乙基甲基砜、环丙烷砜、乙基异丙基砜等，其主要优势在于具有较宽的电化学窗口、高的阳极稳定性、高的

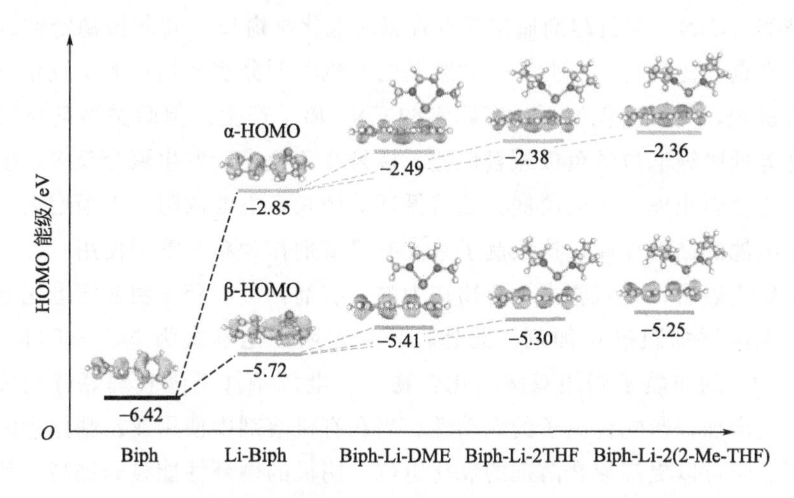

图 4.43 联苯锂在 DME、THF 和 2-Me-THF 中形成的溶剂配合物几何构型和 HOMO 能级

介电常数，在电极表面能形成稳定的 SEI 膜，提高循环寿命。当环丁砜-碳酸盐混合溶剂作电解液时，以 $LiNi_{0.5}Mn_{1.5}O_4$ 为正极材料，会在其表面形成基于硫化物的 SEI 层，明显改善电化学性能。此外，由于上述 SEI 膜的存在，与无环丁砜的碳酸酯溶剂相比，热稳定性得到明显提高。见图 4.44。

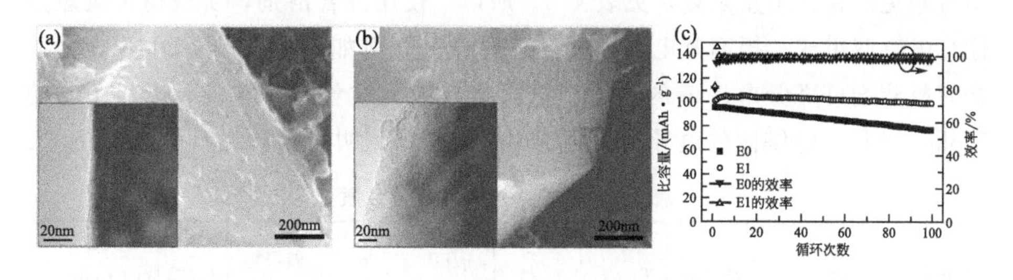

图 4.44 正极材料在 1C 条件下 100 圈循环后的 SEM 和 TEM 图像：(a) 不含环丁砜和 (b) 含环丁砜；(c) 使用含环丁砜与不含环丁砜电解液的电池体系在 5℃时的循环容量和效率

甲乙砜（EMS）在过去有被作为有机溶剂，但其熔点（36.5℃）高，六氟磷酸锂在该溶剂中会造成石墨脱落。对其进行环戊基的取代，可以阻止砜插入到石墨电极材料中，从而保护石墨层。此外，其熔点会降到室温以下、电化学窗口升高，但锂盐的摩尔电导率也会随之降低。由于砜类作为溶剂存在与电极材料兼容性差等问题，目前砜类溶剂更多作为添加剂添加到碳酸酯类有机溶剂中，提高高电位条件下的稳定性以及循环性能。

腈类（CsN）有机溶剂通常具有较宽的电化学窗口、高阳极稳定性、低黏度和高沸点等优良特性。此外，含腈基的有机溶剂分解产物一般是羧化物或相应的有机胺，使用过程中不会有剧毒的 CN^- 离子产生。但腈类溶剂与石墨或金属锂等低脱锂电位的负极兼容性差，极易在负极表面发生聚合反应，生成的聚合产物会阻止锂离子的脱嵌。随着循环的增长，电池内阻也不断增大，大大降低了电池的循环性能。这限制了腈类有机溶剂作为单一溶剂使用。

有研究表明，将双腈类化合物作为混合溶剂，可以获得明显宽电化学稳定窗口，无需添加阻燃添加剂。此外，研究表明，化学式为 $NC—(CH_2)_nCN$（$n=3\sim8$）的非质子脂族双腈类化合物在高电压条件下随着烷烃链变长，电解液黏度增加，影响锂离子的流动性。当在有机溶剂中使用亚乙腈作为添加剂时，亚乙腈可以提高混合溶剂的氧化电位，阴极的循环性能显著提高。其作用机制在于亚乙腈的—CN 基团形成了电负性环境，阴极金属离子与其发生相互作用，形成较强的金属配体配位，吸附修饰了阴极表面层，提高了阴极表面薄膜的稳定性。另外，也有观点认为，双腈类化合物作用机制在于其在表面参与氧化反应而形成稳定的 SEI 膜。

根据上述所讨论的有关有机溶剂性质，目前没有任何一种溶剂可以同时满足上述优良的电解液的多种基本要求，每种应用的溶剂都各有优点，但同时又不可避免地存在不足之处，见表 4.6。所以，使用混合溶剂，实现扬长避短是优化电解液组成、提高其电池性能的重要途径。例如，将 PC 与 DME 作为混合有机溶剂可降低电解液的黏度，增大电解液的质量摩尔浓度，减小 Li^+ 的 Stokes 半径，电解液的电导率相对于单一溶剂得到明显提升。

表 4.6 常见溶剂物理化学性质

溶剂	结构	分子量	T_m/℃	T_b/℃	η/cP 25℃	ε 25℃	偶极矩 /D	T_f/℃	d /(g·cm^{-3}), 25℃
EC	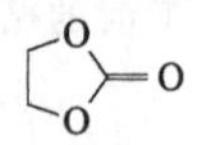	88	36.4	248	1.90,(40℃)	89.78	4.61	160	1.321
PC	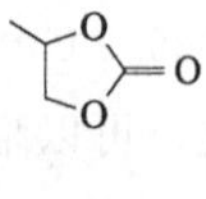	102	−48.8	242	2.53	64.92	4.81	132	1.200
BC		116	−53	240	3.2	53			
γBL	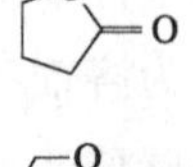	86	−43.5	204	1.73	39	4.23	97	1.199
γVL	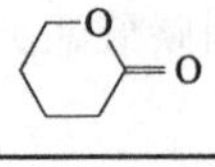	100	−31	208	2.0	34	4.29	81	1.0597

续表

溶剂	结构	分子量	T_m/℃	T_b/℃	η/cP 25℃	ε 25℃	偶极矩/D	T_f/℃	d/(g·cm^{-3}), 25℃
NMO	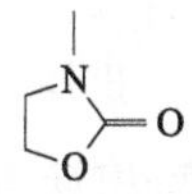	101	15	270	2.5	78	4.52	110	1.17
DMC	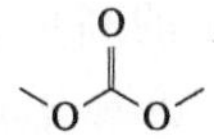	90	4.6	91	0.59 (20℃)	3.107	0.76	18	1.063
DEC	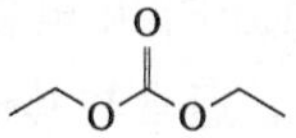	118	−74.3[a]	126	0.75	2.805	0.96	31	0.969
EMC	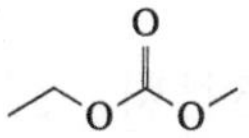	104	−53	110	0.65	2.958	0.89		1.006
EA	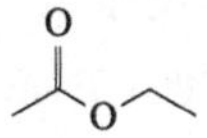	88	−84	77	0.45	6.02		−3	0.902
MB	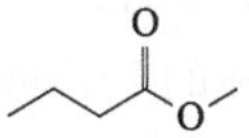	102	−84	102	0.6			11	0.898
EB	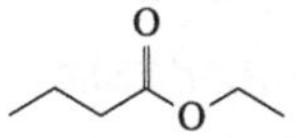	116	−93	120	0.71			19	0.878

4.4.1.2 锂盐

锂盐是有机电解液的三大组成成分之一，是锂离子电池体系材料锂源的提供者，其阴离子也对电解质物理化学性能具有重要影响。故尽管锂盐种类繁多，但真正适用于锂离子电池体系的相对较少。

锂盐大致可分为无机锂盐和有机锂盐。适用于锂离子电池电解质的无机锂盐主要包括 $LiPF_6$、$LiBF_4$、$LiClO_4$ 等；有机锂盐包括螯合 B 类如 $LiB(C_2O_4)_2$、螯合 P 类如 $LiP(C_6H_4O_2)_3$、全氟膦类如 Li(RfPF$_5$)、烷基类如 $LiC(CF_3SO_2)_3$、磺酸盐类如 $CnF_{2n+1}SO_3Li$、铝酸盐类如 $Li_3Al(CSO_3Cl_4)$、亚胺锂 $LiN(CF_3SO_2)_2$ 等。

无水六氟磷酸锂（$LiPF_6$）的分子量为 151.9，外观为白色结晶或粉末，溶于低浓度甲醇、乙醇、丙醇、碳酸酯等有机溶剂。当暴露在空气中或加热时容易分解。氟原子半径小，其电负性低，而阴离子 PF_6^- 半径适当，无水六氟磷酸锂在溶剂中有较高的溶解度和电导率，以及较宽的电化学窗口，是电解液中最重要的组成部分，约占到电解液总成本的43%。但无水六氟磷酸锂的热稳定性差，固态$LiPF_6$在大约30℃便发生分解，对水非常敏感。溶于有机溶剂后，在溶液中大约130℃分解成PF_5和LiF。PF_5是一种强质子酸，可以生成HF，腐蚀电极材料，导致电池性能恶化。

与$LiPF_6$相比，$LiBF_4$的高温性能和低温性能都表现更强。此外，其阴离子BF_4^-半径小，容易发生缔合。有研究发现，石墨化掺硼中间相沥青基碳纤维负极在$LiBF_4$-EC/GBL（1∶3）电解液中表现出345mAh/g的高可逆容量、在第一次循环时94%的高库仑效率和高倍率性能。但$LiBF_4$电导率比较低，会与锂金属发生反应，电离常数明显低于其他锂盐。由于$LiBF_4$在电极材料表面成膜性不好，所以单独用作电解液锂盐具有很大局限性，通常与其他锂盐混合使用。

LiX通常指的是LiF卤化物和Li_2O、Li_2O_2氧化物一类材料。而这类材料来源广泛、工业合成简单。缺点是在碳酸酯类溶剂中的溶解度很低，造成其用作锂盐受到限制。有研究表明，在1mol/L $LiPF_6$-EC∶DEC∶DMC（体积比，1∶1∶1）电解液中添加饱和的LiCl之后，锂离子在石墨电极材料中脱出、嵌入困难，造成首次循环的不可逆容量增大。而添加饱和的LiF可以明显改善循环性能以及充放电可逆容量。其作用机制在于影响石墨电极表面SEI膜的形成，有LiCl参与的SEI膜厚且电阻大，严重影响电化学性能。此外，在加入阴离子受体作为添加剂后，LiF可以以相当高的浓度溶解在基于碳酸盐的溶剂系统中，例如，以三（五氟苯基）硼烷（TPFPB）或三（2H-六氟异丙基）硼酸盐（THFPB）为添加剂所形成的电解质的Li^+迁移数高达0.7，室温电导率约为$2\times10^{-3}S\cdot cm^{-1}$。含碳酸丙烯酯有机溶剂的电解液表现出优异的低温导电性，电化学窗口接近5.0V，表现出了高压和低温条件下良好的电化学性能。而Li_2O在有机溶剂中的溶解度很低，当加入上述硼基阴离子受体（如TPFPB）时，Li_2O和Li_2O_2同样可以作为锂盐溶解在碳酸盐基溶剂中。此外，这类电解液的锂离子迁移数明显高于常规电解液，从而锂离子电导率高。这些Li_2O电解质与锰酸锂正极材料具有良好的相容性，显示出在锂离子电池中的潜在应用，见图4.45。

$LiBF_4$材料的阴离子BF_4^-过于稳定，无法参与在电极材料表面形成稳定的SEI膜，此外，BF_4^-具有高度对称性和较小的尺寸，在低温下形成的过冷电解液表现出较差的性能。对$LiBF_4$进行氯原子取代后，$LiBF_3Cl$与$LiBF_4$具有相似的化学组成，具有相同的晶体结构，但$LiBF_3Cl$不对称性、阴离子半

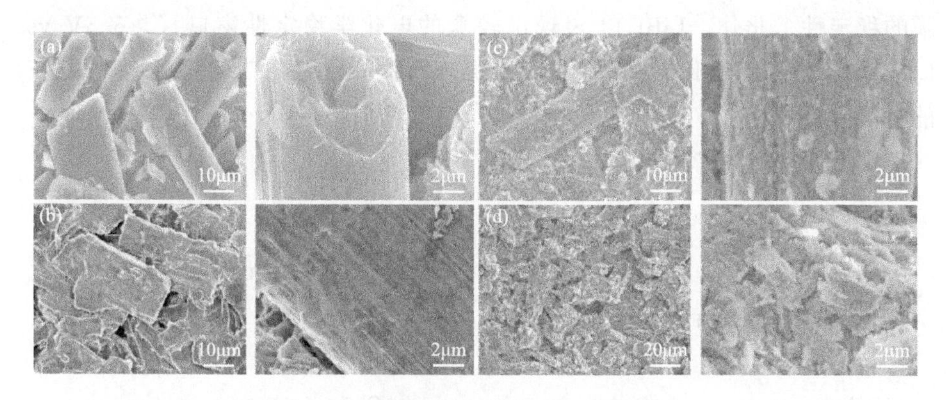

图 4.45　石墨电极（a）电化学测试之前、（b）空白、（c）添加 LiF 和（d）添加 LiCl 电化学测试之后的 SEM 图

径增大，提高了在溶剂中的溶解度。此外，B—F 之间的键能弱于 Cl—F 的键能，更易于释放 Cl^-，可以参加成膜反应，可以有效促进电极材料表面 SEI 膜的形成，明显提高循环寿命。有研究表明，在 EC+EMC（3∶7）混合溶剂组成的电解液中，以 $LiBF_3Cl$ 为锂盐的电解液首次库伦效率明显优于以 $LiBF_4$ 为锂盐的电解液。此外，在高电压条件下，$LiBF_3Cl$ 锂盐易使铝箔发生钝化而阻止腐蚀进一步发生。

有机锂盐包括氟磺酸锂盐和亚胺锂盐。$Li(CF_3SO_3)$ 在碳酸丙烯酯的溶剂中具有良好的负极稳定性（4.8V vs. Pt 电极）和较差的电导率（$1.7mS \cdot cm^{-1}$）、热稳定性。与 $LiPF_6$ 和 $LiBF_4$ 相比，$Li(CF_3SO_3)$ 无毒，具有很强的抗氧化性，对水环境不敏感。但主要问题在于对铝集流体具有严重腐蚀性，生成杂质产物 $Al(CF_3SO_3)_3$。而 $LiC(SO_2CF_3)_3$ 不会腐蚀集流体，熔点在 270℃左右，其热分解温度在 300℃以上，在 1mol/L 电解质溶液中的电导率高于其他有机阴离子锂盐。由于具有比较大的离子半径（0.375nm），$LiC(SO_2CF_3)_3$ 溶于 EC/DMC 电解液中，具有良好的低温工作性能（−30℃）以及良好的电导率（$10^{-3}S \cdot cm^{-1}$）。但 $LiC(SO_2CF_3)_3$ 工业制备成本高、难度大，应用程度不高。

亚胺锂盐中的双三氟甲磺酰亚胺锂（LiTFSI）熔点（236℃）高、导电性高，可以在电极材料表面形成稳定的 SEI 膜，在石墨/Li_2FeSiO_4 电池体系中，不会生成 HF 腐蚀电极材料。LiTFSI 在碳酸亚乙酯/碳酸二乙酯（1∶1）中的氧化电势为 Li/Li^+ 的 4.3V，明显高于除 $LiAsF_6$ 以外的其他锂盐。与 LiTFSI 相比，LiBETI 中的阴离子尺寸更大。但 BETI 阴离子不会与 Li^+、Al^{3+} 等尺寸较小的阳离子形成离子对，故离子电导率高。阴离子尺寸效应可以提高钝化膜的稳定性。此外，LiBETI 表现出较宽的电化学稳定性窗口（>5.5V vs. Li/Li^{+}），并且具有比 LITFSI 更好的循环行为和更好的热稳定性，与 $LiPF_6$ 的电解质相当。

常见锂盐结构式见图 4.46。

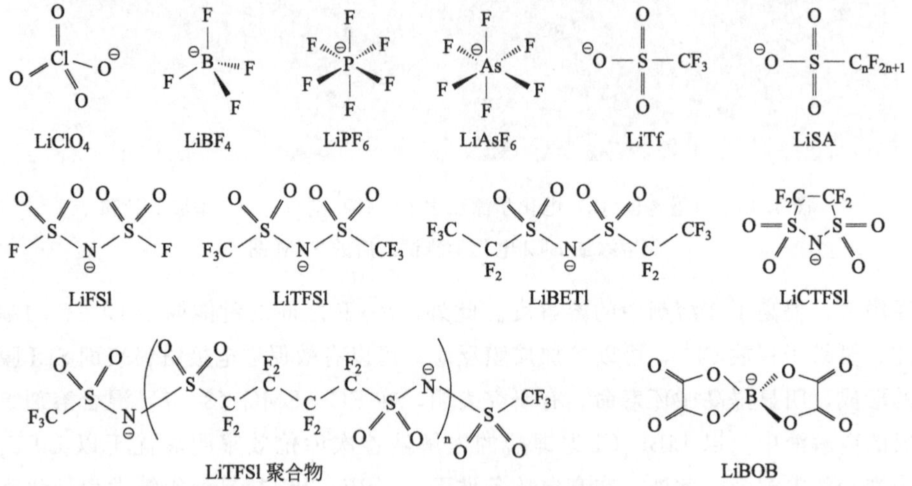

图 4.46 常见锂盐结构式

4.4.1.3 添加剂

添加剂相对于溶剂、锂盐含量相对较少，但添加某些少量的物质就能明显改善电池性能。按照改善功能性质来分，主要分为成膜添加剂、电导率添加剂、阻燃添加剂。

(1) 成膜添加剂

在电池首次充放电过程中，会发生不可逆容量的衰减，原因在于电极材料表面形成稳定的固体电解质膜（SEI）。这层膜主要由碳酸盐、其他酯盐构成，只允许锂离子通过，实现嵌入与脱出，阻止了电极材料与电解液的直接接触，避免副反应进一步发生。因此，形成稳定的 SEI 膜是提高电池容量、循环寿命的关键所在。

成膜添加剂主要分为正极成膜添加剂和负极成膜添加剂。负极成膜添加剂研究较多，最早主要集中在无机小分子上。在碳酸酯类有机溶剂中添加 SO_2、CO_2、NO_2 等会促进形成含有 $LiCO_3$、$LiSO_3$ 成分的 SEI 膜，其性质稳定、不溶于有机溶剂、不会发生破坏分解。早在 1994 年就有人在电解质中添加

CO_2 形成 $LiCO_3$ 来抑制石墨电极的完全脱落。但由于 CO_2 在有机电解质溶液中溶解性较差，故改性性能较差。

此外含氟有机酯化物也是一类应用比较广泛的成膜添加剂。这类有机物可以促进电极材料表面快速形成稳定的 SEI 膜，原因在于氟原子电负性大，提高了中心原子的得电子能力，电化学反应活性得到增强。以氟代碳酸乙烯酯（FEC）为例，FEC 是五元环状结构，在形成 SEI 膜的过程中，五元环结构打开，生成了碳酸乙烯酯、LiF 以及其他一些二聚体，形成了一层热稳定性良好的 SEI 膜。这层膜拥有良好的传导锂离子的性能。

(2) 电导率添加剂

电池体系的倍率性能主要受到电解液电导率的影响，提高电池电导率可以有效提升电池的快充快放性能。在有机电解液中添加适量的导电添加剂，可以与电解液中的阴阳离子产生配位，提高导电锂盐的溶解度，减小溶剂化锂离子半径，防止溶剂共嵌入对电极材料产生的破坏。按照作用类型可以大致分为阳离子作用型和阴离子作用型。

阳离子作用型主要为冠醚、穴状化合物和胺类等。这些化合物可以和 Li^+ 产生强烈的配位作用，溶剂化半径得到降低，促进了锂盐的溶解，进而明显提高电解液的电导率，改善电池的电化学性能。冠醚和穴状化合物与锂离子发生螯合或配位，从而形成包覆式螯合物，提高锂盐溶解度。在 1M $LiClO_4$ PC/EC（50∶50）电解液中添加 12-冠-4-醚，能够明显有效抑制电解液进一步分解。乙酰氨以及其衍生物和含氮芳香杂环化合物（二氮杂苯与间二氮杂苯）及其衍生物等具有相对较大分子量的有机物都可以有效避免配体的共插对电极材料产生的破坏。

阴离子作用型主要有硼基化合物、氮掺杂醚等。阴离子作用型不光能够提高电解液的电导率，还可以提高锂离子的迁移数。其作用机制在于阴离子作用型添加剂与锂盐阴离子配位形成络合物，提高其电导率。例如，硼基化合物 TPFPB$(C_6F_5)_3B$ 可以和 F^- 形成配合物，将原来在有机溶剂中不能够发生溶解的 LiF 溶解在有机溶剂中，提高了电解液的离子传导率。

(3) 阻燃添加剂

在高能量密度电池中，碳酸酯、醚类等有机溶剂都是易燃的物质，因此，电池过热和过充都极易使得电解液燃烧甚至爆炸。电解液容易燃烧的原因在于气相分子发生自由基链式反应，因此阻燃添加剂应具备清除自由基和终止反应的能力。氟原子取代传统碳酸酯有机溶剂上的氢原子后，其氧含量会有所降低，氟代有机溶剂具有较高的闪点，不易燃，从而能提高电解液的热稳定性和安全性能。将这种有机溶剂添加到有机电解液中，有助于改善电池在受热、过充电等状态下的安全性能。

Yuki Matsuda 等人将 5 种氟代碳酸酯与 1mol/L $LiClO_4$ EC/DEC/PC (1∶1∶1) 混合，观察了石墨电极的热稳定性、氧化稳定性和充放电特性。研究发现添加 10.0%～33.3%的氟代碳酸酯，电解质溶液的热稳定性得到改善，电化学氧化稳定性也得到改善。随着氟碳酸盐浓度和电流密度的增加，聚碳酸酯的电化学还原电位降低，氟代碳酸盐混合溶液的不可逆容量降低。有机磷化物也经常用作阻燃添加剂，甲基膦酸二甲酯（DMMP）能捕获自由基团，降低可燃性。有研究者将 DMMP 添加到 $MLiPF_6$/EC+DEC 体系中，结果表明向电解质中添加 DMMP 可显著抑制电解质的可燃性。10% DMMP 添加量便可形成高效的阻燃添加剂，并且，DMMP 的加入对电化学性能几乎没有损害。

综上所述，在已有的电解液体系中添加特定功能的添加剂能够明显改善电解液体系功能。添加剂应该具备有利于形成电极-电解液界面保护层的物理和化学性质，多种添加剂的配合能够形成优势互补，实现电解液体系功能最大化。

4.4.2 聚合物电解质

Wright 等人在 20 世纪 70 年代研究发现聚氧化乙烯（PEO）与碱金属盐所形成的络合体系具有良好的离子电导率，便开启了聚合物电解质的研究。本小节所介绍的聚合物电解质指的是，锂盐溶解在聚合物电解质中、可提供锂离子快速迁移的全固态聚合物电解质。其导电机理是迁移离子与聚合物的基团形成配位，在电场作用下发生配位与配位解离，从而实现离子迁移。全固态聚合物电解质取代传统有机电解液，在保证离子传导的同时，从根源处解决了锂离子电池的安全性问题。此外，聚合物电解质在电极表面具有很强的黏附功能，降低了电解质与电极之间的界面阻抗。目前全固态聚合物电解质按聚合物基体大致可以分为 PEO 基聚合物电解质、PAN 基聚合物电解质、PVDF 基聚合物电解质、PMMA 基聚合物电解质。

4.4.2.1 PEO 基聚合物电解质

PEO 是最早用于聚合物电解质基体的材料，锂离子能够与 PEO 形成良好的配位，通常认为阳离子的传输与 PEO 链的络合链段运动有关（图 4.47）。在常温条件下，上述电解质存在晶相（纯 PEO 相）、非晶相（无定形区）和富盐相三相。但通常锂离子传导只发生在 PEO 聚合物电解质的无定形区域，在结晶区域离子传导率低。故PEO基聚合物电解质的离子电导率主要由基质溶解锂盐的能力和晶相与无定形区域的比例所决定。此外，PEO在较低温度下就容易发生结晶。理想的固态聚合物电解质体系应当具有较低的玻璃化转变温度（T_g），室温条件下能够保持橡胶状，具有较高的电导率。而PEO基的聚合物电解质的电导率通常只有$10^{-7}S \cdot cm^{-1}$左右，有限的电导率限制了其广泛使用。研究人员提出各种改性策略来提高其电导率，使其得以应用于电池体系中。

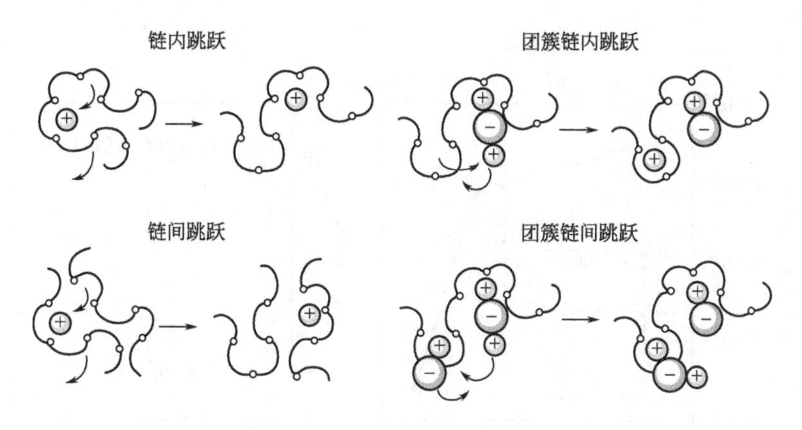

图4.47 PEO的离子传输机制

聚合物结构改性主要指通过聚合物共混、共聚、交联等方法降低体系的玻璃化转变温度，提高电化学稳定性。两种及以上的聚合物混合可以破坏PEO分子链排列的规律性，抑制其结晶从而获得非晶态，提高力学性能和导电性能。此外，这种方法制备简单，易于通过组成来控制物理性质。

Takkahito Itoh等人采用溶剂浇铸法将PEO、聚双三甘醇苯甲酸酯、LiN（CF_3SO_2）制备成为共混基聚合物电解质。上述电解质在室温下和80℃下分别显示出了$3.8\times10^{-5}S \cdot cm^{-1}$和$8.1\times10^{-4}S \cdot cm^{-1}$的高电导率。电化学稳定性窗口大约为5V，与纯PEO基聚合物电解质相比，共混基聚合物电解质显示出了良好的锂离子传导性和锂/电解质界面性能。Rocco等人制备了甲基乙烯基醚-马来酸（PMVE-Mac）的PEO基聚合物电解质。由于PEO与PMVE-Mac会形成氢键，抑制了PEO结晶，显示出了高电化学稳定窗口（5.5V）。

嵌段共聚物是指两种化学性质不同的聚合物首尾共聚而成。选择锂盐溶剂化聚合物作为一种嵌段组分，可以形成连续的离子传导路径。由两个低玻璃化转变温度的非结晶嵌段组成嵌段物时，可以获得良好的力学性能且不用损失迁移效率。二嵌段和三嵌段共聚物是常见的嵌段共聚物电解质。

有研究者以聚甲基丙烯酸（POEM）和丙烯酸月桂酯（PLMA）为嵌段形成二嵌段共聚物，以 $LiCF_3SO_3$ 为锂盐，获得了良好的尺寸和电化学稳定性。该共聚物在室温下表现出了 $10^{-5}S\cdot cm^{-1}$ 的电导率。

Renaud Bouchet 等人提出了一种 BAB 三嵌段共聚物的电解质，很好地解决了力学性能和电导率的冲突性问题。与 PS-POE-PS 三嵌段共聚物相比，他们提出的 P(STFSILi)-PEO-P(STFSILi) 的单离子电导率在 60℃ 表现为 $1.3\times10^{-5}S\cdot cm^{-1}$，迁移数>0.85，力学性能得到明显改善。见图 4.48。

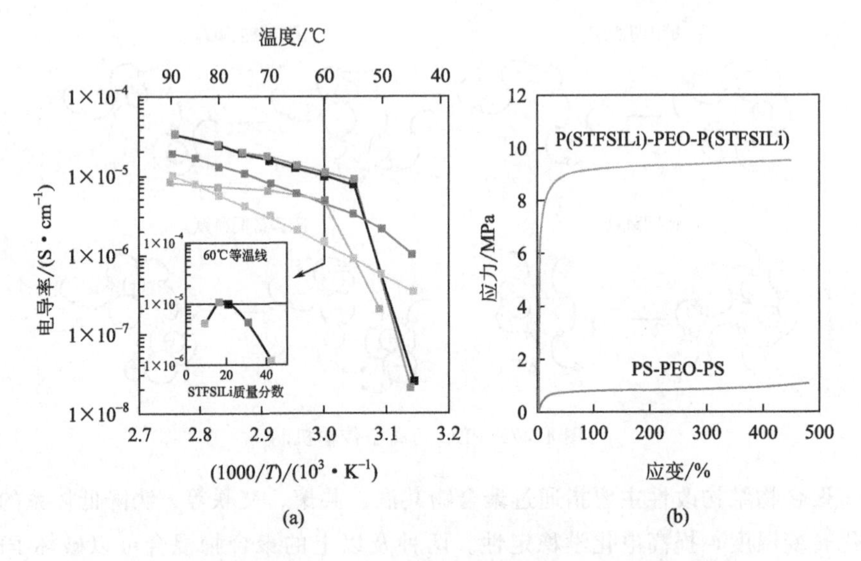

图 4.48 (a) P(STFSILi)-PEO-P(STFSILi) 的电导率与逆温度的关系图（插图：根据 STFSILi 的重量百分比，在 60℃时的等温电导率）；(b) 40℃下应力对比拉伸试验

交联聚合物电解质（SPE）指的是乙烯基的 PEO 单体与含双键的丙烯酸酯类交联剂发生自由基的聚合反应，形成网络交联状聚合物。交联网络状结构可以提供良好的力学性能，而交联反应降低了 PEO 的规律性结构，从而提高了该 SPE 的离子电导率。尽管上述方法可以提高力学性能，但锂离子迁移受限于聚合物链段运动产生，由于交联作用所形成的网状结构使得链段运动不易产生，实际室温电导率难以提高。

4.4.2.2 聚碳酸酯基聚合物电解质

传统 PEO 电解质的介电常数较低，不能促使锂盐在电解质中有效解离。聚碳酸酯基（PEC）聚合物电解质，造成电解质系统中离子大量堆积。碳酸酯介电常数高，曾被广泛用作有机电解液的溶剂。聚碳酸酯由多个碳酸酯重复单元组成，有望成为实现优良电化学性能的聚合物电解质材料。碳酸酯与锂离子配位较弱，可以实现锂离子快速移动。由于芳香族聚碳酸酯链段刚性大，聚合物链段运动受阻，故通常脂肪族聚碳酸酯是替代 PEO 基聚合物电解质的选择。主要有聚碳酸乙烯酯（PEC）、聚碳酸丙烯酯（PPC）、聚碳酸亚乙烯酯（PVC）、聚三亚甲基碳酸酯（PTMC）等。

PEC 是最简单的脂肪族聚碳酸酯，含有两个亚甲基团，可以减少聚合物链和锂离子的配位键数量，提高离子电导率。有研究者以 PEC 和 LiFSI 组合成了聚合物电解质，其聚合物电解质的迁移数为 0.4，是传统 PEO 基聚合物电解质的 4 倍。聚合物电解质的离子电导率随电解质浓度的增大而增大，最高可以达到 $0.47\times10^{-3}S\cdot cm^{-1}$，电化学稳定性能够到达 4.5V 以上。PPC 与 PEC 相比，电化学性能相似，结构上多一个甲基，其玻璃化转变温度较高，具有相似的结构和性能，仅多一个甲基，造成其 T_g 较高。

Zhao 等人将 1-乙烯基咪唑双（三氟甲磺酰基）酰亚胺（VIm-TFSI），作为增塑剂整合到聚碳酸丙烯酯基质中，实现在室温下 $8.2\times10^{-5}S\cdot cm^{-1}$ 的电导率。Cui 等人以石榴石型氧化物电解质 LLZTO 为填料，填充到 PPC 基质中，制备了一种全固态聚合物电解质，其离子电导率达到 $3.0\times10^{-4}S\cdot cm^{-1}$，其电化学稳定性也得到了提高。

聚硅氧烷基聚合物电解质与聚 PEO 结构相似，导电机理相同，但其优势在于具有很高的玻璃化转变温度和室温条件下高的离子电导率，其缺点在于力学性能不足。为应对上述问题，目前大多采用共混、接枝或交联等方式来进行改性处理。

4.4.3 凝胶电解质

凝胶聚合物电解质是由聚合物基体、增塑剂和锂盐组成的具有微孔结构的凝胶聚合物网络。其状态介于全固态电解质和液态电解质之间，有机溶剂的引入降低了固态聚合物链的玻璃化转变温度，提升了链段运动能力，有效改善了全固态电解质的低离子电导率。同时，液体电解质的力学性能差、安全性差等问题也得到了改善。按照聚合物机制进行分类，大致可以分为聚氧化乙烯（PEO）、聚甲基丙烯酸甲酯（PMMA）、聚偏氟乙烯（PVDF）、聚偏氟乙烯-六氟丙烯共聚物（PVDF-HFP）、聚丙烯腈（PAN）及聚氯乙烯（PVC）等。其常见物理性能参数见表 4.7。

表 4.7 不同聚合物的常见物理性能参数

聚合物	聚合物单体	玻璃化转变温度	熔点
PEO	CH_2CH_2O	−64℃	65℃
PAN	$CH_2CH(CN)$	125℃	317℃
PVC	$CH_2—CHCl$	80℃	220℃
PMMA	$CH_2C(CH_3)(COOHCH_3)$	105℃	—
PVDF	$CH_2—CF_2$	−40℃	171℃

4.4.3.1 PEO电解质

PEO基全固态聚合物的高结晶度抑制了锂离子的迁移，使得离子电导率低。而通过共混、共聚、交联等措施只能够有限提升部分电导率性能。在上述措施改性的同时，添加一定量的增塑剂形成凝胶聚合物电解质，能提升两个数量级的电导率。K. Vignarooban等人在PEO-LiTF聚合物电解质加入不同含量的TiO_2，发现在30℃时，10% TiO_2掺杂量使电导率达到了最高值$4.9\times10^{-5}S\cdot cm^{-1}$；而加入50%的EC溶剂时，离子电导率提高到$1.6\times10^{-4}S\cdot cm^{-1}$。当PEO和MMA聚合形成接枝共聚物P(EO-MMA)时，MMA作为内增塑剂可以提高聚合物链段的可运动性，增加PEO的链段间距，促进锂离子移动。

4.4.3.2 PAN电解质

PAN由单体丙烯腈经自由基聚合反应得到，其热稳定性好。PAN不含氧原子，所含N原子与锂离子的作用不强，故离子电导率可以达到$3mS\cdot cm^{-1}$，具有4.5V以上的宽电位窗口。但强度不高，力学性能较差，不适用于单独作为聚合物电解质基质材料。

H. Akashi等人发现含有$LiPF_6$的PAN基凝胶聚合物电解质具有阻燃性能。无需添加商业化阻燃添加剂，通过优化PAN、EC、PC、$LiPF_6$的比例便显示出出色阻燃特性。Jayathilaka等人发现EC/PC在PAN聚合物凝胶网络中存在两种不同环境，即受到PAN中CN基团的配对作用，也可作为自由分子。而锂离子同时被PAN和EC/PC溶剂化。丁腈橡胶（NBR）也可被用来作为凝胶聚合物材料，有研究者用丁苯橡胶（SBR）和NBR（质量比1∶1）可获得$10^{-3}S\cdot cm^{-1}$的电导率。Nina Verdier等人发现2M LiTFSI的碳酸丙烯酯和丙烯腈含量为50%的聚丙烯腈弹性体（HNBR）所组成的凝胶电解质离子电导率为$2.1\times10^{-3}S\cdot cm^{-1}$，锂离子迁移数为$12.0\times10^{8}cm\cdot s^{-1}$。

以PAN为基质的凝胶聚合物电解质中，锂离子会与聚合物、增塑剂产生剧烈的相互作用，并且其优良电导率与液体电解质 PC/EC 相近。但 PAN 的存在会阻碍短程离子的运动。

4.4.3.3 PMMA 电解质

PMMA 链段中的—COO—基团极性强，可以与碳酸酯类增塑剂中的官能团发生强烈相互作用，与锂电极界面阻抗较低，能够吸附大量液体电解质，亲和力好，具有较高的室温离子电导率。但由于其支链较大，PMMA 的黏度较高，力学性能较差。PMMA 与 PEO、PAN 改性方法一致，大多采用共聚、共混合添加无机粒子等方法来得到优良性能的聚合物电解质。

聚合物共混可以降低 PMMA 的结晶度，增强链段的运动能力。Nicotera 等人将 PMMA/PVDF（8∶2）共混，以 $LiClO_4$ 为锂盐制备了聚合物电解质(PE)。发现二元混合体系电导率明显高于纯 PMMA 体系。此外，纯 PMMA 在 120℃时发生凝胶—溶胶转变，而 PMMA/PVDF 体系在 140℃时仍有稳定的凝胶相。

PE 是具有流动性的高黏性凝胶，加入如 SiO_2、TiO_2、ZrO_2 一类无机纳米粒子是解决上述缺陷的办法之一。TiO_2 与其他纳米粒子不同，具有锐钛矿、金红石和板钛矿三种晶型。有许多研究已经表明，在 PE 基质中加入 TiO_2，可以明显提高离子电导率、锂离子迁移率。也有报道表明，在 PMMA 中加入 TiO_2 虽然会导致电导率降低，但阳离子扩散增强，归因于阴离子填料的相互作用。

Ahmad 等人使用各项研究方法探究不同浓度 TiO_2 纳米粒子对 PMMA 基凝胶聚合物电解质的影响。在 2% 的最佳浓度下，离子电导率可以提高到 $10^{-3}S \cdot cm^{-1}$以上，黏度提升一个数量级，很好地保持了 PE 的无定形态。见图 4.49。

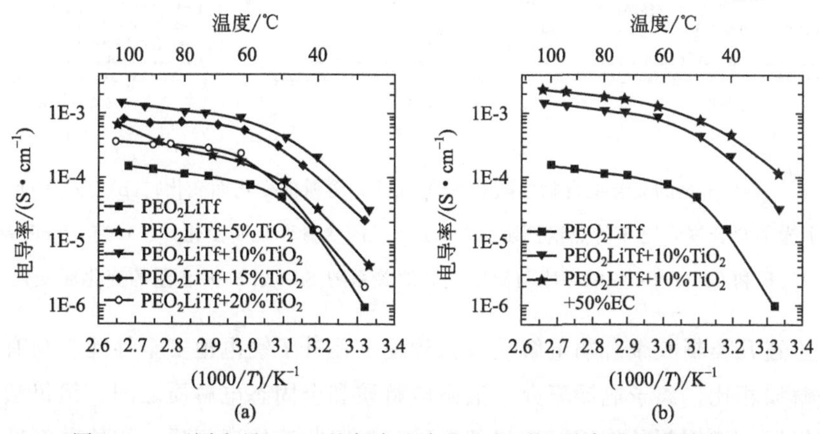

图 4.49 不同含量 TiO_2 的复合聚合物电解质电导率随温度的变化

4.4.3.4 PVDF 电解质

PVDF 是由偏氟乙烯均聚物或者偏氟乙烯与其他少量含氟乙烯基单体聚合而成的一种高度非反应性热塑性含氟聚合物，其结构规整、对称。但由于结晶度高而不利于锂离子迁移。为降低其结晶度，通常采用 VDF 和 HFP 共聚来得到 P(VDF-HFP) 共聚物。与 PVDF 相比，P(VDF-HFP) 共聚物凝胶性高、电化学稳定性好、离子电导率高、具有阻燃性，因此适于用作聚合物电解质基质材料。P(VDF-HFP) 凝胶聚合物电解质是由 P(VDF-HFP) 聚合物和锂盐溶解在有机溶剂中所形成。Capiglia 等人研究了 PVdF/HFP 基 EC/DEC/LiN(CFSO)(BETI) 凝胶聚合物电解质，经过测试发现，溶剂含量越多，电解质电导率越接近液体电解质，具有稳定的电化学窗口。

此外，添加无机纳米粒子对电解质改性也是常用的方法。Li 等人研究了含有不同含量 SiO_2 的 PVDF 基聚合物电解质。研究发现在加入 $SiO_2(Li^+)$ 后加入大量的 Li^+ 离子也可以提高 CMGPEs 的离子电导率。当 $SiO_2(Li^+)$ 的含量为 5%时，室温下其离子电导率达到 $10^{-3}S\cdot cm^{-1}$ 数量级，电化学稳定窗口为 5.2V。陶瓷纳米粒子作为填充剂存在，增强了聚合物电解质的离子电导率和电化学稳定窗口。不同的纳米粒子在电解质中所起的作用不同，如 $BaTiO_3$、Al_2O_3、SiO_2 与 P(VDF-HFP) 的相互作用及锂金属相容性不同，热稳定性和电解质吸收率不同。见图 4.50。

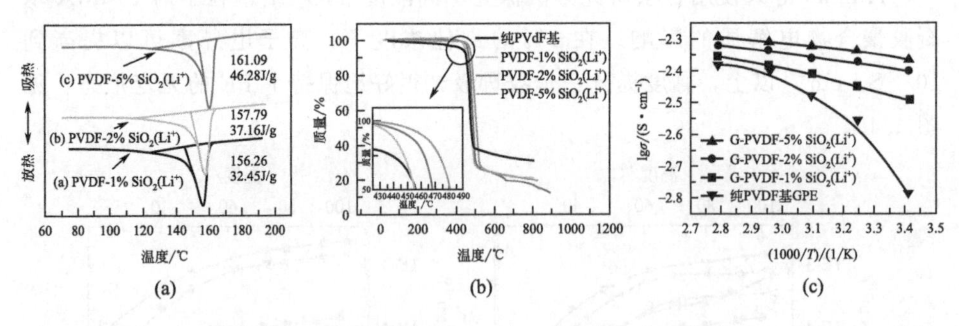

图 4.50 (a) 干燥的复合聚合物膜随着 $SiO_2(Li^+)$ 含量的变化而变化；(b) 纯 PVDF 基和干燥的复合聚合物膜的热谱图随 $SiO_2(Li^+)$ 的含量变化而变化；(c) 纯 PVDF 基 GPE 和 CMGPEs 的电导率与温度倒数的关系随 $SiO_2(Li^+)$ 含量的变化而变化

上述几类凝胶聚合物电解质极大程度上提升了锂电池安全性能。与有机液态电解质相比，离子电导率介于液态电解质和全固态电解质之间，但仍然存在诸多问题。增塑剂的使用，使得聚合物基体吸收液体溶剂后，固体电解质的力学性能明显降低，故在保证电化学性能的同时，稳定其力学性能是目前急需解决的问题。此外，与商业化应用的有机液体电解质相比，其离子电导率仍有待提高。目前对聚合物结构改性，添加纳米材料复合、锂盐改性都是研究者们的选择方式之一。

4.4.4 无机固态电解质

与其他聚合物电解质相比，无机固态聚合物电解质离子电导率高、电化学稳定性好、阻燃性好。目前无机固态聚合物类型很多，大致分为氧化物和硫化物两类。

4.4.4.1 氧化物

氧化物无机固态电解质中最具代表性的主要有钙钛矿型（LLTO）和石榴石型（LLZO）两类。钠快离子导体型（LATP/LAGP 和 LZGO）在此处不做介绍。

钙钛矿型（LLTO）的一般式为 ABO_3，其中 A 代表二价碱金属离子（Ba^{2+}、Li^{+}、Ca^{2+}），面心 O 原子形成的八面体被四价过渡金属元素 B 占据（Ti^{4+}、Ta^{5+}、Nb^{5+}）。

钙钛矿型无机固态电解质的电导率越高，其电池体系的内阻越小，电化学性能越好。晶体结构决定了电池体系的 Li^{+} 传输机制，LLTO 中的 Li^{+} 通过空位跃迁机制实现锂离子传导。除此之外，LLTO 材料通常需要高温烧结，难以控制锂离子含量和离子电导率，并且电导率还受到多晶材料晶界影响。晶界处的锂离子在高温条件下以 Li_2O 的形式损失，从而形成空间电荷层，增大了锂离子迁移势垒，使得 LLTO 整体电导率低。

以 $Li_{3x}La_{2/3-x1/3-2x}TiO_3$ 型化合物为例，Li 原子的引入会影响 Li 位点和空穴数量以及它们之间的相互作用。La/Li 的比例增加到 1 以上会形成 Li 空位以保持电中性。当 $x=0.125$ 时，离子电导率最大；当 $x=0.45$ 时，离子电导率最小。然而，其离子电导率低仍然是阻碍其商业化的主要原因。为解决上述问题，有研究发现掺杂是一种不错的方式。Al_2O_3、TiO_2 和 ZrO_2 都是行之有效的添加剂，由于提高了空间电荷区域内的浓度，明显提高了离子电导率。Mei 等人添加 SiO_2 合成了锂镧钛氧化物基复合陶瓷电解质，SiO_2 分布在晶界，并形成无定形硅酸锂基物质，明显增强了晶界的导电性，在 30℃ 的电导率为 $10^{-4}S\cdot cm^{-1}$。Zhang 等人将锶（Sr）作为掺杂剂引入钙钛矿结构，当锶掺杂量为5%时，30℃时的离子电导率达到$8.38\times10^{-5}S\cdot cm^{-1}$，比未掺杂的LLTO高一个数量级。他们还证实了非晶态LLSTO在与锂直接接触时是稳定的，稳定窗口可达10V。见图4.51。

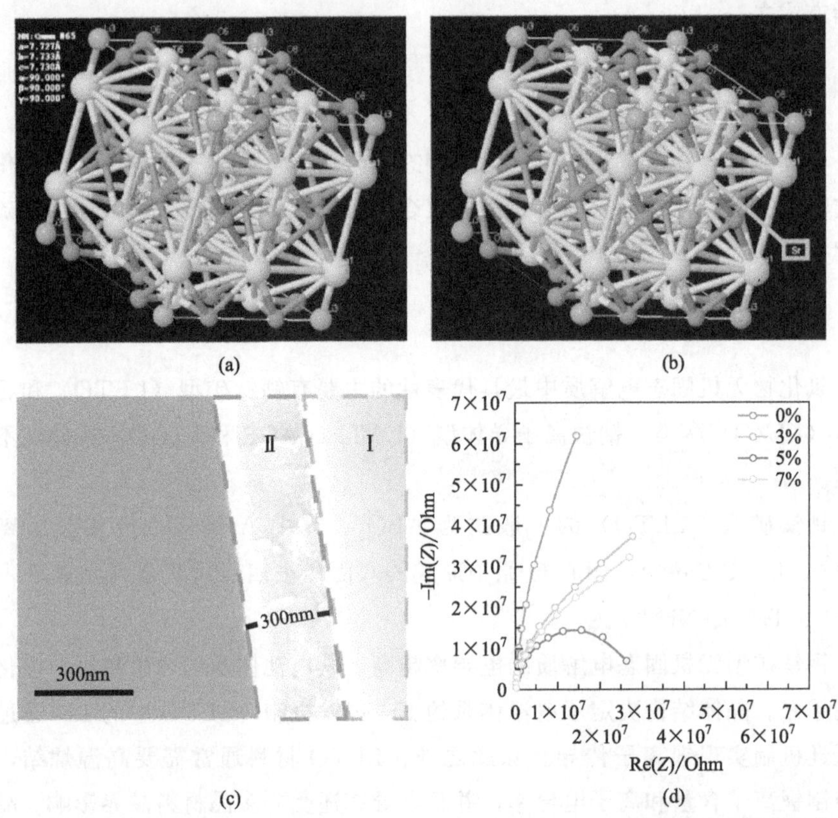

图4.51 (a) LLTO晶体三维结构；(b) 晶体LLSTO的三维结构，Sr原子随机取代La；(c) 5%Sr掺杂的LLSTO薄膜的扫描电镜侧视图，区域Ⅰ表示蓝宝石衬底，其上涂有硅铝氧烷，区域Ⅱ表示硅铝氧烷层；(d) 30℃时不同Sr含量比的非晶LLSTO薄膜的Nyquist图

Kasper在1969年提出了石榴石型无机固态电解质概念。以$Li_xLa_3M_2O_{12}$ (M=Ta、Nb) 为例，它属于立方晶系，*Ia*-3*d*空间群，其晶体骨架网络由La^{3+}、M^{2+}和O^{2-}离子构成，Li^+离子分布在晶格之内。见图4.52。

一些基于$Li_5La_3Ta_2O_{12}$的石榴石氧化物电导率，如图4.53所示，与LLTO存在相似性。Murugan等人在2007年发现了$Li_7La_3Zr_2O_{12}$ (LLZO) 锂石榴石。传统$Li_7La_3Zr_2O_{12}$ (LLZO) 材料在室温下的电导率为$5.11\times10^{-4}S\cdot cm^{-1}$，与锂金属具有良好的化学稳定性。$Li_7La_3Zr_2O_{12}$的$Li^+$导电性与其他众所周知的快速$Li^+$导体的比较如图4.53所示。LLZO虽然室温离子电导率高、无污染、电

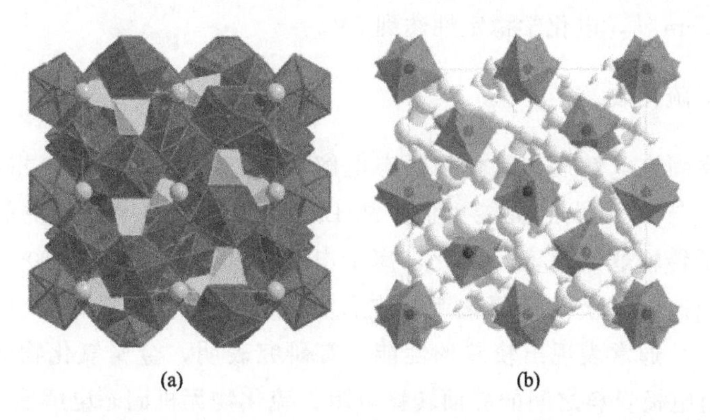

图 4.52 (a) 理想 $A_3B_2C_3O_{12}$ 式石榴石晶体结构，其中球体代表 B 阳离子，深色和浅色多面体分别代表 A 和 C 阳离子；(b) $Li_5La_3M_2O_{12}$ 结构

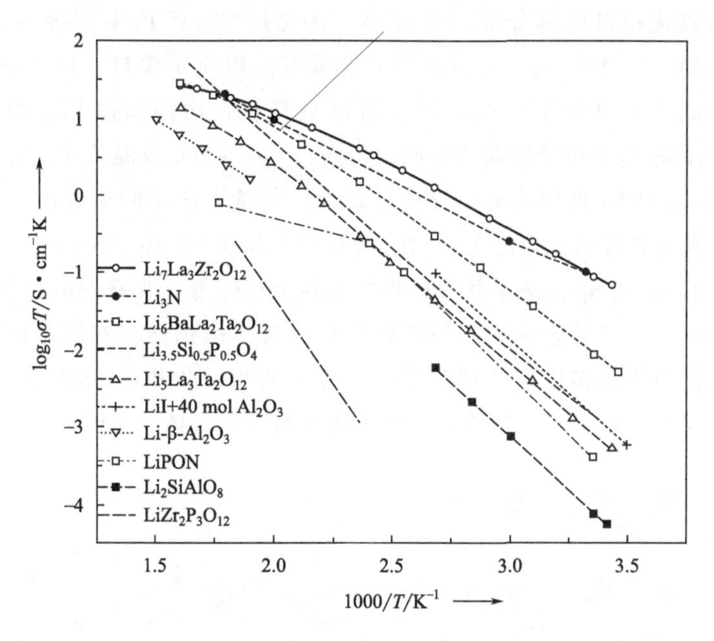

图 4.53 $Li_7La_3Zr_2O_{12}$ 与其他报道的锂离子导体的锂离子电导率比较

化学稳定性好，但不能在含水和二氧化碳的环境中暴露。$Li_7La_3Zr_2O_{12}$(LLZO) 用在固态锂金属电池中易发生 Li^+/H^+ 之间的质子化交换，导致锂离子电导率降低。只有选择非常低酸度的溶剂才能避免质子化，并且，解决在大气环境下稳定存在的问题是关键。目前，无机固态和聚合物复合也是解决途径之一。在 LLZO-PEO 固态电解质中，随 LLZO 含量的增加，离子传输路径由 PEO 向 LLZO 组成的网络结构转变，活性锂离子浓度增加。在 55℃下的电导率达

到 $10^{-4}S \cdot cm^{-1}$，电化学稳定性达到 5V。

4.4.4.2 硫化物

硫化物固态电解质与氧化物固态电解质结构相似，与 O^{2-} 相比，S^{2-} 电负性更低，与 Li 形成的键能更低，故 Li^+ 在晶体结构中迁移更简单，所形成的锂离子传输通道更宽。因此，离子电导率大致在 $10^{-4}\sim10^{-3}S/cm$。由于硫化物固态电解质的低氧化起始电位，常规锂电池正极材料（Li_xMnO_2、Li_xCoO_2 等）通常表现出较差的性能。有研究表明，金属氧化物涂层可以降低电解质与电极材料之间的界面转移电阻。硫化物无机固态电解质主要分为二元体系和三元体系。

二元体系主要有 Li_2S-B_2S_3 和 Li_2S-SiS_2，但其离子电导率通常都很低，通过掺杂氧化物可以部分提高电导率。优化后的 LiS-P_2S_5 的室温离子电导率可以达到 $10^{-4}S \cdot cm^{-1}$，并且具有非常宽的电化学窗口。$Li_7P_3S_{11}$ 作为二元硫化物高离子电导率代表，是三斜晶系结构，由四面体 PS_4 和双四面体 P_2S_7 组成，锂离子位于四面体中间。$Li_7P_3S_{11}$ 在 420℃高温条件下会分解为 β-Li_3PS_4 和 $Li_4P_2S_7$ 两种快离子导体。此外，制备方法不同对性能也有不同影响。球磨及热处理所获得的 $Li_7P_3S_{11}$ 电导率达到 $3.2\times10^{-3}S \cdot cm^{-1}$；而热压法所制备的 $Li_7P_3S_{11}$ 固态电解质材料的晶界阻抗降低，其室温电导率为 $1.7\times10^{-2}S \cdot cm^{-1}$。尽管电导率问题得到明显改善，但仍然存在诸多问题：二元体系硫化物制备大多以硫化锂为原料，价格偏高；此外，LiS-P_2S_5 与氧化物正极相容性差，对水非常敏感，易生成硫化氢有毒气体。见图 4.54。

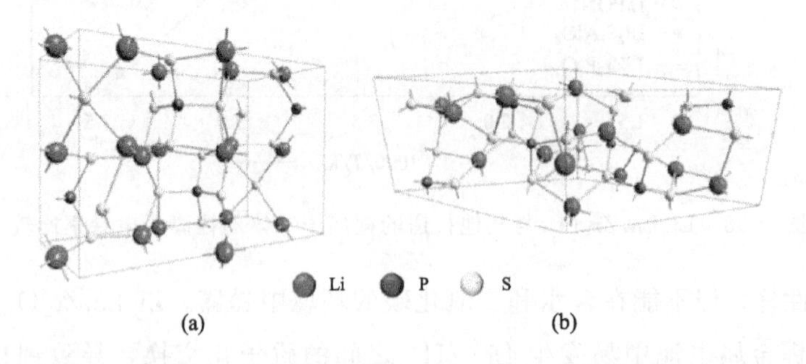

图 4.54 β-Li_3PS_4 和 $Li_7P_3S_{11}$ 的空间点阵结构

三元体系 Li_2S-P_2S_5-MeS_2 以 $Li_{10}GeP_2S_{12}$ 为代表，电导率可与有机液体电解质媲美。Bum 等人研究了两种不同结构的全固态 TiS_2/Li-In 电池，发现 LGPS 的电导率（$6.2\times10^{-3}S \cdot cm^{-1}$）高于 LPS 的电导率（$1.0\times10^{-3}S \cdot cm^{-1}$），

但 LGPS 在低电压下稳定性较差，造成容量大幅衰减。Zhao 等人将 $Li_{10}GeP_2S_{12}$（LGPS）掺入 PEO 基形成复合固态聚合物电解质，在 80℃条件下电导率达到 $1.21\times10^{-3}S\cdot cm^{-1}$。在 PEO 基质中离子电导率的提高与抑制结晶以及降低锂离子与 PEO 链之间的相互作用有关。除了要解决其高离子电导率之外，还要保证固态电解质对电极材料的稳定性。$Li_{10}GeP_2S_{12}$ 与锂金属电极材料会发生分解，形成 Li_3P、Li_2S 和 Li-Ge 合金组成的界面相，最终相间电阻会降低其电导率。

虽然，无机固态电解质存在诸多问题，但对于硫化物无机固态电解质而言，其限制因素还是在于电化学窗口窄、空气稳定性差以及产生有害 H_2S 气体。但是，硫化物电解质的良好力学性能能够实现电解质材料与电极材料之间的紧密接触，故硫化物电解质基电池能够很好地适应传统夹层电池结构设计。未来，随着卷对卷电池工业制造的蓬勃发展，具有兼容性的硫化物基固体电解质有可能得到大规模应用。对于氧化物电解质而言，虽然界面加工处理能够解决锂润湿性和锂稳定性问题，但固有的固-固点接触依旧会阻碍离子传输路径，使氧化物无机固态电解质的性能较差。基于现有的氧化物电解质材料和电池材料体系来看，仅通过材料和界面改性难以解决上述问题。氧化物基无机固态电解质的商业化还有很长的路要走。

4.5 隔膜材料

隔膜是锂离子电池工作的必要部件，在决定电池性能和安全性上具有重要的地位。隔膜不参与电池的电化学反应，但是它们起到了物理隔绝正负极的作用，以防止电池内部直接接触短路或是被毛刺、颗粒、枝晶刺穿而出现短路。同时，隔膜存在一定的微孔来填充电化学反应所需的电解液，起到离子传导的作用。隔膜材料的本征特性和成膜质量影响着锂离子在隔膜中的离子电导率。此外，隔膜还需保证电池的安全性，如果电池内部发生过充或不稳定放电，将导致电池温度升高，隔膜则通过熔融闭孔限制锂离子的传输，从而达到阻断热反应，提高电池安全性的目的。

随着市场上锂离子电池需求的多样化发展，对隔膜性能和技术指标的要求也日趋细化，但目前还没有生产出一款可以满足所有性能指标的隔膜。因此，应当根据电池的设计和应用领域，选择具有对应突出性能的隔膜进行匹配，如安全性、功率性能或者循环寿命。大多数的商用锂离子电池隔膜孔径介于 0.03～1μm，孔隙率在 40%～50%之间，3C 电子产品所用的聚烯烃隔膜的厚度一般≤25μm。在保证一定机械强度的前提下，隔膜的厚度越薄则电池内阻越小。

4.5.1 锂离子电池隔膜材料的种类

锂离子电池隔膜可以根据基体材料、结构形态和用途来划分。表 4.8 为目前最常用的锂离子电池隔膜的分类。根据组成和结构可以将锂离子电池隔膜分为五种主要类型，分别为微孔隔膜、改性微孔隔膜、无纺布型隔膜、复合隔膜和电解质隔膜。微孔隔膜凭借其优异的综合表现以及安全性和成本优势，是目前市场上应用最广泛的隔膜类型。

表 4.8 隔膜的分类

分类依据	隔膜类型	典型代表
基体材料	有机隔膜	Celgard PP、PE 微孔膜、PVDF 隔膜
	无机隔膜	陶瓷隔膜（SiO_2、Al_2O_3）
	有机无机复合隔膜	PVDF/Al_2O_3、PVDF/SiO_2
孔结构	（改性）微孔膜	PP、PE 微孔膜
	无纺布型隔膜	PVDF、PAN 无纺布隔膜
隔膜用途	液体锂离子电池隔膜	PP、PE 微孔膜
	凝胶电解质隔膜	PVDF 凝胶电解质隔膜
	全固态电解质隔膜	PEO 固态电解质隔膜

4.5.1.1 微孔隔膜

微孔隔膜的孔径在微米级别，大多数微孔膜由聚烯烃材料制成，常见的有聚乙烯（PE）、聚丙烯（PP）以及它们的组合 PE/PP 或 PP/PE/PP 多层复合膜等。聚烯烃材料具有优异的力学性能和化学稳定性以及相对廉价的优点。此外，聚环氧乙烷（PEO）、聚偏氟乙烯（PVDF）、聚丙烯腈（PAN）、聚甲基丙烯酸甲酯（PMMA）、聚偏氟乙烯-共六氟乙烯（PVDF-HFP）、聚偏氟乙烯-共三氟丙烯（PVDF-TrFE）等聚合物也被用来制备微孔隔膜。

微孔隔膜的制造工艺有干法工艺和湿法工艺。商业制备 PE 隔膜一般采用湿法拉伸工艺，而 PP 隔膜多采用干法拉伸工艺制备。图 4.55 给出了两种制造工艺制备的隔膜的表面形貌。干法膜内部有裂缝状的孔，孔的孔径和分布不均一，得到的隔膜孔隙率也较低，且干法拉伸的原料一般是结晶型的聚烯烃，对电解液的吸收和润湿效果并不理想，限制了性能的提升。但是，干法膜在拉伸后发生结晶取向，拉伸强度比较高，能得到强度较高的锂离子电池隔膜。因此，干法拉伸法目前在工厂生产中应用较多，但是在科研中研究较少。

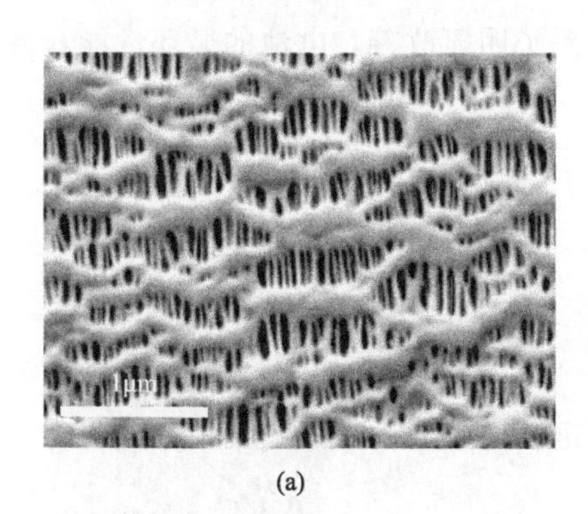

(a)

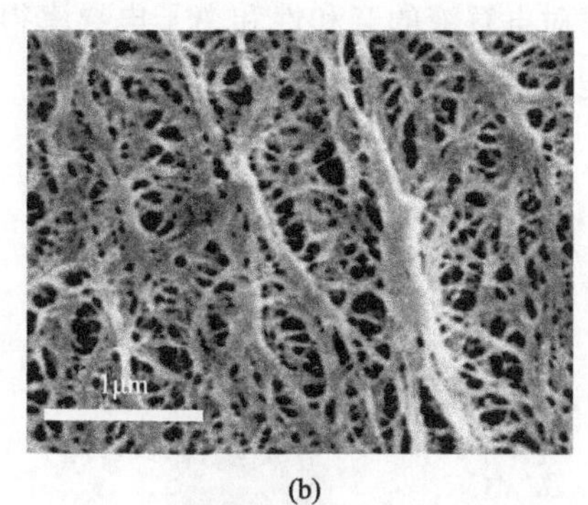

(b)

图 4.55 (a) 干法和 (b) 湿法工艺制备的隔膜表面 SEM 图

湿法工艺得到的膜含有大量椭圆形微孔，孔径范围处于相微观界面的尺寸数量级，比较小而均匀。隔膜性能呈现各向同性，横向拉伸强度高，穿刺强度大，正常的工艺流程不会造成穿孔。相比于干法制造，湿法制造得到的膜可以做得更薄，互联的孔可以有效抑制锂枝晶的生长，因此，湿法膜通常适用于长期循环使用的电池。

PE 和 PP 的双层或三层复合膜是通过将 PE 或者 PP 隔膜共挤出流延成型，然后进行热拉伸制备而成。相比单层隔膜而言，多层的复合隔膜具有更好的力学性能以及一定的热关闭性能。这是由于 PE 和 PP 的熔点不同，即当温度达到 PE 的熔点后，PE 首先发生熔融堵塞隔膜微孔，因此，锂离子传输通道阻断，电池停止工作以防止进一步的热失控；但同时 PP 的熔点较高，仍能保持较好的形态，隔绝正负极。

4.5.1.2 改性微孔隔膜

改性微孔膜是在微孔膜的基础上对其表面改性，如通过等离子体和辐照接枝的方法或在表面涂上不同的聚合物。聚烯烃微孔隔膜存在热稳定性差、浸润性差和电解液吸收差等问题。为了改善亲水性，可以通过等离子体照射、紫外线辐射、电子束辐射引发接枝，或者通过涂覆、浸泡改善浸润性。最为经典的是，Kim 等人通过等离子体辐照在 PE 膜表面接枝丙烯腈单体，使得隔膜表面变为亲水性质。辐照后的隔膜对电解液浸润性和保持能力显著提高。

除了接枝的方法，利用一些特殊的聚合物直接进行化学修饰，也能改善聚烯烃隔膜的表面性质。Lee 等人使用仿生材料聚多巴胺对 PE 隔膜进行表面修饰，利用多巴胺的原位自氧化聚合，在PE隔膜表面包覆一层聚多巴胺，制备与过程如图4.56所示。聚多巴胺修饰后几乎不影响隔膜的孔隙率和透气性，隔膜对电解液的亲和性和离子电导率得到了明显改善，电池的循环性能和倍率性能都得到提升。

图4.56 聚多巴胺包覆PE隔膜的制备与表征

(a) 未加多巴胺的溶液（左）和加入多巴胺的溶液（右）；(b) 隔膜在未经（左）和经过聚多巴胺处理（右）24h后的光学照片；(c) 未经和 (d) 经过聚多巴胺处理后隔膜的SEM图像

4.5.1.3 无纺布型隔膜

无纺布隔膜具有网络结构，它采用化学法或机械法黏合随机取向的纤维。天然材料和合成材料广泛用于制备无纺布膜。天然材料主要包括纤维素及其衍生物（羟乙基纤维素、羟甲基纤维素、乙基纤维素等），合成材料包括聚对苯二甲酸乙二醇酯（PET）、聚偏氟乙烯（PVDF）、聚偏氟乙烯-六氟丙烯（PVDF-HFP）、聚酰胺（PI）、芳纶（间位芳纶，PMIA；对位芳纶，PPTA）等。无纺布隔膜可以通过熔体吹制、湿铺、静电纺丝等技术制得。静电纺丝技术可以更好地平衡孔径和厚度之间的关系，相比于传统的纺丝技术，通过静电纺丝可以得到纳米级别的纤维，它的孔隙率一般高于其他类型的隔膜。

静电纺丝法制备高孔隙率的无纺布采用的聚合物有PVDF、PVDF-HFP、PAN等。Cheruvally等人在2007年以PVDF为前驱体，通过静电纺丝法纺织的PVDF纤维膜厚度为80μm，电解液吸液率高达600%～750%，室温电导率超过2.0mS·cm^{-1}。静电纺丝生产效率低、成本较高，在得到纳米级别纤维的静电纺丝过程中，单根纤维丝带有相同的电荷，所以纤维之间的结合力较弱，隔膜的力学性能差。

4.5.1.4 复合隔膜

复合隔膜是将Al_2O_3、SiO_2、TiO_2等无机材料涂敷在微孔膜或无纺布上制备而成，如图4.57所示。这些无机粒子具有高的比表面积和亲水性，与有机电解液溶剂有优异的亲和性，可以提高膜的浸润性，从而提高电池的电化学性能。此外，无机粒子还具有提高隔膜热尺寸稳定性的作用。复合隔膜相比于其他类型的隔膜，具有优异的热稳定性、良好的润湿性和一定的力学性能等。

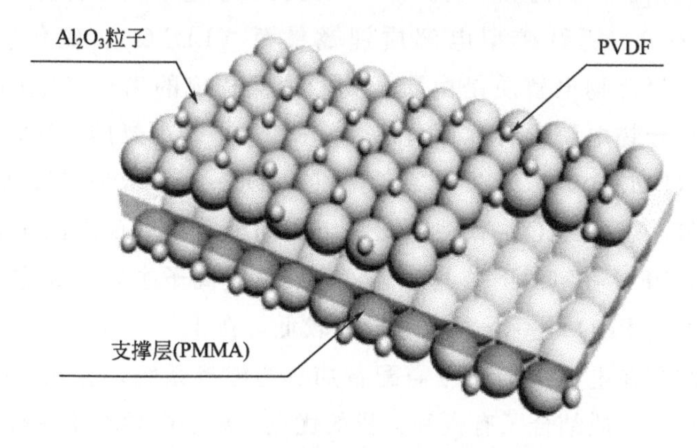

图4.57 陶瓷涂覆改性隔膜示意图

除了在聚烯烃隔膜表面涂布无机陶瓷粉体外，还可以利用原子层沉积和化学气相沉积等方法在微孔聚合物的孔壁上原位生成无机层，并通过沉积次数控制无机层的厚度，通过沉积纳米级无机层即可达到在隔膜表面微米级无机层所达到的效果，如图4.58所示。

4.5.1.5 电解质隔膜

电解质隔膜主要有四种：无机固态陶瓷电解质、固态聚合物电解质、凝胶聚合物电解质和复合电解质。它们既可以作为隔膜，又可以作为电解液，同时

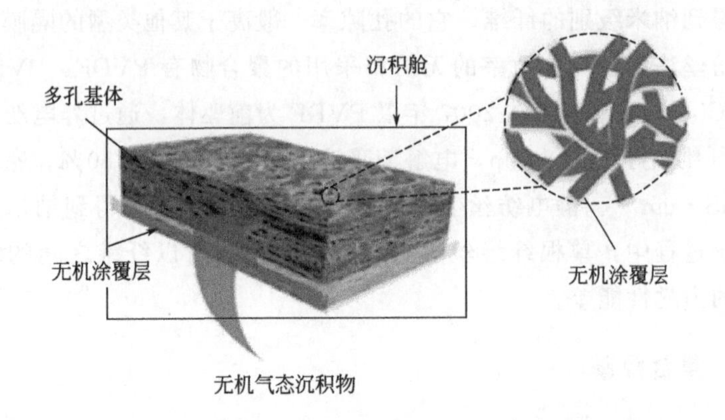

图 4.58 化学气相沉积法制备的陶瓷改性隔膜结构示意图

提供了高的电池安全性。电解质在室温下具有较好的离子导电性，同时可以起到物理屏障作用，充当隔膜以隔绝正负极。无机固体电解质包括结晶型和非晶型：结晶型可分为 LISICON 型、钙钛矿型、NASICON 型以及 Li_3N 型；非晶型可分为氧化物和硫化物两类。常见的无机固态电解质有石榴石型电解质锂镧锆氧（LLZO）、钙钛矿型电解质锂镧钛氧（LLTO）、硫化物型电解质（LGPS）等。聚合物电解质是由聚合物和锂盐构成的离子导电的复合体系，研究较多的聚合物电解质有聚环氧乙烷（PEO）、聚丙烯腈（PAN）、聚甲基丙烯酸甲酯（PMMA）以及聚偏氟乙烯（PVDF）等。1973 年，Wright 等人发现由聚环氧乙烷（PEO）和碱金属盐组成的配合物呈现出离子导电和电子绝缘的特性，PEO 在室温下结晶度高。研究发现离子主要在无定形区域实现离子传导，因此 PEO 的室温离子电导率较低，在 $10^{-7}\sim10^{-6}$ S·cm^{-1}之间。这类固态电解质在电池中的应用需配备加热与温控系统，存在一定的应用局限。复合固态电解质结合了有机和无机的优点，离子电导率比一般纯聚合物体系高一个数量级，同时刚性的无机填料保证了电解质片具有一定的机械强度。聚合物型电解质从全固态发展到凝胶态，后续又发展了微孔凝胶聚合物电解质以及现在研究最为广泛的复合聚合物电解质，见图 4.59。

4.5.2 锂离子电池隔膜存在的问题

隔膜材料的结构与性能对锂离子电池的性能起着关键作用，理想的锂离子隔膜应该具备以下条件：①隔膜最基本的功能是阻隔正负极，应当具有较好的电子绝缘性，防止电池短路；②隔膜需要保证锂离子能均匀透过，具有合适的孔径大小和孔隙率；③隔膜与有机电解液不能发生物化反应；为了防止锂枝晶

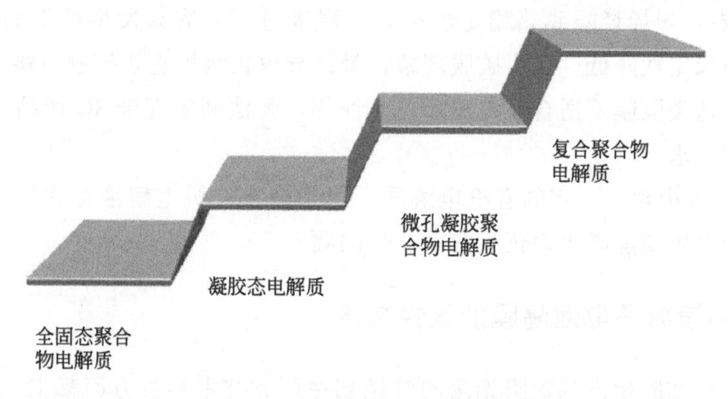

图 4.59 聚合物电解质发展历程

或应力刺破，隔膜需要保证一定的机械强度，厚度尽量薄；④隔膜需要有良好的耐热性和耐热收缩性等。表 4.9 列出了对锂离子电池隔膜的一般要求。

表 4.9 锂离子电池隔膜的一般要求

性能指标	具体机制
绝缘性	保证正负极有效隔离
化学和电化学稳定性	不与电解液发生化学反应，不能影响电解液的化学性质
浸润性	电解液快速完全浸润
厚度	20～25μm
孔径	＜1μm
孔径分布	孔径分布的均一性影响电流密度均匀性
透气率	又叫 Gurley 数，衡量隔膜的透过能力，与隔膜内阻呈正相关
孔隙率	40%～60%
穿刺强度	具有抵抗电池中毛刺和枝晶的能力
尺寸稳定性	受热时收缩率低、尺寸稳定

锂离子电池商用隔膜多用聚烯烃多孔隔膜，目前 PE、PP 隔膜受原材料物化性质的局限，在润湿性、离子电导率和耐高温性能等方面仍存在一些问题，影响其性能的提升：

① 由于聚烯烃材料的疏水特性以及隔膜的表面能较低，聚烯烃隔膜和电解液的亲和性较差，对电解液的浸润性较差，影响着离子电导率和电池的寿命。因此，为了提高电解液的注入量，需要增加注液环节的时间，不可避免地增加成本。

② 由于聚烯烃材料的熔点较低，聚乙烯和聚丙烯的熔点分别在 130℃与

160℃左右，聚烯烃隔膜热稳定性较差，温度过高时容易发生严重的热收缩，同时机械稳定性降低，发生破膜现象，最终导致正负极直接接触短路，引发安全问题。这类隔膜不适合在高温环境下使用，无法满足现今3C产品及动力电池的使用要求。

③ 隔膜中含有一定的有机电解质，由于液态有机电解液存在易燃性，所以相较于电解质隔膜来说仍存在安全性问题。

4.5.3 锂离子电池隔膜的改性技术

当前，实际生产的隔膜无法同时做到在所有技术参数方面都出色，因此，通过特定的改性技术来寻求这些特性之间的平衡十分重要。对隔膜的研究改性主要集中在提升离子电导率和安全性上，具体表现在隔膜对电解液润湿性能的提升和热稳定性的提高，可以通过聚烯烃表面修饰、表面涂覆聚合物或无机粒子、开发无纺布隔膜与电解质隔膜等方式实现。

4.5.3.1 聚烯烃隔膜表面修饰

为了改善聚烯烃隔膜对电解液的相容性，通常对其进行表面修饰改性。最常用的方法是表面接枝亲水性的基团。等离子体处理、紫外光照射、高能电子束辐射等方法都可以用来进行表面接枝。

Choi等人提出了一种简单的方法来解决气相沉积SiO_2与聚乙烯隔膜之间界面非理想的缺陷，通过直接电子束辐照产生强化学连接来制备高稳定性的锂离子电池隔膜，可提高电池在高温条件下的安全性。如图4.60所示，商用PE隔膜在150℃发生了严重的热收缩，而SiO_2/PE隔膜仍保有一定的尺寸。当辐照量从5kGy提高到30kGy时，SiO_2/PE隔膜的尺寸稳定性大大提高。

4.5.3.2 聚烯烃隔膜表面涂覆聚合物

在聚烯烃隔膜表面涂布具有不同特性的聚合物，可以实现不同的功能特点。例如涂敷耐热性的聚合物可以有效提高隔膜热稳定性，涂敷极性强的聚合物可以有效提高隔膜对电解液的亲和性。

Shin等人以聚邻苯二酚和聚环氧乙烷为黏结剂，合成了一种阶梯状聚倍半硅氧烷有机无机杂化材料（CA-PEO-LPSQ）作为PE隔膜的表面改性剂，并对不同pH碱液下CA-PEO-LPSQ浸涂PE隔膜进行了优化。结果表明，PEO有机基团和邻苯二酚官能团，增强了隔膜的表面润湿性、锂离子导电性以及热、电化学稳定性。Xue等人研究合成了超支化聚苯并咪唑（HBPBIE），

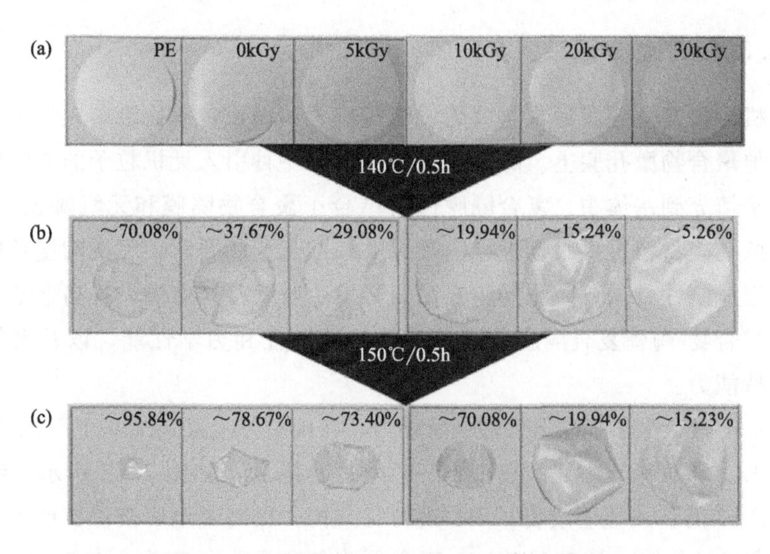

图 4.60 (a) 商用 PE 隔膜与 SiO_2 辐照改性 PE 隔膜在 (b) 140℃ 和 (c) 150℃加热 0.5h 后的形貌变化图

并利用对苯二醛（TPA）交联剂涂敷在 PE 表面得到 TPA 交联 HBPBIE 隔膜（CHBPBIE），如图 4.61 所示。在 TPA 交联 HBPBIE 中引入苯并咪唑、氨基和羧基，可以提高隔膜对电解液的吸收率，从 90%提高到了 181%。此外，交联的涂层结构大大提高了 CHBPBIE 隔膜的离子电导率，在 25℃下为 0.77mS·cm^{-1}，比 PE 隔膜提高了 10.6 倍。

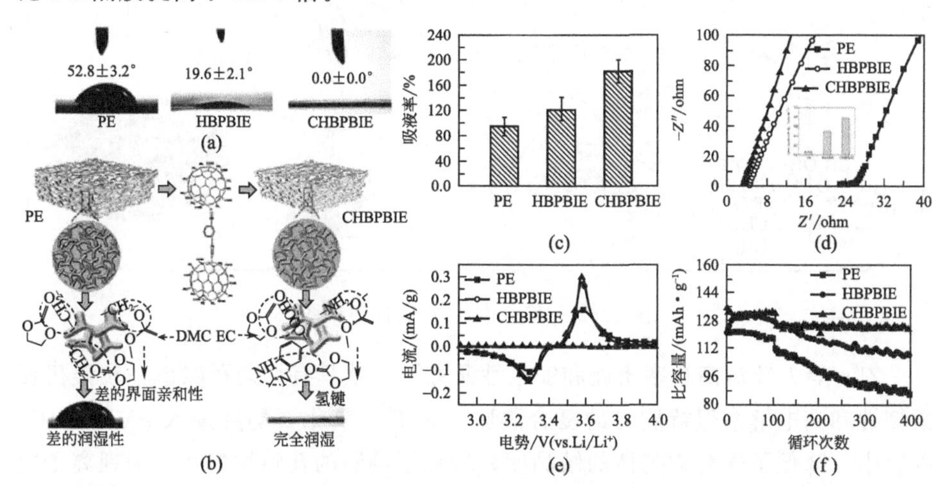

图 4.61 PE、HBPBIE 和 CHBPBIE 隔膜的 (a) 接触角测试和 (b) 润湿机制；PE、HBPBIE 和 CHBPBIE 隔膜 (c) 对电解液的吸收能力、(d) 交流阻抗测试、(e) 循环伏安测试和 (f) 倍率性能

4.5.3.3 无机粒子改性复合隔膜

有机无机复合隔膜通常是将无机陶瓷粒子单面或者双面涂布在聚烯烃隔膜或者其他聚合物微孔膜上。除了表面涂覆，另一种引入无机粒子的方法就是将无机粒子填充到基体中。复合隔膜同时结合了聚合物隔膜和无机陶瓷的优点：聚合物微孔膜材料提供柔韧性以满足电池装配工艺的要求；无机陶瓷颗粒在复合膜中形成刚性骨架，防止隔膜在高温下发生收缩甚至熔融，提高电池的安全性能。聚合物-陶瓷复合隔膜兼具较高的热稳定性和力学性能，以及良好的电解液保持能力。

Huang 等人为了提高电解液保留能力，在细菌纤维素（BC）上引入 ZIF-67，制备了 BC/沸石咪唑啉骨架-67(ZIF-67）复合隔膜，如图 4.62 所示。结果表明，ZIF-67 的引入显著改善了 BC 膜的孔结构，提高了电解液保留能力，从而促进锂离子的传输。该 BC/ZIF-67 复合隔膜的离子电导率为 $0.837mS \cdot cm^{-1}$，相比聚丙烯隔膜（$0.096mS \cdot cm^{-1}$）有了很大的提高。此外，该复合隔膜在高温下不易收缩。

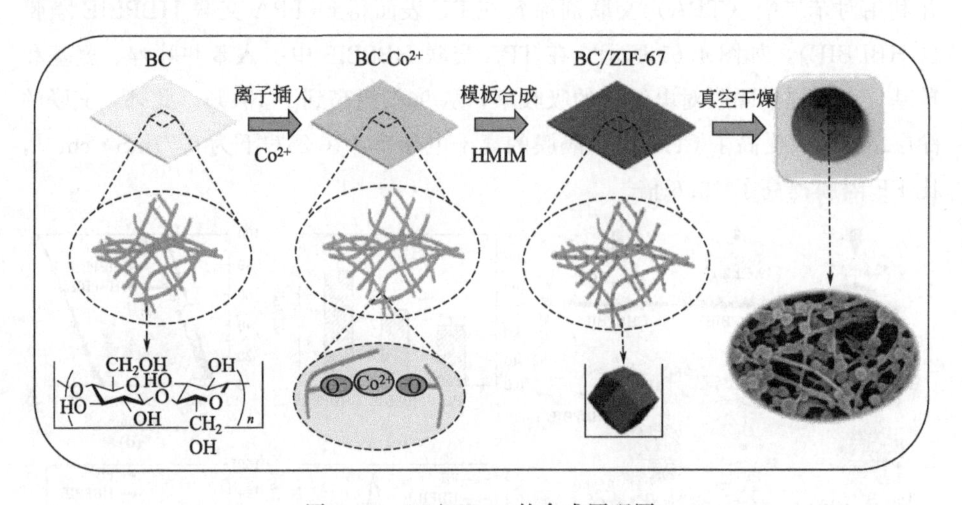

图 4.62 BC/ZIF-67 的合成原理图

Zhu 等人针对高功率密度和安全性研究了一款具有均匀孔隙率、较强机械柔韧性和高电解液保持能力的复合隔膜。他们将氧化石墨烯掺入 PVDF-HFP 隔膜中，降低了聚合物基体的结晶度，增加了隔膜的孔隙均匀性，为锂离子提供了大量均匀的扩散通道。

Meng 等人研究了一种 Al_2O_3 涂布聚对苯二甲酸乙二醇酯（PET）无纺布隔膜。作者通过 DSC、TG 等测试证明这种隔膜具有较低的收缩率，可以保持高度稳定的尺寸以应对较大范围的温度变化，有效防止电池内部短路。Zhang等人在Al_2O_3纳米粒子涂布PE膜的基础上，提出了一种制备氨基功能化Al_2O_3（N-Al_2O_3）纳米颗粒的方法，以提高复合膜的离子电导率和锂离子迁移数。图4.63为N-Al_2O_3/PE复合隔膜对锂离子迁移影响的示意图。结果表明，采用N-Al_2O_3/PE复合隔膜的电池离子电导率为0.39mS·cm^{-1}，锂离子迁移数为0.49。

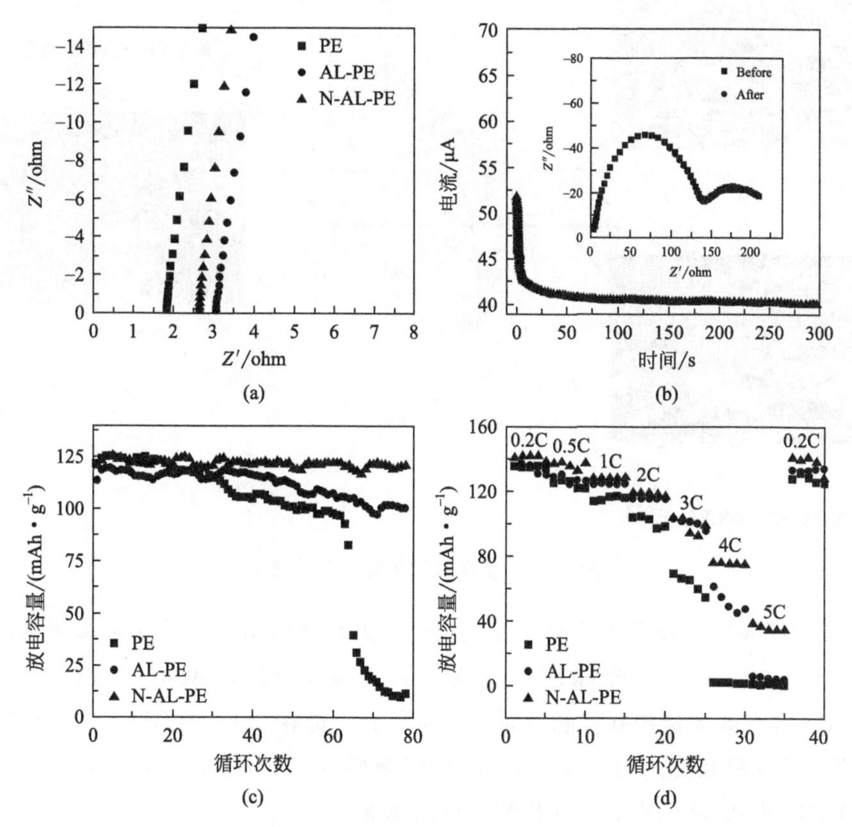

图4.63 (a) PE、AL-PE、N-AL-PE隔膜的交流阻抗结果；(b) N-Al_2O_3/PE复合隔膜的计时电流和交流阻抗结果；匹配不同隔膜的$LiCoO_2$/Li电池(c)在1C倍率下的循环性能和(d)倍率性能

聚合物-无机陶瓷复合技术最大的难题是无机粒子和有机基体的结合力较弱，容易出现陶瓷颗粒脱落的现象。通过合理调控黏合剂用量可以在一定程度上缓解这一缺点。常用的黏合剂有聚偏氟乙烯（PVDF）、聚甲基丙烯酸甲酯（PMMA）、丁苯橡胶（SBR）等。有机无机复合隔膜进一步研究工作应重点解决有机材料和无机材料的界面问题、黏合剂的筛选以及复合膜结构的优化

等。Cho 等人将二氧化硅或氧化铝粉末喷涂在无纺布基材的一侧，然后将 PAN 纳米纤维无纺布与陶瓷无纺布在 135℃下热轧进行复合，从而避免了陶瓷粒子脱落，结构如图 4.64 所示。

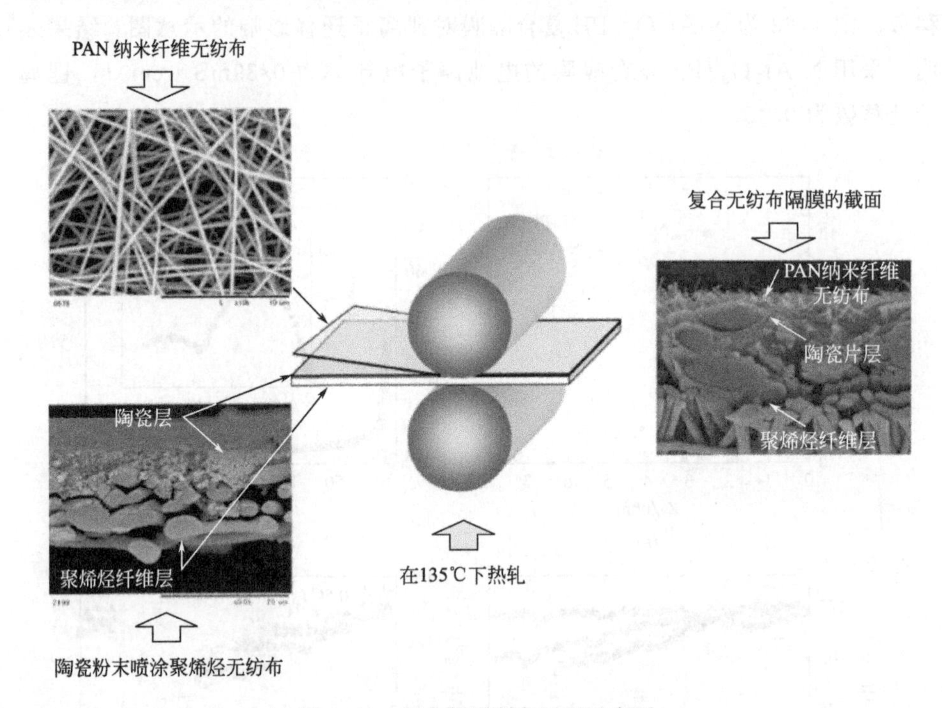

图 4.64 复合隔膜制备过程示意图

Xu 等人选取聚丙烯酸锂（PAALi）作为新型黏结剂，采用水基浆料制备了 Al_2O_3/PAALi 复合隔膜。相较于聚乙烯隔膜和 Al_2O_3/PVDF 隔膜，PAALi 含有的大量羧基官能团促进了锂离子的脱溶，Al_2O_3/PAALi 复合隔膜的锂离子迁移数提高到了 0.41，高于 PE 隔膜 0.25 的锂离子迁移数和 Al_2O_3/PVDF 隔膜 0.30 的锂离子迁移数。见图 4.65。

4.5.3.4 无纺布隔膜

无纺布材料具有多样性，如可以选择耐热性材料获得具有高热稳定性的隔膜等。无纺布制得的隔膜孔隙率较高、比表面积大，具有相互连通的开放结构、高渗透性等优点。然而，相对于微孔膜和改性微孔膜来说，无纺布的力学性能相对较差。因此，可以采用机械强度高、熔点高的高分子材料制备具有较高机械强度和热稳定性的无纺布隔膜。无纺布的孔隙尺寸较大，容易发生内部微短路和自放电，严重影响电池的性能。为了解决这些问题，研究者进行了大

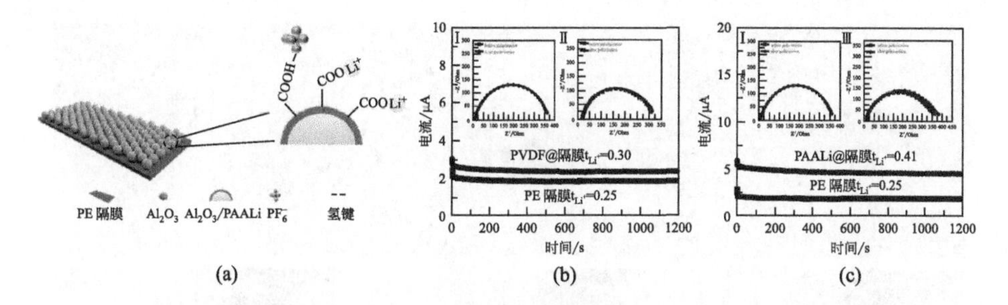

图 4.65 (a) Al_2O_3/PAALi 复合隔膜结构示意图；(b) 匹配 PE 隔膜、Al_2O_3/PVDF 隔膜和 (c) 匹配 PE 隔膜、Al_2O_3/PAALi 隔膜的锂对称电池计时电流测试对比结果；极化前后的（Ⅰ）PE 隔膜、（Ⅱ）Al_2O_3/PVDF 隔膜和（Ⅲ）Al_2O_3/PAALi 隔膜的 Nyquist 图

量的研究。

Wang 等人首先采用一锅法合成一种独特的磺化芳香杂环聚合物——锂化聚二苯醚恶二唑磺酸盐，并进一步进行静电纺丝纺制隔膜。结果表明，这种隔膜具有优异的力学性能和耐热性能，能够在温度高达 400℃的情况下保持尺寸稳定性。在电化学窗口为 4.5V vs. Li^+/Li 的条件下，这种隔膜的离子电导率达到 3.57mS・cm^{-1}，锂离子迁移数为 0.37。

Wei 等人以聚丙烯腈和聚丁二酸丁二烯（PAN@PBS）为原料，采用同轴静电纺丝技术成功制备了高热敏性和稳定性的热关闭隔膜。该隔膜由具有核壳结构、交叉的纳米纤维组成，如图 4.66 所示。该同轴纳米纤维隔膜具有高孔隙率、优良的电解质润湿性和良好的电解质吸收率，以及在 110℃时表现出迅速的热关闭响应，在 250℃仍保持结构完整性，兼具有高热敏性和高热稳定性。与 Celgard 隔膜相比，同轴纳米纤维隔膜具有较高的离子电导率（2.1mS・cm^{-1}）和优异的循环稳定性。

4.5.3.5 电解质隔膜

电解质隔膜是具有离子导电性的，可以充当隔膜和电解液。针对不同需求，需要改进这些膜的离子导电性和力学性能。

Zhao 等人通过静电纺丝法制备了一种包含 PVDF-HFP 和蒙脱土（MMT）的新型功能化聚间苯酞酰胺（PMIA）基凝胶聚合物电解质，如图 4.67 所示。在 PVDF-HFP 和纳米 MMT 的协同调控下，PMIA 膜具有独特的层次结构，同时具有极高的孔隙率，隔膜的孔径变小，孔结构分布均匀。凝胶聚合物电解质的制备使得隔膜具有优异的热稳定性、较强的机械强度和均匀的锂离子通量

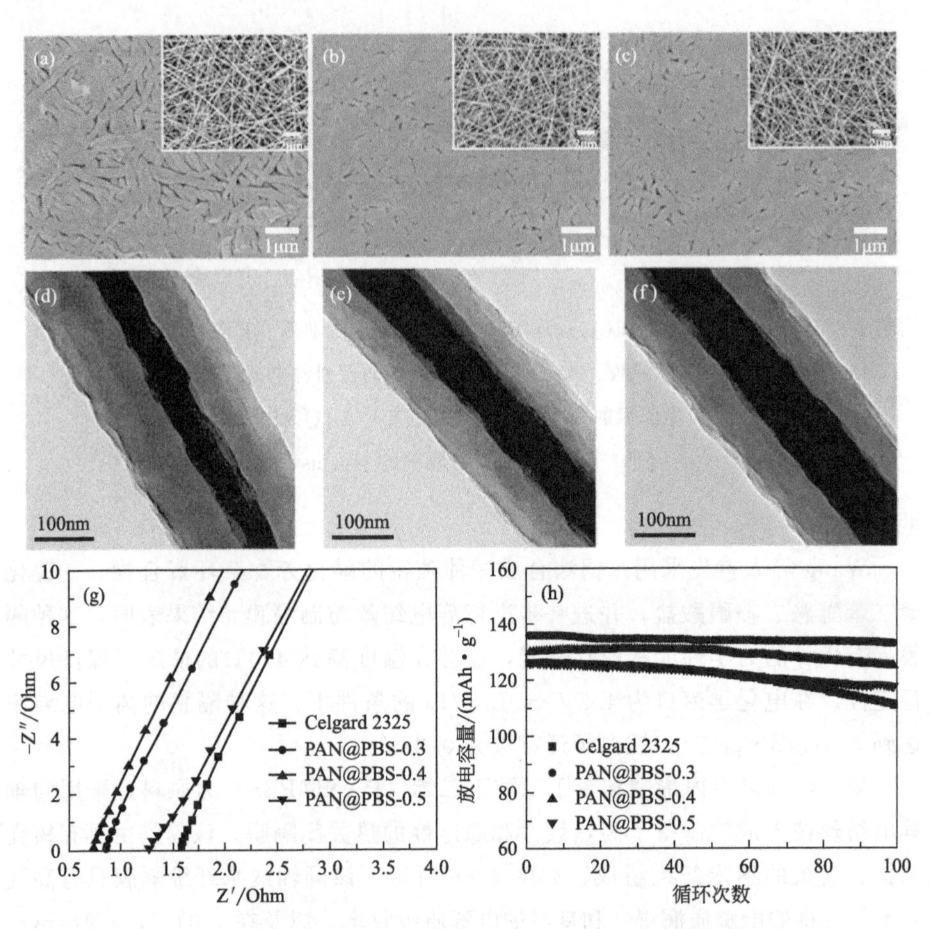

图 4.66 (a) PAN@PBS-0.3、(b) PAN@PBS-0.4、(c) PAN@PBS-0.5 膜轧制后的 SEM 图像（插图为轧制前的形态）；(d) PAN@PBS-0.3；(e) PAN@PBS-0.4；(f) PAN@PBS-0.5 同轴纳米纤维的 TEM 图像，不同隔膜的 (g) Nyquist 图和 (h) 循环性能

分布，为防止枝晶刺穿和保证电池的安全性奠定了坚实的基础。

4.5.4 锂离子电池隔膜发展趋势

在技术发展领域，传统的聚烯烃隔膜已无法满足当前锂电池的需求，高孔隙率、高热阻、高熔点、高强度、良好的电解液浸润性是今后锂离子电池的发展方向。为实现这些技术指标，可以从以下三个方面入手：第一，研发新材料体系，并发展相应的生产制备技术，使其尽快工业化；第二，隔膜涂层具有成本低、技术简单、效果显著等优点，是解决现有问题的有效手段；第三，原位

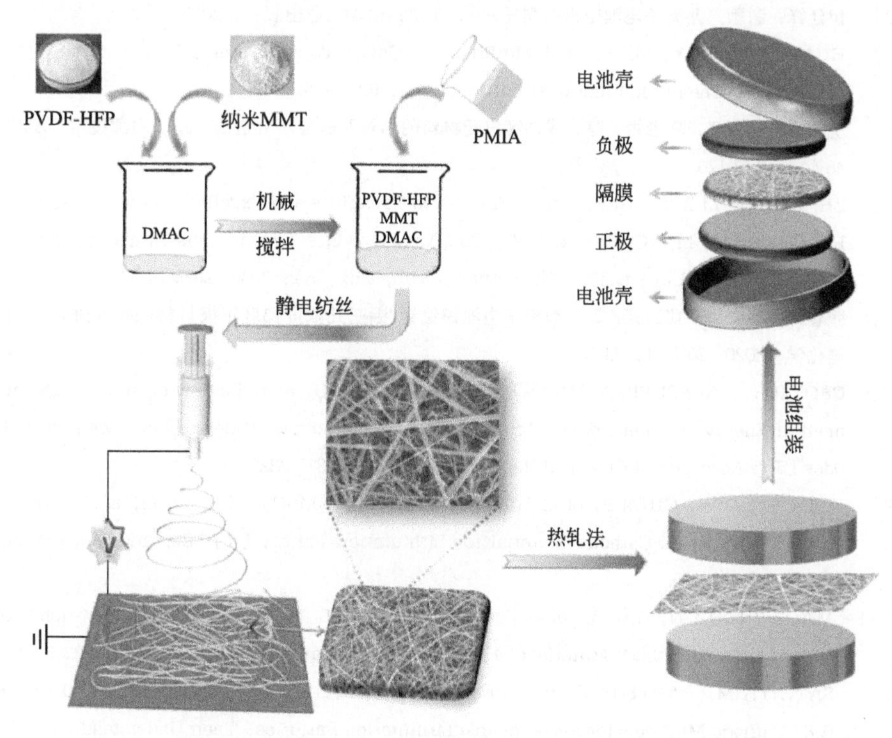

图 4.67 静电纺丝制备 MMT/PVDF-HFP PMIA 隔膜和电池组装的示意图

复合制备工艺较复杂，可以作为未来隔膜的研究方向。由于锂离子电池对能量密度和功率密度的需求越来越高，隔膜需要向更薄的方向发展，同时保证足够的强度且不易收缩；但是厚度的减薄将牺牲电解液的吸收量和保持能力，所以要提高隔膜和电解液的相容性；同时要保证优异的高温特性，关注隔膜的孔关闭和熔断能力。

参考文献

[1] DIVAKARAN A M, MINAKSHI M, BAHRI P A, et al. Rational Design on Materials for Developing Next Generation Lithium-ion Secondary Battery [J]. Progress in Solid State Chemistry, 2021, 62: 100298,

[2] ZHANG Z R, Liu C X, Feng C, et al. Breaking the Local Symmetry of $LiCoO_2$ via Atomic Doping for Efficient Oxygen Evolution [J]. Nano Lett, 2019, 19, 12: 8774-8779.

[3] 伊廷锋，谢颖．锂离子电池电极材料［M］．北京：化学工业出版社，2019.

[4] HUANG Y，ZHU Y，FU H，et al. Mg-Pillared $LiCoO_2$：Towards Stable Cycling at 4.6V［J］. Angewandte Chemie International Edition，2021，60：4682.

[5] 倪闯将，刘亚飞，陈彦彬，等．镍钴锰三元材料的结构及改性研究进展［J］．电源技术，2021，45（1）：123-126.

[6] ZHANG J C，LI Z Y，GAO R，et al. High Rate Capability and Excellent Thermal Stability of Li^+-Conductive Li_2ZrO_3-Coated $LiNi_{1/3}Co_{1/3}Mn_{1/3}O_2$ via a Synchronous Lithiation Strategy［J］. The Journal of Physical Chemistry C，2015，119（35）：20350-20356.

[7] 张春芳，赵文高，郑时尧，等．锂离子电池镍钴锰/铝三元浓度梯度正极材料的研究进展［J］．电化学，2020，26（1）：73-83.

[8] CROY J R，BALASUBRAMANIAN M，GALLAGHER K G，et al. Review of the U. S. Department of Energy's "deep dive" Effort to Understand Voltage Fade in Li-and Mn-rich Cathodes［J］. Accounts of Chemical Research，2015，48：2813-2821.

[9] YI T F，TAO W，CHEN B，et al. High-performance $xLi_2MnO_3 \cdot (1-x)LiMn_{1/3}Co_{1/3}Ni_{1/3}O_2$ $(0.1 \leqslant x \leqslant 0.5)$ as Cathode Material for Lithium-ion Battery［J］. Electrochimica Acta，2016，188：686-695.

[10] MA J，ZHOU Y N，GAO Y，et al. Feasibility of Using Li_2MoO_3 in Constructing Li-rich High Energy Density Cathode Materials［J］. Chemistry of Materials，2014，26（10）：3256-3262.

[11] SATHIYA M，RAMESHA K，ROUSSE G，et al. High Performance $Li_2Ru_{1-y}Mn_yO_3$ $(0.2 \leqslant y \leqslant 0.8)$ Cathode Materials for Rechargeable Lithium-ion Batteries：Their Understanding［J］. Chemistry of Materials，2013，25（7）：1121-1131.

[12] MCCALLA E，ABAKUMOV A M，SAUBANERE M，et al. Visualization of O—O Peroxo-Like Dimers in High-capacity Layered Oxides for Li-ion Batteries［J］. Science，2015，350：1516-1521.

[13] XIE Y，SAUBANÈRE M，DOUBLET M-L. Requirements for Reversible Extra-capacity in Li-rich Layered Oxides for Li-ion Batteries［J］. Energy & Environmental Science，2017，10：266-274.

[14] ZHANG X，CHENG F，ZHANG K，et al. Facile Polymer-assisted Synthesis of $LiNi_{0.5}Mn_{1.5}O_4$ with a Hierarchical Micro-nano Structure and High Rate Capability［J］. Rsc Advances，2012，2（13）：5669-5675.

[15] KOYAMA Y，TANAKA I，ADACHI H，et al. Crystal and Electronic Structures of Superstructural $Li_{1-x}[Co_{1/3}Ni_{1/3}Mn_{1/3}]O_2$ $(0<x<1)$［J］. Joural of Power Sources，2003，119-121：644-648.

[16] YI T F，MEI J，ZHU Y R. Key Strategies for Enhancing the Cycling Stability and Rate Capacity of $LiNi_{0.5}Mn_{1.5}O_4$ as High-voltage Cathode Materials for High Power Lithium-ion Batteries［J］. Journal of Power Sources，2016，316：85-105.

[17] 李俊豪，冯斯桐，张圣洁，等．高性能磷酸锰锂正极材料的研究进展［J］．材料导报（A），2019，33（9）：2854-2861.

[18] 伊廷锋，李紫宇，陈宾，等．锂离子电池新型 $LiFeSO_4F$ 正极材料的研究进展［J］．稀有金属

材料与工程，2015，44(12)：3248-3252.

[19] XIE Y，YU H T，YI T F，et al. Understanding the Thermal and Mechanical Stabilities of Olivine-Type $LiMPO_4$ (M = Fe，Mn) as Cathode Materials for Rechargeable Lithium Batteries from First-Principles [J]. ACS Applied Materials & Interfaces，2014，6(6)：4033-4042.

[20] 朱彦荣，谢颖，伊廷锋，等．锂离子电池正极材料 $LiMnPO_4$ 的电子结构 [J]．无机化学学报，2013，29(3)：523-527.

[21] SAÏDI M Y，BARKER J，HUANG H，et al. Performance Characteristics of Lithium Vanadium Phosphate as a Cathode Material for Lithium-ion Batteries [J]. Journal of Power Sources，2003，119-121：266-272.

[22] WU X，SHAO M，WU C，et al. Low Defect FeFe$(CN)_6$ Framework as Stable Host Material for High Performance Li-Ion Batteries [J]. ACS Applied Materials & Interfaces，2016，8：23706 – 23712.

[23] CHENG Y，SANG H Q，JIANG Q，et al. Going Nano with Confined Effects to Construct Pomegranate-like Cathode for High-Energy and High-Power Lithium-Ion Batteries [J]. ACS Applied Materials & Interfaces，2019，11：28934-28942.

[24] 张玲，王文聪，倪江锋．两电子反应体系硅酸铁锂的研究进展 [J]．中国科学：化学，2015，45(6)：571-580.

[25] 吴晨，钱江锋，杨汉西．普鲁士蓝类嵌入正极材料的发展与挑战 [J]．中国科学：化学，2017，47(5)：603-613.

[26] ZHANG C L，XU Y，ZHOU M，et al. Potassium Prussian Blue Nanoparticles：A Low-Cost Cathode Material for Potassium-Ion Batteries [J]. Advanced Functional Materials，2017，27(4)：1604307.

[27] Sun H L，Shi H，Zhao F. Shape-dependent Magnetic Properties of Low-dimensional Nanoscale Prussian Blue (PB) Analogue SmFe$(CN)_{6.4}H_2O$. [J]. Chemical Communication，2005，36(34)：4339-4341.

[28] WU S，SHEN X，HU Z. Morphological Synthesis of Prussian Blue Analogue $Zn_3[Fe(CN)_6]_2xH_2O$ Micro-/nanocrystals and Their Excellent Adsorption Performance toward Methylene Blue [J]. Journal of Colloid & Interface Science，2015，464：191-197.

[29] HURLBUTT K，S W HEELER，CAPONE I. Prussian Blue Analogs as Battery Materials [J]. Joule，2018，2(10)：1950-1960.

[30] MA L，CUI H，CHEN S，et al. Accommodating Diverse Ions in Prussian Blue Analogs Frameworks for Rechargeable Batteries：The Electrochemical Redox Reactions [J]. Nano Energy，2021，81：105632.

[31] SHEN L，WANG Z，CHEN L. Prussian Blues as a Cathode Material for Lithium Ion Batteries [J]. Chemistry A European Journal，2014，20(39)：12559-12562.

[32] NIE P，SHEN L，LUO H，et al. Prussian Blue Analogues：A New Class of Anode Materials for Lithium Ion Batteries [J]. Journal of Materials Chemistry A，2014，2：5852-5857.

[33] 梁兴，高国华，吴广明．氧化钒作锂离子电池正极材料的研究进展 [J]．材料导报 A：综述篇，2018，32(10)：12-40.

[34] KI P S, NAKHANIVEJ P, SEOK Y J, et al. Electrochemical and Structural Evolution of Structured V_2O_5 Microspheres during Li-ion Intercalation [J]. Journal of Energy Chemistry, 2021, 55: 108-113.

[35] YUE Y, LIANG H. Micro-and Nano-Structured Vanadium Pentoxide (V_2O_5) for Electrodes of Lithium-Ion Batteries [J]. Advanced Energy Materials, 2017, 7(17): 1602545.

[36] GAO X T, LIU Y T, ZHU X D, et al. V_2O_5 Nanoparticles Confined in Three – Dimensionally Organized, Porous Nitrogen – Doped Graphene Frameworks: Flexible and Free – Standing Cathodes for High Performance Lithium Storage [J]. Carbon, 2018, 140: 218-226.

[37] LU J, CHEN Z, PAN F, et al. High-Performance Anode Materials for Rechargeable Lithium-Ion Batteries [J]. Electrochemical Energy Reviews, 2018, 1(1): 35-53.

[38] 王曙光. 高性能碳基负极复合材料的设计制备及其电化学性能研究 [D]. 长春: 东北师范大学, 2019.

[39] SETHURAMAN V A, HARDWICK L J, SRINIVASAN V, et al. Surface Structural Disordering in Graphite upon Lithium Intercalation/Deintercalation [J]. Journal of Power Sources, 2010, 195(11): 3655-3660.

[40] JI L, LIN Z, ALCOUTLABI M, et al. Recent Developments in Nanostructured Anode Materials for Rechargeable Lithium-ion Batteries [J]. Energy & Environmental Science, 2011, 4(8): 2682-2699.

[41] MORADI B, BOTTE G G. Recycling of Graphite Anodes for The Next Generation of Lithium-Ion Batteries [J]. Journal of Applied Electrochemistry, 2015, 46(2): 123-148.

[42] GOODY R M, WORMELL T W. Crystallite Growth in Graphitizing and Non-graphitizing Carbons [J]. Mathematical and Physical Sciences, 1951, 209(1097): 196-218.

[43] GE M, CAO C, HUANG J, et al. A Review of One-dimensional TiO_2 Nanostructured Materials for Environmental and Energy Applications [J]. Journal of Materials Chemistry A, 2016, 4(18): 6772-6801.

[44] ARMSTRONG A R, ARMSTRONG G, CANALES J, et al. Lithium-Ion Intercalation into TiO_2-B Nanowires [J]. Advanced Materials, 2005, 17(7): 862-865.

[45] LI J, WAN W, ZHOU H, et al. Hydrothermal Synthesis of TiO_2(B) Nanowires with Ultrahigh Surface Area and Their Fast Charging and Discharging Properties in Li-ion Batteries [J]. Chemical Communications (Cambridge, England), 2011, 47(12): 3439-3441.

[46] YI T-F, LIU H, ZHU Y-R, et al. Improving the High Rate Performance of $Li_4Ti_5O_{12}$ through Divalent Zinc Substitution [J]. Journal of Power Sources, 2012, 215: 258-265.

[47] LIU J, SONG K, VAN AKEN P A, et al. Self-supported $Li_4Ti_5O_{12}$-C Nanotube Arrays as High-rate and Long-life Anode Materials for Flexible Li-ion Batteries [J]. Nano Letter, 2014, 14(5): 2597-2603.

[48] ZHONG Z, OUYANG C, SHI S, et al. Ab Initio Studies on $Li_{4+x}Ti_5O_{12}$ Compounds as Anode Materials for Lithium-ion Batteries [J]. Chemphyschem, 2008, 9(14): 2104-2108.

[49] HUGGINS R A. Lithium Alloy Negative Electrodes [J]. Journal of Power Sources, 1999, 81: 13-19.

[50] KIM H, SEO M, PARK M H, et al. A Critical Size of Silicon Nano-anodes for Lithium Rechargeable Batteries [J] . Angewandte Chemie International Edition, 2010, 49 (12): 2146-2149.

[51] CHAN C K, PENG H, LIU G, et al. High-performance Lithium Battery Anodes Using Silicon Nanowires [J] . Nature Nanotechnology, 2008, 3 (1): 31-35.

[52] CUI L F, RUFFO R, CHAN C K, et al. Crystalline-amorphous Core-shell Silicon Nanowires for High Capacity and High Current Battery Electrodes [J] . Nano Letter, 2009, 9 (1): 491-495.

[53] YAO Y, MCDOWELL M T, RYU I, et al. Interconnected Silicon Hollow Nanospheres for Lithium-ion Battery Anodes With Long Cycle Life [J] . Nano Letter, 2011, 11 (7): 2949-2954.

[54] KIM H, HAN B, CHOO J, et al. Three-dimensional Porous Silicon Particles for Use in High-performance Lithium Secondary Batteries [J] . Angewandte Chemie International Edition, 2008, 47 (52): 10151-10154.

[55] LIU X H, ZHONG L, HUANG S, et al. Size-dependent Fracture of Silicon Nanoparticles during Lithiation [J] . ACS Nano, 2012, 6 (2): 1522-1531.

[56] LIU N, LU Z, ZHAO J, et al. A Pomegranate-inspired Nanoscale Design for Large-volume-change Lithium Battery Anodes [J] . Nature Nanotechnology, 2014, 9 (3): 187-192.

[57] LIU N, WU H, MCDOWELL M T, et al. A Yolk-shell Design for Stabilized and Scalable Li-ion Battery Alloy Anodes [J] . Nano Letter, 2012, 12 (6): 3315-3321.

[58] JUNG D S, HWANG T H, PARK S B, et al. Spray Drying Method for Large-scale and High-performance Silicon Negative Electrodes in Li-ion Batteries [J] . Nano Letter, 2013, 13 (5): 2092-2097.

[59] SON I H, HWAN PARK J, KWON S, et al. Silicon Carbide-free Graphene Growth on Silicon for Lithium-ion Battery with High Volumetric Energy Density [J] . Nature Communication, 2015, 6 (1): 1-8.

[60] LIAO H, KARKI K, ZHANG Y, et al. Interfacial Mechanics of Carbon Nanotube@ amorphous-Si Coaxial Nanostructures [J] . Advanced Materials, 2011, 23 (37): 4318-4322.

[61] WU H, CUI Y. Designing Nanostructured Si Anodes for High Energy Lithium Ion Batteries [J] . Nano Today, 2012, 7 (5): 414-429.

[62] CHOI J W, AURBACH D. Promise and Reality of Post-lithium-ion Batteries with High Energy Densities [J] . Nature Reviews Materials, 2016, 1 (4): 1-16.

[63] HWANG T H, LEE Y M, KONG B S, et al. Electrospun Core-shell Fibers for Robust Silicon Nanoparticle-based Lithium Ion Battery Anodes [J] . Nano Letter, 2012, 12 (2): 802-807.

[64] AN W, GAO B, MEI S, et al. Scalable Synthesis of Ant-nest-like Bulk Porous Silicon for High-performance Lithium-ion Battery Anodes [J] . Nature Communication, 2019, 10 (1): 1447.

[65] ZHANG Q, CHEN H, LUO L, et al. Harnessing the Concurrent Reaction Dynamics in Active Si and Ge to Achieve High Performance Lithium-ion Batteries [J] . Energy & Environmental

Science, 2018, 11 (3) : 669-681.

[66] KE C-Z, LIU F, ZHENG Z-M, et al. Boosting Lithium Storage Performance of Si Nanoparticles via Thin Carbon and Nitrogen/Phosphorus Co-doped Two-dimensional Carbon Sheet Dual Encapsulation [J] . Rare Metals, 2021, 40 (6) : 1347-1356.

[67] ZHENG Z, WU H H, CHEN H, et al. Fabrication and Understanding of Cu_3Si-Si@ Carbon@ Graphene Nanocomposites as High-performance Anodes for Lithium-ion Batteries [J] . Nanoscale, 2018, 10 (47) : 22203-22214.

[68] LIN C T, HUANG T Y, HUANG J J, et al. Multifunctional Co-poly (amic acid) : A New Binder for Si-based Micro-composite Anode of Lithium-ion Battery [J] . Journal of Power Sources, 2016, 330: 246-252.

[69] KOVALENKO I, ZDYRKO B, MAGASINSKI A, et al. A Major Constituent of Brown Algae for Use in High-Capacity Li-Ion Batteries [J] . Science, 2011, 334 (6052) : 75-79.

[70] RYU J, PARK S. Sliding Chains Keep Particles Together [J] . Science, 2017, 357 (6348) : 250-251.

[71] CAMPION C L, LI W T, LUCHT B L. Thermal Decomposition of $LiPF_6$-based Electrolytes for Lithium-ion Batteries [J] . Journal of the Electrochemical Society, 2005, 152 (12) : A2327-A2334.

[72] GUéGUEN A, STREICH D, HE M, et al. Decomposition of $LiPF_6$in High Energy Lithium-Ion Batteries Studied with Online Electrochemical Mass Spectrometry [J] . Journal of The Electrochemical Society, 2016, 163 (6) : A1095-A1100.

[73] GAULUPEAU B, DELOBEL B, CAHEN S, et al. Real-time Mass Spectroscopy Analysis of Li-ion Battery Electrolyte Degradation under Abusive Thermal Conditions [J] . Journal of Power Sources, 2017, 342: 808-815.

[74] LIU W, LI H, JIN J, et al. Synergy of Epoxy Chemical Tethers and Defect-Free Graphene in Enabling Stable Lithium Cycling of Silicon Nanoparticles [J] . Angewandte Chemie International Edition, 2019, 58 (46) : 16590-16600.

[75] JIANG S, HU B, SAHORE R, et al. Surface-Functionalized Silicon Nanoparticles as Anode Material for Lithium-Ion Battery [J] . ACS Applied Materials & Interfaces, 2018, 10 (51) : 44924-44931.

[76] XU Y, LIU Q, ZHU Y, et al. Uniform Nano-Sn/C Composite Anodes for Lithium-ion Batteries [J] . Nano Letter, 2013, 13 (2) : 470-474.

[77] ZHANG W M, HU J S, GUO Y G, et al. Tin-Nanoparticles Encapsulated in Elastic Hollow Carbon Spheres for High-Performance Anode Material in Lithium-Ion Batteries [J] . Advanced Materials, 2008, 20 (6) : 1160-1165.

[78] ZHU Z, WANG S, DU J, et al. Ultrasmall Sn Nanoparticles Embedded in Nitrogen-doped Porous Carbon as High-performance Anode for Lithium-ion Batteries [J] . Nano Letter, 2014, 14 (1) : 153-157.

[79] ZOU Y, WANG Y. Sn@ CNT Nanostructures Rooted in Graphene with High and Fast Li-storage Capacities [J] . ACS Nano, 2011, 5 (10) : 8108-8114.

[80] YU Y, GU L, WANG C, et al. Encapsulation of Sn@ carbon Nanoparticles in Bamboo-like Hollow Carbon Nanofibers as an Anode Material in Lithium-Based Batteries [J]. Angewandte Chemie International Edition, 2009, 48 (35): 6485-6489.

[81] QIN J, HE C N, ZHAO N Q, et al. Graphene Networks Anchored with Sn@ Graphene as Lithium Ion Battery Anode [J]. ACS Nano, 2014, 8 (2): 1728-1738.

[82] BOEBINGER M G, YAREMA O, YAREMA M, et al. Spontaneous and Reversible Hollowing of Alloy Anode Nanocrystals for Stable Battery Cycling [J]. Nature Nanotechnology, 2020, 15 (6): 475-481.

[83] WANG H, YANG X, WU Q, et al. Encapsulating Silica/Antimony into Porous Electrospun Carbon Nanofibers with Robust Structure Stability for High-Efficiency Lithium Storage [J].ACS Nano, 2018, 12 (4): 3406-3416.

[84] CHAN C K, ZHANG X F, CUI Y. High Capacity Li-ion Battery Anodes Using Ge Nanowires [J]. Nano Letters, 2008, 8 (1): 307-309.

[85] LIANG W, HONG L, YANG H, et al. Nanovoid Formation and Annihilation in Gallium Nanodroplets under Lithiation-Delithiation Cycling [J]. Nano Letter, 2013, 13 (11): 5212-5217.

[86] POIZOT P, LARUELLE S, GRUGEON S, et al. Nano-sizedtransition-metaloxidesas Negative-electrode Materials for Lithium-ion Batteries [J]. Nature, 2000, 407 (6803): 496-499.

[87] ZHENG Z, LI P, HUANG J, et al. High Performance Columnar-like Fe_2O_3@ Carbon Composite Anode via Yolk@ shell Structural Design [J]. Journal of Energy Chemistry, 2020, 41: 126-134.

[88] LEE S H, YU S H, LEE J E, et al. Self-assembled Fe_3O_4Nanoparticle Clusters as High-performance Anodes for Lithium-ion Batteries via Geometric Confinement [J]. Nano Letter, 2013, 13 (9): 4249-4256.

[89] WANG J, YANG N, TANG H, et al. Accurate Control of Multishelled Co_3O_4Hollow Microspheres as High-Performance Anode Materials in Lithium-Ion Batteries [J]. Angewandte Chemie International Edition, 2013, 52 (25): 6417-6420.

[90] KO S, LEE J I, YANG H S, et al. Mesoporous CuO Particles Threaded with CNTs for High-performance Lithium-ion Battery Anodes [J]. Advanced Materials, 2012, 24 (32): 4451-4456.

[91] HUANG X H, TU J P, ZHANG C Q, et al. Hollow Microspheres of NiO as Anode Materials for Lithium-ion Batteries [J]. Electrochimica Acta, 2010, 55 (28): 8981-8985.

[92] ZHAO Y, FENG J, LIU X, et al. Self-adaptive Strain-relaxation Optimization for High-energy Lithium Storage Material through Crumpling of Graphene [J]. Nature Communication, 2014, 5 (1): 1-8.

[93] ZHAO L, WU H H, YANG C, et al. Mechanistic Origin of the High Performance of Yolk@ Shell Bi_2S_3 @ N-Doped Carbon Nanowire Electrodes [J]. ACS Nano, 2018, 12 (12): 12597-12611.

[94] LUO B, FANG Y, WANG B, et al. Two Dimensional Graphene-SnS_2Hybrids with Superior

Rate Capability for Lithium-ion Storage [J] . Energy & Environmental Science, 2012, 5 (1) : 5226-5230.

[95] WANG P, YUAN A, WANG Z, et al. Self-templated Formation of Hierarchically Yolk-shell-structured ZnS/NC Dodecahedra with Superior Lithium Storage Properties [J] . Nanoscale, 2021, 13 (3) : 1988-1996.

[96] ZHENG Z, WU H H, LIU H, et al. Achieving Fast and Durable Lithium Storage through Amorphous FeP Nanoparticles Encapsulated in Ultrathin 3D P-Doped Porous Carbon Nanosheets [J] . ACS Nano, 2020, 14 (8) : 9545-9561.

[97] LI W, KE L, WEI Y, et al. Highly Reversible Sodium Storage in a GeP_5/C Composite Anode with Large Capacity and Low Voltage [J] . Journal of Materials Chemistry A, 2017, 5 (9) : 4413-4420.

[98] LI W, YU J, WEN J, et al. An Amorphous Zn-P/Graphite Composite with Chemical Bonding for Ultra-reversible Lithium Storage [J] . Journal of Materials Chemistry A, 2019, 7 (28) : 16785-16792.

[99] DONG C, GUO L, HE Y, et al. Sandwich-like Ni_2P Nanoarray/Nitrogen-doped Graphene Nanoarchitecture as a High-performance Anode for Sodium and Lithium-ion Batteries [J] . Energy Storage Materials, 2018, 15: 234-241.

[100] GAO H, YANG F, ZHENG Y, et al. Three-Dimensional Porous Cobalt Phosphide Nanocubes Encapsulated in a Graphene Aerogel as an Advanced Anode with High Coulombic Efficiency for High-Energy Lithium-Ion Batteries [J] . ACS Applied Materials & Interfaces, 2019, 11 (5) : 5373-5379.

[101] LIU J, KOPOLD P, WU C, et al. Uniform Yolk-shell Sn_4P_3@ C Nanospheres as High-capacity and Cycle-stable Anode Materials for Sodium-ion Batteries [J] . Energy & Environmental Science, 2015, 8 (12) : 3531-3538.

[102] LIN D, LIU Y, CUI Y. Reviving the Lithium Metal Anode for High-energy Batteries [J] . Nature Nanotechnology, 2017, 12 (3) : 194-206.

[103] CHENG X B, ZHANG R, ZHAO C Z, et al. Toward Safe Lithium Metal Anode in Rechargeable Batteries: A Review [J] . Chemical Society Reviews, 2017, 117 (15) : 10403-10473.

[104] BRISSOT C, ROSSO M, CHAZALVIEL J N, et al. Dendritic Growth Mechanisms in Lithium/Polymer Cells [J] . Journal of Power Sources, 1999, 81: 925-929.

[105] KUSHIMA A, SO K P, SU C, et al. Liquid Cell Transmission Electron Microscopy Observation of Lithium Metal Growth and Dissolution: Root Growth, Dead Lithium and Lithium Flotsams [J] . Nano Energy, 2017, 32: 271-279.

[106] PELED E, MENKIN S. Review—SEI: Past, Present and Future [J] . Journal of The Electrochemical Society, 2017, 164 (7) : A1703-A1719.

[107] NISHIKAWA K, MORI T, NISHIDA T, et al. Li Dendrite Growth and Li^+ Ionic Mass Transfer Phenomenon [J] . Journal of Electroanalytical Chemistry, 2011, 661 (1) : 84-89.

[108] LU L L, GE J, YANG J N, et al. Free-Standing Copper Nanowire Network Current Collec-

tor for Improving Lithium Anode Performance [J] . Nano Letter, 2016, 16 (7): 4431-4437.

[109] YANG C P, YIN Y X, ZHANG S F, et al. Accommodating Lithium into 3D Current Collectors with a Submicron Skeleton towards Long-life Lithium Metal Anodes [J] . Nature Communication, 2015, 6 (1): 1-9.

[110] JIN S, XIN S, WANG L, et al. Covalently Connected Carbon Nanostructures for Current Collectors in Both the Cathode and Anode of Li-S Batteries [J] . Advanced Materials, 2016, 28 (41): 9094-9102.

[111] LIU W, LIU P, MITLIN D. Review of Emerging Concepts in SEI Analysis and Artificial SEI Membranes for Lithium, Sodium, and Potassium Metal Battery Anodes [J] . Advanced Energy Materials, 2020, 10 (43): 2002297.

[112] YAN K, LU Z, LEE H W, et al. Selective Deposition and Stable Encapsulation of Lithium through Heterogeneous Seeded Growth [J] . Nature Energy, 2016, 1 (3): 1-8.

[113] PEI A, ZHENG G, SHI F, et al. Nanoscale Nucleation and Growth of Electrodeposited Lithium Metal [J] . Nano Letter, 2017, 17 (2): 1132-1139.

[114] LIU W, LIU P, MITLIN D. Tutorial Review on Structure-dendrite Growth Relations in Metal Battery Anode Supports [J] . Chemical Society Reviews, 2020, 49 (20): 7284-7300.

[115] ZHANG X-Q, CHENG X-B, CHEN X, et al. Fluoroethylene Carbonate Additives to Render Uniform Li Deposits in Lithium Metal Batteries [J] . Advanced Functional Materials, 2017, 27 (10): 1605989.

[116] MARKEVICH E, SALITRA G, CHESNEAU F, et al. Very Stable Lithium Metal Stripping-Plating at a High Rate and High Areal Capacity in Fluoroethylene Carbonate-Based Organic Electrolyte Solution [J] . ACS Energy Letters, 2017, 2 (6): 1321-1326.

[117] HE J, CHEN Y, MANTHIRAM A. Vertical Co_9S_8 Hollow Nanowall Arrays Grown on a Celgard Separator as a Multifunctional Polysulfide Barrier for High-performance Li S Batteries [J] . Energy & Environmental Science, 2018, 11 (9): 2560-2568.

[118] CHEN H, PEI A, LIN D, et al. Uniform High Ionic Conducting Lithium Sulfide Protection Layer for Stable Lithium Metal Anode [J] . Advanced Energy Materials, 2019, 9 (22): 1900858.

[119] KIM Y, KOO D, HA S, et al. Two-Dimensional Phosphorene-Derived Protective Layers on a Lithium Metal Anode for Lithium-Oxygen Batteries [J] . ACS Nano, 2018, 12 (5): 4419-4430.

[120] LIU S, XIA X, DENG S, et al. In Situ Solid Electrolyte Interphase from Spray Quenching on Molten Li: A New Way to Construct High-Performance Lithium-Metal Anodes [J] . Advanced Materials, 2019, 31 (3): 1806470.

[121] FOROOZAN T, SOTO F A, YURKIV V, et al. Synergistic Effect of Graphene Oxide for Impeding the Dendritic Plating of Li [J] . Advanced Functional Materials, 2018, 28 (15): 1705917.

[122] LIU W, CHEN Z, ZHANG Z, et al. Lithium-activated SnS-graphene Alternating Nanolayers Enable Dendrite-free Cycling of Thin Sodium Metal Anodes in Carbonate Electrolyte [J]. Energy & Environmental Science, 2021, 14 (1): 382-395.

[123] 郑洪河．锂离子电池电解质 [M]．北京：化学工业出版社，2007.

[124] GOODENOUGH J B, KIM Y S. Challenges for Rechargeable Li Batteries [J]. Chemistry of Materials, 2010, 22 (3): 587-603.

[125] 任永欢．锂离子电池低温/高电压电解液研究 [D]．北京：北京理工大学，2015.

[126] 侯晓英，王海军．碳酸二甲酯的应用及制备方法 [J]．甘肃科技纵横，2007, 04: 56-84.

[127] 庄全超，武山，刘文元，等．锂离子电池有机电解液研究 [J]．电化学，2001 (04): 403-412.

[128] WANG J, YAMADA Y, SODEYAMA K, et al. Superconcentrated Electrolytes for a High-voltage Lithium-ion Battery [J]. Nature Communication, 2016, 7: 12032.

[129] ZHOU H M, FANG Z Q. LI J. $LiPF_6$ and Lithium Difluoro (oxalato) borate/ethylene Carbonate + Dimethyl Carbonate + Ethyl (methyl) carbonate Electrolyte for $Li_4Ti_5O_{12}$ anode [J]. Journal of Power Sources, 2013, 230: 148-154.

[130] 石磊，于悦，王吉宇，等．酯交换法合成碳酸甲乙酯研究进展 [J]．燃料化学学报，2019, 47 (12): 1504-1521.

[131] 周瑞．合成碳酸二乙酯的研究进展 [J]．当代化工研究，2019, (17): 106-108.

[132] 黄可龙，王兆翔，刘素琴．锂离子电池原理与关键技术 [M]．北京：化学工业出版社，2008.

[133] 李劼，袁长福，张治安，等．锂离子电池非水有机电解液研究现状与进展 [J]．电源技术，2012, 36 (09): 1401-1404.

[134] 刘萍，李凡群，李劼，等．锂离子电池和双电层电容器用 LiODFB-$TEABF_4$ 复合盐电解液的研究 [J]．中南大学学报：自然科学版，2010, 41 (06): 2079-2084.

[135] 赵伟．锂离子电池新型电解液的制备和电化学性能的研究 [D]．兰州：兰州理工大学，2014.

[136] WANG X J, LEE H S, LI H, et al. The Effects of Substituting Groups in Cyclic Carbonates for Stable SEI Formation on Graphite Anode of Lithium Batteries [J]. Journal of the Electrochemical Society, 2009, 12 (3): 386-389.

[137] ZHAO D, WANG P, CUI X, et al. Robust and Sulfur-containing Ingredient Surface Film to Improve the Electrochemical Performance of LiDFOB-based High-voltage Electrolyte [J]. Electrochimica Acta, 2018, 260: 536-548.

[138] KACZMAREK L, BALIK M, WARGA T, et al. Functionalization Mechanism of Reduced Graphene Oxide Flakes with BF_3. THF and Its Influence on Interaction with Li (+) Ions in Lithium-Ion Batteries [J]. Materials, 2021, 2 (679): 1-17.

[139] NOGAMI T, OHNISHI S, TASAKA Y, et al. Electrocrystallization as a Rechargeable Organic Battery [J]. Molecular Crystals and Liquid Crystals, 2011, 101 (3-4): 367-372.

[140] SHEN Y, SHEN X, YANG M, et al. Achieving Desirable Initial Coulombic Efficiencies and Full Capacity Utilization of Li-Ion Batteries by Chemical Prelithiation of Graphite Anode [J]. Advanced Functional Materials, 2021, 31 (24): 2101181.

[141] 蔡好．砜类作为高电压锂离子电池电解液添加剂的研究 [D]．杭州：浙江大学，2017.

[142] ZHANG Q, CHEN J J, WANG X Y, et al. Enhanced Electrochemical Performance and Thermal Stability of $LiNi_{(0.5)}Mn_{(1.5)}O_4$ Using an Electrolyte with Sulfolane [J]. Physical Chemistry Chemical Physics, 2015, 17 (16): 10353-10357.

[143] SUN X. New Sulfone Electrolytes Part II. Cyclo Alkyl Group Containing Sulfones [J]. Solid State Ionics, 2004, 175 (1-4): 257-260.

[144] 吴则利. 含硫及腈基添加剂的锂离子电池电解液性能与作用机理研究 [D]. 厦门: 厦门大学, 2018.

[145] JI Y J, ZHANG Z R, GAO M, et al. Electrochemical Behavior of Suberonitrile as a High-Potential Electrolyte Additive and Co-Solvent for Li [$Li_{0.2}Mn_{0.56}Ni_{0.16}Co_{0.08}$] O_2 Cathode Material [J]. Journal of The Electrochemical Society, 2015, 162 (4): A774-A780.

[146] DUNCAN H, SALEM N, ABU-LEBDEH Y. Electrolyte Formulations Based on Dinitrile Solvents for High Voltage Li-Ion Batteries [J]. Journal of The Electrochemical Society, 2013, 160 (6): A838-A848.

[147] XU K. Nonaqueous Liquid Electrolytes for Lithium-Based Rechargeable Batteries [J]. Chemical Reviews, 2004, 104 (10): 4303-4418.

[148] 沙顺萍. 锂离子电池电解质材料六氟磷酸锂的制备及性能研究 [D]. 西宁: 中国科学院研究生院 (青海盐湖研究所), 2005.

[149] 王立仕. 基于 $LiPF_6$ 的几种锂离子电池电解液的性能研究 [D]. 乌鲁木齐: 新疆大学, 2006.

[150] 宋印涛, 李连仲, 丁静, 等. 锂离子电池电解质盐的研究进展 [J]. 浙江化工, 2010, 41 (08): 24-26.

[151] 任彤, 庄全超, 郝玉婉, 等. LiF 和 LiCl 对石墨电极电化学性能的影响 [J]. 化学学报, 2016, 74 (10): 833-838.

[152] LI L F, LEE H S, LI H, et al. New Electrolytes for Lithium Ion Batteries Using LiF Salt and Boron Based Anion Receptors [J]. Journal of Power Sources, 2008, 184 (2): 517-521.

[153] XIE B, LEE H S, LI H, et al. New Electrolytes Using Li_2O or Li_2O_2 Oxides and Tris (pentafluorophenyl) borane as Boron Based Anion Receptor for Lithium Batteries [J]. Electrochemistry Communications, 2008, 10 (8): 1195-1197.

[154] ZHANG S S. $LiBF_3Cl$ as an Alternative Salt for the Electrolyte of Li-ion Batteries [J]. Journal of Power Sources, 2008, 180 (1): 586-590.

[155] TU X, CHU Y, MA C. New Ternary Molten Salt Electrolyte Based on Alkali Metal Triflates [J]. Ionics, 2009, 16 (1): 81-84.

[156] ARAVINDAN V, GNANARAJ J, MADHAVI S, et al. Lithium-ion Conducting Electrolyte Salts for Lithium Batteries [J]. Chemistry, 2011, 17 (51): 14326-14346.

[157] AURBACH D, CHUSID O, WEISSMAN I, et al. LiC (SO_2CF_3)$_3$, A New Salt for Li Battery Systems. A comparative Study of Li and Non-active Metal Electrodes in Its Ethereal Solutions Using in situ FTIR Spectroscopy [J]. Electrochimica Acta, 1996, 41 (5): 747-760.

[158] ENSLING D, STJERNDAHL M, NYTéN A, et al. A Comparative XPS Surface Study of Li_2FeSiO_4/C Cycled with LiTFSI-and $LiPF_6$-based Electrolytes [J]. Journal of Materials

Chemistry A, 2009, 19 (1) : 82-88.

[159] ZAGHIB K, CHAREST P, GUERFI A, et al. Safe Li-ion Polymer Batteries for HEV Applications [J] . Journal of Power Sources, 2004, 134 (1) : 124-129.

[160] MATSUDA Y, MORITA M, ISHIKAWA M. Electrolyte Solutions for Anodes in Rechargeable Lithium Batteries [J] . Journal of Power Sources, 1997, 68 (1) : 30-36.

[161] XUE Z, HE D, XIE X. Poly (ethylene oxide) -based Electrolytes for Lithium-ion Batteries [J] . Journal of Materials Chemistry A, 2015, 3 (38) : 19218-19253.

[162] 谭珊 . 电解液添加剂对锂离子电池电化学性能影响研究 [D] . 成都：电子科技大学，2020.

[163] 张倩 . 含氟酯类添加剂的合成及其在锂离子电池中的应用研究 [D] . 济南：济南大学，2016.

[164] 张荣刚，张玉玺，吴承燕，等 . 电解液添加剂对锂离子电池性能的影响 [J] . 电池，2020，50 (06) : 516-519.

[165] AURBACH D, EIN-ELI Y, CHUSID O, et al. The Correlation between the Surface Chemistry and the Performance of Li-Carbon Intercalation Anodes for Rechargeable ‘Rocking-Chair’ Type Batteries [J] . Cheminform, 1994, 141 (3) : 603-611.

[166] SHIN H, PARK J, SASTRY A M, et al. Effects of Fluoroethylene Carbonate (FEC) on Anode and Cathode Interfaces at Elevated Temperatures [J] . Journal of The Electrochemical Society, 2015, 162 (9) : A1683-A1692.

[167] 路高山 . 三氟乙基碳酸酯的合成及其在锂离子电池中的应用 [D] . 广州：广东工业大学，2015.

[168] 沙顺萍，滕祥国，李世友，等 . 锂离子电池电解质材料研究进展 [J] . 盐湖研究，2005，03: 67-72.

[169] 张洪源，赵萃萃，许凤霞 . 电解液添加剂氟代碳酸二乙酯的合成及其性能研究 [J] . 化学世界，2020，61 (12) : 799-804.

[170] SHU Z X, MCMILLAN R S, MURRAY J J. Electrochemical Intercalation of Lithium into Graphite [J] . Journal of The Electrochemical Society, 2019, 140 (4) : A96-A97.

[171] XIANG H F, XU H Y, WANG Z Z, et al. Dimethyl Methylphosphonate (DMMP) as an Efficient Flame Retardant Additive for the Lithium-ion Battery Electrolytes [J] . Journal of Power Sources, 2007, 173 (1) : 562-564.

[172] MATSUDA Y, NAKAJIMA T, OHZAWA Y, et al. Safety Improvement of Lithium Ion Batteries by Organo-fluorine Compounds [J] . Journal of Fluorine Chemistry, 2011, 132 (12) : 1174-1181.

[173] LIM H D, PARK J H, SHIN H J, et al. A Review of Challenges and Issues Concerning Interfaces for All-solid-state Batteries [J] . Energy Storage Materials, 2020, 25: 224-250.

[174] YUE L, MA J, ZHANG J, et al. All Solid-state Polymer Electrolytes for High-Performance Lithium Ion Batteries [J] . Energy Storage Materials, 2016, 5: 139-164.

[175] FERGUS J W. Ceramic and Polymeric Solid Electrolytes for Lithium-ion Batteries [J] . Journal of Power Sources, 2010, 195 (15) : 4554-4569.

[176] CHEN R, LI Q, YU X, et al. Approaching Practically Accessible Solid-state Batteries: Stability Issues Related to Solid Electrolytes and Interfaces [J] . Chemical Reviews,

2020, 120 (14): 6820-6877.

[177] ZHOU D, SHANMUKARAJ D, TKACHEVA A, et al. Polymer Electrolytes for Lithium-Based Batteries: Advances and Prospects [J]. Chem, 2019, 5 (9): 2326-2352.

[178] ONG S P, MO Y, RICHARDS W D, et al. Phase Stability, Electrochemical Stability and Ionic Conductivity of the $Li_{10\pm1}MP_2X_{12}$ (M = Ge, Si, Sn, Al or P, and X = O, S or Se) Family of Superionic Conductors [J]. Energy & Environmental Science, 2013, 6 (1): 148-156.

[179] WEN Z, ITOH T, ICHIKAWA Y, et al. Blend-based Polymer Electrolytes of Poly (ethylene oxide) and Hyperbranched Poly [bis (triethylene glycol) benzoate] with Terminal Acetyl Groups [J]. Solid State Ionics, 2000, 134 (3-4): 281-289.

[180] ROCCO A M, FONSECA C, PEREIRA R P. A Polymeric Solid Electrolyte Based on a Binary Blend of Poly (ethylene oxide), Poly (methyl Vinyl ether-maleic acid) and $LiClO_4$ [J]. Polymer, 2002, 43 (13): 3601-3609.

[181] PRASANTH R, SHUBHA N, HNG H H, et al. Effect of Poly (ethylene oxide) on Ionic Conductivity and Electrochemical Properties of Poly (vinylidenefluoride) Based Polymer Gel Electrolytes Prepared by Electrospinning for Lithium Ion Batteries [J]. Journal of Power Sources, 2014, 245: 283-291.

[182] SADOWAY D R. Block and Graft Copolymer Electrolytes for High-performance, Solid-state, Lithium Batteries [J]. Journal of Power Sources, 2004, 129 (1): 1-3.

[183] BOUCHET R, MEZIANE R, ABOULAICH A, et al. Single-ion BAB Triblock Copolymers as Highly Efficient Electrolytes for Lithium-metal Batteries [J]. Nature Materials, 2013, 12 (5): 452-457.

[184] 卢青文. 锂二次电池用新型聚合物电解质和负极表面改性的研究 [D]. 上海: 上海交通大学, 2014.

[185] 鲍俊杰. 全固态锂电池用聚氨酯基固态聚合物电解质的制备与性能研究 [D]. 合肥: 中国科学技术大学, 2018.

[186] 何为盛. 新型聚碳酸酯电解质制备及在高性能固态锂电池中的性能研究 [D]. 青岛: 青岛科技大学, 2017.

[187] 赵彦彪. 聚碳酸酯基固态聚合物电解质的结构设计与性能研究 [D]. 哈尔滨: 哈尔滨工业大学, 2020.

[188] OKUMURA T, NISHIMURA S. Lithium Ion Conductive Properties of Aliphatic Polycarbonate [J]. Solid State Ionics, 2014, 267: 68-73.

[189] FENG Y, HAN F, YU X. Chattering Free Full-order Sliding-mode Control [J]. Automatica, 2014, 50 (4): 1310-1314.

[190] ZHAO C, DING F, LI H, et al. Ionic Liquid-modified Poly (propylene carbonate) -Based Electrolyte for All-solid-state Lithium Battery [J]. Ionics, 2020, 26 (11): 5503-5511.

[191] HE T T, JING M X, YANG H, et al. Effects of Gelation Behavior of PPC-based Electrolyte on Electrochemical Performance of Solid State Lithium battery [J]. SN Applied Sciences, 2019, 1 (3): 205.

[192] 刘建生．锂离子电池新型凝胶聚合物电解质的改性研究［D］．广州：华南理工大学，2013.

[193] 彭晓丽．凝胶聚合物电解质及锂离子电池性能研究［D］．成都：电子科技大学，2018.

[194] VIGNAROOBAN K, DISSANAYAKE M A K L, ALBINSSON I, et al. Effect of TiO_2 Nano-filler and EC Plasticizer on Electrical and Thermal Properties of Poly (ethylene oxide) (PEO) based Solid Polymer Electrolytes [J] . Solid State Ionics, 2014, 266: 25-28.

[195] AKASHI H, SEKAI K, TANAKA K I. A Novel Fire-retardant Polyacrylonitrile-Based Gel Electrolyte for Lithium Batteries [J] . Electrochimica Acta, 1998, 43 (10) : 1193-1197.

[196] JAYATHILAKA P, DISSANAYAKE M, ALBINSSON I, et al. Dielectric Relaxation, Ionic Conductivity and Thermal Studies of the Gel Polymer Electrolyte System PAN/EC/PC/LiTFSI [J] . Solid State Ionics, 2003, 156 (1-2) : 179-195.

[197] VERDIER N, LEPAGE D, ZIDANI R, et al. Cross-Linked Polyacrylonitrile-Based Elastomer used as Gel Polymer Electrolyte in Li-Ion Battery [J] . ACS Applied Energy Materials, 2019, 3 (1) : 1099-1110.

[198] RAGHAVAN P, MANUEL J, ZHAO X, et al. Preparation and Electrochemical Characterization of Gel Polymer Electrolyte based on Electrospun Polyacrylonitrile Nonwoven Membranes for Lithium Batteries [J] . Journal of Power Sources, 2011, 196 (16) : 6742-6749.

[199] NICOTERA I, COPPOLA L, OLIVIERO C, et al. Rheological Properties and Impedance Spectroscopy of PMMA-PVdF Blend and PMMA Gel Polymer Electrolytes for Advanced Lithium Batteries [J] . Ionics, 2005, 11 (1) : 87-94.

[200] SHARMA R, SIL A, RAY S. Effect of Carbon Nanotube Dispersion on Electrochemical and Mechanical Characteristics of Poly (methyl methacrylate) -based Gel Polymer Electrolytes [J] . Polymer Composites, 2016, 37 (6) : 1936-1944.

[201] LIAO Y H, ZHOU D Y, RAO M M, et al. Self-supported Poly (methyl methacrylate-acrylonitrile-vinyl acetate) -based Gel Electrolyte for Lithium Ion Battery [J] . Journal of Power Sources, 2009, 189 (1) : 139-144.

[202] SHARMA J, SEKHON S. Nanodispersed Polymer Gel Electrolytes: Conductivity Modification with the Addition of PMMA and Fumed Silica [J] . Solid State Ionics, 2007, 178 (5-6) : 439-445.

[203] AHMAD S, SAXENA T K, AHMAD S, et al. The Effect of Nanosized TiO_2 Addition on Poly (methylmethacrylate) Based Polymer Electrolytes [J] . Journal of Power Sources, 2006, 159 (1) : 205-209.

[204] CAPIGLIA C, SAITO Y, KATAOKA H, et al. Structure and Transport Properties of Polymer Gel Electrolytes Based on PVdF-HFP and LiN ($C_2F_5SO_2$) $_2$ [J] . Solid State Ionics, 2000, 131 (3-4) : 291-299.

[205] LI W, XING Y, XING X, et al. PVDF-based Composite Microporous Gel Polymer Electrolytes Containing a Novel Single Ionic Conductor SiO_2 (Li^+) [J] . Electrochimica Acta, 2013, 112: 183-190.

[206] RAGHAVAN P, ZHAO X, KIM J K, et al. Ionic Conductivity and Electrochemical Properties of Nanocomposite Polymer Electrolytes Based on Electrospun Poly (vinylidene fluor-

ide-co-hexafluoropropylene) with Nano-sized Ceramic Fillers [J]. Electrochimica Acta, 2008, 54(2): 228-234.

[207] KIM J K, CHERUVALLY G, LI X, et al. Preparation and Electrochemical Characterization of Electrospun, Microporous Membrane-based Composite Polymer Electrolytes for Lithium Batteries [J]. Journal of Power Sources, 2008, 178(2): 815-820.

[208] KNAUTH P. Inorganic Solid Li Ion Conductors: An Overview [J]. Solid State Ionics, 2009, 180(14-16): 911-916.

[209] MEI A, WANG X, FENG Y, et al. Enhanced Ionic Transport in Lithium Lanthanum Titanium Oxide Solid State Electrolyte by Introducing Silica [J]. Solid State Ionics, 2008, 179(39): 2255-2259.

[210] ZHANG Y, MENG Z, WANG Y. Sr Doped Amorphous LLTO as Solid Electrolyte Material [J]. Journal of The Electrochemical Society, 2020, 167(8): 080516.

[211] KASPER H M. Series of Rare Earth Garnets $Ln_3^{3+}M_2Li_3^{+}O_{12}$ (M = Te, W) [J]. Inorganic Chemistry, 1969, 8(4): 1000-1002.

[212] CUSSEN E J. The Structure of Lithium Garnets: Cation Disorder and Clustering in a New Family of Fast Li^+ Conductors [J]. Chemical Communications, 2006(4): 412-413.

[213] THANGADURAI V, PINZARU D, NARAYANAN S, et al. Fast Solid-State Li Ion Conducting Garnet-Type Structure Metal Oxides for Energy Storage [J]. The Journal of Physical-ChemistryLetters, 2015, 6(2): 292-299.

[214] MURUGAN R, THANGADURAI V, WEPPNER W. Fast Lithium Ion Conduction in Garnet-Type $Li_7La_3Zr_2O_{12}$ [J]. Angewandte Chemie International Edition, 2007, 46(41): 7778-7781.

[215] GRISSA R, PAYANDEH S, HEINZ M, et al. Impact of Protonation on the Electrochemical Performance of $Li_7La_3Zr_2O_{12}$ Garnets [J]. ACS Applied Materials & Interfaces, 2021, 13(12): 14713-14722.

[216] CHEN L, LI Y, LI S P, et al. PEO/garnet Composite Electrolytes for Solid-state Lithium Batteries: From "ceramic-in-polymer" to "polymer-in-ceramic" [J]. Nano Energy, 2018, 46: 176-184.

[217] ZHENG J, HU Y Y. New Insights into the Compositional Dependence of Li-ion Transport in Polymer-ceramic Composite Electrolytes [J]. ACS Applied Materials & Interfaces, 2018, 10(4): 4113-4120.

[218] TATSUMISAGO M, HAYASHI A. Sulfide Glass-Ceramic Electrolytes for All-Solid-State Lithium and Sodium Batteries [J]. International Journal of Applied Glass Science, 2014, 5(3): 226-235.

[219] OHTA N, TAKADA K, ZHANG L, et al. Enhancement of the High-Rate Capability of Solid-State Lithium Batteries by Nanoscale Interfacial Modification [J]. Advanced Materials, 2006, 18(17): 2226-2229.

[220] SHIN B R, NAM Y J, OH D Y, et al. Comparative Study of TiS_2/Li-In All-Solid-State Lithium Batteries Using Glass-Ceramic Li_3PS_4 and $Li_{10}GeP_2S_{12}$ Solid Electrolytes [J]. Electro-

chimica Acta, 2014, 146: 395-402.

[221] HAYASHI A, YAMASHITA H, TATSUMISAGO M, et al. Characterization of Li_2S-SiS_2-Li_xMO_y (M = Si, P, Ge) Amorphous Solid Electrolytes Prepared by Melt-Quenching and Mechanical Milling [J] . Solid State Ionics, 2002, 148 (3-4): 381-389.

[222] 李静 . 高性能固态电解质的制备及其在全固态电池中的应用研究 [D] . 哈尔滨：哈尔滨工业大学, 2020.

[223] MIZUNO F, HAYASHI A, TADANAGA K, et al. New, Highly Ion-Conductive Crystals Precipitated from Li_2S-P_2S_5 Glasses [J] . Advanced Materials, 2005, 17 (7): 918-921.

[224] WENZEL S, RANDAU S, LEICHTWEI T, et al. Direct Observation of the Interfacial Instability of the Fast Ionic Conductor $Li_{10}GeP_2S_{12}$ at the Lithium Metal Anode [J] . Chemistry of Materials, 2016, 28 (7): 2400-2407.

[225] YANG M, HOU J. Membranes in Lithium Ion Batteries [J] . Membranes, 2012, 2 (3): 367-383.

[226] KIM J Y, LEE Y, LIM D Y. Plasma-modified Polyethylene Membrane as a Separator for Lithium-ion Polymer Battery [J] . Electrochimica Acta, 2009, 54 (14): 3714-3719.

[227] RYOU M H, LEE Y M, PARK J K, et al. Mussel-Inspired Polydopamine-Treated Polyethylene Separators for High-Power Li-Ion Batteries [J] . Advanced Materials, 2011, 23 (27): 3066-3070.

[228] CHERUVALLY G, KIM J K, CHOI J W, et al. Electrospun Polymer Membrane Activated with Room Temperature Ionic Liquid: Novel Polymer Electrolytes for Lithium Batteries [J] . Journal of Power Sources, 2007, 172 (2): 863-869.

[229] 张鹏，石川，杨娉婷，等 . 功能性隔膜材料的研究进展 [J] . 科学通报，2013, 58 (31): 3124-3131.

[230] 肖伟，巩亚群，王红，等 . 锂离子电池隔膜技术进展 [J] . 储能科学与技术，2016, 5 (02): 188-196.

[231] CHOI Y, KIM J I, MOON J, et al. Electron Beam Induced Strong Organic/inorganic Grafting for Thermally Stable Lithium-ion Battery Separators [J] . Applied Surface Science, 2018, 444: 339-344.

[232] SHIN S C, KIM J, MODIGUNTA J K R, et al. Bio-mimicking Organic-Inorganic Hybrid Ladder-like Polysilsesquioxanes as a Surface Modifier for Polyethylene Separator in Lithium-ion Batteries [J] . Journal of Membrane Science, 2021, 620: 118886.

[233] XUE C, JIN D, NAN H, et al. A Novel Polymer-modified Separator for High-Performance Lithium-ion Batteries [J] . Journal of Power Sources, 2020, 449: 227548.

[234] HUANG Q, ZHAO C, LI X. Enhanced Electrolyte Retention Capability of Separator for Lithium-ion Battery Constructed by Decorating ZIF-67 on Bacterial Cellulose Nanofiber [J] . Cellulose, 2021, 28: 3097-3112.

[235] ZHU G, JING X, CHEN D, et al. Novel Composite Separator for High Power Density Lithium-ion Battery [J] . International Journal of Hydrogen Energy, 2020, 45 (4): 2917-2924.

[236] MENG F, GAO J, ZHANG M, et al. Enhanced Safety Performance of Automotive Lithium-

Ion Batteries with Al_2O_3-Coated Non-Woven Separator [J]. Batteries & Supercaps, 2021, 4 (1): 146-151.

[237] ZHANG H, SHENG L, BAI Y, et al. Amino-Functionalized Al_2O_3 Particles Coating Separator with Excellent Lithium-Ion Transport Properties for High-Power Density Lithium-Ion Batteries [J]. Advanced Engineering Materials, 2020, 22 (11), 1901545.

[238] CHO T-H, TANAKA M, OHNISHI H, et al. Composite Nonwoven Separator for Lithium-ion Battery: Development and Characterization [J]. Journal of Power Sources, 2010, 195 (13): 4272-4277.

[239] XU R, SHENG L, GONG H, et al. High-Performance Al_2O_3/PAALi Composite Separator Prepared by Water-Based Slurry for High-Power Density Lithium-Based Battery [J]. Advanced Engineering Materials, 2020, 23 (3), 2001009.

[240] LI D, WANG H, LUO L, et al. Electrospun Separator Based on Sulfonated Polyoxadiazole with Outstanding Thermal Stability and Electrochemical Properties for Lithium-Ion Batteries [J]. Acs Applied Energy Materials, 2021, 4 (1): 879-887.

[241] WEI Z, GU J, ZHANG F, et al. Core-Shell Structured Nanofibers for Lithium Ion Battery Separator with Wide Shutdown Temperature Window and Stable Electrochemical Performance [J]. Acs Applied Polymer Materials, 2020, 2 (5): 1989-1996.

[242] ZHAO H, KANG W, DENG N, et al. A Fresh Hierarchical-structure Gel Poly-m-phenyleneisophthalamide Nanofiber Separator Assisted by Electronegative Nanoclay-filler towards High-performance and Advanced-safety Lithium-ion Battery [J]. Chemical Engineering Journal, 2020, 384: 123312.

第5章 水系二次电池材料

5.1 水系二次电池发展现状

以水溶液为电解液的二次充电电池叫作水系电池。与有机体系的金属二次电池相比，水系电池具有安全环保、成本低廉、组装工艺简便、电池循环稳定性及倍率性能优异等特点，在大型储能领域具有广泛的应用前景。

1986年日本科学家 Yamamoto 首次开发出 $Zn/ZnSO_4/MnO_2$ 电池体系，这种以中性或弱酸性水溶液为电解液的水系锌锰电池（即水系锌离子电池，简称为 AZIBs）具有能量密度高、电化学窗口宽和离子电导率高等优点，是碱性锌锰电池最有潜力的替代者。1994年，加拿大达尔豪斯大学 Jeff R. Dahn 教授课题组在 *Science* 上首次报道了一种以水溶液为电解液的水系锂离子电池。正极采用 $LiMn_2O_4$，负极采用 VO_2，电解质溶液为中性的 Li_2SO_4 溶液，其平均工作电压为1.5V，比能量为75Wh/kg，实际应用中这种电池的比能量接近40Wh/kg，大于铅酸电池（30Wh/kg），与 Ni-Cd 电池相当。2000年，日本 Toki 小组以 LiV_3O_8 为负极、$LiNi_{0.81}Co_{0.19}O_2$ 为正极、Li_2SO_4 为电解质溶液研究了水系锂离子电池。2006年，中国科学院北京物理所陈立泉院士课题组研究了新型的负极材料，报道了（－）TiP_2O_7 或 $LiTi_2(PO_4)_3/LiNO_3/LiMn_2O_4$（＋）水系锂离子电池。2007年，复旦大学吴宇平教授课题组和夏永姚教授课题组分别研究了（－）$LiV_3O_8/LiNO_3/LiCoO_2$（＋）、（－）$LiTi_2(PO_4)_3$@$C/Li_2SO_4/LiMn_2O_4$（＋）水系锂离子电池体系。2009年，清华大学康飞宇教授团队再一次深入研究了 AZIBs；2012年，加拿大滑铁卢大学陈璞院士课题组首次报道了以氯化锌＋氯化锂为混合电解液、$LiMn_2O_4$ 为正极、锌为负极的混合水系电池（简称为 ReHAB）。随后，各种体系的水系电池相继被报道并进行了深入研究，本章重点介绍中性或弱酸性电解液条件下的水系电池及其关键材料。

根据正负极电化学反应机理，目前研究较多的中性或弱酸性条件下的水系电池主要有四种：①水系锂离子电池，如 $LiMn_2O_4/LiTi_2(PO_4)_3$、$LiNi_{1/3}Co_{1/3}Mn_{1/3}O_2/LiV_3O_8$ 等。即充放电过程中，锂离子在正负极之间发生可逆脱嵌，即“水系摇椅式锂离子电池”。②水系钠离子电池。如 $Na_{0.44}MnO_2/NaTi_2(PO_4)_3$、$Na_3V_2(PO_4)_3/NaTi_2(PO_4)_3$ 等。即充放电过程中，钠离子在正负极之间发生可逆脱嵌，即“水系摇椅式钠离子电池”。③混合水系电池，如 $LiMn_2O_4/Zn$、$Na_{0.44}MnO_2/Zn$、$LiMn_2O_4/Na_{0.22}MnO_2$ 等。即以多种混合盐作为电解质，正负极之间发生不同金属离子的嵌入与脱出或负极发生沉积与溶解反应。④水系锌离子电池，如 MnO_2/Zn、$ZnMn_2O_4/Zn$ 等。即负极为金属锌或正负极多数为嵌锌化合物的电池体系。

水系可充电电池目前面临着一系列挑战，在水溶液电解液体系中，离子嵌入型化合物的化学与电化学过程比在有机电解液中复杂得多，会发生诸多副反应，如电极材料与水或氧的副反应、质子与金属离子的共嵌问题、析氢/析氧反应、电极材料在水中的溶解等。这些问题在很大程度上都制约了水系电池的发展与应用。

(1) 电极材料与 H_2O 或 O_2 之间的副反应

以水系锂离子电池为例，当材料相对于 Li^+/Li 大于 3.3V 时基本上是稳定的。作为水系锂离子电池负极时，锂离子的嵌入电位相对于 Li^+/Li 来说一般低于 3.3V。图 5.1 为常见嵌锂化合物的电极电势以及在不同 pH 值水溶液中的稳定电位区间。

由此，体系中存在的 H_2O 和 O_2 可能会氧化完全嵌锂的负极材料，特别是，在空气中组装的水系锂离子电池。相应地，可能会发生以下的反应：

$$\text{Li(嵌入)} + \frac{1}{4}O_2 + \frac{1}{2}H_2O \rightleftharpoons Li^+ + OH^- \tag{5.1}$$

有氧气存在时，不管电解液的 pH 为多少，没有任何材料可以用作水系锂离子电池负极材料。水系锂离子电池负极材料的嵌入电位相对 Li^+/Li 一般低于 3.0V，而平衡电压在 pH 为 7 和 13 时为 3.85V 和 3.50V。这意味着，理论上所有负极材料在还原状态时可被 O_2 和 H_2O 氧化，而不发生电化学氧化还原过程。因此，除氧对水系锂离子电池是非常必要的。

(2) 质子与金属离子共嵌入反应

正极材料在水中一般都是稳定的。然而，由于质子（即 H^+）的半径比一般金属离子的小，在水溶液中质子可能与其他金属离子同时嵌入到电极材

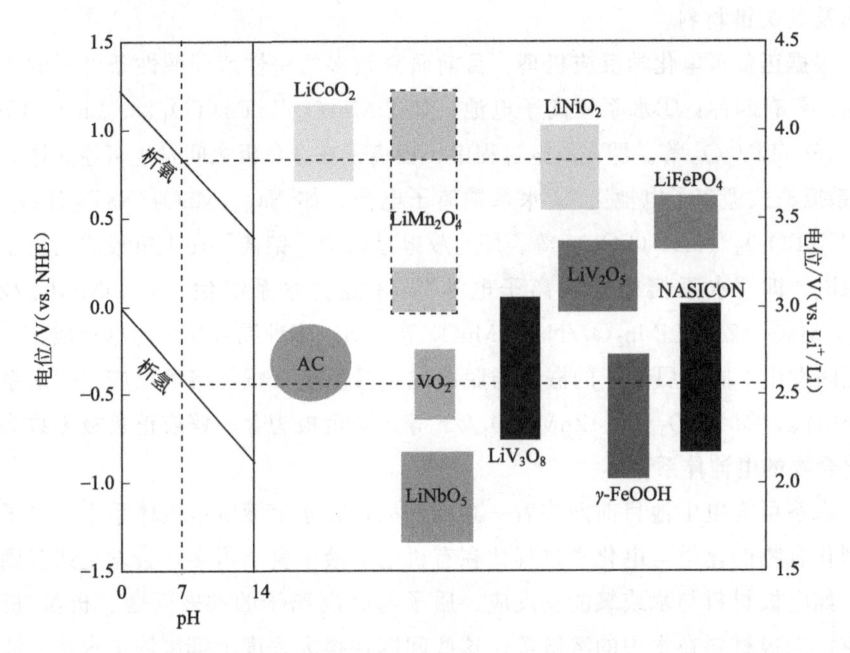

图 5.1 常见嵌锂化合物的电极电势以及在不同 pH 值水溶液中的稳定电位区间

料中。另外，质子的嵌入跟晶体结构及溶液的 pH 有很大关系，尖晶石 $Li_{1-x}Mn_2O_4$ 和橄榄石 $Li_{1-x}FePO_4$ 不会发生质子共嵌，而脱锂的层状 $Li_{1-x}CoO_2$、$Li_{1-x}Ni_{1/3}Mn_{1/3}Co_{1/3}O_2$ 等在 pH 小的电解液中深度脱锂的情况下，晶格中会出现一定浓度的质子。这个问题可以通过调节溶液的 pH 来控制质子嵌入的电位。

(3) 析氢/析氧反应

从热力学角度来说，水的电化学稳定窗口为 1.23V，考虑到动力学因素的影响，电化学窗口可能扩大到 2V。例如，铅酸电池的输出电压为 2.0V，析氢/析氧反应在水溶液中是一个需要考虑的重要因素，因为在电解液分解之前，电极材料的容量应该尽可能得到最大程度的利用。然后，考虑到正负极材料本身的嵌入电位，在全充电过程中，析氢/析氧副反应不可避免地要发生，特别是，析氢/析氧反应有可能改变电极附近的 pH，影响活性物质的稳定性。众所周知，水分解产生的是气体产物（O_2 或 H_2），不能在活性材料的表面形成任何保护层。因此非常有必要控制正负极材料的工作电位（充电深度）。此外，采用水溶液添加剂也可以减少析氢/析氧反应带来的负面影响。

(4) 电极材料在水中的溶解

某些电极材料易溶于水，很大程度上限制了水系电池的循环稳定性。值得注意的是，溶解跟比表面积也有很大关系，例如，在低温条件下制备的 VO_2、LiV_3O_8、LiV_2O_5 等通常具有相对较大的比表面积，所以在水溶液中往往具有较强的溶解性。因此，电极材料应尽可能选择比表面积小的材料。另一方面，全包覆技术也可以用来提高电极材料在水溶液中的稳定性。

5.2 水系锂离子电池材料

5.2.1 水系锂离子电池正极材料

尖晶石型锰酸锂、层状氧化物钴酸锂以及聚阴离子型磷酸铁锂是目前常见的三种水系锂离子电池正极材料，第 4 章对其结构已进行过详细介绍，在此不做赘述。

(1) 尖晶石型正极材料

$LiMn_2O_4$ 是立方尖晶石结构，其锂离子嵌锂电位比较高，理论比容量高达 148mAh/g，锰的来源广泛，价格便宜，污染小，已成为目前研究得最为广泛的水系锂离子电池正极材料。加拿大 Jeff R. Dahn 教授于 1994 年首次报道尖晶石型 $LiMn_2O_4$ 可用作水系锂离子电池正极材料。随后，Martin 课题组研究了纳米管状 $LiMn_2O_4$ 在 $LiNO_3$ 溶液中的电化学性能，发现随着管壁厚度的降低，其倍率能力提高，最薄管壁的 $LiMn_2O_4$ 最高倍率可达 109C。另外，有研究表明，$LiMn_2O_4$ 薄膜在水溶液中是稳定的，锂离子穿过该界面其离子传输所需要的活化能大概为 23～25kJ/mol，比在碳酸丙烯酯中的活化能低(50kJ/mol)，可以实现锂离子在水溶液中快速的界面传输。Wang 等人通过研究 $LiMn_2O_4$ 在不同 pH 下水溶液中的电化学性能，发现其性能和有机电解液体系中的性能类似；而 Tian 等人也发现在不同浓度的 $LiNO_3$ 中，$LiMn_2O_4$ 在 5mol/L $LiNO_3$ 水溶液中比容量、倍率及循环稳定性表现最好。

(2) 层状正极材料

锂钴氧 $LiCoO_2$ 是 α-$NaFeO_2$ 型层状结构，空间群为 $R3m$。晶体结构如图 5.2所示。这种材料具有锂离子电导率高的优点，锂离子扩散系数为 10^{-9}～$10^{-7}m^2s^{-1}$，电子电导率也比较高，其理论比容量高达 270mAh/g。

美国 Stanford 大学研究了 $LiCoO_2$ 在 $LiNO_3$ 溶液中的电化学行为。研究发现 $LiCoO_2$ 在不同浓度的 $LiNO_3$ 溶液中均能发生锂离子的脱嵌反应，循环伏安曲线表明氧化还原反应的可逆性非常好。充放电测试发现该水系锂离子电池的首次放电比容量大于 100mAh/g（电流密度为 1C），90 次循环后的容量保

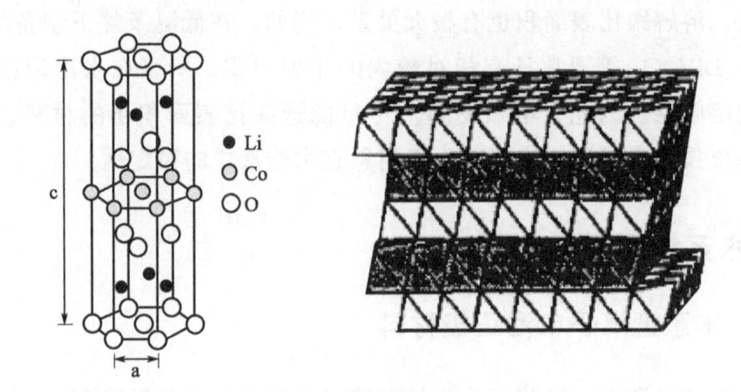

图 5.2 层状 $LiCoO_2$

持率为 90%。不过，在充放电循环过程中，$LiCoO_2$ 结构中八面体位置层产生缺陷，部分八面体结构转变为不适合作为电极材料的尖晶石型四面体结构。因此 $LiCoO_2$ 循环寿命还有待进一步提高。

$LiCoO_2$ 的电化学稳定性与 H^+ 的浓度有很大关系。当 pH 值小于 9 时，$LiCoO_2$ 是电化学不稳定的；当 pH 值大于 11 时则变得稳定。而锂离子的浓度也会影响锂离子与质子共嵌的竞争反应，研究发现：$LiCoO_2$ 在 pH 值为 7 的 5mol/L $LiNO_3$ 溶液中具有良好的循环寿命。第一性原理计算表明：嵌入的 H^+ 并没有占据 O 八面体的中心空位，而是和 O 形成了 O—H 键。换言之，嵌入的 H^+ 更倾向于待在空位附近的位置，不能可逆地脱出。这些嵌入的 H^+ 明显阻碍了 Li^+ 的扩散，并导致 $LiCoO_2$ 放电终止电压的降低。在少量质子嵌入的情况下，$LiCoO_2$ 的锂离子嵌入/脱出行为并不会受到明显的影响。然而，在反复的充放电过程中，越来越多的 H^+ 会嵌入进去，在很大程度上限制锂离子的扩散，从而导致了容量衰减。质子嵌入不仅取决于 pH 值，与晶体结构也有很大的关系。质子化作用在层状化合物中最易发生，如 Li_2MnO_3 和 $LiCoO_2$，而在尖晶石型 $LiMn_2O_4$ 和 LiV_3O_8 中不容易发生；由于会出现 Fe 和P 聚阴离子的大量错位，橄榄石型 $LiFePO_4$ 中则最不易发生。与层状 $LiCoO_2$ 相似，$LiNi_{1/3}Co_{1/3}Mn_{1/3}O_2$ 在水溶液中的电化学性能与 pH 也有很大的关系。

(3) 聚阴离子型正极材料

$LiFePO_4$ 为橄榄石型结构，其优势较明显，如具有较大的理论比容量 170mAh/g。2006 年，Manicham 等人首次报道 $LiFePO_4$ 在饱和 LiOH 水溶液中的电化学行为。然而，由于在碱性溶液中形成了 $LiFePO_4$ 和 Fe_2O_3 的混合物，$LiFePO_4$ 的氧化还原反应是不完全可逆的。而 $LiFePO_4$ 薄膜在 1mol/L $LiNO_3$ 溶液中却表现出与非水电解液相同的电化学行为，且在 1mol/L $LiNO_3$ 溶液中界面阻抗减小，有利于提高 $LiFePO_4$ 薄膜的利用率。复旦大学夏永姚教授课题组采用传统的高温固相法制备了 $LiFePO_4$，研究表明，$LiFePO_4$ 在水溶液中具有更好的倍率性能和更高的比容量。通过化学气相沉积法进行碳包覆后，$LiFePO_4$ 的循环稳定性得到了很大的改善。另外，也有研究表明：CeO_2 修饰后，$LiFePO_4$ 导电能力、氧化还原反应的可逆性和 DLi^+ 都有所提高。

(4) 其他正极材料

其他用于水系锂离子电池正极材料的有 $LiMnPO_4$、MnO_2、$Na_{1.16}V_3O_8$、普鲁士蓝类似物等。总之，水系锂离子电池的正极材料必须要能反复地进行锂脱出和嵌入，并且，脱锂和嵌锂电压要低于氧气析出电压，以确保水系电解液稳定。另外，要提高能量密度，增加锂的脱出和嵌入电压同样重要。为了改善电池的循环性能，通过掺杂或包覆修饰正极，并改变电解液种类，改善电极/电解液界面的稳定性，可以改善正极材料的综合性能。

5.2.2 水系锂离子电池负极材料

目前，对水系锂离子电池负极的研究主要集中在钒氧化物、钒酸盐、磷酸盐和一些新型的材料。水系锂离子电池中钒的氧化物主要为二氧化钒等，磷酸盐主要为磷酸钛锂，钒酸盐主要为钒酸锂。

VO_2 作为水系锂离子电池负极材料，首次被 Jeff R. Dahn 研究组报道。但 V 的溶解使其容量迅速衰减，进一步研究发现，降低溶液的 pH 值，VO_2 的容量有所提高，这可能是由于抑制了 VO_2 在电解液中的溶解。通过设计合成规整的 C/VO_2 核壳结构，可以避免 VO_2 在循环过程中的溶解，进而提高循环稳定性。

LiV_3O_8 同样也可以用作水系锂离子电池的负极材料，而不引起水的分解。然而，与 VO_2 类似，由于 V 的溶解，导致电解液的颜色变黄，LiV_3O_8 的容量衰减也很快。LiV_3O_8 为单斜晶系，属层状结构，$P2_1/m$ 空间群，它的晶胞参数为：$a=0.668$nm，$b=0.360$nm，$c=1.203$nm，$\beta=107.83°$。其结构可以认为是由 V 原子和 O 原子结合而组成的扭转变形的三角双锥 VO_5 和八面体 VO_6，八面体和三角双锥共用边角构成 $[V_3O_8]^-$。每两个 $[V_3O_8]^-$ 之间形成层间空位，层与层通过 Li^+ 相连构成层状结构，八面体层间空隙的

Li^+（如图 5.3 所示 Li2 位置的 Li^+）起着支撑整体结构的作用，该位置的能垒较高，故锂离子不能轻易脱出，以保证结构的稳定性。而四面体的层间空位则嵌入过量的 Li^+，该部位的锂离子可进行自由的嵌入和脱出，起到平衡电荷的作用。八面体层间空位的锂离子不会阻碍四面体层间空位的锂离子向其他位置迁移，而且层间距越大对锂离子扩散越有帮助。研究发现，锂离子在 LiV_3O_8 中扩散系数约为 $10^{-14}\sim10^{-12}cm^2\cdot s^{-1}$。从理论上来说，每摩尔的 LiV_3O_8 可以嵌入和脱嵌 3mol 以上的锂离子，其理论比容量可达 300mA・h/g 以上。由此可知，该材料具有结构稳定、充放电速率快、比容量高、可逆性好、使用寿命长等诸多优点。

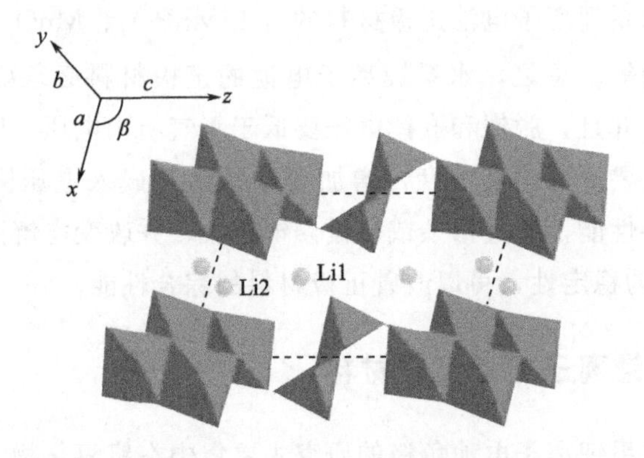

图 5.3　LiV_3O_8 的晶体结构

以 LiV_3O_8 为水系锂离子电池负极材料，电池工作时，锂离子在 LiV_3O_8 中进行可逆脱出和嵌入，其电极反应表达式如下：

$$LiV_3O_8+xLi^++xe^-\xrightarrow{充电}Li_{1+x}V_3O_8(x<1.5) \tag{5.2}$$

$$Li_{1+x}V_3O_8\xrightarrow{放电}LiV_3O_8+xLi^++xe^-\ (x<1.5) \tag{5.3}$$

据文献可知，$Li_{1+x}V_3O_8$ 在 $0<x<(1.5\sim2.0)$ 时，Li^+ 扩散速率约为 $10^{-8}cm^2\cdot s^{-1}$，反应时为单相的 LiV_3O_8，电压范围在 2.65～3.7V；当 $2<x<3$ 时，有 LiV_3O_8 和 $Li_4V_3O_8$ 两相同时存在，电压约为 2.6V，此时局部结构发生变化，出现了不可逆相；当 $3<x<4$ 时，反应为 $Li_4V_3O_8$ 单相，电压范围为 2～2.5V；当 $x>1.5$ 时，即有 $Li_4V_3O_8$ 形成后，Li^+ 扩散速率受温度影响较大，温度从 5℃升至 45℃，Li^+ 扩散速率从 $10^{-11}cm^2\cdot s^{-1}$ 提高到 $10^{-9}cm^2\cdot s^{-1}$；在嵌锂过程中，由于 3 个 V 所处位置的差异性，被还原的程度也有差别，+3、+4、+5 价的 V 共存，同时氧原子轨道上的电子也参与电子转移，$Li_{1+x}V_3O_8$ 的初始容量的大小以及充放电过程中容量的衰减，一定程度上由材料的粒径大小、颗粒团聚等因素决定。G. J. Wang 等研究了水系电解液中 LiV_3O_8 材料在饱和 $LiNO_3$ 溶液中的电化学性能，其电化学嵌入脱出的步骤和有机电解液中类似。

此外，钛系聚阴离子化合物作为水系锂离子电池负极材料也受到广泛关注。研究表明，焦磷酸盐 TiP_2O_7 和 NASICON 型 $LiTi_2(PO_4)_3$ 在 5mol/L $LiNO_3$ 溶液中析氢峰电位分别低于−0.6V 和−0.7V，析氢峰电位的偏移证明它们能够在水的稳定电位区间中应用。尤其是 $LiTi_2(PO_4)_3$，在水溶液中相对较稳定，是一个很有优势的水系锂电池负极材料。

具有典型 NASICON 结构的 $LiTi_2(PO_4)_3$ 属于 $R3C$ 六方空间群，Ti 和P 在结构中分别占据氧的不同位置，形成八面体 TiO_6 及四面体 PO_4。$LiTi_2(PO_4)_3$ 是由 TiO_6 和 PO_4 利用共用氧原子而形成的 $[Ti_2(PO_4)_3]^-$ 构建成的，两种 Li 间隙位存在于 $LiTi_2(PO_4)_3$ 三维刚性骨架 $[Ti_2(PO_4)_3]^-$ 内，在 $LiTi_2(PO_4)_3$ 结构中，Li^+ 的传递途径是在这两个 Li^+ 所在的不同位置之间进行的。因为中心原子之间重叠部分较小，导致电子传导能力不足。但 Li^+ 嵌入的空间大，而且彼此之间采用三维空间结构相连，进而具有高的离子电导率。这种结构决定了聚阴离子 $LiTi_2(PO_4)_3$ 材料具有相对高的电化学稳定性。

目前，改善 $LiTi_2(PO_4)_3$ 电性能的基本思路是提高电子电导率和离子电导率。$LiTi_2(PO_4)_3$ 材料本身电子导电性差、电位较低，易与空气中的氧反应，甚至被水氧化。因此，通常采用碳包覆的途径，提高其导电性和稳定性。Liu 等采用高温固相法合成的 $LiTi_2(PO_4)_3$ 与乙炔黑球磨包覆制成电极，以饱和的 Li_2SO_4 水溶液为电解液，电极的首次放电比容量为 87mAh/g，随着循环次数的增加衰减严重。Luo 等以聚乙烯醇水溶液为分散介质，加热搅拌除水，在惰性气氛中高温碳化裂解，制得碳含量 3%的碳包覆 $LiTi_2(PO_4)_3$ 材料，在 1M Li_2SO_4 水溶液中，6C 倍率下充放电循环 1000 圈，容量保持率在 90%以上；小电流下循环充放电 50 圈，容量保持率为 85%。这说明 $LiTi_2(PO_4)_3$ 电极表面良好的碳包覆层使其循环稳定性改善显著。C. Wessells 等通过 Pechini 方法制备纳米 $LiTi_2(PO_4)_3$，再与溶于乙二醇的葡萄糖混合，在 N_2 保护下高温碳化制得碳包覆量为 4%的材料，在 2M Li_2SO_4 水溶液中 0.5C 下充放电 100 个循环，比容量损失仅有 11%。因此包覆碳对负极材料 $LiTi_2(PO_4)_3$ 性能具有决定性影响，而碳源分散的均匀程度则是制约碳包覆效果的关键因素。另一个有效改善 $LiTi_2(PO_4)_3$ 电导率的方式是掺杂微量的具有导电性能的金属元素。金属离子能够使 $LiTi_2(PO_4)_3$ 结构中的部分空位被 Li^+ 填充，因为其具有导电的作用，离子之间的导电能力得以显著提升。Kazakevicius E 等人

用 La_2O_3 对 $LiTi_2(PO_4)_3$ 进行修饰改性，成功地制备出 $Li_{1.3}La_{0.3}Ti_{1.7}(PO_4)_3$。Aono 等人用离子半径小的三价铝离子对 $LiTi_2(PO_4)_3$ 进行掺杂改性后，发现 Li^+ 的传导速率明显改善，主要是由于掺杂改性提高了产物的致密度，使颗粒边界的 Li^+ 浓度提高导致的。H Aono 等人用 Zr^{4+} 取代 Ti^{4+} 后，测试表明电导率得到了显著提升，这是由于 $LiZr_xTi_{2-x}(PO_4)_3$ 具有较为合适的锂离子迁移通道。Tarascon 等在改善电子电导率方面已经进行了深入的理论分析，进一步证明减小颗粒尺寸可以缩短锂离子迁移路径，增加电子电导率。$LiTi_2(PO_4)_3$ 颗粒的粒径大小是影响锂离子电池比容量的重要因素；颗粒越小会使 Li^+ 扩散的路径变得越短，就会易于 Li^+ 的脱嵌，反之就困难。所以采用改变合成方法和机械球磨加以控制颗粒的尺寸以及材料表面碳包覆，是提高 $LiTi_2(PO_4)_3$ 材料电化学性能的主要环节。

总之，$LiTi_2(PO_4)_3$ 作为水系锂离子电池负极材料，以下三个关键问题急需克服：①在充放电时颗粒的粉化现象导致其性能差；②反应时会引起体积的膨胀变化；③电子电导率低。科研人员作了许多尝试和使用多种方法去解决这些问题，在众多改性修饰技术当中，碳包覆 $LiTi_2(PO_4)_3$ 颗粒形成的复合电极材料及纳米化 $LiTi_2(PO_4)_3$ 被看作是简单实用有效的手段，而且成本很低。包覆的碳不但能够提高电导率，而且起到缓解电极材料体积变化的作用。纳米化的 $LiTi_2(PO_4)_3$ 颗粒能够缩短 Li^+ 的传递路径，减小电极材料的内阻、增加比容量。

对于新型负极材料，D. Levi 等证明了 Mo_6S_8 在 Li_2SO_4 溶液中进行反应，是具有优异倍率性能的负极材料。实验证明 Mo_6S_8 可以嵌入 4 个 Li^+（即可以失去 4 个电子），第二和第三个锂离子的嵌入在同一电压下。缓慢的恒电流循环，失去一个电子的反应，比容量保持在 32.1mAh/g，与锰酸锂组成电池，电压高达 1.5V；第二、三电子的充放电电压达到 1.85V，在高的倍率 60C 下，首次电池比容量为 74.7mAh/g，充放电效率为 90%，快速充放电效率超高。

$PbSO_4$ 也可用于水系锂离子电池负极材料，因为其在中性的水溶液中具有良好的可逆电化学过程。在 0.6V/－0.36V(vs. SCE) 处具有氧化还原峰，这与 $PbSO_4/Pb$ 在 Li_2SO_4 水溶液中的氧化还原反应息息相关。其他金属如 Fe、Co、Ni 和 Cu 等在理论上也可以作为水系锂离子电池负极材料。

5.3 水系钠离子电池材料

目前，水系钠离子电池的研究尚处于起步阶段，所面临的材料选择和应用问题十分复杂。同其他所有水系电池一样，水系钠离子电池的反应热力学性质受到水分解反应的严重影响。水的热力学电化学窗口为1.23V，即使考虑到动力学因素，水系钠离子电池的电压也不可能高于1.5V。另外，为了防止氢、氧析出等副反应的干扰，正极嵌钠反应的电势应低于水的析氧电势，而负极嵌钠反应的电势应高于水的析氢电势，因此，许多高电势的储钠正极材料、低电势的储钠负极（如Sn、Sb、P及其合金化合物）则不适合用作水系钠离子电池体系。

由于钠离子半径（0.102nm）比锂离子（0.068nm）大得多，导致嵌钠反应异常困难，活性材料的电化学利用率相对较低。同时，体积较大的钠离子在嵌入过程中易导致主体晶格的较大形变，造成晶体结构坍塌，影响电极材料的循环稳定性。另外，许多钠盐化合物在水中的溶解度较大，或遇水易分解，进一步限制了水溶液储钠材料的选择。在水系钠离子中，正极材料的氧化还原电位应低于所用水系电解液析氧电位，避免电解液中的水发生分解。还要考虑在相应电解液中的稳定性，不能出现溶解、质子共嵌入等现象，减少副反应的发生，使材料具有良好的循环稳定性。研究较多的正极材料主要为以下几种：过渡金属氧化物材料、聚阴离子型材料、普鲁士蓝类似物等。

5.3.1 水系钠离子电池正极材料

(1) 过渡金属氧化物

2010年，Whitacre等人首次提出采用相对成熟的$Na_{0.44}MnO_2$（即$Na_4Mn_9O_{18}$）作为水系钠离子电池正极材料，之后引起了研究者极大的兴趣。$Na_{0.44}MnO_2$属于斜方晶系，拥有相互交联的三维S型钠离子通道。在C轴方向上的钠离子通道拥有很多空位，可以保证足够的钠离子的迁移。该材料原料来源广泛，价格低廉，且具有独特的三维隧道结构，能够发生可逆的钠离子脱嵌电化学反应，电池倍率性能较好，特别适合于水系钠离子电池体系。

Sauvage等以固相法合成该材料，首次验证了$Na_{0.44-x}MnO_2$在1M $NaNO_3$溶液中具备电化学活性，Na^+在材料中可以可逆地脱嵌，当$0.25<x<0.44$时，充电时存在三个平台即0.05V、0.27V和0.5V(vs. SCE)。固相法合成的$Na_{0.44}MnO_2$中有Mn_2O_3杂相，为了去除这一杂相，一般的做法是用HCl溶解。但是盐酸处理后的材料中会产生同构的$Na_{0.2}MnO_2$杂相。Sauvage等进一步通过精确控制实验参数，成功合成了纯相的材料，通过原位XRD、PITT等手段，证实当Na_xMnO_2中$0.18<x<0.68$时，电化学反应过程至少存在六个中间相。Kim等利用第一性原理计算证实了当Na_xMnO_2中

0.19<x<0.66 时，在电化学反应过程中存在七个中间相的变化，并且认为在 $Na_{0.44}MnO_2$ 与 $Na_{0.55}MnO_2$ 两相间的变化是其容量显著衰减的主要原因。研究人员尝试用不同的方法来提高 $Na_{0.44}MnO_2$ 在水系电解液中的电化学活性。Tever 等尝试改变 Na 与 Mn 的化学计量比，研究不同比例下电化学性能最佳值。发现比例为 0.55 时，电化学性能最好。Liu 等利用溶胶凝胶法合成 $Na_{0.44}MnO_2$，比容量达 55mAh/g。在 18C(500mA/g) 的电流密度下，循环 4000 次后还能够保持初始容量的 84%。

Kim 等比较 $Na_{0.44}MnO_2$ 中的 Na^+ 在水系和有机体系电解液中的扩散，通过交流阻抗谱（EIS）发现，Na^+ 在水系电解液中的扩散系数比在有机体系中要高两个数量级，使得在水系中的倍率性能大大提高。

Zhang 等用共沉淀的方法合成了含有结晶水的层状结构水钠锰矿型化合物 $Na_{0.58}MnO_2 \cdot 0.48H_2O$，在 1mol/L Na_2SO_4 电解液中表现出非常好的电化学性能。在 1C 的电流密度下首次放电比容量为 80mAh/g，循环 100 次后容量保持率为 100%，Mn 在循环过程中只有极少量的溶解。通过高温处理将结晶水去掉，电化学性能变差，通过 EIS 等手段证实去掉结晶水后材料的电子导电性变差；此外结晶水还可以保持层间距，促进钠离子在材料中的扩散。

MnO_2 也可以作为水系钠离子电池正极材料。MnO_2 结构多样，有尖晶石型的 λ-MnO_2、层状的 δ-MnO_2 以及 γ-MnO_2。Whitacre 等将 λ-MnO_2 首次用作水系钠离子电池正极材料，以 1M Na_2SO_4 为电解液，以活性炭为对电极，其电化学性能远远好于同等实验条件下的 $Na_{0.44}MnO_2$，在 6C 的倍率下放电容量仍能达到理论比容量的 70%，循环 5000 圈后依旧没有太多容量衰减。但是 γ-MnO_2 只能通过 $LiMn_2O_4$ 去 Li 化获得，从产业化的层面来说非常不划算。

δ-MnO_2 属于层状结构，由共顶点的［MnO_6］八面体二维片层组成，且 δ-MnO_2 通常含有结晶水，结晶水和金属离子位于片层之间。δ-MnO_2 在 Na_2SO_4、K_2SO_4、Li_2SO_4 水溶液中都有电化学活性，三种离子都可以在层间可逆地脱嵌，其中在 K_2SO_4 溶液中电化学性能最好，是由于在 K_2SO_4 电解液中具有更快速的传输速度和在材料中快速的电荷转移过程。

(2) 聚阴离子型化合物

钠超离子导体型材料的晶体结构比较稳定，开放的三维结构拥有较大的离子嵌入脱出通道，能够嵌入粒径较大的钠离子。但是这类材料的电子电导率比较差，导致电化学性能不佳。通过包覆等手段，既能增加导电性，又避免与水系电解液直接接触，减少副反应的发生，提高在水系钠离子电池中的循环性能。

$Na_3V_2(PO_4)_3$ 晶体中［VO_6］八面体和［PO_4］四面体通过顶点处的氧原子相互连接形成了［$V_2(PO_4)_3$］$^{3-}$ 聚阴离子结构，其中有一个 Na 占据 M_1 的位置，属于六配位的氧环境；有两个 Na 占据 M_2 的位置，属于八配位的氧环境。处于 M_1 位置的 Na 因与氧原子键合很紧密，不能脱出，故只有处于M_2 位置的两个 Na 可以实现可逆脱嵌，在电解液不分解的情况下。Song 等研究 $Na_3V_2(PO_4)_3$ 分别在 1mol/L Na_2SO_4、K_2SO_4 和 Li_2SO_4 这三种电解液中的电化学性能。循环伏安法测试表明，该正极材料在 1mol/L Na_2SO_4 水溶液中，在 0.4V(vs. SCE) 左右有一对氧化还原峰。在 Na_2SO_4 水溶液中，在 8.5C 的电流密度下放电比容量约为 50mAh/g，循环 30 次后衰减很快。其原因可能是过渡金属钒在水溶液中的溶解。$NaVPO_4F$ 在以 5mol/L $NaNO_3$ 溶液为电解液的水系钠离子电池中有两个放电平台，分别位于 0.2V 和 0.8V(vs. SCE)，首次放电比容量约为 54mAh/g，循环 20 次后容量保持率为 70%。

磷酸盐型化合物结构稳定，热稳定性较好，$Na_2FeP_2O_7$ 在有机体系中充放电平台大约在 3V(vs. Na^+/Na)，在中性电解液中没有超过析氧电位。Jung 等首次将铁基的焦磷酸盐 $Na_2FeP_2O_7$ 作为水系钠离子电池正极材料，因在水溶液中更快速的动力学因素，离子在水溶液中的扩散速度更快，使其倍率性能比有机体系更好。同在 1C 的倍率下，有机体系与水系的放电比容量都接近理论比容量，但在 5C 的高倍率情况下，有机体系的放电比容量比水系的小很多。而且水系电池的循环性能也很好，在 1C 和 5C 的电流密度下循环 300 次后容量保持率依然很高。

(3) 普鲁士蓝类化合物

钠离子的粒径远远大于锂离子，如果没有合适的开放的晶体结构，钠离子的嵌入和脱出将会是很大的挑战。普鲁士蓝类材料拥有较大的嵌入位点，可以嵌入各种碱金属离子，并且不会产生晶格变形。研究发现普鲁士蓝类材料制成的薄膜在钠的水溶液以及其他碱金属离子的水溶液中有电化学活性，且证实其在约 0.3V(vs. SCE) 附近会与钠离子发生可逆的电化学反应，但是所用的薄膜都是依靠电化学沉积的方法来制备的，薄膜的厚度大约在 100nm，质量载荷太大，很难在电池的实际工业应用中加以推广。Wessels 等用共沉淀的方法大规模合成镍铁普鲁士蓝，经 ICP 测试得出合成的材料化学式为 $K_{0.6}Ni_{1.2}Fe(CN)_{1.6}\cdot 3.6H_2O$，理论比容量约为 85mAh/g。以此方法合成的镍铁普鲁士蓝作为水系钠离子电池正极材料，以其成本低、安全性高等优势可以应用于大规模储能领域。在以 1mol/L $NaNO_3$ 溶液为电解液的水系钠离子电池中，其放电平台在 0.59V（vs. SCE），在 0.83C 的电流密度下放电比容量为 67mAh/g，倍率性能最高可达 41.7C。在 8.3C 电流密度下循环 5000 次后，容量保持率接近百分之百，且在充放电过程中只有 0.18%的各向同性晶格应变。

从正极材料的角度考虑，上面提到的镍铁普鲁士蓝的氧化还原电势太低，会大大降低电池的能量密度，从而限制了其实际应用。Wessel 等采用共沉淀法分别合成了 $K_{0.9}Cu_{1.3}Fe(CN)_{1.6}$ 和 $K_{0.6}Ni_{1.2}Fe(CN)_{1.6}$，研究了不同嵌入离子（$Li^+$、$Na^+$、$K^+$、$NH_4^+$）各自在镍铁和铜铁类普鲁士蓝中的电化学性能。通过循环伏安法发现铜铁类普鲁士蓝的氧化还原电势比镍铁的高。与其他的离子相比，锂离子和钠离子的嵌入脱出的情况更加复杂，出现多对氧化还原峰，并且认为电化学性能衰减的原因是材料的溶解，只是两种材料的溶解度有所差别。Wessels 等随后通过改变普鲁士蓝中铜镍的比例，来提高氧化还原电势。在以 1mol/L $NaNO_3$ 为电解液的循环伏安测试中，通过改变铜镍的比例，发现 $Ni_xCu_{1-x}HCF$ 的氧化还原电势可以从 0.6V 增加到 1.0V。

铜铁和镍铁普鲁士蓝均不含钠，这就使得它们在半电池中首次只能放电，而在全电池中与它们匹配的负极材料则需含钠。针对这种情况，吴先勇等合成了含钠的普鲁士蓝 $Na_2NiFe(CN)_6$ 和 $Na_2CuFe(CN)_6$，其中铜铁普鲁士蓝的电势比镍铁普鲁士蓝要高。$Na_2NiFe(CN)_6$ 以三电极的模式进行充放电测试，在 67mA/g(1C) 的电流密度下，首次放电容量达 65mAh/g，即使在 10C 的电流密度下放电比容量仍达 61mAh/g。在 5C 的情况下循环 500 次后还有较高的保持率。

5.3.2 水系钠离子电池负极材料

相对于正极材料而言，水系储钠负极材料的选择更加艰难。低电势下，既要抑制水分解析氢，又需要稳定材料本身的结构。因此，至今满足要求的负极材料十分有限。目前研究报道的主要为 $NaTi_2(PO_4)_3$，但其理论比容量偏低（133mAh/g），且由于 Na^+ 和 H_3O^+ 可能会发生交换，在有氧气的环境中循环寿命短。因此，寻找一种与水系钠离子电池正极材料匹配，且成本低廉、比容量高、综合电化学性能优异的负极材料迫在眉睫。

(1) 磷酸钛钠

磷酸钛钠［化学式为 $NaTi_2(PO_4)_3$］是水系钠离子电池负极研究方面有

潜力的材料，它具有典型的NASICON结构，由3个PO_4四面体和2个TiO_6八面体通过角连接组成$NaTi_2(PO_4)_3$基本单元。一个$NaTi_2(PO_4)_3$基本单元里存在两种空间位置（A1和A2），其中包括1个A1位点和3个A2位点，钠离子完全占据A1位置，这种开放的三维框架有利于加快钠离子的传输。在1mol/L Na_2SO_4溶液中，$NaTi_2(PO_4)_3$在－0.82V(vs. Ag/AgCl)处表现出一对可逆的氧化还原峰，对应于钠离子的可逆嵌脱反应。这一反应电势区非常接近但略高于水的析氢电位，可以确保正常的嵌钠反应过程中没有析氢副反应的干扰，有利于提高电池的工作电压，以获得较大的电压输出。但是，该材料电子电导率较低，并且在水溶液中受到pH值的影响。

但是$NaTi_2(PO_4)_3$电子导电性比较差。为了提高电化学性能，一般采取两种手段：一是纳米化，通过减小材料的粒径来缩短钠离子的扩散距离；另一个是表面包覆，增加其电子导电性。值得注意的是，在水系钠离子电池中，$NaTi_2(PO_4)_3$充放电的过电势比在有机体系中的要小，这也说明$NaTi_2(PO_4)_3$在水系电池中更有优势。Wu等利用微波法合成了$NaTi_2(PO_4)_3$，在15.7mA/g的电流密度下放电容量为85mAh/g，为理论比容量（133mAh/g）的64%，但循环20圈后容量衰减较快。Wu等将碳纳米管与石墨作为碳包覆的碳源以及电极片中的导电添加剂，探寻最佳组合下$NaTi_2(PO_4)_3$在水系钠离子电池中的电化学性能。研究发现包覆石墨和以碳纳米管为导电添加剂的组合所表现出来的电化学性能最佳，在0.1C的电流密度下，放电比容量为130mAh/g（理论比容量的98%）。对倍率性能而言，在2C的电流密度下，能达到理论比容量的56%，以1C的电流密度循环100圈后容量保持率仍达86%。Pang等合成了$NaTi_2(PO_4)_3$/石墨烯的纳米复合结构，其中纳米尺度的磷酸钛钠分布在石墨烯片层上，形成一种混合的二维纳米结构。由于石墨烯优异的电子导电性、高的比表面积以及$NaTi_2(PO_4)_3$高的结晶性，使得这种结构展现出非常好的电化学性能。在2C和10C的电流密度下放电比容量分别达110mAh/g和65mAh/g，在2C的电流密度下循环100圈后容量保持率高达95%。除了这些直接的碳包覆方法之外，科研人员希望通过多层的碳包覆，做出不同的包覆结构，希望能够得到更好的电化学性能。Zhao等构建了一种三维分级多孔结构的$NaTi_2(PO_4)_3$，这种结构拥有大的比表面积、稳定的整体结构和有效的离子传输通道。将表面包覆有纳米碳层的$NaTi_2(PO_4)_3$嵌入到微米级别的碳网中，这种相连的结构会二次形成板状结构。二次组成的板状结构中分级的碳包覆构建了一种三维的多孔框架结构，形成了一种交联的电子导电通道。这种结构展现出了优越的电化学性能，倍率性能能够达到 50C，在 1C 的电流密度下放电容量达 119.4mAh/g。Zhao 等随后报道了一种类似于青蛙卵形的分级碳包覆结构，青蛙卵包括内部的核与外面透明的胶状物，内部充满 $NaTi_2(PO_4)_3$ 的碳球和周围 $NaTi_2(PO_4)_3$ 与碳复合的骨架相互连接组成三维分级阵列。这种结构使电解液可以快速浸入，并且能够实现快速的离子和电子传输。作为水系钠离子电池负极，表现出非常好的倍率性能与循环性能，在 20C 的电流密度下循环 2000 圈后，容量保持率仍达到84%。

(2) 氧化物

MoO_3 具有层状结构，有利于离子的嵌入和脱出，并且具有较高的理论容量（$1111mAh \cdot g^{-1}$），适合做负极材料，然而其电子电导率较低，结构不稳定。

Deng 等采用水热法合成了 $Na_2V_6O_{16} \cdot nH_2O$，该材料属于层状结构，$Na^+$ 位于层间，其形貌为沿（010）面生长的成束的纳米带。通过不同扫速的 CV，计算出 Na^+ 在材料中的扩散系数，发现 Na^+ 在材料中扩散得很慢，使其性能不好，氧化还原电位在−0.4V(vs. SCE) 附近。CV 曲线上最开始的数圈衰减得很快，利用非原位 XRD 等手段发现，首次放电时形成的不可逆相是最初循环容量衰减的主要原因。

Qu 等以水热法合成 $V_2O_5 \cdot 3.6H_2O$，分别探讨其在 0.5mol/L Na_2SO_4、K_2SO_4、Li_2SO_4 电解液中的电化学活性，发现在 K_2SO_4 溶液中表现出最佳的电化学性能，而且在 K_2SO_4 溶液中电荷转移电阻最小。通过非原位 XRD 手段分析发现，是因为 K^+ 的离子直径最大、电荷浓度最小，K^+ 与层间的相互作用最小，能够更顺利地脱出。

Vujkovi 等合成的 $Na_{1.2}V_3O_8$，具有较快的离子迁移速率和循环稳定性，在 $NaNO_3$ 水溶液中，电位值为−0.67V(vs. SCE)，$100mA \cdot g^{-1}$电流密度下，可逆容量为 $110mAh \cdot g^{-1}$。Wang 等合成了 Ti 取代的 $Na_{0.44}MnO_2$（$Na_{0.44}[Mn_{1-x}Ti_x]O_2$）作负极材料，比容量为 $37mAh \cdot g^{-1}$，通过 Ti 取代能够改变充放电平台，减轻电极极化，从而表现出较好的循环稳定性，2C 下循环 400 次，没有明显的容量衰减。

(3) 普鲁士蓝化合物

普鲁士蓝类因其众多优势引起了科研人员的兴趣，也有研究人员尝试选择一些类别的普鲁士蓝作为水系钠离子电池的负极材料。Pasa 等将含锰普鲁士蓝作为水系钠离子电池负极材料，采用共沉淀法合成的普鲁士蓝化学式为 $K_{0.11}Mn[Mn(CN)_6]_{0.83} \cdot 3.64H_2O$，氧化还原电势为 0.052V(vs. SHE)，理论比容量为57mAh/g。在不同的倍率下充放电曲线之间的极化很小，倍率性能较好。

5.4 混合水系电池正极材料

当前研究的中性或弱酸性电解液条件下的混合水系电池体系主要有两种：一种是以锌为负极，锂或钠或钾及锌混合盐为电解液，含锂或钠或钾等化合物为正极，构建如$Zn/LiMn_2O_4$、$Zn/Li_3V_2(PO_4)_3$、$Zn/Na_3V_2(PO_4)_3$、$Zn/Na_{0.44}MnO_2$、$Zn/K_{0.19}MnO_2$等，即Li^+/Zn^{2+}、Na^+/Zn^{2+}及K^+/Zn^{2+}三种常见的体系；另一种是$NaTi_2(PO_4)_3/LiMn_2O_4$等电池体系。

2012年，加拿大滑铁卢大学Pu Chen教授课题组首次提出了混合水系电池（rechargeable hybrid aqueous batteries，ReHABs）。与水系锂离子电池不同的是，该电池的正极采用嵌锂化合物$LiMn_2O_4$，负极采用金属锌。在选择电解液时改变了之前的中性或碱性体系，选用了pH为4.0且包含了3M LiCl和4M $ZnCl_2$的水溶液，这种电池具有较高的能量密度（50～80Wh·kg^{-1}）和良好的循环性能，该电池经过1000次循环后，容量保持率仍然高达90%。充放电时，负极发生可逆的锌离子沉积与溶解反应，正极发生锂离子的可逆脱嵌反应。具体的反应机理如图5.4所示。

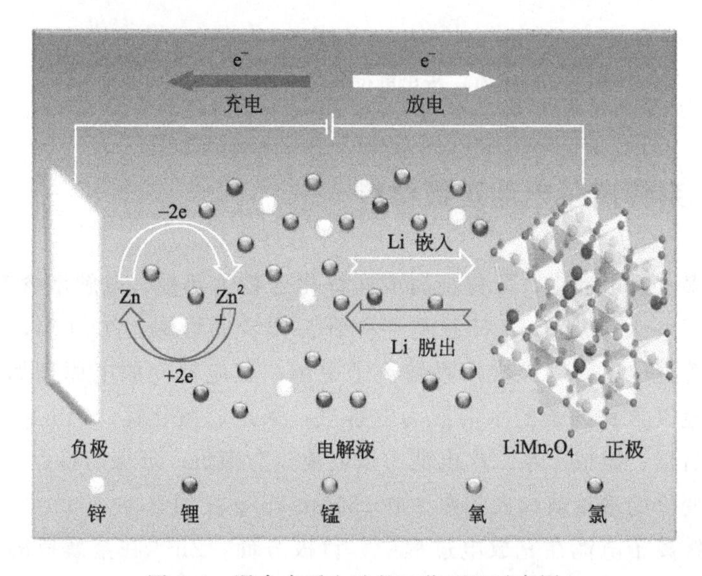

图5.4 混合水系电池的工作原理示意图

在混合水系电池这一概念被提出后，科研人员研究的重点在正极材料方面，并且尝试用不同的正极材料与金属锌组装成电池。$LiMn_2O_4$ 和 $LiFePO_4$ 两种正极材料的经济成本低、相较于其他嵌锂化合物储量更大，但是这两种材料的导电性差，研究人员通过将这两种材料与碳材料复合以提升其导电性能。随后，对 $Li_3V_2(PO_4)_3$、$LiNi_{1/3}Co_{1/3}Mn_{1/3}O_2$、$Na_3V_2(PO_4)_3$ 等相继进行了研究。2016 年，吉首大学吴贤文教授还通过溶胶凝胶法合成了 $Na_{0.44}MnO_2$，将其应用于混合水系电池体系中，其正极材料选择的理论依据如图 5.5 所示。

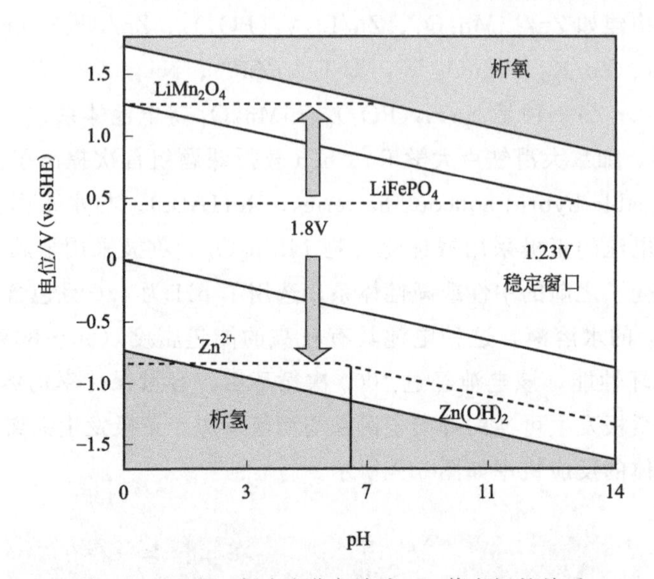

图 5.5 H_2/O_2 析出电位与溶液 pH 值之间的关系

5.5 水系锌离子电池正极材料

在众多水系电池中，以锌金属或嵌锌化合物为负极、电解液含有 Zn^{2+} 的水系锌离子电池（AZIBs）日益受到科研工作者的青睐。2009 年，清华大学的康飞宇等提出了一种二次水系锌离子电池，其电池充放电原理如图 5.6 所示。该电池以含锌离子的水溶液为电解液，采用二氧化锰（MnO_2）为正极、金属锌为负极，组成水系二次电池。该电池具有廉价、环保的特点，其比容量已接近锰变价的理论值，大约在 200～300mAh/g 之间。

水系锌离子电池在充放电过程中，负极方面，Zn^{2+} 在金属锌的表面快速地沉积和溶解或在嵌锌化合物中进行可逆脱嵌；正极方面，与传统的摇椅式 LIBs 不同，AZIBs 体系中的锌储存机制复杂且存在争议，将在后续锰基正极

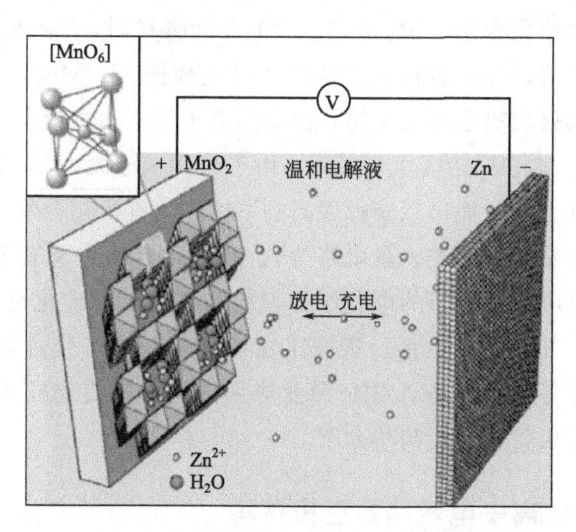

图 5.6 水系锌离子电池的电化学原理图

材料和钒基正极材料部分进行详细介绍。目前，AZIBs 还具有如下特性：①锌电位较高，−0.763V(Zn^{2+}/Zn)vs. 标准氢电极，从而确保在水溶液中的电化学稳定性；②锌离子沉积与溶解具有可逆性，不同于碱性锌电池，近中性或微酸性电解液（例如 pH=3.6～6）可以很大程度避免锌枝晶和 ZnO 等副产物的形成，因此，可以实现电池的长循环寿命；③不同于一价金属离子，二价锌离子在充放电过程中涉及两个电子的转移，使得 AZIBs 具有更高的体积能量密度。AZIBs 在工业化应用上有很明显的竞争力。一是价格优势，LIBs 每千瓦时 300 美元，AZIBs 每千瓦时仅为 65 美元；二是水溶液电解液的安全性和可回收性强于有机电解液。此外，在电化学反应中允许多种电子转移的多价 AZIBs，为实现电池高能量和高功率密度提供了可能。

然而，当前真正能商业化的 AZIBs 正极材料较少，其商业化需要满足以下几个条件：在水溶液中不溶解；成本低，原料丰富；导电性和稳定性较好且充放电过程中不易发生结构相变；较高的工作电压，较宽的电压窗口；高容量和高能量密度，在几何结构上能容纳大量的金属离子。近年来，研究报道的 AZIBs 正极材料主要有以下几类：①锰基化合物，尤其是 MnO_2 拥有高氧化还原电位（1.3V），单电子理论比容量也高达 308mAh·g^{-1}。②钒基化合物，尤其是层状结构的 V_2O_5 和含水的双层结构，成为了离子迁移的快速通道。此外，离子配位方式的多样性也使得钒系材料结构种类丰富。③普鲁士蓝类似物，其中包含混合价态的阳离子，最为常见的为铁氰化铁。其通常具有面心立方体结构，具有三维开放的骨架和大的离子嵌入位置，可以实现离子的快速输运。④谢弗雷尔相化合物（M_xMoT_8，M 为金属材料，T＝S、Se、Te），具有开放的刚性结构，允许客体离子快速和可逆地嵌入，Mo_6S_8 在 AZIBs 中被应用得最多。⑤聚阴离子型化合物，由聚阴离子基团和过渡金属元素组成［如 $Na_3V_2(PO_4)_3$、$Na_3V_2(PO_4)_2F_3$ 等］，由于聚阴离子对材料的氧化还原电位具有可调的诱导性，从而可以获得更高的电位。⑥有机化合物，主要有醌类化合物和导电聚合物（聚苯胺、聚吡咯等）。有机化合物主要有重量轻、成本效益高、多电子反应和可调节的电化学窗口等特点。⑦其他化合物，如硫化铋、四氧化三钴等。其中，成本低、资源丰富的锰基和钒基化合物由于具备高容量、高能量密度等特性，是 AZIBs 商业应用过程中的首选正极材料，下面就这两种类型的正极材料进行简单介绍。

5.5.1 水系锌离子电池锰基正极材料

5.5.1.1 锰基正极材料

近年来，锰基材料以其资源丰富、成本低廉、环境友好、无毒、多种价态（Mn^0、Mn^{2+}、Mn^{3+}、Mn^{4+}、Mn^{7+}）等特性而受到广泛关注。目前，报道的水系锌离子电池的锰基正极材料主要包括各种晶型的 MnO_2、Mn_2O_3、Mn_3O_4、Zn-Mn-O 化合物、K-Mn-O 化合物等。

(1) MnO_2

二氧化锰（MnO_2）存在多种晶型（α-、β-、γ-、δ-、R-和λ-型等），是由基本的 MnO_6 八面体单元组成，其中每个 Mn 被六个氧原子包围。基本单元通过边角连接形成不同类型的晶体结构，包括隧道结构、层状结构和三维结构，如图 5.7 所示。

隧道型 MnO_2 包括［2×2］隧道式 α-MnO_2、［1×1］隧道式 β-MnO_2、［1×1］和［1×2］隧道式 γ-MnO_2、［1×2］隧道式 R-MnO_2、［3×3］隧道式 Todorokite-MnO_2。α-MnO_2 有利于 Zn^{2+} 在其主体结构中的可逆嵌入/脱出，由于其沿 x 轴方向由四个边共享的 MnO_6 八面体单元组成的大的［2×2］隧道式骨架，已成为水系锌离子电池中最有前途的正极材料。α-MnO_2 电压在 1.2～1.4V 附近，其容量超过 200mAh/g。β-MnO_2 沿 c 轴具有［1×1］隧道式骨架，由 MnO_6 八面体单链共享顶点组成，在所有 MnO_2 中，被认为是热力学最稳定的骨架。然而，狭窄的隧道不利于锌离子等阳离子的扩散。γ-MnO_2具有不规则的［1×1］和［1×2］混合隧道结构，是 β-MnO_2 和 R-MnO_2的共生体，由于晶体缺陷多，使 Zn^{2+} 可逆嵌入/脱出成为可能。与

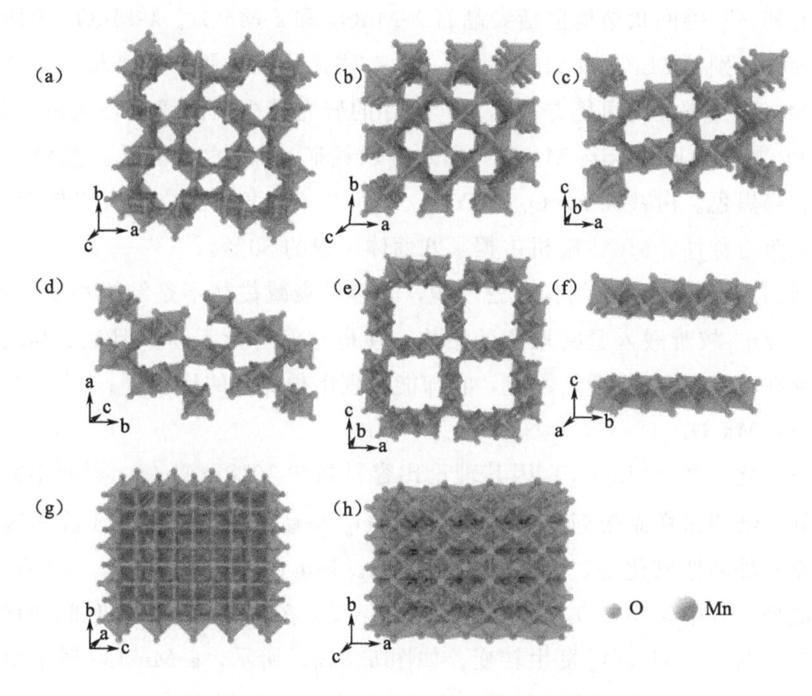

图 5.7 各种晶型 MnO_2 的示意图

(a) α-MnO_2、(b) β-MnO_2、(c) γ-MnO_2、(d) R-MnO_2、(e) Todorokite MnO_2、(f) δ-MnO_2、(g) λ-MnO_2、(h) ε-MnO_2

α-MnO_2类似的［3×3］隧道结构的 Todorokite-MnO_2 可以接收多种阳离子和 H_2O，是非常有潜力的 AZIBs 正极材料。不同隧道结构的 MnO_2 的晶体尺寸不同，其电化学行为与晶体尺寸相关联，较大的隧道结构具有更快的离子扩散动力学和较高的可逆容量，较小的隧道结构阻碍了锌离子的扩散。所以，不同隧道结构的 MnO_2 表现出的储锌能力和结构稳定性不一。

层状结构的 δ-MnO_2 由 MnO_6 基本单元通过共享边排列形成层状结构，层间距大（7Å），具有［1×∞］骨架结构。δ-MnO_2 由于部分 MnO_6 八面体单元的中心锰原子缺陷或部分 Mn^{4+} 取代 Mn^{3+} 形成八面体单元而存在大量负电荷。Kim 等报道了 δ-MnO_2 正极具有高的放电比容量（在电流密度为 83mA/g 时，放电比容量为 250mAh/g），并且在 100 次循环中显示出接近 100%的库仑效率。由于层状二氧化锰具有较大的层间距，缩短了 Zn^{2+} 的扩散距离，具有较好的电化学性能。但 δ-MnO_2 在循环过程中的层间距的转变易导致结构坍塌和结构不稳定。因此，需要寻找一种合适的方式来支撑层状结构。

此外，三维网状结构包括尖晶石 λ-MnO_2 和 ε-MnO_2。λ-MnO_2 中四面体和八面体分别被 Mn^{2+} 和 Mn^{3+} 占据，没有隧道或层，属于紧密堆积。这也导致 λ-MnO_2 储锌能力可能并不乐观，现存的研究较少，储锌机理也鲜有报道。ε-MnO_2 属于 Aktenskite-MnO_2（即六方软锰矿），为六方晶系，颜色一般呈黑色、褐黑色。由共面 MnO_6 和 YO_6 八面体（Y 表示空位）组成的亚稳相，呈现六角对称性，Mn^{4+} 随机占据了八面体位置的 50%。

因尖晶石 MnO_2 的结构紧密堆积，其容量衰减往往不是结构相变引起的。但 H^+/Zn^+ 较难嵌入紧密堆积的结构，使得它们容量不高。但是 ε-MnO_2 被报道存在溶解/沉积机理，因此，它却能表现出很优异的比容量。

(2) Mn_2O_3

三氧化二锰（Mn_2O_3）因其理论比容量高达 1018mAh/g、资源丰富、环境友好、结构多样而受到广泛关注。Mn_2O_3 是锰元素价态为 +3 价的锰氧化物，是一种两性氧化物，颜色一般为黑色。Mn_2O_3 有 α-Mn_2O_3 和 γ-Mn_2O_3 两种晶型，其中 α-Mn_2O_3 较为常见。γ-Mn_2O_3 在常温下不能长时间地稳定存在，会逐渐向 α-Mn_2O_3 发生转变。如图 5.8(a) 所示，α-Mn_2O_3 属于斜方晶系，它的基本组成单元与 MnO_2 相同，也为 MnO_6 八面体。α-Mn_2O_3 通过 MnO_6 八面体共八面体角的一个或两个氧原子的方式连接而成。

Mn_2O_3 随着 Zn^{2+} 的嵌入会发生由斜方晶系向层状相的结构相变，即 α-Mn_2O_3转变为层状的 Zn-birnesite 相，对应于 Mn^{3+} 还原为 Mn^{2+} 的过程，充电过程刚好相反。这使本处于储能结构劣势的 Mn_2O_3 拥有更好的 Zn^{2+} 扩散速率和储锌容量。但是，结构转变带来的溶解现象仍不可避免。通过在电解液中添加锰盐、碳包覆、掺杂等方法可以有效抑制锰溶解。

(3) Mn_3O_4

四氧化三锰（Mn_3O_4）的 Mn 具有 +2 和 +3 价态，易形成缺陷（电子空穴），为锌离子的存储提供了可能。一般认为该氧化物是由 MnO 和 Mn_2O_3 两种晶体结构混合而成。如图 5.8(b) 所示，Mn_3O_4 具有尖晶石结构，Mn^{3+} 和 Mn^{2+}分别占据着尖晶石结构八面体和四面体的位置。Nam 等人发现了尖晶石 Mn_3O_4 到层状 MnO_2 的相变。Kim 等人认为，Mn^{2+} 氧化形成 Mn^{3+} 和部分 Mn^{2+} 溶解触发了结构转变。Hao 等人深入研究转化机理，找出了其不同于二氧化锰的独特电化学行为。他们认为，在充电过程中位于 Mn_3O_4 四面体相中的一个 Mn^{2+} 溶解到电解液中，形成 Mn_5O_8 之后，Mn_5O_8 由于 Mn^{2+} 的溶解和 H_2O 的嵌入形成了 birnessite 相 MnO_2，放电后，随着 Mn^{4+} 还原为

Mn^{3+}，Zn^{2+}嵌入到 birnessite 相 MnO_2 层间，形成了锌酸盐，同时出现了 MnOOH 和 $Zn_4SO_4(OH)_6 \cdot 5H_2O$ 相，其反应过程十分复杂。事实上，在前面几次循环后，尖晶石型 Mn_3O_4 已经转化为 birnessite 相 MnO_2，后期循环所表现出的电化学性能是 birnessite 相 MnO_2 而不是 Mn_3O_4，导致容量的增加。

(4) MnO

一氧化锰（MnO）是锰元素的最低价态氧化物，又称氧化亚锰。在 MnO 中锰元素的价态为+2 价，其晶体结构与 NaCl 相似，如图 5.8(c) 所示。常见的 MnO 一般呈现灰绿色或者草绿色，在空气中不能稳定存在，很容易被空气中的 O_2 氧化为其他高价态的锰氧化物。

MnO 晶体结构理论上并不适合 H^+/Zn^{2+}的嵌入，但是 MnO 在首次充电过程中，有利于诱导形成锰缺陷，从而激活 MnO 的电化学性能。锰缺陷的形成将为 Zn^{2+}的迁移提供较低的能垒，从而促进 Zn^{2+}从 MnO 宿主中可逆嵌入和脱出，这是 MnO 有着优异电化学性能的主要原因。

(5) MnS

过渡金属硫化物一般是 Li^+、Na^+或 Mg^{2+}电池体系中常用的电极材料。受此启发，Liu 等首次提出将硫化锰（MnS）用于 AZIBs。MnS 具有稳定态 α-MnS和亚稳态 β-MnS、γ-MnS。其中 α-MnS 往往容易合成，晶型属于 NaCl，如图 5.8(d) 所示。对 MnS 正极的非原位 XRD 研究发现，MnS 在最初的几个循环中可能遭受复杂的电化学活化，但其机理尚不明确。在最初的几个循环后，MnS 相保持相对稳定，这意味着 MnS 在长循环过程中表现出较高的稳定性。

(6) Zn-Mn-O 化合物

尖晶石型过渡金属氧化物 $ZnMn_2O_4$ 具有成本低、资源丰富、环境友好、理论比容量高等优点，在锂离子电池中显示出良好的应用前景。其结构类似[1×1] 隧道型 MnO_2，如图 5.8(e) 所示。在 $ZnMn_2O_4$ 结构中，氧原子呈立方密排，锌原子占据 1/8 四面体位置，锰原子占据 1/2 八面体位置，八面体之间的空隙相互连接形成三维空间结构。然而，近年来研究表明，理想尖晶石型 $ZnMn_2O_4$ 不适合作为 AZIBs 的正极材料，因为 Zn^{2+}嵌入宿主材料中有很强的静电排斥力。受文献启发，阳离子空位的引入为二价离子的迁移开辟了新的途径。陈军院士团队首先报道了阳离子缺陷尖晶石型 $ZnMn_2O_4$ 用于 AZIBs 正极材料。随后，吴贤文团队合成了多孔尖晶石型 $ZnMn_2O_4$ 空心微球，值得一提的是，该团队还通过表面活性剂辅助溶剂热法合成了一种新型的 $ZnMn_2O_4$/

Mn_2O_3 复合材料，具有优异的电化学性能。杨占红团队制备了石墨烯包裹的多孔尖晶石型 $ZnMn_2O_4$ 空心微球，提高其电化学性能。虽然理想的尖晶石结构 $ZnMn_2O_4$ 并不乐观，但通过引入缺陷、碳包覆、结构设计和材料复合等一系列的改进，其电化学性能得到了很大的提高。

(7) K-Mn-O 化合物

隧道结构的 α-MnO_2 能可逆地吸附 K^+、Li^+、Zn^{2+} 等多种阳离子，$K_xMn_8O_{16}$ 在催化和锂离子电池领域均有报道。受此启发，研究人员将 $K_{0.8}Mn_8O_{16}$、$K_{0.19}MnO_2$、KMn_8O_{16}、$K_{0.17}MnO_2$ 应用于 AZIBs，其中氧缺陷 $K_{0.8}Mn_8O_{16}$ 引入 K^+ 稳定锰基正极材料，抑制锰的溶解，氧缺陷对 $K_{0.8}Mn_8O_{16}$ 的快速反应动力学和容量的提高起着关键作用，产生了优异的电化学性能。客体预嵌策略为提高锰基材料的稳定性提供了新的思路。

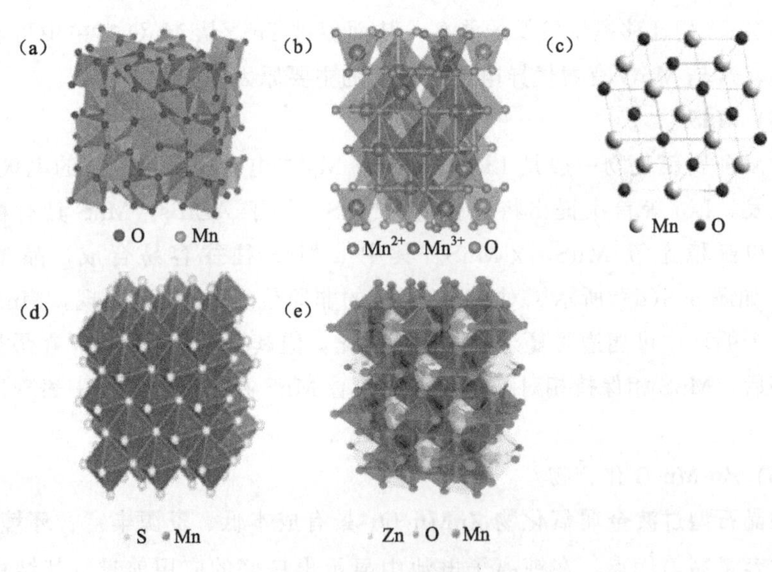

图 5.8 晶体结构示意图

(a) α-Mn_2O_3；(b) Mn_3O_4；(c) MnO；(d) MnS；(e) $ZnMn_2O_4$

5.5.1.2 锰基水系锌离子电池的储能机理

与锂/钠离子电池储能机理不同，锰基 AZIBs 反应机理复杂且颇具争议。据文献报道，AZIBs 在充放电过程中主要涉及四种储能机理：Zn^{2+} 嵌入/脱出机理、化学转化反应机理、H^+/Zn^{2+} 共嵌入/脱出机理以及溶解/沉积反应机理。

(1) Zn^{2+} 嵌入/脱出机理

以锰基化合物为正极、锌为负极的 AZIBs 在充放电过程中，正极主要发生锰的氧化还原反应，与之相对应的 Zn^{2+} 可逆嵌入与脱出机理是一个主流的观点。Oh 及其同事首次阐明了 Zn^{2+} 在 α-MnO_2 中的嵌入/脱出机理及相应的结构转变。放电时，Mn^{4+} 部分还原为 Mn^{3+}，随后歧化为 Mn^{4+} 和 Mn^{2+}，伴随着锰的溶解和层状 Zn-birnessite（水钠锰矿）的形成。然而，电解液中的 Mn^{2+} 在充电过程中又将可逆地嵌入到 Zn-birnessite 中，以恢复原有的隧道结构。随后，同一研究小组修正了这个论点，认为 Zn^{2+} 嵌入到 α-MnO_2 中将首先形成 Zn-buserite（布塞尔矿），随后嵌入的 Zn^{2+} 和 H_2O 将逐渐从 buserite 的间层脱离，最后生成了 birnessite 相，如图 5.9(a) 所示。此外，Kim 等通过原位 XRD 分析，在 α-MnO_2 完全放电的电极中观察到了 $ZnMn_2O_4$ 相，补充了 Zn^{2+} 脱嵌机理中的锌生成相。Zhang 等研究了 AZIBs 正极材料 β-MnO_2，证实 Zn^{2+} 在嵌入/脱出过程中也存在结构转变。隧道结构的 β-MnO_2 在 Zn^{2+} 嵌入过程中转变为层状结构的 buserite，然后在层状相中进行 Zn^{2+} 的可逆脱嵌，但不会再恢复原有的隧道结构。狭窄隧道向层状结构的转变，提高了 Zn^{2+} 扩散和储锌能力。Kim 等提出 β-MnO_2 纳米棒在 AZIBs 中的反应机理是固溶反应和转化反应的结合，其实质是 Zn^{2+} 嵌入 β-MnO_2，不但会形成锌嵌入相［如图 5.9(b) 所示］，而且在表面析出新相 $ZnSO_4 \cdot 3Zn(OH)_2 \cdot 5H_2O$(ZHS)。随后，$Zn^{2+}$ 在 γ-MnO_2 中的嵌入/脱出机理及相应的结构转变也予以证实。如图 5.9(c) 所示，在放电初期，随着 Zn^{2+} 的嵌入，部分 γ-MnO_2 首先转变为尖晶石型 $ZnMn_2O_4$。在放电中期，随着 Zn^{2+} 的嵌入，占据了 γ-MnO_2 的［1×2］隧道，形成隧道型 γ-Zn_xMnO_2。在放电末期，部分 γ-Zn_xMnO_2 相随着 Zn^{2+} 的进一步嵌入会打开结构框架，最后形成 L-Zn_xMnO_2 相。值得注意的是，在这个过程中会出现 $ZnMn_2O_4$ 和 γ-Zn_xMnO_2 等中间相，但它们并不会完全消失。然而在随后的充电状态下，所有相会几乎完全恢复到 γ-MnO_2 结构。Kim 等提出在初始循环过程中，Zn^{2+} 嵌入 δ-MnO_2 可逆形成了 L-$Zn_xMn_2O_4$、尖晶石型 $ZnMn_2O_4$ 和锌嵌入相，基本保持层状结构，如图 5.9(d) 所示。但经过约 50 个循环后，将完全转化成不可逆的尖晶石型 $ZnMn_2O_4$，循环后在电解液中也观察到锰的溶解。随后容量大幅衰减，其原因主要是尖晶石相的形成和锰的溶解。

除了 MnO_2，许多锰基正极材料也被观察到具有 Zn^{2+} 嵌入和脱出机理。α-Mn_2O_3 在充放电过程中存在结构转换，在放电时，随着 Zn^{2+} 的嵌入，原

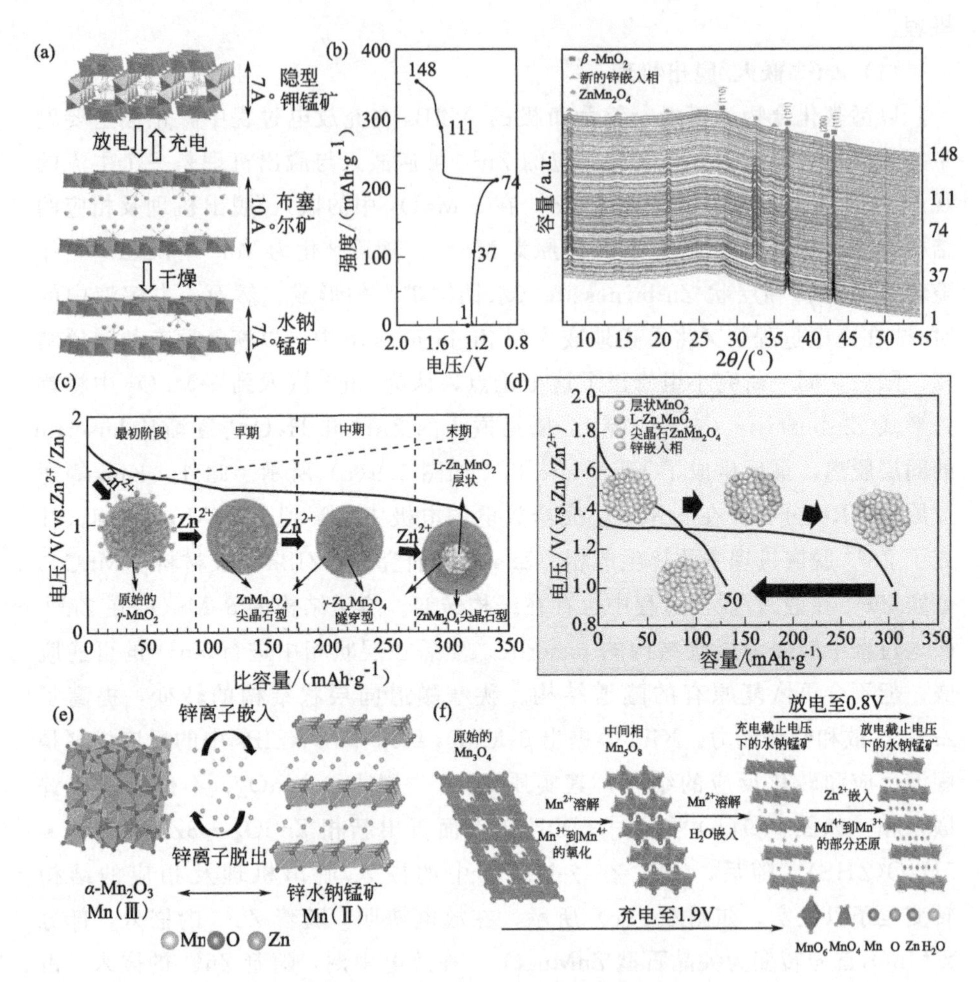

图 5.9 Zn^{2+}在（a）α-MnO_2、（c）γ-MnO_2、（d）δ-MnO_2、（e）α-Mn_2O_3、（f）Mn_3O_4 中嵌入/脱出的机理示意图；（b）β-MnO_2 循环过程中的原位 XRD 图

α-Mn_2O_3转变为层状的 Zn-birnesite 相，对应于 Mn^{3+} 还原为 Mn^{2+} 的过程。在充电时，Zn-birnesite 相将还原为 α-Mn_2O_3，伴随着 Mn^{2+} 氧化为 Mn^{3+}，如图 5.9(e) 所示。Mn_3O_4 在第一次充放电过程中也存在结构转换，Mn_3O_4 中 Mn^{3+} 氧化成 Mn^{4+}，Mn^{2+} 溶解被氧化成 Mn_5O_8，接着 Mn_5O_8 通过 Mn^{2+} 溶解到电解液中并嵌入 H_2O 将其转化为 birnessite。由于电化学氧化不彻底，Mn_5O_8 在第一次充电时与 birnessite 共存。在随后的放电过程中，Zn^{2+} 嵌入到 birnessite 层间距中，形成了 Zn-birnessite，同时，一部分 Mn^{4+} 被还原为

Mn^{3+}。此后，层状结构进行可逆的充放电，如图 5.9(f) 所示。中南大学周江教授等人通过一种预充电的方式来诱导 MnO 锰缺陷的形成，从而激活其电化学性能。$Mn_{0.61}\square_{0.39}O$ 中的 Mn 空位将为 Zn^{2+} 迁移提供较低的能垒，从而促进 Zn^{2+} 从 MnO 宿主中嵌入/脱出。吉首大学吴贤文等人提出 $ZnMn_2O_4$ 在充放电过程中，Zn^{2+} 从尖晶石型 $ZnMn_2O_4$ 的 Zn-O 四面体位置分两部分（$ZnMn_2O_4$ 中固有 Zn^{2+} 和电解液中 Zn^{2+}）先后脱嵌。

Zn^{2+} 嵌入/脱出机理的报道，第一次清晰地阐明：在 AZIBs 中，Zn^{2+} 嵌入/脱出对宿主材料结构的影响，帮助我们全面地了解 MnO_2 在充放电过程中锰离子价态的变化，即电荷的转移和锰离子的去向问题，也阐明了 Zn^{2+} 的生成相的问题。这对我们了解 MnO_2 在充放电过程中发生的氧化还原反应做出了重大的贡献。

(2) 化学转化反应机理

与 Zn^{2+} 的可逆嵌入/脱出机理不同，Liu 等在研究 Zn/α-MnO_2 体系的过程中揭示了化学转化反应机理，该化学转化反应发生在 α-MnO_2 和 MnOOH 两相之间。在放电状态下 XRD 图出现了 MnOOH 相（α-MnO_2 与溶剂水的 H^+ 反应）。为了达到电荷平衡，剩余的 OH^- 将与电解液中的 $ZnSO_4$ 和 H_2O 反应，形成鳞片状碱式硫酸锌 $ZnSO_4[Zn(OH)_2]_3 \cdot xH_2O$。放电状态下 α-MnO_2 电极的 STEM-EDS 图谱中观察到纳米棒和纳米颗粒上包含 O 和 Mn 元素，而 Zn 元素主要分布在片状化合物上，这些实验现象证实了化学转化反应机理。具体反应过程如下：

$$H_2O \rightleftharpoons H^+ + OH^-$$

正极：

$$\frac{1}{2}Zn^{2+} + OH^- + \frac{1}{6}ZnSO_4 + \frac{x}{6}H_2O \rightleftharpoons \frac{1}{6}ZnSO_4[(OH)_2]_3 \cdot xH_2O \tag{5.4}$$

$$\alpha\text{-}MnO_2 + H^+ \rightleftharpoons MnOOH$$

负极：

$$\frac{1}{2}Zn \rightleftharpoons \frac{1}{2}Zn^{2+} + e^- \tag{5.5}$$

Liang 等合成了一种含 K^+ 和氧缺陷的 $K_{0.8}Mn_8O_{16}$(KMO)，该材料在 AZIBs 充放电过程中也是化学转化反应机理。在 KMO 电极的放电过程中出现了 $Zn_4SO_4(OH)_6 \cdot 5H_2O$(ZHS) 和 MnOOH 相。电极放电至 1.0V，除了片状 ZHS，依然能观察到少量颗粒状的 $H_xK_{0.8}Mn_8O_{16}$ 相，这可能是由于 H^+ 扩散到 KMO 骨架。

上述化学转化反应机理的提出，意味着 H^+ 参与 MnO_2 的充放电过程，但是 Zn^{2+} 却不会嵌入到 MnO_2 中，而是以平衡体系电荷的方式化学转化为含 Zn 的碱性络合物。这也暗示着在 AZIBs 充放电过程中，MnO_2 可能不只利用一种方式储能。

(3) H^+/Zn^{2+} 共嵌入/脱出机理

由于 H^+ 和 Zn^{2+} 不同的嵌入热力学和动力学特性，因此，合适的宿主材料可以使 H^+ 和 Zn^{2+} 同时嵌入。Wang 等人在研究 Zn/ε-MnO_2 体系时首次提出了 H^+ 和 Zn^{2+} 共嵌入/脱出的反应机理。ε-MnO_2 正极在放电过程中的恒电流间歇滴定（GITT）曲线表明，第二个放电平台的超电势为 0.6V，几乎是第一个放电平台超电势的 10 倍（0.08V）。在 GITT 中放电后电压逐渐变化的原因主要是离子扩散，区域Ⅰ和区域Ⅱ的显著差异可能归因于不同的离子嵌入。区域Ⅰ是由于 H^+ 的嵌入，由于 Zn^{2+} 的大尺寸和二价 Zn^{2+} 与主晶格之间存在较强的静电相互作用，而区域Ⅱ则可能是由于 Zn^{2+} 的缓慢嵌入。通过对电极在添加 $ZnSO_4$ 和不添加 $ZnSO_4$ 的 $MnSO_4$ 电解液中的放电曲线的比较，进一步证实了这一假设。在纯 $MnSO_4$ 电解液中，1.3V 处未出现放电平台。在含 Zn^{2+} 电解液中，由于 H^+ 的嵌入，电极放电至 1.3V 后观察到 MnOOH 相。然而，$ZnMn_2O_4$ 相需要进一步放电至 1.0V 后才能观察到，这证明了区域Ⅱ的主要反应是由 Zn^{2+} 嵌入引起的。

Wang 等首次采用商用 MnO 微粒作为 ZIBs 正极材料并详细阐明了其储能机理。在首次充电过程中，MnO 微粒被电化学氧化成多孔层状 MnO_2 纳米片。在随后的循环过程中，新生成的 MnO_2 经历了典型的 H^+/Zn^{2+} 嵌入/脱出储能过程。另外，H^+ 的嵌入会造成电解液 pH 值的升高，同时在正极表面生成 $[Zn(OH)_2]_3ZnSO_4 \cdot 3H_2O$ 纳米片。

Pan 等发现 δ-MnO_2 在 $Zn(TFSI)_2$ 基电解液中存在 H^+ 转化反应和 Zn^{2+} 的非扩散嵌入。非扩散控制的 Zn^{2+} 存储机理控制了 δ-MnO_2 的第一步电荷存储，没有明显的相变，而扩散控制的 H^+ 转化反应控制了随后的反应。可惜的是 δ-MnO_2 发生了严重的结构相变。此后，Zhu 等阐述了一种 δ-MnO_2 的共嵌入机理且没有出现结构的相变。在放电开始时，H^+ 嵌入 δ-MnO_2 纳米片的中间层。接着 Zn^{2+} 开始嵌入 δ-MnO_2，H^+ 继续嵌入。随着 H^+ 的不断嵌入，电解液的 pH 值升高，电极表面形成 $Zn_4(SO_4)(OH)_6 \cdot nH_2O$(ZHS)。在充电过程中，δ-$MnO_2$ 中的 Zn^{2+} 和 H^+ 脱出，并且 ZHS 随 H^+ 的脱出逐渐溶解。

H^+/Zn^{2+} 共嵌入/脱出机理是对单一 Zn^{2+} 嵌入/脱出机理的一种补充。该观点也能顺理成章地解释“H^+ 先嵌入 MnO_2 生成 MnOOH，随后 Zn^{2+} 嵌入，

$MnOOH$ 转化成 $ZnMn_2O_4$”的这一种情况。此机理虽然揭示了溶液中究竟何种离子嵌入 MnO_2，但对 MnO_2 的结构变化没有着重阐述。该机理中没有出现 Mn^{2+} 的转化，因此我们可以推测大多数 MnO_2 不存在严重的溶解现象，且不会出现很大的结构转变。

(4) 溶解/沉积反应机理

Oh 等首次提出了溶解/沉积反应机理，这一机理摆脱了宿主 MnO_2 材料应保持稳定晶体结构的观点。充放电过程中 α-MnO_2 电极的原位 XRD 研究表明：随着放电的进行，逐渐出现了一种新相 $Zn_4(OH)_3SO_4 \cdot 5H_2O$(ZHS)。在放电完成时，ZSH 的特征峰占据了主导地位。在随后的充电完成时，只观察到 α-MnO_2 的特征峰，表明 ZHS 的形成符合可逆性。详细储能过程如下：

在放电过程中，MnO_2 电化学还原为 Mn^{3+}，随后歧化成 Mn^{2+} 溶解到电解液中，电解液的 pH 值逐渐升高。电极表面生成 ZHS 沉淀。在充电过程中，Mn^{2+} 在电极上沉积形成 MnO_2，导致 ZHS 重新溶解到电解液中。

另外，Todorokite-MnO_2 中也发现了类似的现象，表明电解液 pH 值的变化在 AZIBs 的反应机理中起着关键作用。

溶解/沉积机理的出现彻底打破了研究人员对 AZIBs 正极需要嵌入离子来储存能量的固有认知。也给更多结构不理想（不利于嵌入/脱出）的正极材料，提供了储能的可能。

中南大学周江教授等人提出了一种新的观点：Zn/MnO_2 水系锌离子电池在储能过程中以溶解/沉积反应机理为主导，伴随着阳离子（H^+、Zn^{2+}）嵌入/脱出反应机制。该课题组制备了两种不同晶型 MnO_2（α-MnO_2 和 δ-MnO_2）的正极材料。对两种 MnO_2 进行了原位 XRD 研究。结果表明：在电池的放电过程中产生大量的 $Zn_4(OH)_6SO_4 \cdot 4H_2O$(ZHS) 新相，但是会在随后的充电过程中逐渐消失，这表明 ZHS 具有明显的可逆相变。α-MnO_2 在第一次放电后大部分消失，在随后的充放电过程中也只会有很少的量产生。δ-MnO_2的峰位出现偏移，说明 δ-MnO_2 晶体结构发生了变化，并转变成了 Birnesite-MnO_2。这些结论也在 SEM 图中得到了证实。如图 5.10(a) 所示，原始 α-MnO_2 粉末的形貌为纳米棒，放电至 0.8V 后，正极表面出现片状 ZHS，有少量的 δ-MnO_2 存在。充电至 1.8V 后，在正极表面到处出现大量相互连接的多孔 Birnesite-MnO_2 材料。如图 5.10(b) 所示，原始 δ-MnO_2 粉末的形貌为纳米状，δ-MnO_2 正极与 α-MnO_2 发生了相同的表面形貌转变。如图 5.10(c)所示，储能过程可分为两部分：①在首次放电过程中，宿主材料 α-MnO_2或 δ-MnO_2 与水反应生成 Mn^{2+} 和 OH^-。周围的 $ZnSO_4$ 与生成的

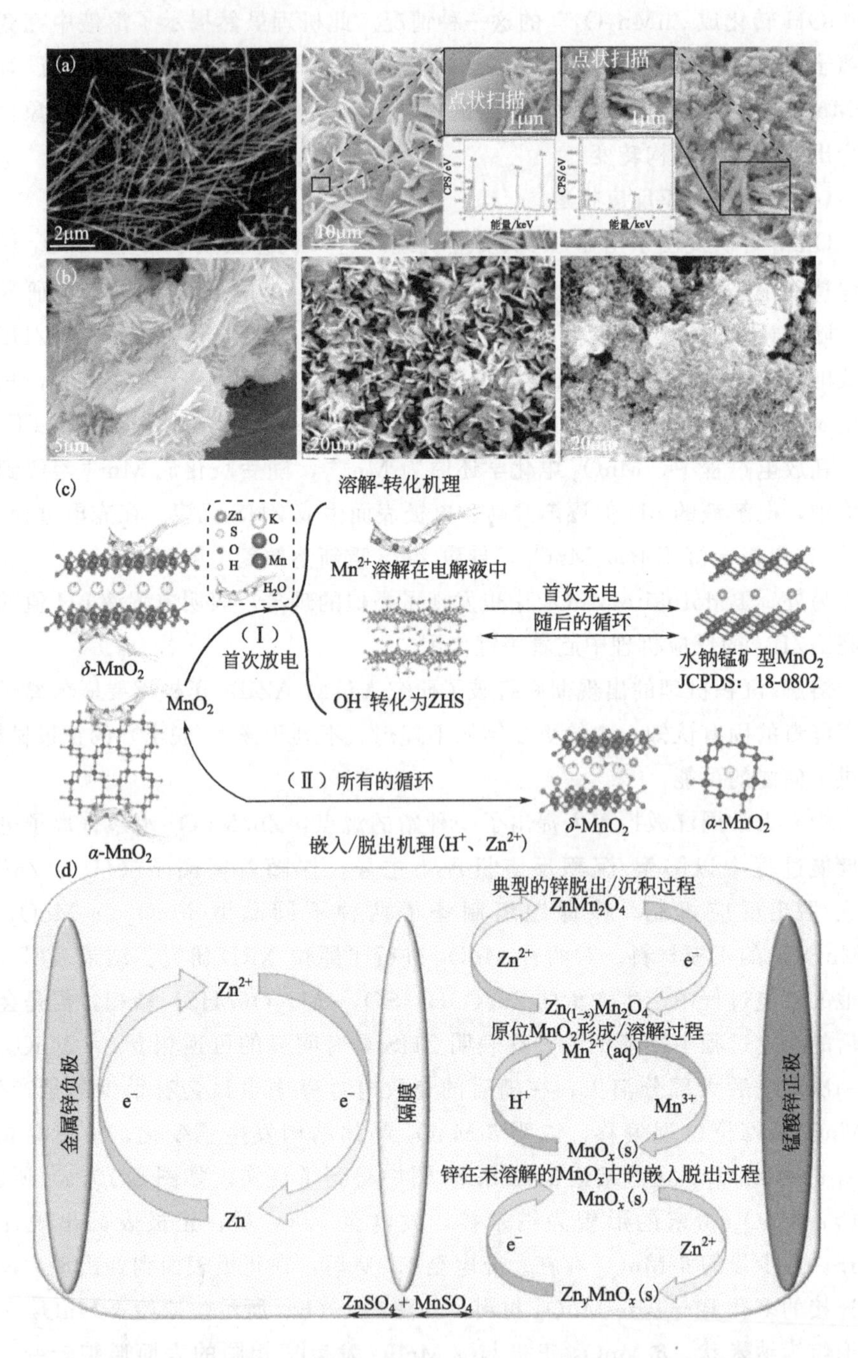

图 5.10 (a)(b) α-MnO_2、δ-MnO_2 在充放电过程中的 SEM 图；(c) MnO_2 的储能过程示意图；(d) $ZnMn_2O_4$ 的储能过程示意图

OH^-立即反应，转化为ZHS，该过程高度可逆，这也将有效地消耗MnO_2周围大量的H_2O，缺乏活性的水会抑制MnO_2的继续溶解，从而导致电解液中Mn^{2+}含量和pH值的降低。在首次充电过程中，ZHS与Mn^{2+}反应生成了Birnesite-MnO_2。类似的溶解/沉积机制在随后的循环中再次出现，此时以Birnesite-MnO_2为宿主材料，而不是原始的MnO_2。这种沉积/溶解机制支配着整个储能过程，并贡献了大部分比容量。②在整个储能过程中，嵌入与脱出反应过程显得微不足道，即H^+/Zn^{2+}仅能有限地嵌入到残余的未溶解的MnO_2材料中。此外，Kim等发现$ZnMn_2O_4$在$ZnSO_4$+$MnSO_4$电解液中同时存在两种储能机理的现象。如图5.10(d)所示，Mn^{2+}通过在充电过程中电化学沉积MnO_x到电极表面，表现出沉积/溶解机理。同时，Zn^{2+}将分别嵌入$ZnMn_2O_4$和MnO_x中，表现出Zn^{2+}嵌入/脱出机理。同时，碱式硫酸锌也沉淀在电极表面。

多种储能机理的共同作用打破了人们对AZIBs一种正极材料只有一种储能机理的认识，启发研究者探究更完整的储能机制。多变的储能方式，让锰基正极材料能在多种环境下储能，同时也激发了正极材料的储能潜力。

5.5.1.3 锰基正极材料面临的问题及优化策略

近年来，锰基正极材料得到了广泛的研究，其中大部分材料表现出优异的电化学性能。然而，不同价态的锰基材料可能表现出不同的电化学行为。面临的主要问题包括：①低导电性。锰基材料导电性差，严重阻碍了电子传递，导致充放电倍率性能差。②锰溶解。在充放电过程中，许多锰基正极材料不仅晶体结构不稳定，而且发生不可逆的相变和歧化反应，导致Mn溶解，容量衰减，稳定性急剧下降。③静电排斥。在Zn^{2+}扩散过程中，高电荷密度的Zn^{2+}与宿主材料之间强烈的静电斥力不仅影响主体材料的层间距，而且导致Zn^{2+}扩散缓慢。④副产物。电池在长期的循环过程中，往往会产生一些意想不到的副产品，如碱式硫酸锌［$Zn_4(SO_4)(OH)_6 \cdot nH_2O$，ZHS］等。

为了更好地解决AZIBs锰基材料的问题，下面详细阐述了一些策略，包括客体预嵌、缺陷工程、表面修饰、结构设计与电解液优化等。

(1) 客体预嵌和掺杂

锰基化合物资源丰富、价格低廉、毒性低、环境友好，具有多个可变价态，高的氧化还原电位使其拥有相对较高理论容量和充放电平台，具有层状、隧道、尖晶石结构，表现出较强的锌离子存储能力。然而，在充放电过程中，Mn^{3+}的歧化反应会导致Mn^{2+}溶解和不可逆相的生成，严重影响了材料的稳定性。通过掺入紧密连接的离子或分子，如水分子、金属离子以及一些聚合物，可以作为支柱；嵌入电极材料，以稳定结构和增强循环性能。

由于 Zn^{2+} 电荷密度高，使得 Zn^{2+} 在晶格中的扩散速度较慢，从而导致 Zn^{2+} 在晶格中的积累。一旦宿主材料中积累的锌离子达到一定的量，就会发生一些不可逆的相变。水分子在晶格结构中，有助于扩大扩散通道或对金属阳离子进行电荷屏蔽，减少静电排斥效应，提高扩散系数。

除水分子外，在层间预嵌入金属离子（如 K^+、Na^+、Mg^{2+}、Ca^{2+}），在水分子和离子的协同作用下，有助于抑制宿主材料在电解液中溶解，提高循环稳定性。Wang 团队通过高锰酸钾和锌粉发生简单的化学反应而制备 Zn^{2+} 和结晶水共嵌的层状 MnO_2，具有高比表面积和独特的介孔结构，可以提供足够的活性中心和有效缩短离子传输路径，提高电化学利用率和动力学。Tao 团队采用一步水热法合成了 Ca^{2+} 和结晶水共嵌的 δ-MnO_2，Ca^{2+} 和结晶水的加入可以稳定 $Ca_{0.28}MnO_2 \cdot 0.5H_2O$（简称 CaMnO）层状结构，表现出优异的倍率性能，在 3500mA/g 的电流密度下，放电比容量高达 124mAh/g。Lee 团队提出［3×3］Todorokite 型 MnO_2 共嵌 Mg^{2+} 和水分子（$Mg_{1.8}Mn_6O_{12} \cdot 4.8H_2O$）作为水系锌离子电池正极，$Mg^{2+}$ 和水分子作为支柱，阻止了向其他结构转变，同时，水分子的屏蔽作用降低了 Zn^{2+} 的有效电荷，提高了 Zn^{2+} 的扩散速率，但其机理尚不明确，有待深入研究。

除此以外，在材料设计中引入能与主体结构结合紧密的离子（如 K^+、Na^+、Mg^{2+}、Ca^{2+} 等)，能从本征结构出发改善材料的循环稳定性。周江团队报道了 K^+ 嵌入和氧缺陷的 $K_{0.8}Mn_8O_{16}$ 正极材料。研究表明，K^+ 的嵌入可以支撑 α-MnO_2 隧道结构，抑制锰的溶解。氧缺陷改善了 $K_{0.8}Mn_8O_{16}$ 的导电性，打开了 MnO_6 多面体壁进行离子扩散，这对 $K_{0.8}Mn_8O_{16}$ 的快速反应动力学和容量的提高起到了关键作用。Chen 等人还报道了 K^+ 嵌入制备的 $K_xMn_{8-x}O_{16}$（$x=0.2\sim1$）纳米晶用于 AZIBs 正极。纳米晶电极具有稳定性好、能量密度高、离子扩散系数高等优点，在储能领域具有潜在的竞争力。Liu 团队通过自牺牲模板法合成了高 K 含量的 $K_{0.19}MnO_2$ 作为水系锌离子电池正极材料，阐明了 H^+/Zn^{2+} 的嵌入/脱出机理，在 Zn^{2+} 嵌入过程中，使 MnO_2 相从隧道型结构部分改变为层状结构（Zn-buserite)。预嵌入的高含量 K^+ 作为柱体，稳定了层状结构，扩展了 Zn^{2+} 的迁移通道，促进了 Zn^{2+} 在 MnO_2 正极中的扩散，表现出极佳的电化学性能。此外，吴贤文等报道了 KMn_8O_{16} 和 $K_{0.17}MnO_2$ 应用于水系锌离子电池中，都表现出优异的电化学性能，但机理尚不明确。锰酸钾化合物在循环过程中容量衰减快，可能归因于结构转变，对电池的循环寿命非常不利。为了克服材料结构转变导致的体积变化，麦立强教授团队提出 Zn_xMnO_2 与柔性碳布复合，应用在锌离子超级电容器中表现出优异的电化学性能。

相对于隧道结构 MnO_2 而言，层状 MnO_2 具有［1×∞］结构，比隧道 MnO_2 更有利于锌离子的嵌入和扩散，因此层状锰基材料更适合作 AZIBs 正极材料。Lu 团队成功地合成了 Na^+ 嵌入 MnO_2（$Na_{0.95}MnO_2$）层状正极材料。1000 次循环后，比容量保持在 92%。Zhang 用沉淀法成功地合成了 La^{3+} 嵌入的 δ-MnO_2 纳米花。La^{3+} 能提供结构支撑，增加层间距，稳定结构，降低 Zn^{2+} 的嵌入电阻。

完整尖晶石结构的锰酸盐结构致密，晶格中的 Mn^{3+} 对 Zn^{2+} 的静电斥力较大，Zn^{2+} 的迁移能垒较高，通常不适宜作为 Zn^{2+} 的宿主材料。通过引入缺陷减少静电斥力是改善储锌能力的有效方法。此外可通过阳离子预嵌入尖晶石结构，在充电后预嵌的阳离子抽离出尖晶石结构，为后续锌离子的嵌入提供活性位点，表现出优异的储锌能力。Kim 团队报道了一种高电压、高能量的 $MgMn_2O_4$ 正极材料，首次充电后，预嵌的 Mg^{2+} 脱出尖晶石结构，为后续循环中 Mg^{2+} 和 Zn^{2+} 的嵌入提供了活性位点，表现出了良好的循环稳定性。此外，卢锡洪教授等报道了一种海胆状 La 和 Ca 共掺杂 ε-MnO_2 纳米材料，而双离子掺杂则增大了隧道直径，减轻强的静电排斥力，降低了 Zn^{2+} 扩散的势垒，为锌离子的嵌入提供更多的活性位点。对比单离子掺杂可以得出，Ca 掺杂可以显著提高 ε-MnO_2 的稳定性，而 Ca^{2+} 和 La^{3+} 都对提高容量有积极作用。双掺杂策略可以提高 ε-MnO_2 的容量和寿命。掺杂后电荷转移阻抗（R_{ct}）从 198.1Ω 降到了 29.8Ω，说明在 La^{3+} 和 Ca^{2+} 的调控下，ε-MnO_2 的带隙得以缩小，导电性能得到提升。双金属离子掺杂对后续的离子掺杂具有启发意义。受锂离子电池 SEI 膜启发，Liang 团队报道了 Ca_2MnO_4 在首次充电过程中，预嵌的 Ca^{2+} 从 Ca_2MnO_4 中脱出并在表面原位生成单一组分的 $CaSO_4 \cdot 2H_2O$ 界面保护膜，在 Ca^{2+} 预嵌提升本征结构稳定性的基础上，界面保护膜的生成进一步抑制了锰的溶解。理论计算和实验结果表明，$CaSO_4 \cdot 2H_2O$ 界面膜还具有降低阻抗、改善界面、减少活化能的作用，有效地促进了 Zn^{2+} 的嵌入与脱出，进一步提高了电池的循环性能和倍率性能。

最近，MnO_2 层间的非金属离子嵌入也有报道。通过一个简单的磷酸化过程，成功地将氧缺陷和磷酸根离子引入二氧化锰中，从而提高了二氧化锰的导电性和层间距。导电聚合物不仅可用于表面改性，还可用于支撑层间距和保持结构稳定。相对而言，导电聚合物嵌入可以获得更高的电导率和更大的结构间隙。大而稳定的层状结构能有效地消除客体离子插入引起的相变和结构坍塌，对获得高储存容量和长循环寿命具有重要意义。聚苯胺（PANI）嵌入在δ-MnO_2中间层之间，并且中间层间距延伸到约1nm。它能有效地消除离子嵌入引起的相变，提供更大的离子容量，对获得更长的循环寿命和更高的电荷存储容量具有重要意义。Xue团队采用外延聚合策略制备了MnO_x/聚吡咯（PPy）复合材料，柔性的PPy分子链缓解了Zn^{2+}嵌入/脱出过程中的体积膨胀，有效地提升了结构稳定性；Mn、N原子间的相互作用降低了MnO_x与PPy间的界面阻抗，使整个电极具有良好的导电性；MnO_x的高比表面积使其与电解液接触充分，活性物质的利用率较高。

(2) 表面修饰

一种有效而简单的正极保护方法是表面改性，它不仅可以减轻活性物质结构崩塌和溶解，而且可以减少副产物（ZHS）引起的电极表面体积膨胀。

最常用的表面改性方法是引入碳涂层。使用一些容易获得的碳材料可以改善锰基氧化物的循环性能，如β-MnO_2@C、λ-MnO_2@C；其次，在碳材料中掺杂N会导致一些结构缺陷，从而进一步提高碳材料导电性。如采用金属有机骨架模板法制备多孔骨架掺氮锰基正极材料（MnO_x@NC）以及采用一步水热法合成N掺杂石墨烯包覆$ZnMn_2O_4$复合材料。NG为$ZnMn_2O_4$纳米颗粒提供了一种更有效的电子传输方式，同时具有稳定材料结构的功能，使其在循环过程中能够承受更大的体积膨胀。此外，还可以使用一些导电型和超薄碳层的碳材料［如石墨烯和碳纳米管（CNT）］减轻循环过程中正极材料的溶解。

将导电聚合物应用于表面改性也可以避免活性物质的溶解。导电聚合物具有超高的导电性，高于大多数碳材料。基于导电聚合物的高导电性，MnO_2@rGO@PANI在AZIBs中表现出优异的性能。在二氧化锰表面涂覆rGO和PANI可以抑制锰的溶解，提高电极材料的倍率性能和循环稳定性。众所周知，氧化铟（In_2O_3）因其高导电性而广泛应用于储能领域，如太阳能电池、超级电容器、锂离子电池等。Guo等在简单温和的水热条件下成功制备了In_2O_3包覆的α-MnO_2纳米管。电化学动力学研究结果表明，随着电导率的提高，AZIBs的循环稳定性和倍率性能有了很大的提高。遗憾的是，各种金属氧化物的导电性差别很大，很难找到合适的金属氧化物涂层。

(3) 缺陷工程

缺陷工程可以赋予材料新的功能，如光学、磁学和电学性能。在各种类型的缺陷中，氧空位在改变氧化物表面化学和几何结构方面起着重要的作用。据报道，作为 AZIBs 的正极材料，缺氧 δ-MnO_2（Od-MnO_2）显示出良好的电化学性能。对于 Od-MnO_2，Zn^{2+} 吸附的吉布斯自由能接近氧空位附近的热中性值（≈0.05eV）。而对于纯 MnO_2，Zn^{2+} 的吸附吉布斯自由能（≈−3.31eV）明显较低。这表明，Zn^{2+} 对缺氧 MnO_2 的嵌入/脱出是可逆的。由此说明，在脱附过程中会有更多的 Zn^{2+} 从 Od-MnO_2 中脱附出来，这有助于更新下一次吸附的电化学活性表面积。研究表明，K^+ 嵌入 α-MnO_2（$K_{0.8}Mn_8O_{16}$）中的氧缺陷可以打开 MnO_6 多面体壁，这有利于 H^+ 在 ab 面的扩散。密度泛函理论计算表明：虽然完美的 $K_{0.8}Mn_8O_{16}$ 具有均匀的电荷分布，但电子会在氧缺陷处聚集。当 O 原子从晶格中消失时，氧空位与多余的电子一起产生，作为电子供体，有利于 H^+ 的扩散。H^+ 在理想结构中的扩散能比在氧缺陷结构中的扩散能大 0.21eV，进一步证明了氧缺陷能使 ab 面上的反应动力学快速进行。此外，通过引入氧缺陷，H^+ 嵌入 β-MnO_2 的吉布斯自由能将进一步降低，并且转化反应过程将加快。

众所周知，理想的尖晶石结构不适合 Zn^{2+} 嵌入/脱出。在没有阳离子缺乏的完美尖晶石中，Zn^{2+} 通过未被占据的八面体位置（8c），从一个四面体位置（4a）迁移到另一个四面体位置，因此承受来自相邻八面体位置（8d）中，Mn 阳离子的大静电排斥，强烈阻碍 Zn^{2+} 扩散。陈军院士课题组首先在尖晶石 $ZnMn_2O_4$ 中引入阳离子空位，制备了尖晶石 $ZnMn_{1.86}Y_{0.14}O_4$（Y：锰空位）。相比之下，具有锰空位的尖晶石结构允许更容易的 Zn^{2+} 扩散，而没有太多静电屏蔽，从而导致 Zn^{2+} 的更高迁移率和更快的电极动力学。最近，还报道了氧缺陷的 $ZnMn_2O_4$（表示为 Od-ZMO）。空位形成能（evac）计算表明，Od-ZMO(2.36eV）的（101）表面的 evac 值显著低于 $ZnMn_2O_4$(3.87eV)。evac 的降低意味着 Od-ZMO 的 Zn 位更有可能产生空位，这有利于 Zn^{2+} 的嵌入/脱出。因此，阳离子空位可能更倾向于帮助 Zn^{2+} 从一个位置移动到另一个位置，而氧空位可能更倾向于帮助 Zn^{2+} 从该位置逃逸。两种空位均能提高 Zn^{2+} 的扩散系数，改善 $ZnMn_2O_4$ 的电化学性能。

(4) 两相复合

LIBs 和 SIBs 已经证明，两相复合材料的构建对于改善电化学性能具有重要意义。首先，两相复合材料的协同效应有利于继承单相材料的优点。其次，异质化合物的引入将增加界面面积，从而提供额外的离子存储位置并提高电子导电性。最后，具有逐渐氧化还原反应的两相可以有效地减少深层固态扩散，从而减轻离子嵌入/脱出过程中的应力。吴贤文等人首次用表面活性剂辅助溶剂热法成功制备了具有微球结构的 $ZnMn_2O_4/Mn_2O_3$ 复合材料。在 0.5A/g

恒流充放电时，初始充放电容量仅为15.7mAh/g，这主要是由$ZnMn_2O_4$中Zn^{2+}在初始充电过程中的高静电斥力所致。但随后的放电容量达到了82.6mAh/g，这可能是由于Mn^{3+}还原为Mn^{2+}时，Zn^{2+}嵌入到α-Mn_2O_3主体材料中。容量的大幅增加表明复合材料具有良好的协同效应。同时，$ZnMn_2O_4$将转变为层状Zn-birnesite相，在随后的循环过程中表现出良好的循环稳定性。最近，对MnO_x@CN（MnO和MnO_2相复合物）、MnO_x/PPy（MnO_2和Mn_3O_4相复合物）也进行了研究。这两种复合材料均表现出良好的倍率性能和循环稳定性。

锰氧化物种类繁多，通过简单的氧化还原反应可以将不同的锰氧化物相互转化，大大简化了两相复合材料的合成。此外，不同价态和晶体结构的锰氧化物具有良好的协同效应，可以获得更宽的电压窗口、更好的离子扩散、更高的比容量和更稳定的循环性能。

(5) 结构设计

零、一、二维材料各有特点，利用它们为单元建立各种结构的纳米材料，不但能保留原有结构的优点，还能在不同尺度上获得其他结构特征，如大尺寸、高孔隙率、显著的比表面积和优异的渗透性，有助于电荷转移和缩短离子扩散路径，促进客体离子在电极材料结构中的储存/释放。其中，构建中空和多孔结构最为常见。吴贤文等人采用碳微球模板法制备中空多孔$ZnMn_2O_4$。其比表面积为31.9$m^2 \cdot g^{-1}$，孔径分布为1.3～300nm。其平均孔径约为31.2nm，样品中存在丰富的介孔结构，与TEM观察到的空心核壳结构一致。该正极材料用于AZIBs，在3.2$A \cdot g^{-1}$的电流密度下也能达到70.2$mAh \cdot g^{-1}$的比容量，这表明材料具有很好的倍率性能。在300次循环后，容量保持率都可达100%，说明材料在不同倍率下都能表现出很优异的循环稳定性。多孔结构的锰基材料更为常见，近年来报道的α-MnO_2/CNT-HMs（纳米纤维/碳纳米管组装微球）、$Ni_xMn_{3-x}O_4$@C、MnO_x@N-C、Cube-like Mn_3O_4@C、多孔MnO_2膜、$ZnMn_2O_4$@PCPs（多孔碳多面体）都具有大量多孔结构。

研究者通常会利用原位生长/沉积的方式以三维基底为衬底制备无黏结剂的自支撑复合电极。三维基底［如碳纤维纸（CFP）、碳纤维布（CFC）、碳纤维毡（CFF）和不锈钢焊接网（SSWM）等］不仅可以提高电极的导电性，而且可以为活性材料形成稳定的多孔结构提供支撑，部分基底还可以用于柔性电池。此外，无黏结剂大大减小了材料的阻抗。

Tang等通过水热法在不锈钢网上原位生长Mn_3O_4制备了一种纳米花型SSWM@Mn_3O_4复合材料［如图5.11(a)］。如SEM图5-11(b)所示，该材

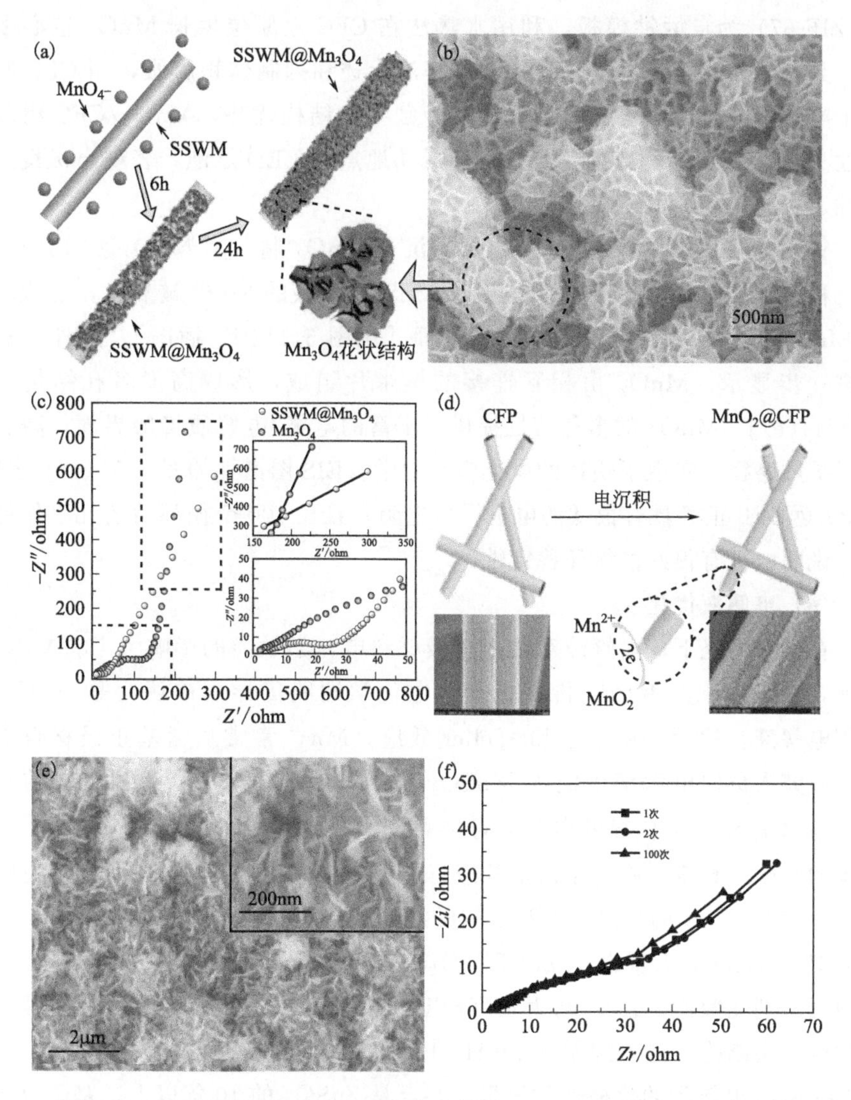

图 5.11 SSWM@Mn_3O_4（a）合成示意图、（b）SEM 图、（c）EIS 图；MnO_2@CFP（d）CFP 在工艺上电沉积纳米 MnO_2 的示意图，以及电沉积前后 CFP 的相应 SEM 图、（e）SEM 图，插图为 HESEM 图；（f）正极在 1.3C 下 1、2 和 100 次循环后的 EIS 图

料是由超薄纳米片组成的多层纳米花结构，有利于 Zn^{2+} 的迁移和扩散。EIS 图谱［图 5.11(c)］表明，与裸露的 Mn_3O_4 电极相比，SSWM@Mn_3O_4 电极具有更低的电化学反应阻抗和更小的 Warburg 阻抗，这得益于无黏结剂和三维衬底有效地增强了电极中的电子转移动力学。Cao 等以沸石基咪唑盐框架-

67(ZIF-67) 为自牺牲模板，利用水热法在 CFC 上原位生长 MnO_2 空心多面体，具有较大的比表面积，有利于电解液渗透和抑制体积膨胀，而 CFC 则有利于电子的传输。更重要的是，得益于独特的结构优势，MnO_2/CFC 组装的柔性 AZIBs 在不同的弯曲角度下也能成功地点亮 LED 灯泡，表现出优良的柔韧性。

Wang 等在碳纤维纸上通过原位电沉积 MnO_2 制备了 MnO_2@CFP 正极。电沉积过程如图 5.11(d) 所示。由于 $MnSO_4$ 溶液的 Mn^{2+} 被氧化，形成均匀的 MnO_2 沉积在碳纤维纸（CFP）表面［见图 5.11(d) 插图］。此外，SEM 图进一步显示，MnO_2 由相互连接的纳米片组成，形成高度多孔结构［如图 5.11(e)］。MnO_2 的多孔特性提供了丰富的电极/电解质接触界面，减少了离子扩散路径，实现了快速的电化学动力学。EIS 图谱［如图 5.11(f)］表明，MnO_2@CFP 正极具有很低的电极反应电阻，且在 100 个循环后还几乎保持不变，说明电极有很好的循环稳定性。

(6) 电解液优化

在某些情况下，电解液对锰基正极材料电化学性能的影响大于材料本身。目前，$ZnSO_4$ 水溶液因其价格低廉、电化学性能优异而被认为是 AZIBs 的常用电解液。然而，由于 Jahn-Teller 效应，Mn^{2+} 常常从锰基正极材料中溶解。研究人员向电解液中添加 $MnSO_4$，大大提高了 MnO_2 活性材料的利用率，$Zn(CF_3SO_3)_2$ 优异的电化学性能可归因于大量的 $CF_3SO_3^-$ 减少了 Zn^{2+} 周围的水分子数量，降低了溶剂效应，促进了 Zn^{2+} 的迁移和电荷转移。此外，有效地抑制了 H_2 的析出，提高了锌的沉积/溶解效率。与 $Zn(CF_3SO_3)_2$ 电解液类似，Wang 等人报道了 $Zn(TFSI)_2$＋LiTFSI 电解液也可以降低混合水系电池的溶剂化效应。Zn^{2+} 与大量 $TFSI^+$ 形成致密的 $[Zn(TFSI)]^+$ 并形成溶剂化的鞘层结构，显著抑制 $[Zn(H_2O)_6]^{2+}$ 的生成。然而，$Zn(CF_3SO_3)_2$ 和 $Zn(TFSI)_2$ 电解质的价格非常昂贵，甚至是 $ZnSO_4$ 的 10 倍以上。基于以上考虑，含 0.1M $MnSO_4$ 的 $ZnSO_4$ 水溶液是最常见的水系电解质。对于 AZHBs，通过添加相应的金属盐获得电解质。

聚合物电解质（PEs）因其水溶液少，能减少水溶液引起的活性物质溶解，有效抑制锌枝晶的生长而受到广泛关注。聚醚砜主要分为三大类：固体聚合物电解质（SPEs）、凝胶聚合物电解质（GPEs）和杂化聚合物电解质（HPEs）。它们都是由盐介质和高分子链组成的。SPEs 具有良好的力学性能，但对离子电导率的改善不明显。GPEs 能提高离子电导率，但降低机械强度。HPEs 是由两种或两种以上的聚合物通过交联、自组装或共聚而成，具有上述两种聚合物的优点。聚醚砜具有良好的便携性，在软电池领域得到了广泛的应用。然而，PEs 的缺点也很明显。经过长时间的循环，水溶液的消耗导致离子的扩散能力急剧下降，从而导致容量迅速下降。

5.5.2 水系锌离子电池钒基正极材料

5.5.2.1 钒基正极材料

钒属于元素周期表第ⅤB族元素，其核外电子结构为 $3d^3 4s^2$，氧化还原过程中伴随着多电子的转移，从而展现出较高的比容量特性。在水系锌离子电池中，由于钒资源的丰富性以及价态的多样性，存在着多种钒基化合物（VO_2、V_2O_5、钒酸盐、VS_2 等），因此，具有不同的晶体结构和电化学特征。通过不同的合成方法制备不同的结构和形貌的钒基材料，为 AZIBs 正极材料提供了丰富的选择。

(1) 钒氧化物

在水系锌离子电池正极材料中，V_2O_5 是一种具有典型层状结构的钒基化合物，其中，V 原子和 O 原子构成的［VO_5］四方棱锥通过共用棱和边连接成层，层间通过范德华力相互作用。层间距较大，适合于 Zn^{2+} 的存储，且钒以最高的氧化态存在，理论 Zn^{2+} 存储量相对其他材料有着独特的优势。

Zhang 等人研究层状 V_2O_5 用于 AZIBs，除了 Zn^{2+} 的嵌入/脱出外，水分子的共嵌入能有效降低 Zn^{2+} 与 V_2O_5 的静电相互作用，这是增强化学反应动力学的原因之一。除此之外，在循环过程中［如图 5.12(a)、(b) 所示］，材料结构逐渐演化为多孔纳米片，为 Zn^{2+} 的嵌入存储提供了丰富的活性位点，导致材料电化学性能的稳定提升。

高度可逆相变具有开放结构和钒的混合价态（V^{4+}/V^{5+}）的 V_6O_{13}，相对于 VO_2 和 V_2O_5，该材料具有更快的 Zn^{2+} 扩散速率和导电能力。隧道结构的 V_6O_{13} 由交替的单、双氧化钒层共享角组成，双层的位点同时被 V^{5+} 和 V^{4+} 的 VO_6 单元占据，而单层的位点被 V^{5+} 的 VO_6 单元占据［如图 5.12(c)～(e) 所示］。因此，V_6O_{13} 可以看成是由共享角的单层 V_2O_5 和双层 VO_2 组合而成。为了探究循环过程中容量的衰减原因，对充放电机理进行了研究。如图 5.12(f)～(h) 所示，由于部分 Zn^{2+} 不可逆嵌入到活性位点中，在 SAED 中可以清晰观察到 $Zn_{0.25}V_2O_5$ 新相的形成，与原位 XRD 结果一致。$Zn_{0.25}V_2O_5 \cdot H_2O$ 的存在能使得 V_6O_{13} 有更多的 Zn^{2+} 储存位点，因而材料拥有更好的电化学性能与更快速的离子扩散系数，改善了材料与 Zn^{2+} 之间的

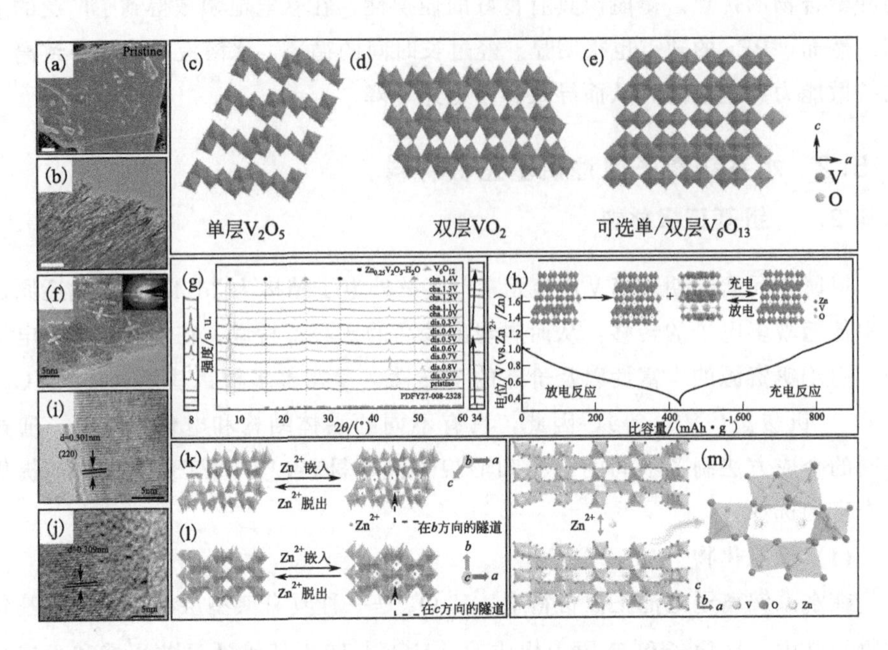

图 5.12 V_2O_5 正极材料（a）初始状态 500nm SEM 和（b）100 次循环后的 100nm TEM；晶体结构（c）V_2O_5、（d）VO_2 和（e）V_6O_{13}；（f）完全放电状态下 HRTEM 对应选区电子衍射（简称 SAED）图；（g）不同放电-充电状态下的原位 XRD 图谱；（h）V_6O_{13} 放电-充电过程中高可逆相变示意图；VO_2(A) 在 350℃退火后的（i）HRTEM 图和（j）放电至 0.2V 后 HRTEM 图；VO_2(B) 纳米纤维分别沿（k）b 轴和（l）c 轴方向 Zn^{2+} 嵌入/脱出投影示意图；（m）水热反应 24h 获得的 nsutite-type VO_2 纳米片的储锌示意图

结构应力，材料稳定性进一步加强。

VO_2 由共享边扭曲的［VO_6］八面体形成链，再与另一个［VO_6］八面体共享角组成链形成三维隧道结构。较大的隧道结构能适应 Zn^{2+} 的嵌入/脱出，可以用于 Zn^{2+} 储能材料。Hu 团队将制备的 VO_2(A) 空心球作为 AZIBs 正极材料，表现出优异的储锌能力。结果表明：晶面间距 0.301nm 对应于空心球 VO_2(A)（220）平面，当电池放电至 0.2V 时，HRTEM 显示晶面间距从 0.301nm 增加到 0.309nm，归因于 Zn^{2+} 的嵌入［如图 5.12(i)、(j) 所示］。材料具备比表面积大和孔隙率高的特点，VO_2(A) 空心球具有稳定的结构及良好的离子扩散系数，使二价 Zn^{2+} 的可逆嵌入/脱出显示出优异的电化学

性能。Ding 等人针对 Zn^{2+} 在材料中的扩散问题研究了具有超快 Zn^{2+} 嵌入/脱出速率的 VO_2(B) 纳米纤维，如图 5.12(k)(l) 所示，VO_2(B) 纳米纤维具有较大的隧道结构（沿 b 轴的 0.82nm^2 和 c 轴的 0.50nm^2），致使在 Zn^{2+} 嵌入过程中结构变化小，为 Zn^{2+} 在材料中的快速扩散提供途径。Cao 等人通过设计独特的纳米结构钒氧化物以提高 AZIBs 的电化学性能，如图 5.12(m) 所示，研究发现铜钱状 nsutite-type（六方锰矿型）VO_2 纳米片的直径和厚度在水热反应 24h 后几乎没有变化，拥有丰富的活性位点的隧道结构，使材料具有快速的离子扩散速率，被应用于 AZIBs 正极材料能展现出高比容量和良好的循环稳定性。

然而，钒基氧化物在循环过程中也存在着活性物质的脱落、结构坍塌、不稳定等问题，需要进行深入研究。

(2) 尖晶石钒酸盐化合物

尖晶石钒酸盐化合物具有稳定的隧道结构，O^{2-} 作为立方紧密堆积，钒原子与另一种金属原子填充在 O^{2-} 的间隙中，形成较强的离子键。

Liu 等人将活化诱导后的 ZnV_2O_4 作为 AZIBs 正极材料。如图 5.13(a)～(c) 所示，为了研究电化学活化机理，利用原位 XRD 研究初始两个循环的结构演化。结果发现：(111) 峰的位置和强度在整个充放电过程中保持不变，而 (220) 和 (331) 峰强度在第一次充放电过程中逐渐降低。这一过程持续到第二周，峰的强度降低了近 95%，表明 ZnV_2O_4 微晶化的过程。原子对分布函数（简称 PDF）能够进行局部原子结构表征，峰值与原子之间的间距及键长有关。非原位 PDF 显示，对应 Zn—Zn、Zn—V 和 Zn—O 的峰值在 3.51Å 和 5.94Å 处出现了正偏移，说明出现了晶格畸变。在充电过程中 ZnV_2O_4 晶格的 Zn^{2+} 脱出，在 5.94Å 处的峰值强度下降很多，与相邻的峰重叠形成一个更宽的峰。然而主峰位置并没有明显的变化，但是局部变形明显，Zn—Zn 键比例明显降低，形成晶格缺陷。在 5.42Å 和 6.90Å 处的峰强度也有明显的降低，这是由于 Zn^{2+} 的脱出导致 Zn—V 和 Zn—O 键的比例降低，从而阐明了微晶化过程中尖晶石型 ZnV_2O_4 中 Zn^{2+} 在原子尺度上的嵌入/脱出机制。ZnV_2O_4 正极材料以电化学活化机制与微晶化作用相结合，导致表面反应增强和局部晶格畸变，具有优越的比容量、倍率性能和长循环稳定性。

Tang 团队研究了类似海胆状尖晶石型 MgV_2O_4（简称 MVO）正极材料，如图 5.13(d)～(g) 所示，在电化学循环过程中由有序向无序转变，产生一个新相。海胆状结构比表面积大，能有效缩短离子传输通道，并能提供更多的活性位点，具有较强的结构稳定性。通过原位 XRD 研究分析 [图 5.13(h)]，证实在 MVO 电极的首次充电状态下形成了非晶相，其储能机理如图 5.13(i) 所示，部分 Mg^{2+} 离子被 Zn^{2+} 离子取代并置换形成 $Zn_xMg_{1-x}V_2O_4$。

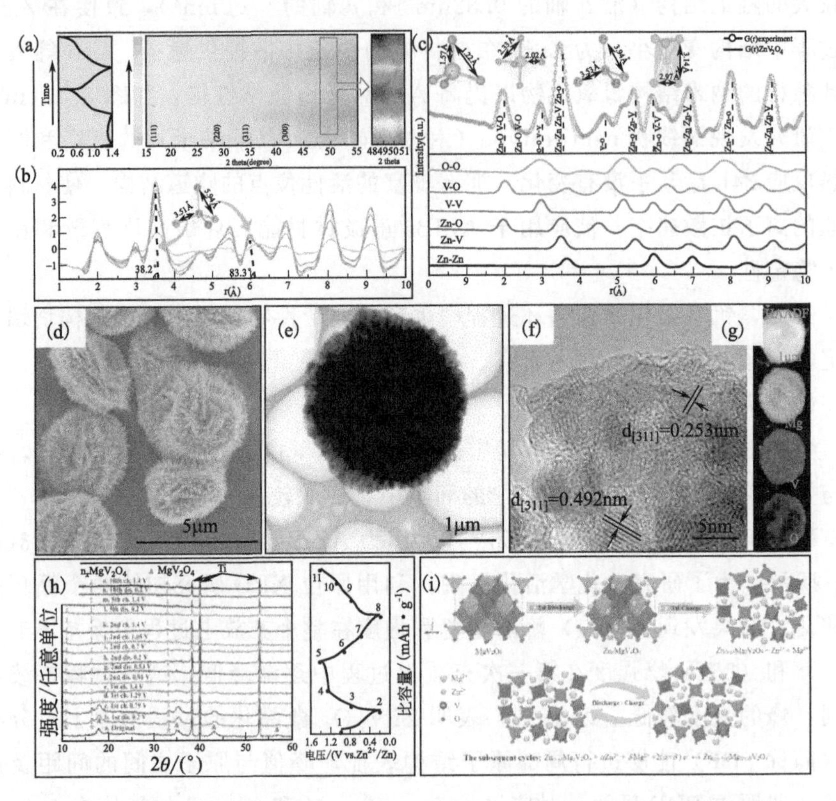

图 5.13 ZnV_2O_4 电极中：(a) 前两个循环的原位 XRD 测试，(b) 0～10Å 的原位 PDF 分析，(c) 尖晶石 ZnV_2O_4 立方相模型中 PDF 的细化以及 PDF 在 0～10Å 主要峰值。类海胆 MVO 微球：(d) SEM、(e) TEM、(f) HRTEM 和 (g) TEM-EDS；(h) 原位 XRD 图及 0.2A·g^{-1}电流密度下对应的第 1、2、5、10 次全充/全放电状态下的曲线；(i) Zn^{2+}储存机理示意图

(3) 其他钒基正极材料

在 VS_2 晶体结构中，钒原子层与硫原子层相互间隔，钒原子周围围绕着六个硫原子，形成共价键，拥有着类似于石墨烯的层状结构，具有快速的离子扩散通道。麦立强教授团队将层状 VS_2 材料运用于 AZIBs，通过 SEM 检测，如图 5.14(a) 所示，花状 VS_2 是由直径 5～8μm、厚度 50～100nm 纳米片组成。图 5.14(b) 为 VS_2 在第三个循环周期下的非原位 XRD 图，只有位于

15.4°的特征峰在充放电过程中发生了明显的变化，放电从状态Ⅱ到状态Ⅵ时，15.4°峰值下降，是由于过程中 Zn^{2+} 的插入造成层间距 $d_{(001)}$ 增加。HRTEM 和 SAED 证实在充放电过程中，晶面间距（002）的细微变化［如图 5.14(c)(d) 所示］。当放电至 0.4V 时，(002) 的晶面间距比原始状态增加了 1.73%，进一步证实了 Zn^{2+} 嵌入/脱出反应机理。以快离子导体 $NaV_2(PO_4)_3$（简称 NVP）作为 AZIBs 正极材料时，Zn^{2+} 嵌入过程中，$Zn_xNaV_2(PO_4)_3$ 中的 Na^+/Zn^{2+} 具有协同稳定晶体结构、增强力学性能和提高电导率的作用。晶格含水的无机开放框架结构的磷钒酸盐 $KV_2O_4PO_4 \cdot 3.2H_2O$(KVP) 作为正极材料时，具有超过钒氧化物的平均电压平台（0.85V），每个正极分子允许约 1.5 个 Zn^{2+} 的可逆嵌入/脱出。在循环过程中能表现出<1%的体积变化，能够实现长期循环稳定性；并且材料中丰富的结合水能产生“电荷屏蔽”效应，提高了 Zn^{2+} 的迁移动力学，从而实现了极快的充电速率（1.9min 内充电 71%）和超高的功率（107Wh/kg 时为 7200W/kg），具有大规模储能应用的前景。Liu 等人通过电化学活化 V_2CT_x 二维纳米片，表层钒的价态重组成

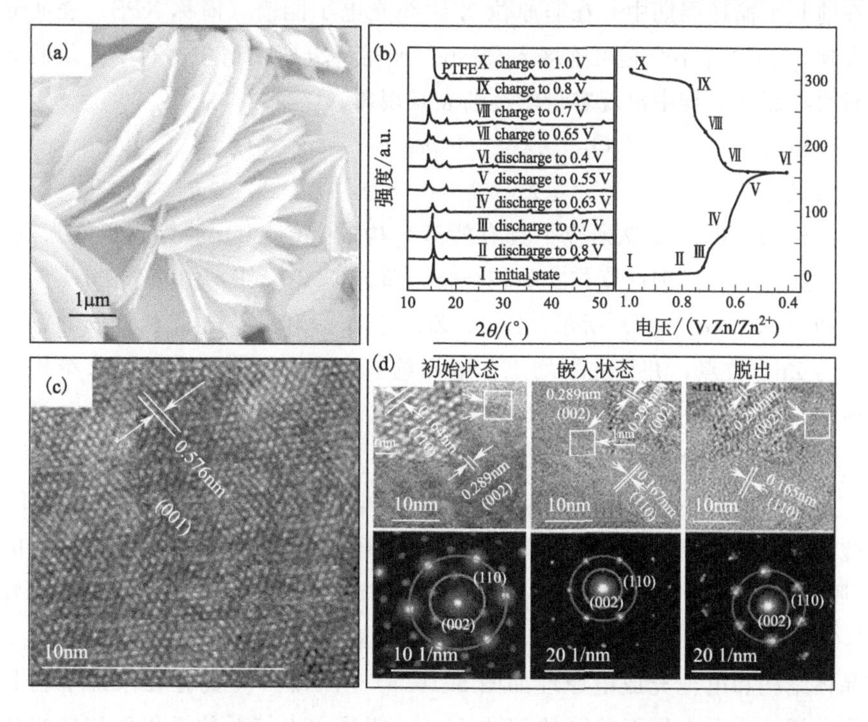

图 5.14　VS_2 材料：(a) SEM 图、(b) 不同状态下 VS_2 的非原位 XRD 图、(c) HRTEM 图、(d) 不同状态下 HRTEM 图与 SAED 图

+5 价，并且内部依然保留 V—C—V 的多层结构，C 能提高材料的导电性，提供了 Zn^{2+} 丰富、有序的纳米通道，显著提高了锌离子的储存能力。

5.5.2.2 钒基水系锌离子电池充放电机理

钒基化合物被研究者广泛应用在 AZIBs 体系中，展现出较高的储锌特性。但由于金属钒具有+2、+3、+4、+5 等多种价态，存在着层状（V_2O_5）、隧道状（VO_2、V_6O_{13}）等多种晶体结构，从而导致钒基 AZIBs 体系反应机理复杂。下面主要总结了以下四种反应机理。

(1) Zn^{2+} 嵌入/脱出机理

因 Zn^{2+} 的离子半径较小（约为 0.74Å），使之能够在层状或隧道状的晶体结构中进行可逆的嵌入/脱出反应。在 AZIBs 正极材料中，钒基化合物是一类可供 Zn^{2+} 可逆嵌入/脱出的重要宿主材料。周江教授团队阐述了 Zn^{2+} 在 V_2O_5 材料中的嵌入/脱出机理和结构变化［如图 5.15(a)～(c) 所示］。利用非原位 X 射线衍射（简称 XRD）技术分析并证明了新相 $Zn_nV_2O_5$ 的形成，但在前几个循环周期中，在非原位 X 射线光电子能谱（简称 XPS）表征分析中发现，Zn^{2+} 并不全是可逆嵌入/脱出，而是部分留在宿主材料中，从而导致该材料在循环过程中出现容量的逐渐衰减现象。

正极： $$V_2O_5+nZn^{2+}+2ne^- \rightleftharpoons Zn_nV_2O_5 \tag{5.6}$$

负极： $$Zn-2e^- \rightleftharpoons Zn^{2+} \tag{5.7}$$

Jae-Sang Park 团队研究了具有隧道结构的 $VO_2(B)$ 的锌离子嵌入/脱出机理。通过第一原理计算与实验相结合，验证了 $VO_2(B)$ 中四个 Zn^{2+} 离子位点，如图 5.15(d)～(f) 所示：Zn_C、Zn_{A1}、Zn_{A2} 和 $Zn_{C'}$ 位点，首选的锌离子位点为 Zn_{A2} 位点，并且在平均工作电压约 0.7V 时，可从 $VO_2(B)$ 结构中可逆地嵌入 Zn^{2+}。

(2) 离子、分子共嵌入/脱出机理

研究发现，不同非水系电解质，在水系电解质中存在大量的质子（H^+），因此，在某些情况下，H^+ 也可以参与氧化还原反应过程。与单一 Zn^{2+} 的嵌入/脱出不同的是，H^+/Zn^{2+} 共嵌入/脱出过程中有层状 $Zn_4(OH)_6SO_4 \cdot 5H_2O$（简称 ZHS）相的生成。周江团队研究了具有界面缺陷的 V^{4+}-V_2O_5，其晶体结构和电池充放电原理如图 5.16(a) 所示。V^{4+} 的存在增加了材料的电化学活性，具有界面缺陷的 V^{4+}-V_2O_5 能显示出较低的极化率和较快的离子扩散速率。通过非原位 XRD 表征［如图 5.16(b)］，在 Zn^{2+} 嵌入层间过程

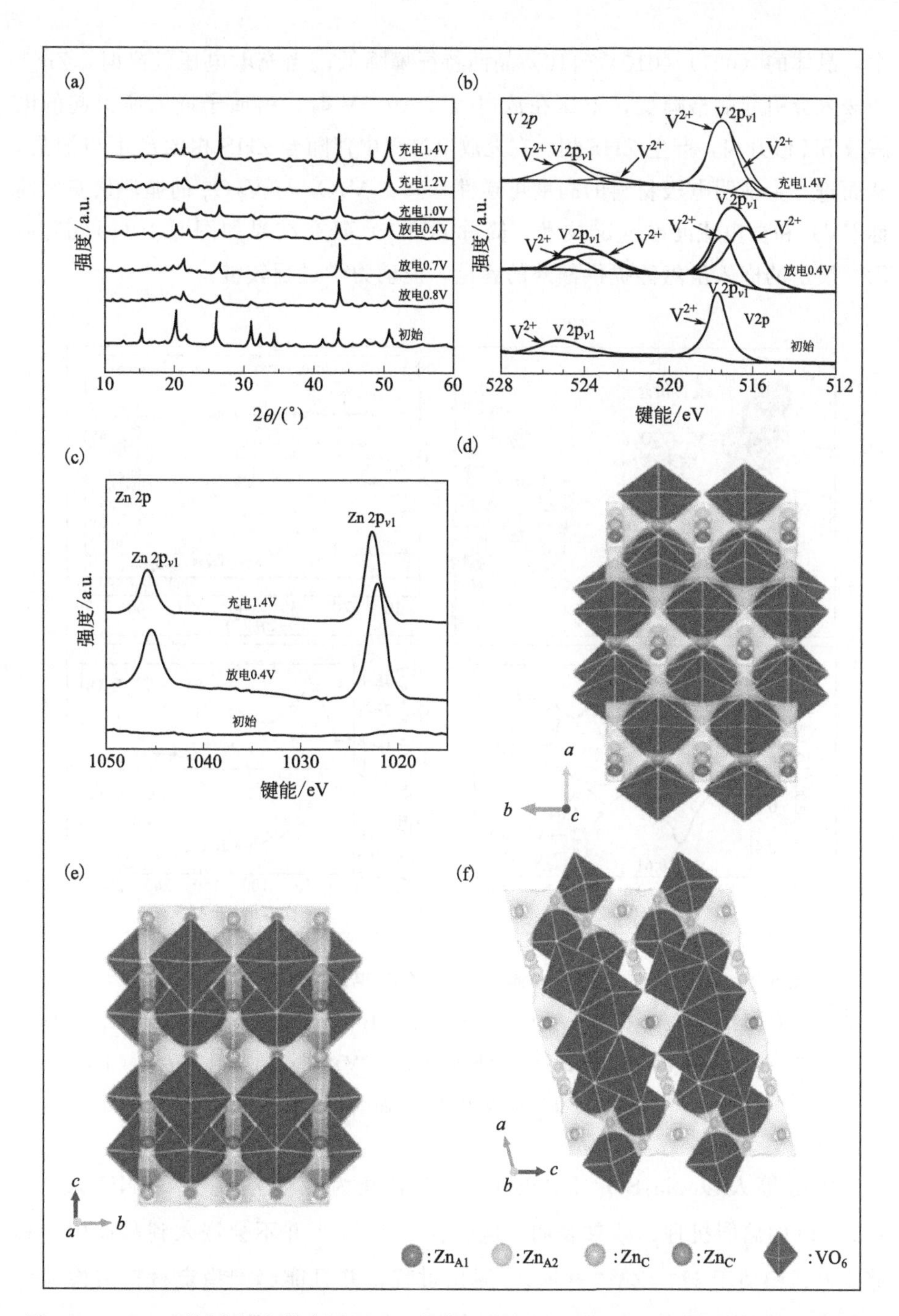

图 5.15 (a) 不同充放电状态下 V_2O_5 的非原位 XRD 图；(b) Zn 2p 和 (c) V 2p 初始状态和完全放电状态 XPS 图谱；VO_2(B) 结构中所有可能的 Zn^{2+} 位点 (d) *ab* 面、(e) *ac* 面、(f) *bc* 面的结构示意图

中，晶体的（001）（010）（110）晶面特征峰降低；当充电电压较高时，Zn^{2+}的嵌入会引起晶格畸变；电压在放电 0.8～0.5V 时，由质子嵌入所引起的电解液 pH 值升高，产生 ZHS 相。在充放电过程中伴随着 ZHS 相的产生与消失，从而进一步证明电极材料的高度可逆性。V^{4+}-V_2O_5 与 V_2O_5 的循环伏安（简称 CV）和恒电流间歇滴定技术（简称 GITT）研究结果如图 5.16(c)(d) 所示，质子的嵌入虽然能提供额外的容量，但动力学过程较慢。

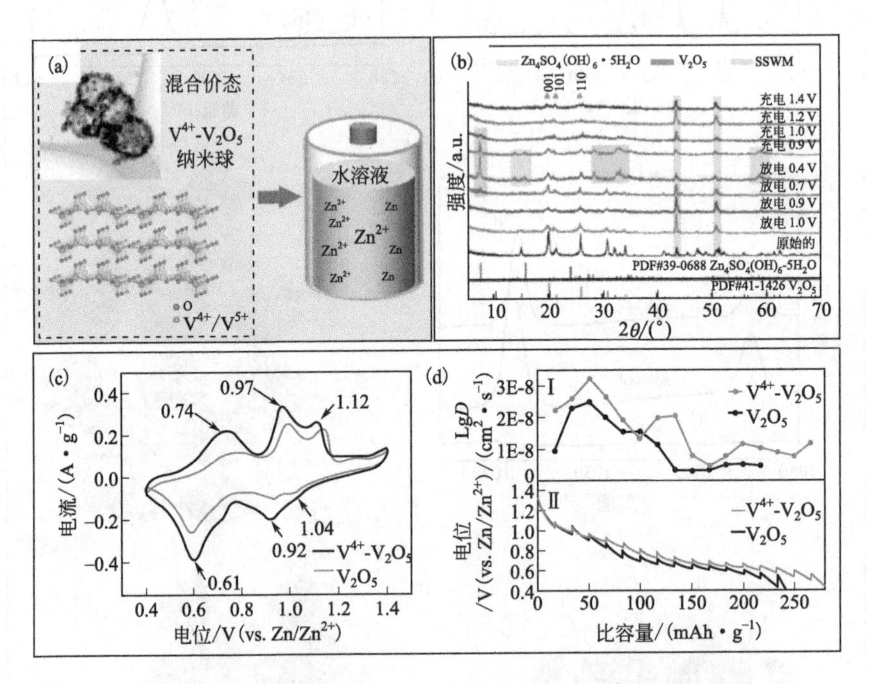

图 5.16 (a) V^{4+}-V_2O_5 晶体结构图；(b) 电流密度为 100mAh·g^{-1}时 V^{4+}-V_2O_5 的非原位 XRD 图；(c) 扫描速率为 0.1mV/s，电压区间为 0.4～1.4V 的 V^{4+}-V_2O_5 和 V_2O_5 电极的第三次循环伏安（CV）图；(d) V^{4+}-V_2O_5(Ⅰ) 和 V_2O_5(Ⅱ) 电极的 GITT 曲线和扩散系数

Wan 等人以 Na_2SO_4 + $ZnSO_4$ 混合溶液为电解液研究了 $NaV_3O_8\cdot 1.5H_2O$ 的储能机理，结果表明：电解液中的 Na^+ 并不会嵌入到晶体中，其储能方式归功于 H^+/Zn^{2+} 共嵌入/脱出过程，并且能起到稳定材料结构和抑制负极锌枝晶的形成的作用。经研究表明，电解液中的 $ZnSO_4$ 和 H_2O 同时参与了反应，使材料具有更高的能量密度和功率密度。Huang 等人通过密度泛函理论（简称 DFT）计算表明，H^+ 和 Zn^{2+} 离子在 $VO_2\cdot 0.45H_2O$ 材料中嵌

入到各自的位点，与前面不同的是：H^+ 在放电初始阶段嵌入材料，而 Zn^{2+} 离子在放电后期才嵌入到宿主材料，在 H^+ 嵌入/脱出过程中，伴随着电解液 pH 值的波动，导致 $Zn(OH)_2$ 相的产生与消失。

H^+ 的嵌入/脱出，补充了在弱酸性电解液中材料的储能不单靠 Zn^{2+} 的嵌入/脱出来提供容量。阐明了 H^+ 的嵌入、电解液 pH 值的升高、ZHS 新相的产生，在 H^+ 的脱出过程中，中和 H^+ 后 ZHS 相的消失。H^+ 的嵌入能提供额外的容量，使材料性能有所提升。

Qiu 等人将 $MV_5O_{13} \cdot 2.3H_2O$ 和 $M_{10}[H_2V_{18}O_{44}(H_2O)] \cdot 30H_2O$（M 为一价金属阳离子）组成水合钒酸铵，在 AZIBs 中首次提出 H^+、NH_4^+、Zn^{2+} 三个物种共嵌入/脱出反应机理，如图 5.17(a)～(c) 和图 5.17(e)(f) 所示。利用 XPS 对材料的氧化态进行分析，表明了 V^{4+}/V^{5+} 之间的转化。从图 5.17(g)中透射电镜（简称 TEM）及其 X 射线能谱分析（简称 EDS）可以看出，除了 Zn^{2+} 的嵌入/脱出之外，NH_4^+ 也参与了嵌入/脱出过程。该材料的储能除 H^+/Zn^{2+} 的共嵌入/脱出外，还有 NH_4^+ 的参与，使材料拥有优良的电化学性能及其稳定性，并增加了钒基正极材料应用于 AZIBs 储能方式的复杂性。

此外，Nazar 等在研究 $Zn_{0.25}V_2O_5 \cdot nH_2O$ 的过程中还揭示了 H_2O 与 Zn^{2+} 的共嵌入/脱出反应机制。在水分子的嵌入过程中，材料层间距由 10.8Å 增加到 12.9Å，并且能起到静电屏蔽、降低电极界面处电荷转移的活化能的作用，对 Zn^{2+} 的嵌入和脱出导致的材料稳定性起到重要的作用。

在 VO_2(M) 材料中，钒原子沿着链状排列，空间利用率升高，原子层横向偏移，使氧八面体扭曲变形。与 VO_2(B) 相比，VO_2(M) 独特的狭窄隧道严重阻碍了 Zn^{2+} 的嵌入/脱出，其中，H^+ 参与嵌入/脱出过程提供容量；如图 5.18(a) 所示，在放电过程中，由于 H^+ 嵌入隧道结构中，导致电解液中 pH 值的升高，OH^- 与溶液中的 Zn^{2+} 结合形成 ZHS，附着在 VO_2(M) 的表面，间接引起 Zn^{2+} 的定向移动。这种储能方式在 Wagemaker 的报道中也得到了证实。如图 5.18(b) 所示，通过对 H^+ 插层的第一性原理分析，揭示了 H^+ 在宿主材料中的三个嵌入位点 A、B、C，H^+ 的嵌入位点跟 H^+ 的浓度（x）有关：当 $0<x<0.25$ 时，H^+ 嵌入 A 位点；当 $0.25<x<0.5$ 时，H^+ 开始嵌入 B 位点；当 $x=0.5$ 时，A、B 位点各被 H^+ 占据一半，材料体积膨胀达到最大值；当 $0.5<x<1.0$ 时，A 位点被 H^+ 完全填满，H^+ 开始填入 C 位点。

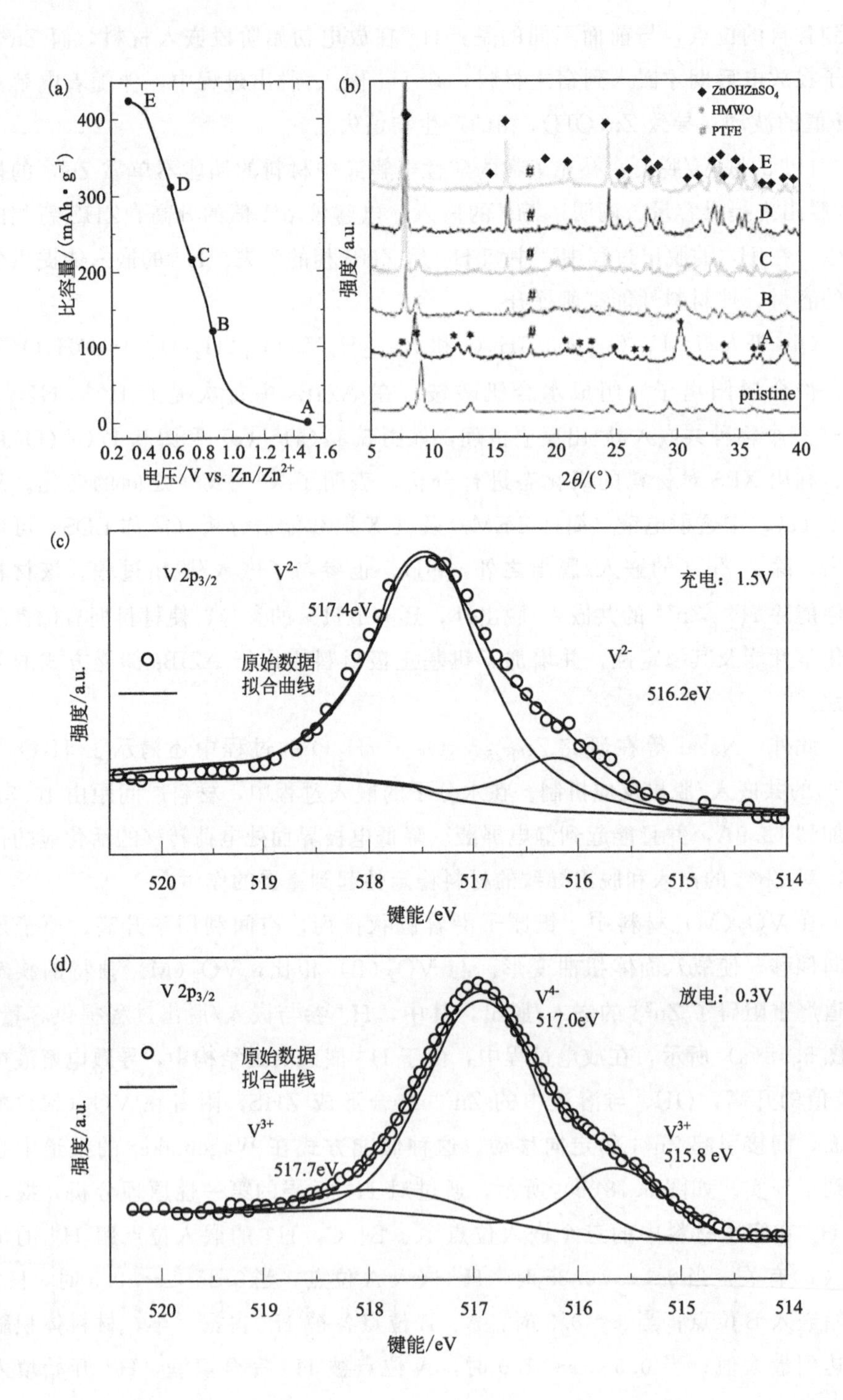
(a)
比容量/(mAh·g⁻¹)
E
D
C
B
A
电压/V vs. Zn/Zn²⁺
(b)
ZnOHZnSO4
HMWO
PTFE
E
D
C
B
A
pristine
强度/a.u.
2θ/(°)
(c)
V 2p3/2
V2-
517.4eV
充电：1.5V
原始数据
拟合曲线
V2-
516.2eV
强度/a.u.
键能/eV
(d)
V 2p3/2
V4+
517.0eV
放电：0.3V
原始数据
拟合曲线
V3+
517.7eV
V3+
515.8 eV
强度/a.u.
键能/eV

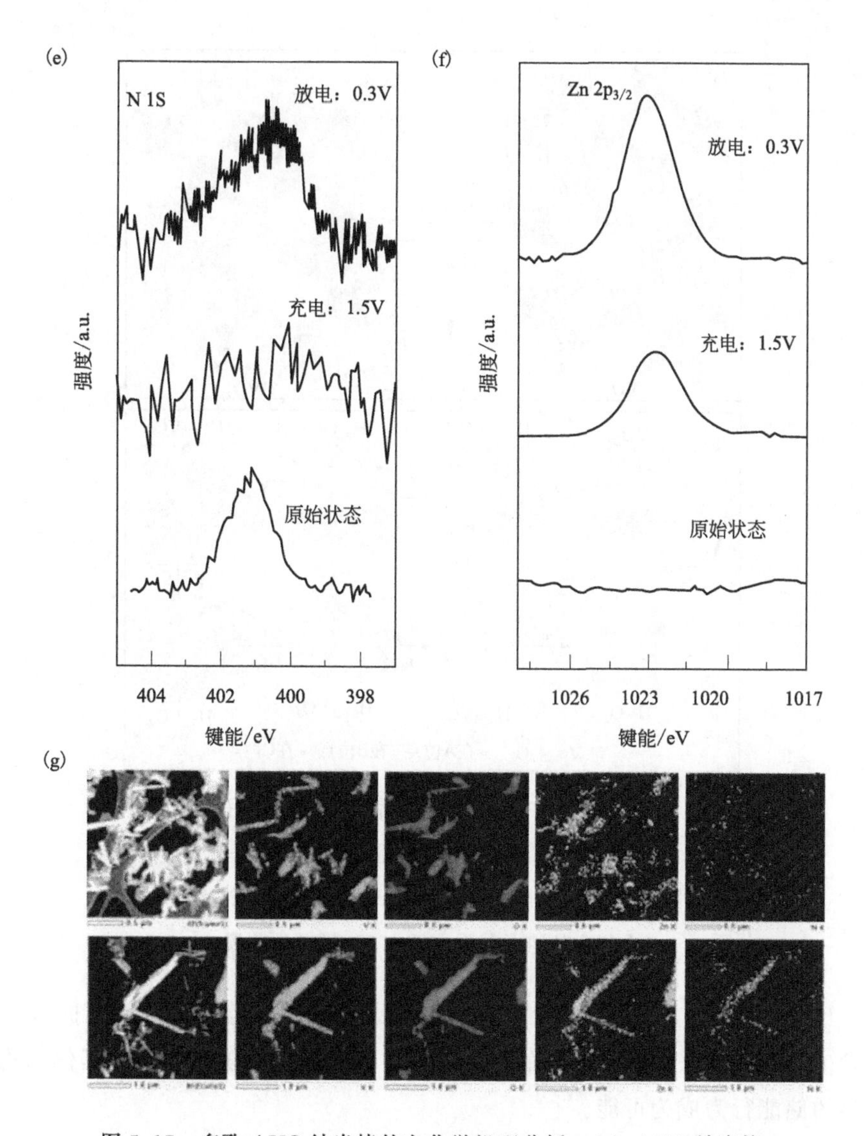

图 5.17 多孔 AVO 纳米棒的电化学机理分析：(a) AVO 纳米棒在 $0.1A \cdot g^{-1}$时的恒电流放电曲线；(b) 放电状态下 AVO 正极在选定放电区域时的非原位 XRD 图谱，不同状态下 $V2p_{3/2}$ 在充电 (c) 和放电 (d)、N1s(e) 和 Zn $2p_{3/2}$(f) 中的 XPS 谱；(g) 不同充放电状态下的 TEM 及其对应的 EDS 能谱图

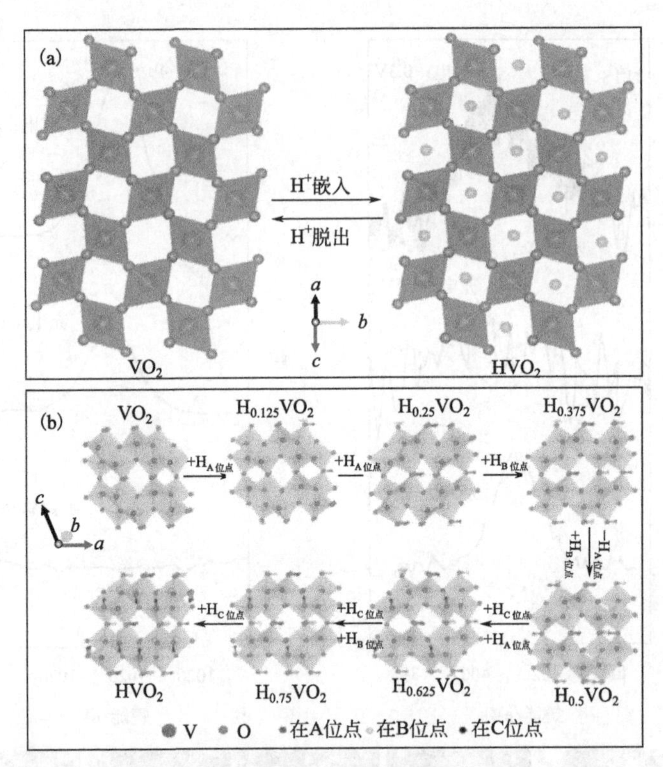

图 5.18 (a) 质子从 VO_2(M) 结构中嵌入/脱出示意图；
(b) 按能量由低到高顺序显示 H^+ 插入 VO_2 晶格排列对应各种
构型的 H_xVO_2($0\leqslant x\leqslant 1$)，下标的 A、B、C 表示
在相应的组成范围内插入 H^+ 的首选位置

H^+ 的半径小，电荷量低，与 Zn^{2+} 相比，能有效地减小材料在嵌入过程中发生的结构膨胀和降低电荷的屏蔽作用，使拥有较小隧道结构或其他结构的材料的储能行为成为可能。

(3) 化学转化反应机理

Qin 及其团队探讨了 VS_4@还原氧化石墨烯（rGO）的储能机制［图 5.19(a)］。非原位 XRD 发现，在充电过程中有 $Zn(OH)_2V_2O_7\cdot 2H_2O$ 特征峰的出现，首次全充电状态下的 XPS 检测到钒以最高氧化态 V^{5+} 的形式存在。在放电电压从 1.8V 降低至 0.8V 过程中，存在正交硫相反复出现与消失，可能归因于电化学诱导硫的转变。在充电过程中存在着 VS_4 到 $Zn(OH)_2V_2O_7\cdot 2H_2O$ 和 S 的转变。反应机理如下：

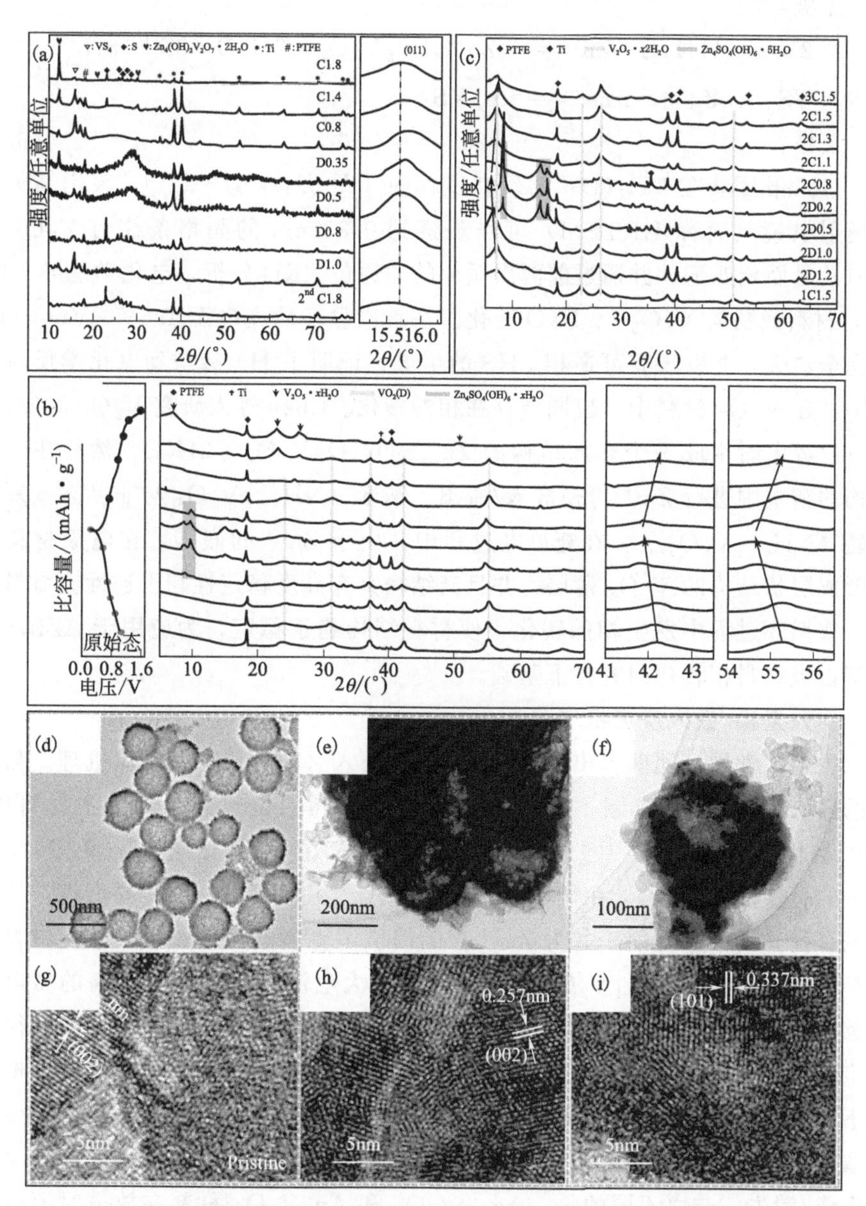

图 5.19　(a) VS_4@rGO 电极在 0.1A · g^{-1} 电流密度下第三次循环的非原位 XRD 图；VO_2(D) 电极 (b) 在首次循环非原位 XRD 和第三次循环不同荷电状态下，非原位 XRD 图以及材料在初始状态 (d) (g)、完全放电状态 (e) (h) 和充电状态 (f) (i) 的 TEM 和 HRTEM 图

正极：

$$2VS_4+11H_2O+Zn^{2+}\rightleftharpoons Zn(OH)_2V_2O_7\cdot 2H_2O+8S+16H^+$$

$$VS_4+xZn^{2+}+2xe^-\rightleftharpoons Zn_xVS_4 \quad (5.8)$$

负极：

$$Zn-2e^-\rightleftharpoons Zn^{2+} \quad (5.9)$$

Huang 团队在 VO_2(D) 的研究过程中［图 5.19(b)～(i)］，采用高分辨率透射电镜（简称 HRTEM）可以观察到 0.337nm 的晶格条纹与 V_2O_5 的 (101) 晶面相匹配，并通过前两次循环的非原位 XRD 分析，电化学诱导 VO_2 (D) 材料成功向 $V_2O_5\cdot xH_2O$ 转化。在首次循环后充电至 1.5V，VO_2 (D) 相完全消失，并发现有可逆相 ZHS 的生成，证明了 H^+ 参与到电化学反应过程中。在 V_2O_5 材料中，也同样存在相的转化。Chen 等人研究 V_2O_5 时发现，在首次放电时生成一个开放结构的 $Zn_{3+x}(OH)_2V_2O_7\cdot 2H_2O$，然后在开放结构的宿主中进行 Zn^{2+} 可逆嵌入/脱出。纳米 $(NH_4)_2V_3O_8$ 与非晶态碳复合构建 $(NH_4)_2V_3O_8$/C，在充放电过程中，由于 Zn^{2+} 的嵌入，在电极材料表面形成层状结构的 V_3O_8 薄层，并且其结构具有高度稳定性与可逆性。材料在第一次循环过程中发生相的转化，使材料结构趋于稳定，为应用于 AZIBs 的钒基正极材料相转化研究打下基础。

(4) 置换/嵌入反应机理

中南大学周江团队提出了 AZIBs 置换/嵌入（简称 CDI）反应机理。与经典的嵌入/脱出储存机制不同，Zn^{2+} 在两个不同的位点嵌入到宿主材料中，Zn^{2+} 取代 $Ag_{0.4}V_2O_5$ 中的 Ag^+ 位点和 Zn^{2+} 在 $Ag_{0.4}V_2O_5$ 与 $Zn_2(V_3O_8)_2$ 材料中的可逆嵌入/脱出。在材料中原位生成 Ag^0 可以提高材料的导电性，使材料拥有优异的倍率性能，并为 Zn^{2+} 存储提供了更多的活性位点，致使材料有更高的放电容量。$Ag_{0.4}V_2O_5$ 结构稳定，在大电流密度下有着较高的赝电容贡献以及快速 Zn^{2+} 扩散系数，致使材料在长期循环过程中表现出优异的循环稳定性。随后该团队在 $Ag_{0.33}V_2O_5$ 的研究中，经过 HRTEM 检测，在放电状态下，有 Ag^0 的生成；而在全充电状态下，Ag^0 消失，证明 Ag^+ 位点被 Zn^{2+} 所取代。由此证明，在放电/充电过程中，除了 Zn^{2+} 的嵌入/脱出，还有 Ag^0 的生成/消失。与之不同的是，$Ag_{1.2}V_3O_8$ 和 $Ag_2V_4O_{11}$ 材料在放电时原位生成的 Ag^0 并不会在充电的时候恢复到晶格中形成 Ag^+，表明了在材料中不可逆生成 Ag^0，其电化学反应机理如图 5.20(a) 所示。

周江团队还对 $Cu_3(OH)_2V_2O_7\cdot 2H_2O$（简称 CVO）进行了研究。经实验证实，$Zn^{2+}$ 的嵌入/脱出过程伴随着 Cu^0 以及新相 $Zn_{0.25}V_2O_5\cdot H_2O$（简称 ZVO）的产生与消失，$Zn^{2+}$ 的可逆嵌入/脱出致使 Cu^{2+} 向 Cu^0 的转化和

CVO 发生可逆相变。在 CuV_2O_6 材料中同样也存在着 Cu^0 的形成，电化学反应机理如图 5.20(b) 所示。Cu^0 的形成能改善材料的导电性，降低材料的静电斥力，使材料具有优异的倍率性能和循环稳定性。

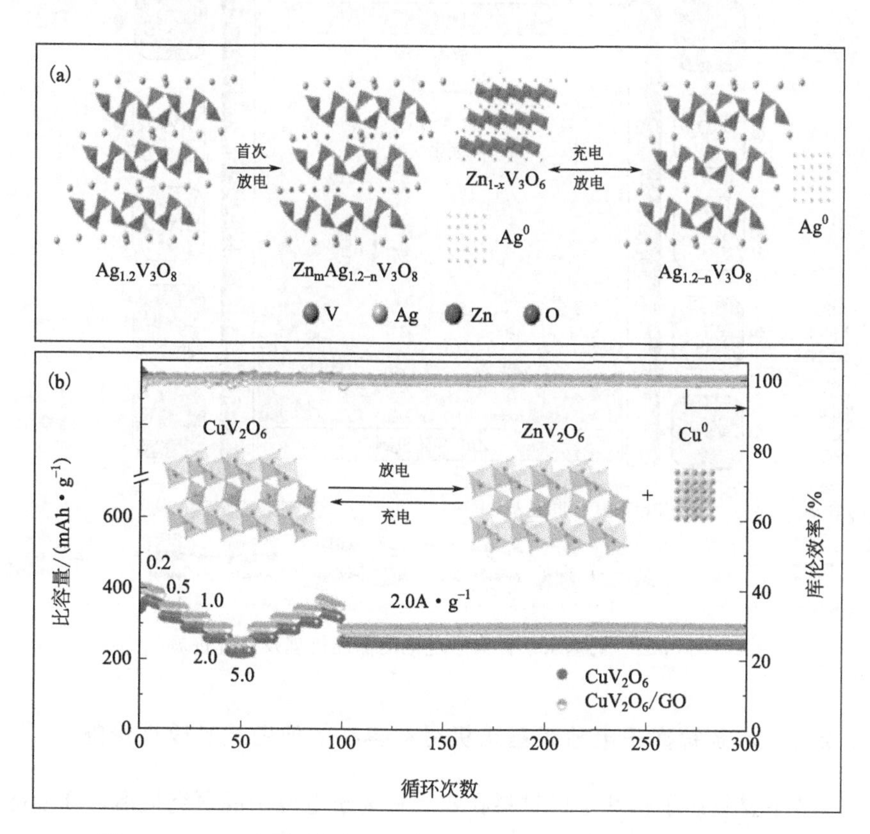

图 5.20 (a) 放电/充电过程中 $Ag_{1.2}V_3O_8$ 的电化学反应示意图；(b) CuV_2O_6 正极材料的循环性能及其机理示意图

通过原位还原生成金属单质，提供导电网络，不但能提高材料的导电性能以及降低材料的静电斥力，并且能生成网格，起到支撑材料、保持结构稳定性的作用，为钒基材料改善导电性及稳定性提供了另一种研究思路。

总的来说，探索锌的储存机理对于从根本上理解先进的水系锌离子电池体系，以及未来的大规模应用具有重要意义。钒氧化物基水系锌离子电池的储能机理有四种，如图 5.21 所示。即：Zn^{2+} 的常规嵌入/脱出机理、Zn^{2+} 与 H^+ 的共嵌入机理、水分子的初始嵌入和随后的 Zn^{2+} 的嵌入/脱出过程以及还原置换反应机理。

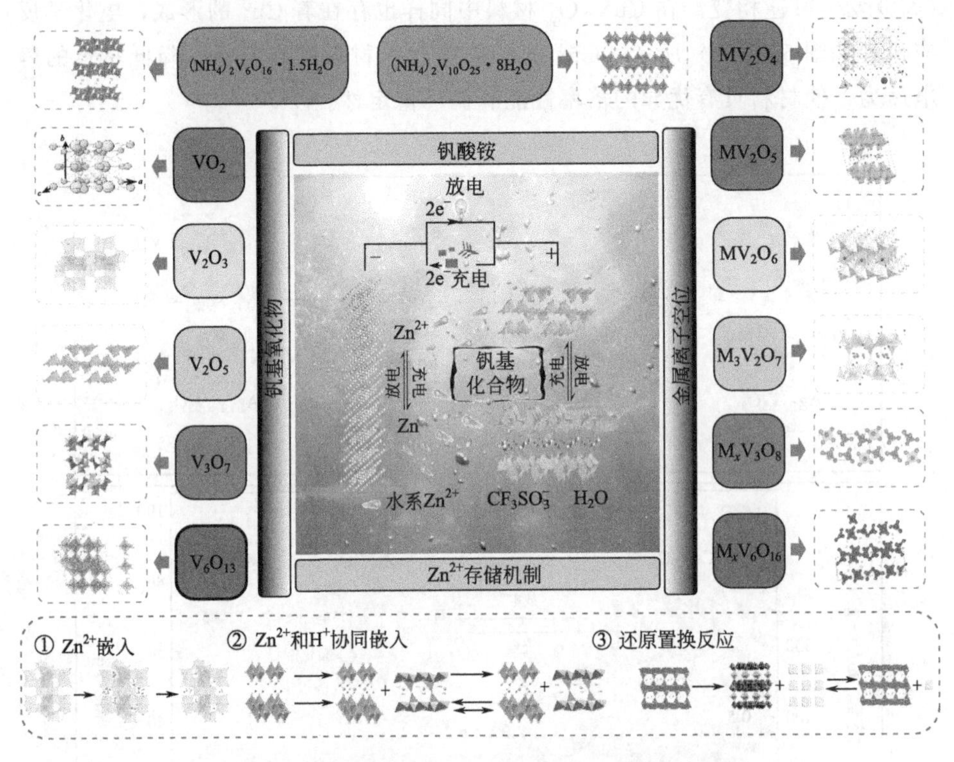

图 5.21　钒基水系锌离子电池的储能机理及研究进展

5.5.2.3　水系锌离子电池钒基正极材料存在的问题及其改性策略

本节主要叙述了钒基正极材料在水系锌离子电池中的研究进展，在实际应用中，钒基正极材料主要存在以下三点问题：①在 AZIBs 中，Zn^{2+} 有着较大的离子半径，随着循环的进行，Zn^{2+} 不断嵌入/脱出，引起材料结构的变化，导致活性物质从导电集流体上脱落，严重影响电池的循环寿命；②钒基材料本身的导电性能较差，不利于电子的转移；③钒基材料在 AZIBs 中的电压窗口比较窄。针对这些问题，该部分主要从离子和分子预嵌、表面修饰和复合材料制备、缺陷设计及金属离子掺杂、自支撑电极结构设计、电解液优化五个方面进行了总结。各种提高钒基化合物电化学性能的有效策略，如图 5.22 所示。

(1) 离子、分子预嵌

在钒氧化物层间引入阳离子、阴离子或者水分子，起到“柱子”支撑作用，以达到稳定结构及扩大层间距的效果。少量的金属离子与分子能为 Zn^{2+} 的嵌入提供更多的活性位点，从而达到有效降低静电斥力的效果。层状钒酸盐

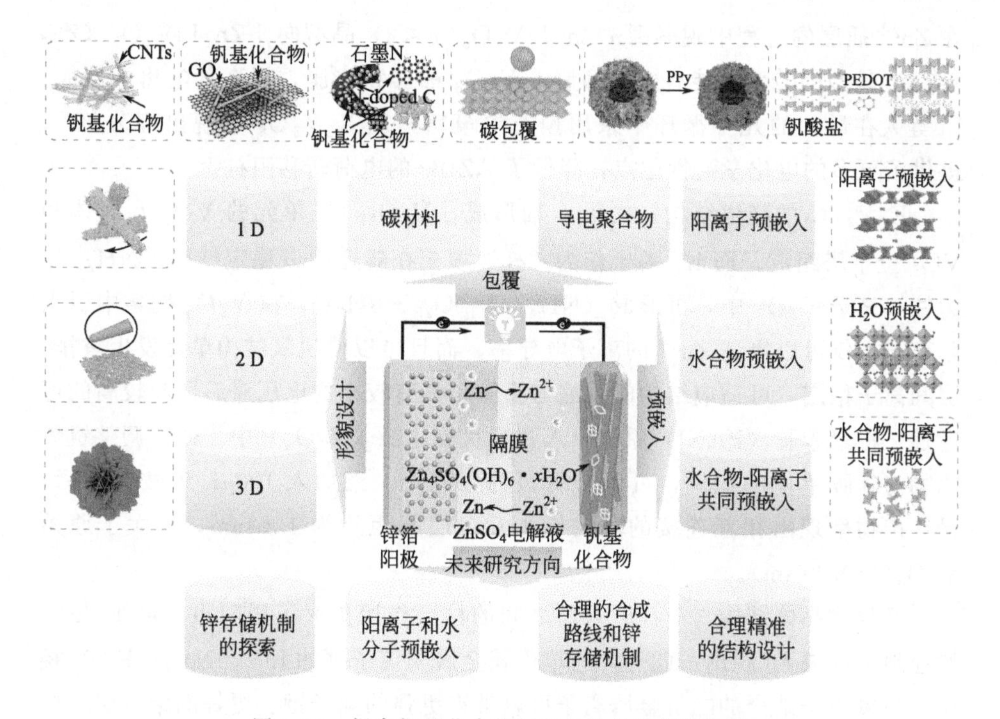

图 5.22 提高钒基化合物材料电化学性能的策略

具有单斜层状结构，[VO_5] 和 [VO_6] 基本单元连接形成层，层间被 M 离子占据并通过离子键连接，形成柱层作用，拥有较强的结构稳定性和较高的储锌容量。晶体中 H_2O 的电荷屏蔽效应，可以明显降低嵌入的 Zn^{2+} 有效电荷，从而提高材料的比容量与倍率性能。

Wang 等人研究了超薄（2nm）纳米片 $V_2O_5 \cdot 1.6H_2O$ 增强离子扩散动力学，以锌箔为负极、$V_2O_5 \cdot 1.6H_2O$ 材料为正极和 3mol/L $Zn(CF_3SO_3)_2$ [简称 3M $Zn(CF_3SO_3)_2$] 为电解液组装成 AZIBs，在大电流密度下能展现出惊人的循环稳定性。掺杂大半径的离子有利于增大电极与电解质的接触面积，缩短 Zn^{2+} 离子扩散路径。Li^+ 预嵌入 $V_2O_5 \cdot nH_2O$ 层间，增大层间距与离子扩散速率。此外，$Na_{0.33}V_2O_5$、$K_{0.25}V_2O_5$、$K_{0.5}V_2O_5$ 也是金属离子嵌入层间形成化学键，形成柱效应，在稳定结构的同时提高材料的离子扩散速率。$K_{0.23}V_2O_5$ 具有隧道结构，该结构中较高浓度的载流子加快离子扩散，提高了材料的电导率。

在 LiV_3O_8 的研究中，Kim 团队发现从化学计量比的 $ZnLiV_3O_8$ 相到可逆固溶 $Zn_yLiV_3O_8$ ($y>1$) 相均存在大量的单相区。在 He 的研究中发现 Zn^{2+} 逐步嵌入到 LiV_3O_8 正极材料中，出现了一个可逆的 V^{3+}/V^{5+} 氧化还原过程。

在 Zn^{2+} 插层的过程中观察到 α-$Zn_xLiV_3O_8$（$x<2$）晶型向 β-$Zn_yLiV_3O_8$（$2\leqslant y\leqslant3$）晶型的转变，能有效地抑制 LiV_3O_8 的体积膨胀，提高其电化学性能。Li 等人在最初的几个循环中采用预充电策略，从 $K_2V_3O_8$ 中脱出部分 K^+，提供了更多的电化学活性位点，降低了 AZIBs 的电荷转移阻抗。

$K_2V_8O_{21}$ 的隧道结构，由沿 b 轴形成 $[V_8O_{21}]^{2-}$ 单元的 VO_6 八面体和 VO_5 金字塔组成，而 K^+ 离子作为“柱”填充在隧道中以稳定结构。NH_4^+ 作为柱填充于 V_2O_5 中，可形成 $(NH_4)_2V_{10}O_{25}\cdot8H_2O$。在 V_2O_5 框架中引入阳离子不仅可以提高 Zn^{2+} 的离子电导率，而且可以使钒氧结构单元发生重排。层间离子稳定，可适应结构的收缩与膨胀，具有较小的电压滞后性和较高的可逆性。将聚苯胺（PANI）原位嵌入到层状氧化钒（V_2O_5）中，通过调整钒氧化物与苯胺单体的比例，可调节材料的层间距。当加入 100μL 苯胺单体后，最终产物呈现出相互连接的均匀纳米片，层间距约为 1.42nm，远大于原始 V_2O_5（≈0.44nm）。

开放式晶体结构与 V_2O_5 双层之间的柱层作用扩大了层间距，可使 Zn^{2+} 快速地可逆嵌入/脱出。此外，与单价碱金属阳离子（如 Li^+、Na^+、K^+）相比，与氧原子结合的二价金属离子可以带来更强的离子键、更好的结合层，更能有效防止结构坍塌。

在 Mg、Ca、Ba、Mn、Fe、Co、Ni、Cu、Zn、Al 等多价离子中，它们带有较多正电荷，能有效降低 Zn^{2+} 与材料之间的静电作用，增大层间距，利于 Zn^{2+} 的快速迁移，并且多价离子有利于增强层间的作用力，使之能够稳定材料结构。

Mg^{2+}（约 4.3Å）与水共嵌入 V_2O_5 层，使 $Mg_{0.34}V_2O_5\cdot0.84H_2O$ 层间距高达 13.4Å，$CaV_6O_{16}\cdot3H_2O$ 层间距也高达 8.08Å。Al^{3+} 预插入正交晶系 V_2O_5（$Al_{0.2}V_2O_5$）层间，可以稳定晶体结构，并具有比 V_2O_5 更高的 Zn^{2+} 扩散系数，能有效防止充电过程中 Zn^{2+} 在晶格中的滞留。Zn^{2+} 预嵌到有机-无机杂化乙二醇氧钒酸盐 $VO(CH_2O)_2$（VEG）中，在 AZIBs 的正极研究中表明，Zn^{2+} 的预嵌使材料层间作用力增强，并且 VEG 具有快速的离子扩散路径，能显著降低电荷转移阻抗，在 $4A\cdot g^{-1}$ 电流密度下进行 2000 次的循环过程，每圈的容量损失约为 0.005%。

(2) 表面修饰与复合材料制备

由于钒基材料存在导电性能差、钒在水溶液中溶解以及在循环过程中大半径离子的嵌入造成材料稳定性下降的问题，研究者们采取碳（C）、氧化石墨烯（GO）、还原氧化石墨烯（rGO）、碳纳米管（CNT）、单壁碳纳米管

(SWCNT)、聚苯胺（PAIN）等导电活性物质与之复合或者包覆进行改善。

研究人员通过冰水浴将聚吡咯（PPy）包覆在 VO_2(A) 空心球材料表层，来提高材料的稳定性以及导电性。在利用石墨烯（GO）包覆 $H_2V_3O_8$ 纳米线（NW）的研究中，由于优越的结构特征以及石墨烯高导电性的协同作用，$H_2V_3O_8$/G 复合材料表现出优越的 Zn^{2+} 存储性能。在低电压下水分子的嵌入，使得层间距扩大，进一步改善了离子扩散动力学。对（001）晶面具有大层间距（13.36Å）的 $H_{11}Al_2V_6O_{23.2}$ 进行石墨烯包覆［如图 5.23(a) 所示］，研究结果表明，该材料在充放电过程中能够保持结构稳定，并能有效抑制钒在电解液中的溶解。Li 等利用类石墨烯包覆钠快离子导体 $Na_3V_2(PO_4)_3$，将其应用于水系锌离子电池中，结果证实：因 Zn^{2+} 具有较小的半径及其更高的电荷密度，在首次循环过程中 Na^+ 的不可逆脱出使之有更多的 Zn^{2+} 活性位点。将 V_2O_5 纳米纤维与 MWCNT 以 7∶2 的重量比混合，将混合物分散于 *N*,*N*-二甲基甲酰胺（DMF）溶液中，超声处理、过滤之后形成复合材料。由于 V_2O_5 纳米纤维材料具有较短的离子扩散距离，可以承受较大的体积变化。在循环过程中 V^{3+}/V^{5+} 对应着 Zn^{2+} 嵌入/脱出，材料的晶体结构和形态都能表现出优异的可逆性。Du 等人利用苯胺和 V_2O_5 聚合制备了 V_2O_5@PANI 纳

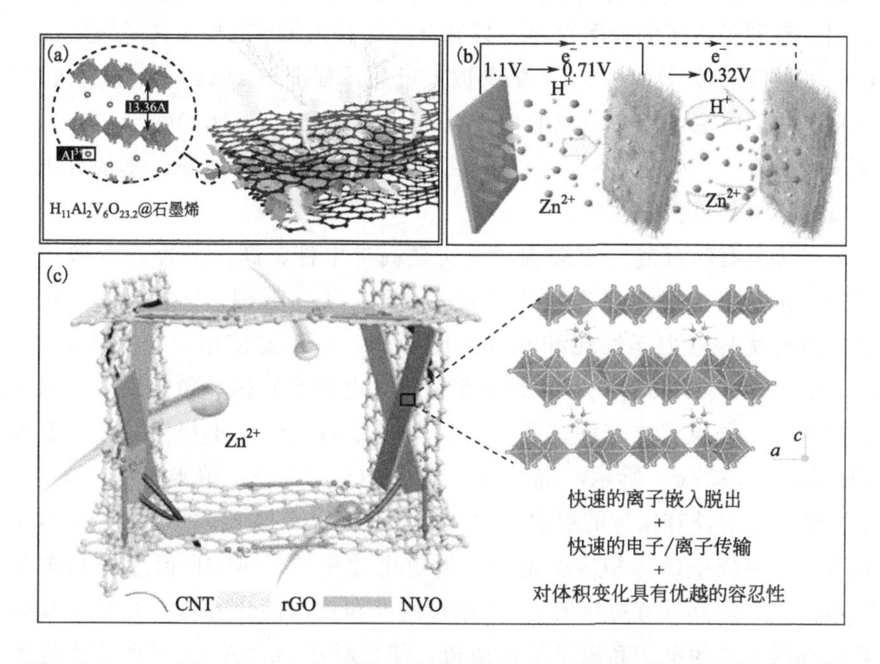

图 5.23　(a) $H_{11}Al_2V_6O_{23.2}$ 材料晶体结构图；(b) 放电过程中 H^+ 和 Zn^{2+} 分步嵌入 DV_2C 示意图；(c) $Na_xV_2O_5 \cdot nH_2O$-rGO/CNT 结构示意图

米复合材料；Zhang 采用“one for two”策略，通过分子交换反应设计的三维海绵状结构 PANI 插层水合 V_2O_5 复合材料（V_2O_5/PANI），具有 13.8Å 的层间距。PANI 插层能扩大材料的层间距，其独特的 Π 共轭结构可以有效地降低 Zn^{2+} 与宿主晶胞 O^{2-} 之间的静电相互作用，提高 Zn^{2+} 扩散速率，并为 Zn^{2+} 的嵌入/脱出提供了空间和丰富的通道。在多孔碳网上均匀分布的 V_2O_3 可以降低材料结构变化，提高 V_2O_3 的稳定性，组装成的柔性非对称电极具有良好储锌性能。

Jia 等人通过一种简单而高效的微波辅助溶剂热策略在石墨烯薄片上生长 $VO_2 \cdot 0.2H_2O$，制备纳米复合材料（VOG）。得益于石墨烯片的高导电性与理想的 $VO_2 \cdot 0.2H_2O$ 纳米方块结构之间的协同作用，VOG 材料具有优异的电子和离子输运能力，从而表现出优异的 Zn^{2+} 存储性能。Yan 研究了 $V_2O_5 \cdot nH_2O$/石墨烯（VOG）复合材料，结果表明：水分子的润滑作用加上石墨烯的高导电性，使材料在 3M $Zn(CF_3SO_3)_2$ 电解液下表现出优异的电化学性能。在 VO_2(B)/RGO 研究中，复合材料为电子传输提供了较短的路径，有效防止 Zn^{2+} 在嵌入过程中造成材料结构的坍塌，具有增强导电性与稳定结构的作用。碳氮化物（Mxenes）作为一种新兴的二维材料，具有独特的层状结构和丰富的表面，有利于离子的表面存储。具有分层结构的 CNT 与 V_2C 复合（DV_2C@CNT）结果证实了 H^+/Zn^{2+} 的共嵌入机理［如图 5.23(b) 所示］，在组装过程中，在静电场下自发形成的 $[Zn(OH)_2]_3ZnSO_4 \cdot nH_2O$($n$=3、5) 纳米片沉积到电极上。引入 CNT 可以改善 V_2C 纳米片的密集堆积，形成导电网络并展现出优异的电化学性能。

石墨烯具有独特的二维结构，是构建高导电性、高柔韧性复合薄膜的理想材料。采用真空过滤工艺制备了 rGO/$NaV_3O_8 \cdot 1.5H_2O$ 复合膜，这种复合薄膜具有优异的力学性能和较高的电导率，不需要使用导电剂和黏结剂。Cai 等人将 rGO 与 $Na_{1.1}V_3O_{7.9}$ 纳米带复合，电导率和循环稳定性有着显著提高。在独立、分层三维交联多孔复合材料 $Na_xV_2O_5 \cdot nH_2O$/rGO-CNT 的研究中，如图 5.23(c) 所示，混合 1D $Na_xV_2O_5$(NVO) 纳米带和 3D(CNT-rGO) 纳米支架具有独特的层次化纳米结构，使得双层 NVO 纳米带在离子传输过程中拥有较强的体积应变能力。通过电化学诱导 MOF 衍生非晶态结构 α-V_2O_5@C，使其具有更快的 Zn^{2+} 迁移速度和更高的比容量，并且多孔碳骨架可以提供连续的电子和离子扩散通道，使材料在 $40.0A \cdot g^{-1}$ 电流密度下循环 20000 次后仍展现出惊人的 91.4%容量保持率。

$KV_3O_8 \cdot 0.75H_2O$(KVO) 加入到单壁碳纳米管（SWCNTs）中，形成

独立的KVO/SWCNTs复合薄膜。KVO/SWCNTs正极材料具有H^+/Zn^{2+}的共嵌入机制，拥有快速的离子转移速率。此外，该复合膜还具有网格结构，保证了KVO与SWCNTs在循环过程中的密切接触，为电子的快速转移提供了通道。

聚(3,4-乙基二氧噻吩)（PEDOT）中性聚合物主链具有易氧化性，当插入到高氧化态的层状氧化物中时，导电聚合物的嵌入可以改变这些材料的层间距并增强层间的联系。于是研究者将$NH_4V_3O_8$材料与PEDOT复合，PEDOT的层间预嵌增大了$NH_4V_3O_8$晶面间距（由7.8Å扩大到10.8Å），显著提高了离子的迁移速率。

中南大学周江教授团队研究了V_2O_5/NaV_6O_{15}复合材料，两相复合后材料具有丰富的相界面且产生明显的晶体缺陷和活性位点。此外，高氧化态的V_2O_5/NaV_6O_{15}复合材料具备多电子转移能力，能有效缓冲Zn^{2+}嵌入应力。陈璞院士等人用亲水VOOH包覆玫瑰型VS_2，VOOH能降低VS_2中钒的溶解以及利用亲水性增强了电极在电解液中的润湿性，提高了材料的电化学性能，在$1.5A \cdot g^{-1}$的电流密度下循环350次后仍然可提供$107.5mAh \cdot g^{-1}$的容量。Chen等人利用水热法合成V_3O_7/V_2O_5复合材料，在$2A \cdot g^{-1}$下循环1120次，依旧有96.2%容量保持率，显示出优异的循环性能，得益于两种钒氧化物的协同作用，明显提高了材料的电化学稳定性。用NaF和HCl腐蚀的方法制备了多层$V_2O_x@V_2CT_x$二维结构，层间距较大的碳氮化钒在循环过程中转化为钒氧化物，使材料拥有优异的储锌性能。

复合材料具备导电性好、结构稳定、电化学性能优异的特点，在碳基材料复合或包覆的情况下能减少电极活性物质的脱落，使电极具备一定的柔性，以及导电性能的增强，能够在Zn^{2+}嵌入/脱出过程中有效避免结构的塌陷。但是，对两相复合的报道尚少，有待进一步深入研究。

(3) 缺陷设计及金属离子掺杂

在晶格中引入阳离子或阴离子空位等缺陷，有利于抑制相变以及为Zn^{2+}存储增加更多的活性位点。并且钒氧化物等活性正极材料与Zn^{2+}之间存在较强离子-晶格相互作用，导致在高倍率下充放电及循环稳定性受限。制备缺氧氧化钒正极，能促进Zn^{2+}反应动力学与增加容量，并使Zn^{2+}扩散路径具有高度可逆性。

缺氧氧化钒正极的合成，能提高Zn^{2+}反应动力学能力和促进Zn^{2+}的高可逆性。通过电化学分析，证明了缺氧与富氧空位相结合的双氧化钒交替层V_6O_{13}(Od-VO)形成了更多的二价阳离子活性位点，能有效提高Zn^{2+}存储。

由于氧空位的存在，Zn/Od-V 可作为柔性准固态电池在弯曲状态下使用，并能展示出优异的电化学性能。Li 团队通过水热法合成 VO_2 正极材料，氧空位（Vo¨）存在导致材料沿 *b* 轴具有更大的隧道结构，有利于改善反应动力学和提高 VO2(B) 正极中锌离子的存储能力。通过电子顺磁共振（EPR）反映出，Vo¨-VO_2 的信号强度低于用溶剂热法还原 V_2O_5 合成的 VO_2 纳米带（NBs-VO_2），两个样品中 V^{4+} 的浓度不同，在 XRD 图中没有检测到 V_2O_3 相，V^{3+} 的出现意味着非化学计量的 VO_2 的形成。Du 利用 PEDOT 不但能实现可调控 Vo¨ 的 Vo¨-V_2O_5-PEDOT(20.3%)，并且能有效扩大层间距。但是过多的 Vo¨ 会导致带隙增大，从而降低化学反应动力学和电荷传导性。在浓度超过 20%时，会导致材料性能的下降。因此可通过该策略来实现可调 Vo¨ 浓度用于柔性材料的制备。以乙酰丙酮氧钒为钒源和聚丙烯腈（PAN）为碳源与氮源，通过静电纺丝法合成了三维多孔氧化钒（VCN）纳米纤维。碳化纤维骨架产生丰富的物理缺陷，同时在氩气气氛下 PAN 热解产生的气体可部分还原 V_2O_5 生成化学缺陷。

钒基材料存在导电性能差的缺点，为了改善导电性能，Jo 团队在研究 Al^{3+} 掺入具有隧道结构的 $VO_{1.52}(OH)_{0.77}$ 晶格中时，在［VO_6］八面体中，发现 O—V—O 所呈的角度不是 180°而是 168°，导致八面体中 V—O 键长不一，从而引发［VO_6］晶格畸变。畸变的晶格通过共享边，形成平行于 *c* 轴的［VO_6］双链，通过旋转 90°共用角，形成类似 hollandite-type(锰钡矿型）的结构。拥有［2×2］隧道结构、晶格间距大约为 5.5Å 的材料，适合大半径离子的存储。通过 HRTEM 检测，证实相关的反应是由 V^{4+}/V^{3+} 的氧化还原所引起的。但是循环过程中，活性物质的溶解，导致副产物 $Zn(OH)_2V_2O_7 \cdot 0.5H_2O$ 的产生，然而［V_2O_7］与［ZnO_6］共享角，从而致使 Zn^{2+} 难以脱出。副产物 ZHS 在材料表面的生成使 Zn^{2+} 的扩散速率降低，严重影响材料的电化学性能。虽然铝掺杂具有隧道结构的 $VO_{1.52}(OH)_{0.77}$ 没有突出的电化学性能，但在晶格中掺入其他离子稳定结构和降低材料的氧化态以及降低 Zn^{2+} 与材料之间相互作用力，为钒基正极材料的晶格掺杂改性提供了研究思路。利用氮替代氧的位置，在根据电荷补偿原理形成的具有大量空位/缺陷的无序 $VN_{0.9}O_{0.15}$ 材料中，无序 $VN_{0.9}O_{0.15}$ 不仅可为 Zn^{2+} 提供丰富的活性中心，而且大量的空位/缺陷有助于 Zn^{2+} 的快速扩散。

在 VO_2 隧道结构中引入 Ni^{2+} 可以有效地提供高的表面反应性，改善固有电子构型，从而产生良好的动力学。在 Ni 掺杂晶格取代的（Ni）VO_2 的研究中，VO_2(B) 具有独特剪切结构的隧道框架（4.984Å×3.281Å），并且能有

效降低 Zn^{2+}(0.74Å) 在晶体中的嵌入/脱出阻力。

(4) 自支撑电极结构设计

传统的研磨涂覆手段是将材料、黏合剂与导电剂以一定的比例混合研磨，然后将浆料涂覆在集流体上制备成电极，此类电极在弯曲和循环过程中经常存在活性材料的开裂和脱落的情况，柔韧性不佳。相比于传统手段，自支撑电极能保持材料制备后的形貌，有效避免材料团聚以及结构的破坏等带来的负面影响。

自支撑结构能够使正极材料沉积在不同维度的基底上，达到改善电极结构的作用。Wang 等人采用溶剂热法、水热法以及冷冻干燥法，使前驱体 VOC_2O_4 两侧通过 V—O—C 和 C—O—C 键吸附单层氧化石墨烯 (GO)，煅烧处理后最终在石墨烯上均匀生长一种新型的二维 (2D) 非晶态 V_2O_5 (A-V_2O_5/G) 异质结构材料。超薄片状和非晶态 V_2O_5 可以提供较短的 Zn^{2+} 离子扩散途径、丰富的活性位点和快速的 Zn^{2+} 扩散速率，能显著提高材料在 AZIBs 中的循环与倍率性能。30A · g^{-1} 的电流密度下初始放电比容量为 240mAh · g^{-1}，通过 3000 次循环后容量依然能保持 87%。一维 (1D) 链状结构 VS_4 具有 5.83Å 层间距，较大的层间距使 Zn^{2+} 的嵌入/脱出更加顺畅，在 1M $ZnSO_4$ 电解液、100mA · g^{-1}电流密度下最高容量可达 310mAh · g^{-1}，经历 500 次循环后容量依然保持 85%。He 等人在碳布 (CC) 上自生长了三维 (3D) 巢状 AZIBs 正极材料 V_6O_{13}。这种针状纳米 V_6O_{13} 相互连接形成三维巢状结构，使材料能与电解液保持充分的接触，从而缩短了 Zn^{2+} 与晶格之间的传输路径。V_6O_{13}具有丰富 V^{5+} 价态，涉及多电子的转移，使得其理论储锌能力较为突出。Song 及其团队研究以混合价 $K_{10}[V^{IV}_{16}V^{V}_{18}O_{82}]$(KVO) 纳米簇作为 Zn^{2+} 存储材料，KVO 纳米簇在微观结构中呈三维 (3D) 有序堆积，可以构建多维的 Zn^{2+} 相互连接的迁移通道，从而使材料具有突出的电子离子导电性以及 Zn^{2+} 迁移速率。3D KVO 拥有丰富的内表面和快速 Zn^{2+} 迁移通道，为 Zn^{2+} 的存储提供了更多的位点。

Jiao 等人报道的纳米片状 VS_2 正极材料具有 190.3mAh · g^{-1}的高放电容量和长期的循环稳定性能。考虑到研磨可能对材料性能带来的负面影响，使用 1M $ZnSO_4$ 电解液在 500mA · g^{-1} 电流密度下，将直接生长在不锈钢网上的 VS_2(VS_2@SS) 或 VS_2 ∶ 乙炔黑 ∶ PVDF＝6 ∶ 3 ∶ 1 研磨涂覆在不锈钢网上，进行电化学性能比较，发现 VS_2@SS 电化学性能明显优于传统研磨工艺涂覆的 VS_2 材料 [如图 5.24(a)～(c) 所示]。将 2D V_2O_5 纳米薄片自生长于Ti 基底上，用于 AZIBs 的新型高能量密度柔性正极，其显露的活性位点和高导电性使材料表现出优异的电化学性能。柔性固态 V_2O_5-Ti 用于 AZIBs 正极具有容量大、能量密度高、稳定性好的超快电荷存储性能。研究者将 $V_5O_{12}\cdot 6H_2O$(VOH) 纳米正极通过电沉积技术均匀沉积于不锈钢基底上，如图 5.24 (d) 所示，材料在 1000 个循环之后，容量保持率为 94%，具有较长的循环寿命。此外，在柔性准固态 Zn-VOH 电池中，在不同弯曲状态下能彰显柔性电极的优异稳定性和电化学性能。在碳纸上原位生长的纳米纤维 $NH_4V_4O_{10}$，晶面间距 9.6Å，具有较小的离子扩散阻力，优化了氧化钒的层间距及稳定性以提高其电化学性能。

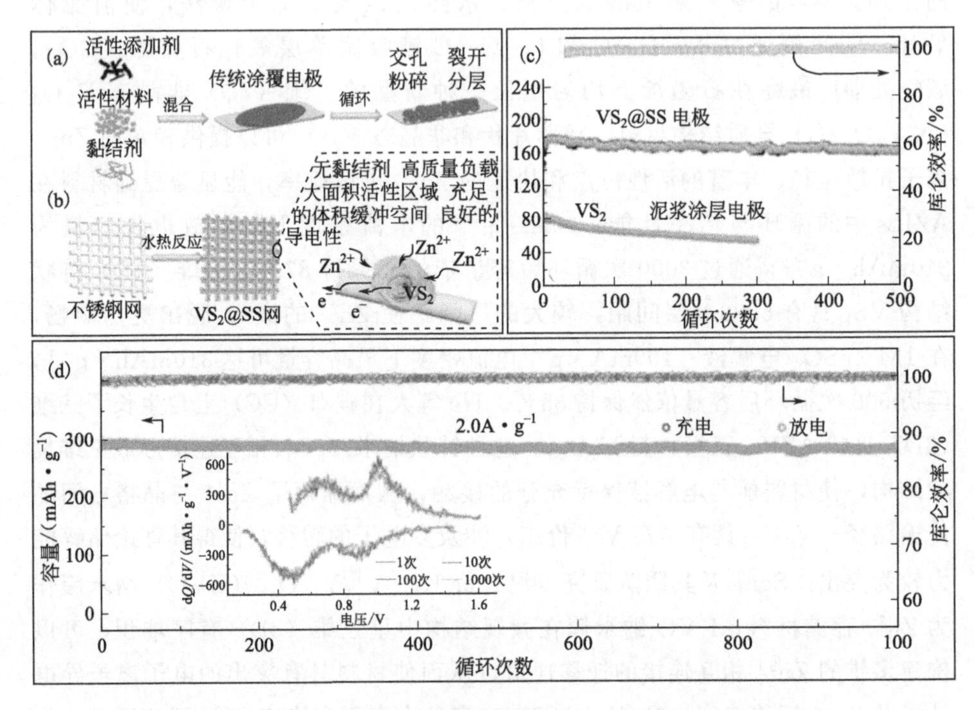

图 5.24　制备工艺示意图 (a) 常规涂覆电极和 (b) 无黏结剂 VS_2@SS 电极，VS_2 横向（左）和纵向（右）晶体结构；(c) VS_2@SS 电极和 VS_2 涂覆电极在 0.5A·g^{-1} 时的循环性能；(d) VOH 正极在 2.0A·g^{-1}下的长循环稳定性，插图显示 VOH 正极在第 1、10、100、1000 次循环中所选择的 dQ/dV 曲线

传统涂覆手段制备的电极会造成团聚、结构不稳定以及不具备柔性而造成材料的脱落、溶解。自生长材料的合成能维持材料原有的形貌，有利于材料与电解液之间的密切接触并拥有较短的 Zn^{2+} 扩散路径，充分生长在导电基底上能增加材料的电导率。在电化学循环稳定性上，正极材料的自生长明显优于传

统制备涂覆工艺。

(5) 电解液优化

电解液是连接正负极的桥梁，在 AZIBs 体系中具有同样重要的作用。$ZnSO_4$以其价格低廉和稳定的性能占据使用的主要地位。不同新型的电解质如三氟甲基磺酰亚胺锌［化学式为 $Zn(TFSI)_2$］等及其电解质浓度以及凝胶电解质对钒基正极材料电化学性能有着重要影响。此外，电解液中溶解氧也是需要考虑的因素。同锰基水系锌离子电池具有相似之处，电解液对钒基水系锌离子电池电化学性能有着至关重要的影响。由于篇幅有限，在此不做深入讨论。

5.6 锌基水系电池负极材料研究进展

近年来，随着对以锌为负极的混合水系电池和水系锌离子电池（两种类型可简称为锌基水系电池）正极材料研究的深入，负极材料开始备受关注。然而，在中性或弱酸性电解液条件下，电池在充放电过程中，锌负极存在的析氢、腐蚀、钝化和枝晶生长等问题导致电池可逆性差、循环寿命低，极大阻碍了锌基水系电池的发展与实际应用。下面就锌基水系电池负极材料简单介绍如下。

5.6.1 锌负极面临的挑战

对于锌基水系电池，初始的研究是在碱性电解液体系下，但碱性电解液导致的腐蚀、钝化、锌枝晶等问题会对电池性能造成极大影响。这是因为丰富的OH^-将与负极发生副反应，生成碱式锌酸盐。这种副产物溶解度低且沉积在锌负极表面，令负极钝化，减少表面活性位点，使锌离子不能均匀沉积，促使锌枝晶加剧生长，终将引发短路问题，循环稳定性急剧下降，电池寿命受损。在中性或弱酸性电解液体系下，这些问题可以得到一定的缓解，但仍无法完全避免。

(1) 锌枝晶

锌枝晶的生长与锌离子的成核过程有关，成核过程又受到电场分布、离子浓度及表面能的影响。首先，负极表面不均匀的电场和离子浓度分布使得锌离子成核不均匀，给枝晶的形成提供了条件。而这两者都与吸附在负极表面的锌离子不受限制的二维扩散有关。目前报道的锌基水系电池主要以商业锌片作为负极，金属锌既是集流体，又可以为电池提供 Zn^{2+}。集流体表面因工艺条件限制无法实现绝对平整，这些“不平整”会导致负极表面电场分布不均匀，锌离子将优先沉积于负极表面电荷多、电流密度大、能量高的位点上，逐渐形成小凸起。凸起的尖端会产生“尖端放电”效应，即凸起尖端因曲率更大而表面电荷密度更大，从而进一步吸引锌离子在突起尖端沉积，加剧枝晶的生长。其次，这样的二维平面金属锌箔表面孔隙率低、界面成核势垒大、活性位点少，锌离子不易成核沉积。而在离子浓度高、离子传输快的区域，成核势垒则会降低，Zn^{2+} 将在锌电极的表面局部成核。最后，在电池的循环过程中，金属锌会重复沉积、溶解。但为了降低负极表面的暴露面积，减少表面能，锌离子倾向于沉积在已形成的小凸起上。随着循环的进行，这些凸起就会不断被锌离子累积长成锌枝晶，枝晶的尖刺能轻易刺破隔膜，使正负极直接接触，引发电池短路，使得电池容量大幅衰减、循环性能不佳、使用期限不长久。

总而言之，锌离子被吸引到负极附近时，随电极电解液界面发生不均匀的离子扩散，并在成核势能较低的能量中心成核聚集，渐渐形成凸起后电场的分布更加不均匀，促使枝晶生长。且随着循环的进行，枝晶尖端处电流密度增加，会吸引更多的锌离子沉积，加剧枝晶生长的同时也加剧电池的衰减。因此，使金属锌负极表面电场分布更加均匀或诱导锌离子在循环过程中均匀沉积是解决锌枝晶问题的关键。

(2) 腐蚀、钝化

负极腐蚀现象可以分为自腐蚀与电化学腐蚀。自腐蚀多发生在碱性介质中，因为 H^+ 氧化还原电位比 Zn^{2+} 高，氧化性更强。其反应式如下：

$$Zn^{2+}+2e^- \longrightarrow Zn \quad (E^\theta Zn^{2+}=-0.76V) \tag{5.10}$$

$$2H^+ +2e^- \longrightarrow H_2\uparrow \quad (E^\theta H^+ =0V) \tag{5.11}$$

$$Zn+2H^+ \longrightarrow H_2\uparrow + Zn^{2+} \tag{5.12}$$

$$3Zn^{2+}+6OH^- +ZnSO_4+nH_2O \longrightarrow ZnSO_4[Zn(OH)_2]_3 \cdot nH_2O \tag{5.13}$$

式(5.10) 是锌沉积反应，式(5.11) 是析氢反应，式(5.12) 是自腐蚀反应，式(5.13) 是电化学腐蚀反应。自腐蚀反应又可视为电池的自放电反应，该反应会令锌负极的使用效率和比容量无法达到理想状态。它的微观本质可以解释为，具有非均匀表面的锌电极在不同区域的电位不同，因此在水系电解液环境下，负极表面会产生许多能将化学能转化为电能的小装置，这些小装置的协同效果就是负极的自腐蚀反应。在没有络合剂的弱酸性或中性电解液体系中，自腐蚀现象会减弱许多。

在中性或弱酸性电解液体系中多发生电化学腐蚀，即锌负极在重复充放电循环过程中产生不可逆消耗，如锌枝晶生长过程中脱落在电解液中的死锌；又如锌负极溶解产物 Zn^{2+} 在电化学反应中生成的惰性副产物，其反应方程列举在式(5.13) 中，电化学腐蚀将影响电池循环性能。因为这些不可逆副产物溶解度低、导电性差，易在电解液中饱和，并沉积在锌负极表面，减少其活性位点和反应表面积，此现象被称为锌负极的钝化。随着循环次数增加，覆盖在负极表面的副产物将影响锌的正常溶解，使可参与反应的材料减少，电极比表面积下降。从本质上看，电极的比表面积减少，面积与体积的比值相应增长，反应体系会发生极化现象，在一定程度上可以缓解腐蚀，但会进一步恶化电池性能。可见，无论是自腐蚀还是电化学腐蚀，对锌基水系电池的循环稳定性都有严重的负面影响。归根结底，腐蚀的源头是金属锌负极与电解液溶剂水之间发生了反应，想方设法隔绝负极与水的直接接触是解决腐蚀甚至析氢问题的根本。

(3) 析氢

在锌负极与电解液相接处，极化电位使锌基水系电池易发生析氢反应，如式(5.11)。即使 $E^{\theta}H^{+} > E^{\theta}Zn^{2+}$（$E^{\theta}$ 表示标准电极电位），但在 2mol/L $ZnSO_4$ 电解液环境中，Zn^{2+} 的沉积发生在析氢反应前，因为 H^{+} 在中性或弱酸性介质中具有较高的析氢过电位、缓慢的析氢动力学且活性低。但析氢反应仍无法避免，首先，负极不均匀的离子分布令部分活性位点可供析氢反应使用；其次，充电期间较大的极化电位会加剧析氢过程。析氢反应多发生在局部高能区，过程中消耗水并产生 OH^{-}，局部 OH^{-} 浓度过高则会发生电化学腐蚀，消耗锌负极和水，生成氢氧化锌与碱式硫酸锌等副产物。实际上的析氢情况还受热力学和动力学因素的影响。从液态的 H_2O 变成气态的 H_2，会增加电池内压；若电池是密封环境，析氢反应最终会使电池内部膨胀损坏，电解液也会因此泄漏。与腐蚀反应一样，析氢反应也源于负极与水的接触、反应，隔绝负极与水的直接接触同样是抑制析氢反应的关键。

负极表面不均匀的电场与离子分布促进锌枝晶的生长，负极的比表面积增加，金属锌与水分子的接触范围更多，使得氢气析出更快更剧烈；水在室温下可逆地分解为 H^{+} 和 OH^{-}，氢气的析出使得部分区域游离的 OH^{-} 变多，该区域 pH 值增加，也加速了界面处的腐蚀钝化；腐蚀钝化生成的不可逆非活性物质附着在锌负极上，减少了电极表面的活性位点，使负极平面更加凹凸不平，极化现象扩大，电场分布、离子浓度分布、表面能分布都不均衡，锌枝晶就会滋长得更快，快速破坏隔膜导致储能装置报废。总之，锌枝晶的产生会促使析氢反应的发生，析氢反应又会助力负极表面腐蚀反应的进行，腐蚀带来的一系列副产物会加剧枝晶的形成。如图 5.25 所示，这是一个恶性循环的过程，如同破窗效应，若不进行合适的改性，电池就会在短时间内短路，而一旦成功抑制其中一个环节，另外的问题也能得到一定缓解。

图 5.25 锌负极副反应的恶性循环

5.6.2 锌负极优化策略

关于锌基水系电池负极面临的困境，现今研究人员主要使用六种举措达到改善目的：①添加剂；②锌合金；③表面改性；④结构设计；⑤嵌入型负极；⑥电解液优化。

(1) 添加剂

在锌基水系电池体系中通过加入添加剂对电池性能进行改善是一种常用研究策略。其添加剂包括电极结构添加剂与电解液添加剂，电解液添加剂将在后续电解液优化部分详细讲述。

电极结构添加剂通常又分为非金属添加剂和金属添加剂，非金属添加剂有石墨、乙炔黑、碳纳米管和活性炭等导电材料，它们不直接介入负极的沉积溶解，但能够改良负极本身的性质，提高电池循环周期与容量保持率。其常被用于改进锌粉电极的性能，如 Kang 等将不同质量比的活性炭（简称为 AC）加入到以 7：2：1 比例配制的锌粉：乙炔炭黑（简称为 ACET）：聚偏氟乙烯（简称为 PVDF）的锌粉基负极中（简写为 ZnAB）。恒电流充放电循环试验表明，在锌负极中分别加入质量分数5%、8%、12%的AC，80次循环后，电池的容量保持率分别为62.5%、77.9%、85.6%，优于使用未改性锌负极的电池容量保持率56.7%。说明活性炭修饰并改善了锌负极的电化学反应动力学和可逆性，提高了锌负极在中性电解液中的循环性能。具有多孔结构的AC不但可以提高锌粉基负极的导电能力，还可因其多孔的特性搭建立体支撑结构，将氧化还原过程中产生的锌枝晶等物质收纳在结构孔隙内，避免其附着于结构表面，造成电池损坏。且AC还可以抑制非活性碱性硫酸锌［$Zn_4SO_4(OH)_6 \cdot nH_2O$］的形成，使锌粉基复合负极能维系均匀平坦且有活力的反应界面，也非常利于抑制其他潜在的副反应。但电极添加剂的用量与其对锌负极的改性效果之间是一条抛物线，电极结构添加剂的用量需要适度。

金属添加剂用得较多的主要是层状双金属氢氧化物（简称为LDH），在锌负极合成过程中加入金属添加剂可以提高锌负极的电沉积效率，抑制析氢等副反应的发生，延长电池使用周期并稳定其电化学性能。González等按0∶1、1∶1、2∶1和4∶1四种比例将Zn-Al-LDH粉和锌粉掺杂，制成锌粉基复合负极，改性后电极的沉积溶解效率得到了有效提升，且掺杂比例对性能会有一定的影响。因为在锌负极上发生的电沉积反应与电极本身的性能和组成密切相关，在负极中添加LDH可以消除Zn^{2+}还原初时的电位降，避免电池放电初期的析氢反应。层状结构的LDH还可以为锌沉积提供更多位点，相较于纯锌负极不均匀的表面，添加LDH的锌负极则具有更加平坦致密的表面，有效抑制了负极枝晶与腐蚀。

(2) 锌合金

将金属锌与耐腐蚀性能强、析氢过电位高且化学稳定性优良的金属或非金属元素混合制备成高性能的锌合金用作负极，也是抑制锌枝晶、腐蚀等副反应并提高锌负极稳定性的有效手段。Wang等通过低温煅烧法制成锌铝共晶合金$Zn_{88}Al_{12}$(体积分数)，这种具有层状结构的合金会在负极表面组成锌铝交替的纳米薄膜，是解决锌金属负极库仑效率低和锌枝晶生长不可逆性等问题的有效策略。层状纳米结构不仅促进了前驱共晶$Zn_{88}Al_{12}$(体积分数）合金中锌的溶出，而且在铝的表面会生成Al_2O_3氧化保护层，能引导锌离子后续的沉积生长，使锌在无氧的水系电解液中能够进行无枝晶的沉积/溶解超过2000h。

除了与铝混合制备成共晶合金，引入析氢过电位高的金属，如铜、镓、钛、铋等，制成高性能锌合金也可以有效抑制负极腐蚀。Cai等用低温煅烧法在锌金属负极上引入耐腐蚀的金属铜，构建了结合紧密且光滑平整的铜/锌复合电极，随着氧化还原反应的发生，铜/锌电极最终将蜕变成铜-锌纳米合金

/锌混合物。锌金属负极的化学腐蚀会导致电解液中水分子和活性金属锌的消耗，电极阻抗会因为惰性副产物的覆盖而增加，终将使电池性能恶化、电池快速报废。而拥有致密结构、析氢过电位高、耐腐蚀性能好的铜-锌纳米合金/锌负极则可以有效抑制负极的化学腐蚀和枝晶，达到改善水系电池负极性能的目的。合金技术的身影频繁出现于防腐材料的研究中，对锌电极进行合金改性的设计方案为制备循环寿命长、无枝晶、耐腐蚀的锌负极材料提供了研究与思考方向，有利于发展更好更稳定的二次锌基水系电池，也可以推广用于其他水系电池的改性。

(3) 表面改性

对负极实行表面修饰也是一种有效的策略。通过引入界面保护层可以形成稳定而温和的电极/电解液界面，可以有效抑制负极锌枝晶的生长，从而减少腐蚀、析氢等副反应的发生。该方法通常是将无机物或者有机物通过直接涂覆法或电沉积法在锌片上形成保护层。现报道的功能保护层包括无机矿物涂层，如纳米多孔 $CaCO_3$、碳基类涂层（如石墨烯）、金属合金涂层（如液体 Ga-In 合金涂层）。涂层的种类不同，使其改性原理并不完全一致，但通常起着离子吸收和界面保护作用。一方面，保护层可以有效地改善锌离子的沉积方式，并提高其动力学性能，孔隙率较高的涂层可以诱导相对均匀地电解液通量和镀锌脱离速率，达到无枝晶沉积的效果。其原理是界面多孔结构对离子吸收速率和沉积位点的引导和控制。另一方面，界面保护层阻止了负极与电解液的直接接触，且降低了材料的极化电位，有效抑制了一系列界面副反应的发生，减少负极的损耗率，保护了锌基水系电池的界面反应，延长了电池使用周期。

纳米多孔的材料在表面改性方面应用很多，如 Liang 等用溶胶凝胶法合成了锌负极上的 ZrO_2 涂层，制备的新型负极 Zn@ZrO_2 可以促进锌负极表面的均匀沉积和溶解。该负极具有低极化率（0.25mA·cm^{-2}时为 24mV）、高库仑效率（20mA·cm^{-2}时 99.36%）和长循环寿命（0.25mA·cm^{-2}时 3800h 以上）的优点。在没有涂层的纯锌负极界面，发生了一系列已知的电极副反应，电极表面变得凹凸不平；而有 ZrO_2 涂层的锌负极，则光滑平整，这是因为 ZrO_2 包覆的锌负极具有更低的极化电位，降低界面成核势能，增加成核中心，以指导连续循环过程中 Zn^{2+} 均匀地沉积和溶解。作为界面保护层，ZrO_2 是制止负极与水大面积接触的有效“院墙”，同时，其高析氢过电位也能抑制析氢反应的发生，有效抑制或消除了几种副反应，该涂层自然能改善电池的可逆性与稳定性。Deng 等提出一种电子绝缘而离子通导（选择性通过 Zn^{2+}）且间隙分布均匀（3.0nm）的高岭土（KL）涂层来缓解锌负极腐蚀、枝晶等问题。包覆高岭土的负极能有效地控制 Zn^{2+} 的迁移过程，使负极进入稳定的三维扩散过程，因为高岭土的化学通式为 $Al_2Si_2O_5(OH)_4$，具有典型的 1∶1 层状硅酸盐结构和丰富的离子吸附位点，如 O—H 键和 Si—O 键，能减少游离 Zn^{2+} 的数量，从而控制稳定的 Zn^{2+} 沉积步骤，限制锌枝晶的形成。此外，高岭土涂层还具有电绝缘性和离子导电性，可以防止溶液大面积地接触 Zn 负极，有效避免了氧化锌、碱式硫酸锌等腐蚀性副产物的产生。Zhao 等通过原子层沉积（ALD）技术在纯锌片表面沉积一层非晶态 TiO_2 保护层，制备出新型锌负极 Zn@TiO_2。非晶态 TiO_2 保护层沉积在负极表面，作为导电性能好形状又稳定的钝化保护层，隔绝金属锌负极与溶剂的大范围反应，也就防止了析氢反应和腐蚀副产物的生成且阻碍了枝晶的持续滋生。

有机电解液用作涂层比多孔材料对负极保护效果更好。Cao 等人在锌表面使用一种疏水的有机化合物 $Zn(TFSI)_2$-TFEP 薄层，水系电解液中锌离子进入疏水有机电解液时，会发生溶剂化层的交换，进而防止水分子接触到金属锌表面，而接触金属负极的界面；在反应时，该疏水有机化合物还能转化成具有愈合能力和高离子传输率的固态电解液界面膜，进一步阻止水分子与金属锌的副反应。这种双层 SEI/$Zn(TFSI)_2$-TFEP 结构能更有效地提高锌的沉积和溶解效率，抑制锌枝晶的生长，提高金属锌的循环稳定性。

表面改性的目的无非是防止电极与电解液界面的过度反应，常见的涂层多是固-液界面。最近，Liu 等通过在锌负极上涂覆电化学惰性的液态 Ga-In 合金层而成功引入液-液界面相配合的新型电池策略，对于水系电池负极界面副反应，这种新型的液-液界面较固-液界面更有效。其原因是液态 Ga-In 合金层对 Zn 具有高亲和力，对电子具有高导电性，液态合金-电解液界面也具有快速的电子/质量输运。同时，在液态 Ga-In 表面新生成的 Zn 原子会通过二元合金相迅速扩散到合金夹层中，因为 Zn 原子更倾向于嵌入合金，而不是与自身结合。然后，当 Zn 的比值超过 Ga-In-Zn 合金的限制时，额外的 Zn 会自发地向液态合金内生长，而不是通过扩散过程在表面沉积，自然而然地避免了锌枝晶的滋生，且 Ga-In@Zn 负极的析氢过电位增加，耐蚀性增强。虽然表面改性可以避免大部分枝晶与腐蚀问题，但也会阻碍 Zn^{2+} 离子的传输速度，对于实际应用还不成熟，寻找更好、更适配的涂层仍是研究重点。

（4）结构设计

锌枝晶的产生主要原因之一是负极表面不平整导致的离子成核势能高，成核位点少。为降低表面能的暴露，Zn^{2+} 倾向于沉积在已成核的位点上，就好比食堂的打饭窗口，好吃又便宜的窗口往往会排成长龙，因为这样的窗口实在不多，枝晶也是金属离子排的长队罢了。因此，降低锌成核过电位，增加成核位点是抑制枝晶形成的症结，通常是将锌电极或集流体进行三维（3D）结构设计。改性后的 3D 锌负极往往呈现多孔结构，拥有更广的反应面积，这增加了电化学反应过程中锌的沉积位点，降低了锌成核过电位，使 Zn^{2+} 在沉积过程中达到分流的目的，自然无条件再长成枝晶。现报道的 3D 锌负极集流体可以分为碳基集流体（如碳布、石墨毡片、碳纤维、碳纳米管等）、金属集流体（如泡沫铜、铜箔、泡沫镍），以及金属-有机骨架（MOFs）类材料等。郭玉国团队采用电沉积法，以导电性能好的石墨毡（GF）作为工作电极，锌箔作为对电极和参比电极制备了自支撑的 Zn@GF 材料。多孔且导电性强的 Zn@GF 负极材料能将锌离子容纳在骨架内，使其更快更紧凑地传输并沉积，减小充放电电压曲线之间的差值，提高电池循环稳定性。如图 5.26(a) 所示，该自支撑 Zn@GF 负极与高质量的普鲁士蓝（HQ-NaFe）正极材料结合制备了混合水系锌基电池，该电池具有良好的倍率性能。随后，该团队又用电化学沉积法在碳纤维（CFs）上原位生成复合 3D Zn@CFs 负极。同样地，这种独特的复合材料具备更多成核位点和反应面积，同时拥有高导电骨架，能承受锌沉积/溶解过程中内应力的变化，如图 5.26(b) 所示，基于这种 3D Zn@CFs

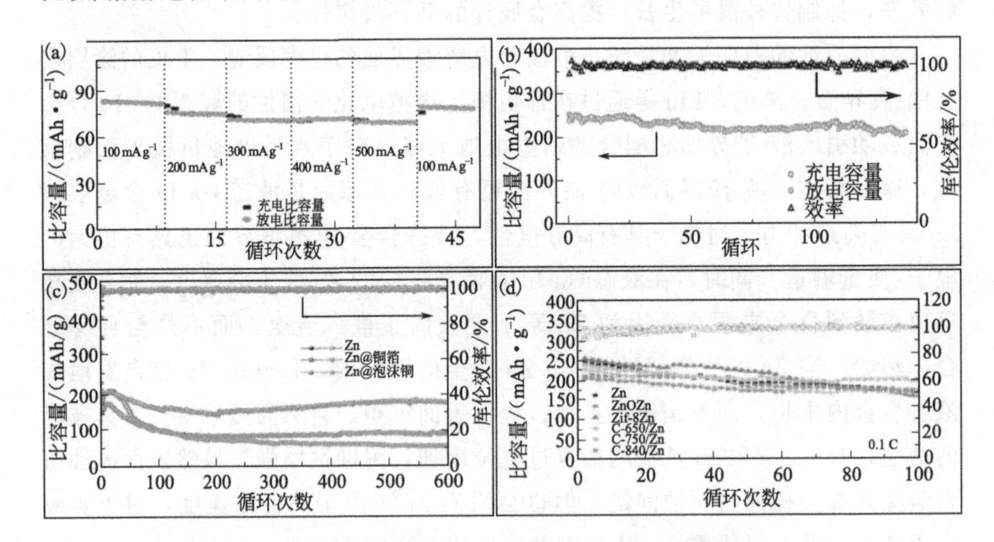

图 5.26 (a) Zn@GF//HQ-NaFe 混合水系离子电池倍率性能；
(b) Zn@CFs//α-MnO_2 全电池在 1C 下的循环性能；
(c) Zn@泡沫铜//β-MnO_2 全电池的电化学性能；
(d) MOF 基负极 ZIBs 的电化学性能

负极与 α-MnO_2 纳米纤维正极的电池具有较高的倍率容量和较好的循环稳定性。虽然基于碳基集流体制备的镀锌电极性能颇佳，为实现无枝晶锌负极提供了良好的研究方向，但这类碳基底成本较高，不利于电池的实际应用，仍需要寻找合适的替代品。

因此，除导电碳材料外，金属基集流体也进入众人视野。如前文提到的，较低的锌成核过电位意味着锌在集流体表面沉积的能量势垒较低，有利于锌离子均匀地沉积，能预防锌枝晶的产生，也可在一定程度上缓解其他副反应，能妥善提高金属锌利用率，使电池性能接近理想值。因此，Shi 等首次系统地研究对比了不同金属集流体的锌成核过电位，以确定最适合高度可逆沉积/溶解行为的基底。经过统计，泡沫铜拥有最低的锌成核过电位（仅 65.2mV），并且还能表现出处于理想状态的放电效率（≈100%）。使用电化学沉积法在泡沫铜载体上镀锌，得到了锌@泡沫铜负极，该负极材料具有低极化电压和稳定的电压滞后曲线，将锌@泡沫铜负极与 β-MnO_2 正极结合装配成全电池。如图 5.26(c)所示，锌@泡沫铜//β-MnO_2 全电池实现了超过 600 圈的稳定循环以及平均每圈仅 0.0218%的低容量衰减，电池良好的性能主要归因于泡沫铜。泡沫铜具有锌成核过电位低、电子电导率高、多孔结构成核位点多、锌离子运输与沉积溶解反应快等优点。这些优点可以保证水系锌离子电池高度可逆的沉积/溶解行为，解决锌离子沉积过程中的“排队”“堵车”问题，自然能预防锌枝晶的过度生长。

除上述两类材料外，金属-有机骨架（MOF）类材料也是解决负极枝晶问题的有效方法。Wang 等在 500℃下退火处理制备了 MOF-ZIF-8 新型锌负极（简写为 ZIF-8-500）。因其多孔结构、较高的析氢过电位和金属有机骨架中微量锌的存在，ZIF-8-500 作为锌基水系电池负极时大大提升了电池的整体性能。Yuksel 等也采用一种方便、低成本的湿化学法制备了 MOF 基锌负极，这种 MOF 基锌负极具有亲水性和多孔表面，有利于 Zn^{2+} 的扩散并产生均匀的电荷分布。如图 5.26(d)，改性后的锌负极较未改性锌负极具有更好的稳定性，其多孔结构可防止锌枝晶的滋长；提升电极可逆性，降低金属损耗率，抑制负极容量衰减。这些结果表明：MOF 基负极在未来无枝晶锌基水系电池中很有应用潜力。虽然 3D 锌负极表面积的增加可以有效消除锌枝晶，但随着比表面积的增加，与水的接触面积扩大，不可避免地促进了析氢反应乃至腐蚀的发生。虽然快速的锌反应速率与铺展广阔的锌负极使得析氢与腐蚀对电池的危害较小，但考虑将多种修饰手段结合用于改善负极性能或许是未来必要的发展趋势。

(5) 嵌入型负极

目前锌基水系电池负极材料主要是金属锌及其改性产物，其改性方法主要围绕结构设计、表面包覆等进行深入研究。锌的还原电位远高于锂（−3.04V vs SHE），锌离子嵌入型负极材料可探索的电压范围较窄，目前报道的锌基水系电池嵌入型负极材料包括有机蒽醌类化合物、谢弗雷尔相化合物（$Zn_2Mo_6S_8$、Mo_6S_8、钛基化合物）、TiS_2 等。

Yan 等利用 9,10-蒽醌取代金属锌做负极材料，将其与 $ZnMn_2O_4$ 正极材料结合，用硫酸锌和硫酸锰的混合液作为电解液，装配成全电池。反应发生时，锌离子在正极嵌入脱出，与负极结合脱离。9,10-蒽醌//$ZnMn_2O_4$ 电池拥有高放电容量与长循环稳定性，其反应 500 圈后容量损失率只有 5.6%，还表现出理想的库伦效率。这是因为 9，10-蒽醌的理论比容量高（$257mAh \cdot g^{-1}$），还原电位也高（0.45V vs. Zn^{2+}/Zn），锌离子不发生沉积，自然不会衍生枝晶，没有表面不均匀的负极界面，自然也不会有析氢、腐蚀等副反应的困扰。理论上来说，该电池确实非常稳定。

除有机蒽醌类化合物外，谢弗雷尔相化合物也是合适的锌基水系电池嵌入型负极材料。近期 Xiong 等首次提出以六方 MoO_3（h-MoO_3）替代 Zn 箔作为锌基水系电池嵌入型负极，将其与 $Zn_{0.2}MnO_2$ 正极结合构建“摇椅式”水系锌离子电池。该电池有 $56.7mAh \cdot g^{-1}$ 的比容量，相当于 $61Wh \cdot kg^{-1}$ 的能量密度（基于负极和正极材料的总质量），高于大多数水系锌离子电池。Li 等还报道了新型预氧化 TiS_2（$Na_{0.14}TiS_2$）作为水系锌离子电池的嵌入型负极材料，该材料与 $ZnMn_2O_4$ 相匹配时，虽然容量相较于锌金属负极低，但其表现出的容量保持能力要优于普通锌负极。其显著的性能源于 TiS_2 的化学氧化，TiS_2 经过化学氧化后变成 $Na_{0.14}TiS_2$ 结构，$Na_{0.14}TiS_2$ 缓冲相的可逆性和稳定性以及扩散系数和电子电导率都得到提升，因此也降低了阳离子迁移势垒，促进了离子的迁移。上述工作为水系多价金属离子电池高性能电极材料的开发带来了新策略。尽管嵌入型负极没有普通锌负极存在的固有问题，但其适用材料少、电压范围窄、材料自身结构稳定性差、电极容量低等问题也不容小觑。因此，该类材料用作锌基水系电池负极的普适性还有待进一步研究。

(6) 电解液优化

水系电解液体系由于其成本较低、安全无毒、电池组装条件简单且离子电导率高等优势，是有机电解液最有潜力的替代体系；但水系电解液存在电极容量低、能量密度远低于有机电解液体系和电化学稳定性窗口窄等问题，这些问题使锌基水系电池无法成功走向实际应用。因此，不只要对金属锌负极本身进行修饰，优化电解液也是改进二次锌基水系电池电化学性能常用的方法。电解液是连接电池正负极的渠道与离子传输的介质，是电池结构中不可或缺的一部分。目前锌基水系电池研究使用的电解液主要有水系电解液、水凝胶电解液、有机电解液等。其中，水系电解液具有成本低、安全性好、离子电导率高、组装电池条件简单等特性，成为应用最广的二次锌基水系电池电解液体系；而水凝胶电解液是柔性可穿戴设备的最优选择。但是水系电解液存在大量的活性水分子，会导致正极材料溶解、负极材料不可避免与水发生一系列副反应，且水系电解液电压窗口较窄（约 1.23V），无法达到较高的工作电压，电池待选的正极材料范围变小，理论容量与稳定性更优的材料可能无法用于储锌，所以对电解液的改性很关键。

下面将电解液优化的方法简单分为以下几个部分：①电解液种类与浓度；②电解液添加剂；③水凝胶电解液；④有机电解液。

① 电解液种类与浓度。优化二次锌基水系电池的电解液是控制电极/电解液界面反应、改善金属锌负极材料表面性能的最佳方法。目前常用于水系电池电解液的一系列可溶性锌盐有 $ZnSO_4$、$Zn(CF_3SO_3)_2$、$Zn(CH_3COO)_2$、$Zn(NO_3)_2$、$Zn(TFSI)_2$ 等。其中，$ZnSO_4$ 的应用最广，因为它安全稳定，成本低廉，易与电极材料相容且无毒害无污染。$Zn(CF_3SO_3)_2$ 可以使金属 Zn 在沉积、溶解过程中有更快的反应动力学和更高的可逆性，因而受到了广泛关注。这是因为大体积的 $CF_3SO_3^-$ 可以减少 Zn^{2+} 的溶剂化效应，促进离子与电子的快速传输。但 $Zn(CF_3SO_3)_2$ 过高的成本也限制了其进一步的商业化应用。

除了锌盐的种类，可溶性锌盐的浓度对电池的理化性质也有着深远的影响。相同的盐在不同浓度下产生的电池性能是不同的，浓度较高的电解液会使水系电池有更好的电化学性能。因为在水系介质中，金属阳离子并不以自由离子的形式存在，如水分子将裹住锌离子，与其结合成如 $[Zn\text{-}(H_2O)_6]^{2+}$ 结构的溶剂离子基团。由于溶剂离子基团的存在，锌离子需要克服的成核势垒更高，成核中心相应减少，枝晶增长到使电池短路的程度只是时间问题，且过多的水分子更会促进析氢、腐蚀等副反应的发生，电池急速的性能衰败与超短的使用周期已是可预见的情况。而电解液溶质浓度的增加，会使电解液中水分子的数量减少，达到降低成核势能、抑制副反应的目的。

在此基础上，Wang 等报道了一种高浓度电解液 [1M $Zn(TFSI)_2$ + 20M LITFSI] 的锌基混合水系电池。其中，双（三氟甲基磺酰基）酰亚胺离子

（简称为 $TFSI^-$）溶解后 pH 值呈中性，能够在开放的环境中保留电解液中的水分，使金属锌负极在沉积、溶解循环过程中保持近 100% 的库伦效率，且循环过程中不产生锌枝晶。该电池所用电解液的 $TFSI^-$ 浓度大于 20mol/L，$TFSI^-$ 包围在锌离子附近与其形成紧密的 $(Zn\text{-}TFSI)^+$ 基团，显著防止了 $[Zn\text{-}(H_2O)_6]^{2+}$ 的结合，保证了循环过程中锌负极的结构稳定。这种高浓度电解液体系被形象地称为“盐包水”电解液。虽然这种电解液有独特的长周期稳定性能，但成本过高，且溶液太黏稠对于离子运输会有阻碍，其制作与组装也费时费力，打破了锌基水系电池固有的低成本、组装快捷方便等特性。

除“盐包水”电解液外，熔融盐电解液也有类似效果，是因为溶质呈现一种极浓缩的状态，排除了活性水对锌负极的干扰。Chen 等以 $ZnCl_2 \cdot 2.33H_2O$ 熔融水合物为电解液，实现了 4000 次以上锌负极的无枝晶稳定循环。虽然都是高浓度、少溶质的状态，“盐包水”电解液与熔融电解液还是有本质的区别，它们都以减少活性水对负极的干扰为目的，但“盐包水”电解液中仍然含有不可忽略的游离水分子。不管是“盐包水”电解液还是熔融盐电解液，都能使水系锌离子电池拥有优异的使用周期与良好的稳定性，然而高昂的成本、复杂的制备工艺都将使它们在实际应用中面临巨大挑战。电解液中存在的过量与反应无关的离子也可能降低电池能量效率，且金属锌在大多数电解液中的长期稳定性仍然有待提升。

② 电解液添加剂。近年来，电解液添加剂也被频繁用于改善锌基水系电池的正负极存在的诸多问题。值得注意的是，添加剂的选择主要取决于电池正极材料和溶质盐的种类。电解液添加剂目前可以分为有机添加剂、无机添加剂和金属添加剂。

在电镀液中加入添加剂与锌复合后可以达到改变负极晶面，引导锌离子均匀沉积的目的。部分添加剂会附着在负极上，降低电极发生极化现象的风险，使负极不易产生枝晶，同时降低了发生析氢反应的概率。陈璞院士团队在锌箔的电镀液中添加明胶（GL）和硫脲（TU），电镀液中含有添加剂的负极其充放电性能要胜于无改性的普通负极，这是因为电池腐蚀速率和副反应都得到了减缓。该团队在锌负极电镀液中添加了更多不同种类的有机物[依次是十六烷基三甲基溴化铵（CTAB）、十二烷基硫酸钠（SDS）、聚乙二醇（PEG-8000）和硫脲（TU）]，制备了不同性质的负极。相较于商业锌负极，使用新型负极的电池大部分具备较好的容量保持率。因为其中大部分能使锌电极表面的晶体形貌发生改变，使锌负极形成不利于锌枝晶生长的晶体取向和更加均匀平整的锌负极表面，从而预防锌枝晶现身，减少锌腐蚀；但有些添加剂，如Zn-CTAB电池表现出很强的（100）、（110）晶面，这两个晶面利于枝晶的生长，将使得负极表面愈发不平整，锌腐蚀加剧，最终致使电池容量衰减、短路。因此，使用添加剂对负极材料改性时要注意考察添加剂的浓度与性质。

参考有机物对锌负极表面晶体取向的指引功能，陈院士团队进一步研究了不同无机添加剂［硫酸铟（In）、氧化锡（TO）、硼酸（BA）］的镀锌负极材料。以 Zn-In、Zn-TO 为锌负极的混合水系电池，很好地抑制了锌枝晶的生长与腐蚀，而以 Zn-BA 为锌负极的电池则抑制了副反应的发生。与以商业锌箔为负极的电池相比，以自制镀锌为负极的电池在循环稳定性方面具有明显的改善。在运行 1000 次循环后，Zn-In、Zn-TO 和 Zn-BA 电池的容量分别保持在 75%、82%和 78%，而商业锌箔则只有 67%。与有机添加剂的修饰作用原理一致，无机添加剂使锌负极表面更倾向于向（002）或（103）的晶面生长，抑制锌枝晶生成。表面包覆、涂层、SEI 膜等表面修饰手段均能有效抑制枝晶生长。除了寻常的复杂手段，采用相宜的电解液添加剂也可以产生界面膜。Zeng 等人在电解液中引入 $Zn(H_2PO_4)_2$ 盐添加剂，证明其能在水系锌离子电池中形成致密、稳定且对锌离子导电性好的界面膜（磷锌矿层）。该磷锌矿 SEI（厚度 140nm）能够实现无枝晶的锌沉积溶解，帮助锌离子均匀快速地传输，并通过隔绝电解液中水与活性锌的接触来抑制副反应的发生。引入 $Zn(H_2PO_4)_2$盐添加剂后的 Zn/V_2O_5 全电池在循环 500 次后仍保持原有容量的 94.4%。

除了以上两类，在电解液中预添加合适的金属离子通常能用来抑制正极活性物质的溶解，保证正极材料的结构稳定性，增强电池整体的稳定性。如以锰基化合物为正极的锌基水系电池体系中，以三氟甲基磺酸锰、硫酸锰等一系列锰盐为电解液添加剂已经是常态。当然，添加剂的选择取决于正负极的类型。合适的金属离子不仅能抑制正极活性物质的溶解，还能改善锌枝晶与腐蚀等问题。锌枝晶的产生是因负极表面电场和尖端周围的局部电流分布不均匀导致。因此，比 Zn^{2+} 还原电位更低的金属离子添加剂可以在枝晶尖端累积并通过静电屏蔽作用在充电过程中抑制锌枝晶的进一步生长，相当于从根本上阻止了锌枝晶的积累。如 Hang 等选择 $MgSO_4$ 作为添加剂来解决 $Mg_xV_2O_5 \cdot nH_2O//ZnSO_4//Zn$ 水系锌离子电池的容量衰减问题。一方面，在电解液中加入 Mg^{2+} 会改变 Mg^{2+} 与 MgVO 阴极的溶解平衡，阻碍正极材料的连续溶解和结构坍塌，保证电池稳定性。另一方面，在放电过程中，Mg^{2+}

与 Zn^{2+} 一起作为共嵌入阳离子，然后脱出的 Mg^{2+} 溶于电解液中，并在充电过程中随 Zn^{2+} 一起沉积在负极上，充放电过程中 Mg^{2+} 的加入可以改善电池的比容量。

③ 水凝胶电解液。水凝胶电解液是锌基水系电池这两年的发展热点，常用作便携式可穿戴装备的电解液，它的机械强度大，不容易破损，形变恢复能力强，电解液含水量少，无枝晶、析氢和腐蚀等一系列副反应，是很有发展潜力的研究方向。水凝胶电解液有多种类型，下面只简单介绍几种水凝胶电解液，如 Pan 等借助“盐包水”电解液的思路设计构建了“凝胶包水”电解液结构——($NaCl+ZnSO_4$+海藻酸钠)。这种“凝胶包水”电解液用于制备混合锌离子电池，以克服该电池比容量低与工作电压小等问题，在此条件下该混合电池可以既满足 2.1V 的电压，又获得 $260mAh \cdot g^{-1}$ 的放电比容量。

离子导电聚合物电解液（简称为 PES）也被认为能有效地抑制锌枝晶的生长，并因其含水量有限还能抑制活性物质的溶解。如 Park 等提出了一种基于磺化锌共价有机骨架（$TpPa\text{-}SO_3Zn_{0.5}$）的新型单离子导体水凝胶电解液。合成的 $TpPa\text{-}SO_3Zn_{0.5}$ 材料通过与聚四氟乙烯混合制备成柔性的 $TpPa\text{-}SO_3Zn_{0.5}$ 膜，如图 5.27(a)(b) 所示。该 $TpPa\text{-}SO_3Zn_{0.5}$ 膜由于拥有与定向空

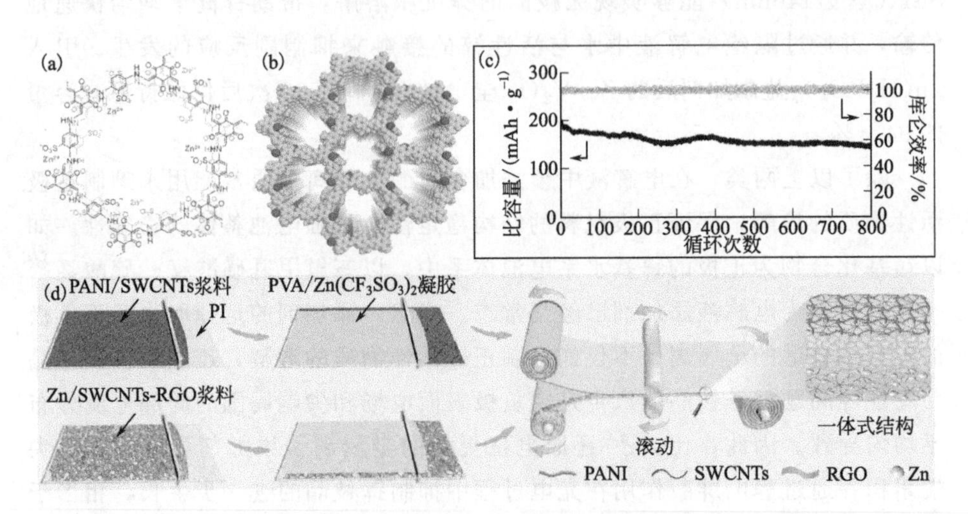

图 5.27 (a) $TpPa\text{-}SO_3Zn_{0.5}$ 的化学结构；(b) $TpPa\text{-}SO_3Zn_{0.5}$ 的结构模型；(c) Zn | $TpPa\text{-}SO_3Zn_{0.5}$ | MnO_2 电池的库仑效率与循环性能图；(d) 紧密超薄柔性电池的工艺流程图

隙共价键连接的离域磺酸盐而表现出单一的 Zn^{2+} 导电行为，且该材料的β-酮烯胺链还能保持结构的稳定性。在这种结构和物理化学特性的驱动下，TpPa-$SO_3Zn_{0.5}$膜提高了 Zn 金属负极的氧化还原可靠性，稳定了正极材料结构，还实现了快速的离子运输，如图 5.27(c) 所示。最终使改性后的Zn-MnO_2全电池在电流密度 0.6A · g^{-1}下循环 800 圈后，仍有 144mAh · g^{-1}的电池容量，容量保持率为 73%。

水凝胶电解液虽有诸多优点，但其传统的三明治叠层结构在遭到严重的破坏时，如踩踏、剪切、摔打等，相应的电池结构可能会脱落，电池主要组成部件可能会破损丢失，会使该柔性电池立即报废。为此，Yao 等设计了一种可推广应用的柔性电池部件组合的方法，如图 5.27(d) 所示，采用一片式涂覆法制备好正负极后，用辊压技术，即对两片电极材料施以机械压力，使其紧密地结合在一起，这样就制成了薄且一体化的柔性电池。该方法制备的柔性锌离子电池能够防止电极部件间的错位和脱落，能保证电池哪怕被裁成窗花也有稳定的离子和电子传导功能。这种一体化结构的柔性电池抗外界风险能力强，对于特殊危险情景应该有大力发展的前景，该方法也为水凝胶电解液的发展提供了新思路。

④ 有机电解液。虽然水系电解液体系有固有的安全性，且环境友好、成本低，但水系电解液体系下锌枝晶、腐蚀、析氢等问题也不容忽视。有机体系参与电池反应时表现出热稳定性，有机溶剂不会像水分子一样包裹锌离子形成含锌副产物，锌在电解液中的损耗降低，金属利用率升高，同时也避免了其他界面副反应的发生。然而，在有机电解液体系中，电池比容量低、导电性不佳，且有机电解液固有的缺点——苛刻的操作环境、高成本、低安全性也会是新的挑战，但寻找合适于锌基电池的有机电解液也不乏为一个好的研究方向。采用本质安全不易燃的有机材料作为电解液是一种不错的解决办法，如王久林团队首次通过采用安全性较高的阻燃剂磷酸三甲酯（TMP）电解液构建了一个稳定的锌离子电池。该电池在大电流密度下也不发生容量衰减的情况（5mA · cm^{-2}、10mAh · cm^{-2}，充放电容量比值为 99.57%）。即使长达 5000h 以上的可逆沉积溶解，都不会形成枝晶。这是因为锌负极能在此循环过程中逐渐沉积为高度规整的多孔形貌，这种原位形成的多孔结构能够有效地降低真实电流密度并加快锌离子的运输。

Dong 等将 $Zn(CF_3SO_3)_2$ 与 $NaClO_4$ 的混合物溶于磷酸三甲酯中，制备成能应用于二次锌电极体系且反应电位高、溶剂稳定并与正负极材料兼容性好的有机电解液（可简写为 0.5M Zn+1.0M Na in TMP）。TMP 溶剂与电解液中锌盐和钠盐存在强烈的相互作用，使得电解液中的自由溶剂减少，则 Zn^{2+}/Na^{+} 盐浓度得到升高，电池正负极在电解液中的稳定性得到大幅提升。有机电解液体系有其固有的优点，其在锂离子电池中的应用可见一斑，但发展水系电池的目的之一就是克服有机体系不可避免的毒害性、可燃性，同时降低成本，优化可操作性。所以有机电解液虽好，用于水系电池却本末倒置。

总体而言，锌具有原料丰富、质量轻便、金属导电性与延展性好以及理论比容量高等优势，是绿色二次电池理想的负极材料之一。其中，以中性或弱酸性水溶液为电解质、锌为负极的锌基水系电池具有安全性高、电池材料廉价无毒、制备工艺简单、环境友好等特点，在储能和动力电池领域具有极高的应用价值和发展前景。该电池体系虽然应用前景较好，但锌枝晶、腐蚀、钝化、析氢等负极界面反应导致的电池库仑效率低、循环性能差等一系列问题阻碍了锌基水系电池的实际应用与发展。未来锌基水系电池负极的发展方向主要有四个：

a. 设计三维锌负极集流体的同时，在负极表面覆盖功能保护膜，如构筑人工固态电解质相界面膜，通过隔绝锌金属与电解液的直接接触，进一步缓解负极材料的界面副反应，提高电池库伦效率与循环寿命。

b. 设计并研究新型隔膜材料，使隔膜拥有表面保护膜的能力，替代功能保护层，抑制锌枝晶并促进离子的运输，使锌负极沉积/溶解过程均匀稳定，提高电池使用寿命。

c. 探索发展固态电解质、凝胶电解质、有机电解质等含水量少、腐蚀性低的电解质，并寻找能增强此类电解质导电性、降低黏度与成本的方法，改善材料稳定性的同时提升材料容量、降低成本。

d. 探讨电解质添加剂对锌负极嵌入脱出过程中锌枝晶抑制原理，寻找低成本、高性能的电解质添加剂，避免正极溶解和锌枝晶等副反应影响电池的性能，实现锌基水系电池的商业化。

参考文献

[1] 易金，王永刚，夏永姚．水系锂离子电池的研究进展［J］．科学通报，2013，58（32）：3274-3286.

[2] 陈胜尧．水系可充锂离子电池嵌锂化合物的修饰及电化学性能研究［D］．南京：南京航空航天大学，2009.
[3] 卢昶雨．混合水系锂离子电池二氧化硅胶体电解液的性能研究［D］．西安：长安大学，2016.
[4] 周东慧．钒酸钠纳米线作为水系锂离子电池负极材料的研究［D］．长沙：中南大学，2013.
[5] 林月．$Li_3V_2(PO_4)_3$ 基正极材料在水系电解液中的性能研究［D］．哈尔滨：哈尔滨工业大学，2015.
[6] 刘丽丽．纳米钒酸锂及其改性材料作为水溶液可充电锂电池负极材料的研究——理论基础［D］．上海：复旦大学，2015.
[7] 罗加严．水系锂离子电池和电极材料的研究［D］．上海：复旦大学，2009.
[8] 申亚举．水系锂离子电池负极材料 $LiTi_2(PO_4)_3$ 的制备及性能研究［D］．沈阳：沈阳理工大学，2015.
[9] 王旭炯．新型水溶液可充锂电池的研究［D］．上海：复旦大学，2013.
[10] 张争．钒硅复合材料作为水系锂离子电池负极材料的应用［D］．兰州：西北师范大学，2016.
[11] 尚校．钒酸锂基水系锂离子电池负极材料的研究［D］．唐山：华北理工大学，2016.
[12] 李小成．钠超离子导体材料在水系钠离子电池中的储钠性能研究［D］．武汉：华中科技大学，2016.
[13] 李洪飞．锌离子电池锌负极材料的制备及性能研究［D］．深圳：清华大学深圳研究生院，2012.
[14] 李欣．水系二次电池 MnO_2 正极材料的制备及性能研究［D］．北京：北京化工大学，2016.
[15] 宋静丽．水系二次电池锰酸钠正极的制备及性能的研究［D］．北京：北京化工大学，2016.
[16] 杨汉西，钱江锋．水溶液钠离子电池及其关键材料的研究进展［J］．无机材料学报，2013，28（11）：1165-1171.
[17] 陈丽能，晏梦雨，梅志文，等．水系锌离子电池的研究进展［J］．无机材料学报，2017，32（3）：225-234.
[18] YAN J，WANG J，LIU H，et al. Rechargeable Hybrid Aqueous Batteries［J］. Journal of Power Sources，2012，216：222-226.
[19] WU X W，LI Y H，XIANG Y H，et al. The Electrochemical Performance of Aqueous Rechargeable Battery of Zn/$Na_{0.44}MnO_2$ based on Hybrid Electrolyte［J］. Journal of Power Sources，2016，336：35-39.
[20] WU X W，LI Y H，LI C C，et al. The Electrochemical Performance Improvement of $LiMn_2O_4$/Zn based on Zinc Foil as the Current Collector and Thiourea as an Electrolyte Additive［J］. Journal of Power Sources，2015，300：453-459.
[21] 唐芳．锰基化合物的结构设计、制备及其在水系锌离子电池中的应用研究［D］．吉首：吉首大学，2021.
[22] 周世昊．水系锌离子电池锰基正极材料的制备、改性及电化学性能的研究［D］．湘潭：湘潭大学，2020.
[23] 周世昊，吴贤文，向延鸿，等．水系锌离子电池锰基正极材料［J］．化学进展，2021，33（4）：649-669.

[24] 吴贤文，龙凤妮，向延鸿，等．中性或弱酸性体系下锌基水系电池负极材料研究进展［J］．化学进展，2021. DOI：10. 7536/PC210453.

[25] YI T F，QIU L，QU J P，et al. Towards High-performance Cathodes：Design and Energy Storage Mechanism of Vanadium Oxides-based Materials for Aqueous Zn-ion Batteries［J］. Coordination Chemistry Reviews，2021，446：214124.